数控系统要义

郭金基 ◎ 著

西南交通大学出版社
·成都·

图书在版编目（ＣＩＰ）数据

数控系统要义 / 郭金基著. 一成都：西南交通大学出版社，2017.10

ISBN 978-7-5643-5827-3

Ⅰ . ①数… Ⅱ . ①郭… Ⅲ . ①数控机床－数字控制系统 Ⅳ . ①TG659

中国版本图书馆 CIP 数据核字（2017）第 248571 号

数控系统要义

郭金基　著

责任编辑	穆　丰
助理编辑	李华宇
封面设计	何东琳设计工作室

出版发行　西南交通大学出版社

（四川省成都市二环路北一段 111 号
西南交通大学创新大厦 21 楼）

邮政编码	610031
发行部电话	028-87600564　028-87600533
官网	http://www.xnjdcbs.com
印刷	成都中铁二局永经堂印务有限责任公司

成品尺寸	185 mm×260 mm
印张	33.5
字数	876 千
版次	2017 年 10 月第 1 版
印次	2017 年 10 月第 1 次
定价	150.00 元
书号	ISBN 978-7-5643-5827-3

自序

世宇四维，唯变所适。体物成智，唯识所转。物之大者，无若天地，天地虽大，数变而已。数之变者，法于阴阳，合于术数。数之控者，体乎数理，用乎测控。此书名为数控要义，实则发数理之幽光，列数控之妙用。数控内容庞杂，要点甚多，人人心头似有，个个笔下却无，今吾当仁不让，归其精要，贯之以义。

余本布衣，身无长处，但效法庖丁，游刃于车企，感数控之变而运于实际。余专心致力于西门子数控系统，想来已七年矣。往事如风，苦尽甘来，终于渐从有为之法（专攻技术）而转入无为之境（锤炼思想）。以前我常在外出差，无暇参悟，今则不同，略感轻松，闲云野鹤，不求闻达。某日余细思之，日积月累的资料和点滴札记确需整理，以备不时之需，温故知新，亦可提高工作效率。数控之道，包罗万象，不求甚解，未可通达。故偃武修文，隐于浦东，一心著述，无暇顾他，反复推敲，集腋成裘，终成此稿。

观制造业特别是机床制造和发动机动力总成领域，西门子数控系统之应用越来越广。西门子中高端数控代表之作为 840D 系统，目前已经全面更新为 SolutionLine 系列，并逐步取代之前的 PowerLine 系列。本书旨在抛砖引玉，介绍 840D sl 系统的各种软件设计方法，可作为从事数控行业软件设计的相关工作人员理解和应用 840D sl 时的学习参考，此书虽专论西门子数控系统，然立意不仅如此，其中蕴含的数理思想放之四海皆准，可举一反三。数控系统涵盖的内容很广，从事数控的人士需要参阅大量的资料，也需要学习很多实用的操作技巧。但无论是理论还是技巧皆属有为之法，而一切圣贤皆以无为法而有差别。若只求有为之法，终其一生尤有未尽，浩瀚宇宙，科技发达，江山代有贤才出，有为之法必层出不穷；而无为之法，无为无不为，实为究竟心法，功高不二，略不世出。颇能显发人之主观能动性，跳出窠臼，以究天人之际，通古今之变，可成一家之言。

学习数控不惟有超世之才，亦必有坚韧不拔之志方可。单从西门子数控手册来看就有几十种之多，卷帙浩繁，初学者很难入手。必须要结合实际生产过程，然后分析其根本原理，从全局上把握要点。本书可以帮助有志于数控的读者从中理清脉络，得到新的灵感和发现。

在工作中我也逐步形成了一套独特的认识数控系统的方法，近取诸身，远取诸物，法古判今，将 840D sl 数控系统的学问划分为三元（meta）八类，以求统一，依序言理，据器广传。缀末学心得于三元，综各门精要于八类。三元为体，四相缘生，五行归综，八类为用，终作数控要义一以贯之。三元八类，道在其中也。数控表于内分为控制元、接口元、运动元。表于外则成四相：形成以 NCK 和 PLC 二相为代表的控制元，以 DRV 驱动为代表的运动元，和以 HMI 为代表的接口元。四相既出，五行便生。五行就指分别研究 NCK 编程和设置、PLC 编程调试、DRV 配置调试、HMI 编程调试，以及最终将四相全部集成在一起的西门子集成方法（Sinumerikintegration）。八类则是将三元再细分以便于具体应用，控制元可细分为核心架构类、监视诊断类，接口元分为信号接口和通信类，运动元分为轴容器类、刀库管理类、测量补偿类、辅助系统类，最后一类归为特殊功能类。依照这种划分方式归类研究，可对数控的理论和应用了然于心。本书的各个章节也都遵循这种划分方式展开针对性的论述。

本书开篇先概述了西门子 840D sl 数控系统的总体情况，侧重于数控系统的软件设计和编程，提出了一种软件架构框图，可以帮助理解软件开发和应用。工欲善其事，必先利其器。数控人员必须首先学会安装相关的应用软件，才能进行后续的设计工作，才可在数控领域游刃有余，进而概要介绍了三元八类的划分方法。然后对于数控的各种基本概念如方式组、通道、轴的概念进行一些基本的阐述和介绍，在第 1 章的结尾部分，针对数控系统本身的文件数据结构做了一个基本的描述，有助于工程师了解数控文件系统的构成。

第 2 章开始就正式进入系统的软件编程设计环节，首先进入 PLC 软件编程和设计环节，介绍数控系统的 PLC 和普通的 PLC 有何异同点，并在此基础上讲解数控常用的逻辑功能块的用法，以及数控 PLC 的整体框架和细节设计。

第 3 章进入 NCK 数控程序的设计环节，先论 NCK 数控加工程序的定义、结构、常用编程方式，最终构建两类程序模型。

第 4 章研究驱动 DRV 系统，关注驱动的数据结构、topo 图设计、配置和选型、驱动优化等。

第 5 章关注 HMI 用户界面，介绍常用的三种设计界面的编程方法。

第 6 章将主要介绍集成方法，将前述各章设计程序使用特殊软件集成，主要是应用 CMC 集成软件，以及我所设计的两类小的集成软件。原计划最后单开一章详解八类思想和方法，将前述各章有待综合论述的细节问题再行具体分析，但因篇幅所限，此次不作详谈。

本书的架构可用下图表示：

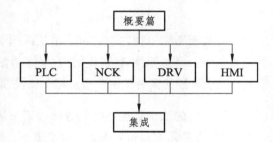

书者人之志，非书志莫传。人和心尽见，天与意相连。最后，由衷希望亲爱的读者提出批评和建议，也希望读者能够认真地读完这本书，这本书可能不如您想象中那么完美，但若您能从本书中得到一点灵感和共鸣，那我就心满意足了！

郭金基

2017 年 7 月

目 录

1 概要篇——840D 数控系统总体介绍

天地万物，皆定位于时空，数控即是用数字、数理来理解和控制时间、空间的艺术。时间常用周期、频率来描述，空间常用位置、角度来描述。由一元格物为时空二元，以时空组成坐标系框架，进而在此基础上描写出点、线、面、体而演绎成各种对象，研究对象本身的属性，进而研究对象间的关系，将以上这种种组环成局就形成一整套数控理论和方法。

数控系统是数字控制系统（Numerical Control System）的简称，是一种根据控制器存储的控制程序，执行部分或全部数值控制功能，并配有接口电路和伺服驱动装置的专用计算机系统，通过利用数字、文字和符号组成的数字指令来实现一台或多台机械设备的动作控制。它所控制的通常是位置、角度、速度等机械量和开关量。

目前世界上的数控系统种类繁多，形式各异，组成结构上都有各自的特点。这些结构特点来源于系统初始设计的基本要求及硬件和软件的工程设计思路。对于不同的生产厂家来说，基于历史发展因素以及各自因地而异的复杂因素的影响，在设计思想上也可能各有千秋。现在市场上占有率较高的是日本 Fanuc 和德国 Siemens 系统。然而，无论哪种系统，它们的基本原理和构成是十分相似的。

20 世纪 90 年代开始，由于 PC 结构计算机的广泛应用，PC 构架下计算机 CPU 及外围存储、显示、通信技术的高速进步，制造成本的大幅降低，PC 构架数控系统日趋成为主流的数控系统结构体系。PC 数控系统的发展，形成了"NCK+PC"过渡型结构，即保留传统 NC 硬件结构，仅将 PC 作为 HMI（人机界面接口）来使用，代表性产品包括发那科的 160i、180i、310i、840D 等。还有一种是将数控功能集中以运动控制卡的形式实现，通过扩增 NC 控制板卡（如基于 DSP 的运动控制卡等）来发展 PC 数控系统，典型代表有美国泰通（DELTA TAU）公司用 PMAC 多轴运动控制卡构造的 PMAC-NC 系统。另一种更具革命性的结构是全部采用 PC 平台的软硬件资源，仅增加与伺服驱动及 I/O 设备通信所必需的现场总线接口，从而实现非常简洁的硬件体系结构。

1.1 三元八类思想概述

本书针对的是西门子 840D sl 系统，840D sl 系统架构既严谨又灵活，适用性很广，功能很多。正因为如此，初接触时使人感到神秘，刚入门时使人感到非常方便，但有时却无从下手，有所领悟时又感到博大精深，最终顿悟后又感到万变不离其宗。而相关的参考文档又卷帙浩繁，汗牛充栋。初学者若没有整理出一根主线大纲，很难分析透彻并掌握其精要。

任何大系统都可分为表象和本质两部分，数控系统亦是如此。因此，从事和研究数控的人也大致分为两大类：制造商和用户。对于内核的开发是原始设备制造商的主要任务，对于基本程序架构和特殊应用功能的开发是普通制造商的主要任务，而对于外部的简单操作应用则会交给普通用户去做。本书的定位是站在制造商的角度来探讨基本程序架构和某些特殊应用功能的实现过程和方法，而非只是站在普通用户的角度来学习如何操作和掌握数控系统。

一般情况会将 840D 系统分为三大部件：NCK、PLC、HMI，如图 1-1 所示。

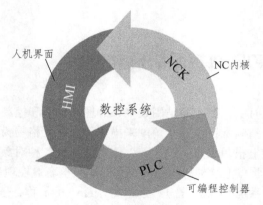

图 1-1　数控架构图

图 1-1 所示数控架构并不十分完善，它没有包含重要部件之一的驱动系统 DRV，为表现更多细节和接口，参照数控本体的工程设计，总结出更加完善的数控系统架构如图 1-2 所示。

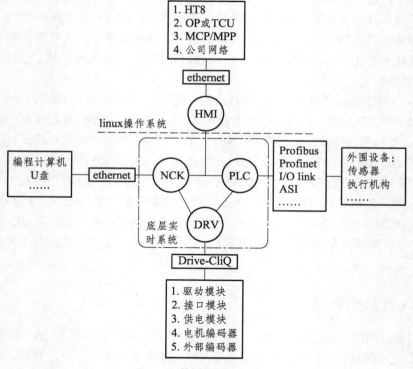

图 1-2　数控系统架构总图

由图 1-2 可知，840D sl 系统可分成三大构件：NCK+PLC（控制内核）、DRV（驱动模块）、HMI（人机界面接口）。其中，NCK+PLC 为数控系统特有的控制组合。如果在纯粹使用 PLC 的工业自动化控制领域，此控制内核可用 PLC 来完全替代。如果采用单片机或工控机实现，此控制内核可用单片机或工控机来替代。其本质都是做算法逻辑控制。数控中常称 NCK+PLC 的结构为 NCU（NC 单元）。PLC 连接外围设备以及内部模块采用的接口是多种多样的，常见的有 Profibus，Profinet，I/O link，AS-I 等数据总线。NCK 的主要任务和目的就是实现控制和逻辑运算。

DRV 在 840D sl 系列中就特指 S120 驱动组件，它采用 Drive-CliQ 总线连接，其本质是以太网线+Profibus 的组合。驱动部件的主要任务和目的就是实现伺服电机的运动。

NCK+PCL+DRV 共同组成了底层的实时系统。

位于其上的 HMI 可以类比于其他领域俗称的上位机系统，数控的 HMI 可以连接多种多样的操作和显示单元。840D sl 系统主要使用以太网进行通信，其 X130 口可作为系统和外界工厂网络的通信端口。HMI 的主要任务和目的就是完成人机对话。

图 1-2 所示只是表象系统，表象系统给人的直观印象就是这三大构件，但并不能反映更加深层的共性内涵。我们注意到 NCK 和 PLC 都含有共性就是 C（control，控制），由此可得到一个分类——控制组件。而由 DRV 驱动伺服电机以及 NCK 控制的外围部件的相关运动，可以归纳得到另一个分类——运动组件 M（Motion）。再由 HMI（人机界面接口）联想到 HMI 同 NCK 接口，NCK 同 DRV 接口，NCK 和 PLC 的接口，得出第三个共性分类——接口组件 I（Interface）。因此我们得到了一个具有普遍意义的共性模型，即三元八类划分中的第一个模型——三元模型（C-I-M），如图 1-3 所示。

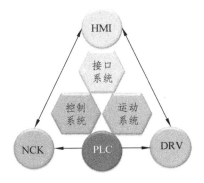

图 1-3　三元模型（C-I-M）

三大系统：控制系统、接口系统、运动系统，这就是数控的"本体——体"，而在具体应用实践中，往往用户或制造商只需关注实现手段，即数控的软件和硬件应用层，相应表现出的应用可分为三大构件即 NCK+PLC 部分、DRV 部分、HMI 部分，这就是数控的"应用部分——用"。体用一源，这两种划分方式都是源于数控本身，源头一样，但是表现却不一样。我们日常接触的都是表面的应用层，实际却是在和核心的体打交道。这个三元的划分可以说是数控系统的本体论。

三元的相通之处有很多，例如，Step 7 编程软件的 PLC 程序中有 FB，WinCC flexible hmi 程序中有 faceplate 模板，PLC 中有全局符号表，NCK 中有 DEF 全局定义文件，HMI 中有全局变量，驱动中也有全局参数。三元互相之间存在对应关系。

基于三大系统的本体论，针对具体的应用层面，再将数控本体三大系统细分为 8 个子类，如图 1-4 所示，按照功能的不同将数控的各种概念、各种应用和解决方案归入这 8 个子类中的一个或几个，而这八个类又隶属于三大系统，这样就有了一个宏观架构，本书的各个子章节也都围绕这三大系统和八个子类来阐述。

和编写程序一样，首先要定义全局变量和控制架构，然后再谈具体实现。综观全书，三大组成系统在内表现为控制、接口、运动，在外应用表现为 NCK+PLC、DRV、HMI。

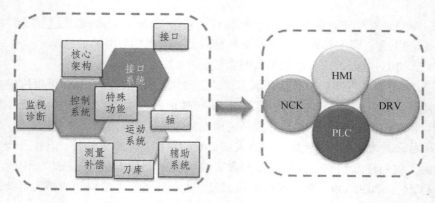

图 1-4　八类模型

1. 第 1 类为核心架构类

核心架构类包括主程序，子程序结构和相互调用，通道程序调用和协调，异步程序，同步指令，变量类（如程序运行的变量、通道变量、用户自定义变量等）、控制类和逻辑类指令，安全集成功能等。核心架构类是整个系统的核心龙骨。

2. 第 2 类为监视诊断类

监视诊断类包括报警、警告、信息显示、工作区域限制、轴速度限制和监控、软硬限位功能、诊断图等。

3. 第 3 类为信号通信接口类

信号通信接口类包括 NCK 与 PLC 交互信号、驱动信号、编码器信号、参考点信号、与外围设备交互等。

4. 第 4 类为轴容器类

轴容器类包括进给轴类、主轴类、通道几何轴等多重属性分析，轴变换，轴变量类等。其要点在于关注轴的配置、轴的变换、关注速度控制、位置控制、基本插补（如圆弧直线等）。

5. 第 5 类为辅助系统类

辅助系统是为了完成运动任务所必备的协助系统，如运动部件的润滑系统、气动系统、液压系统等。

6. 第 6 类为刀库管理类

刀库管理是一个很重要的内容，刀库并非每台机床都具有，大部分轴类加工因为刀具简单（一般就是砂轮、车刀），所以不需要刀库管理，但是特殊的轴类加工可能会碰到特殊的刀库设计如车床或多刀管理等，而大部分箱体类零件加工因为刀具种类很多，一般为铣床加工中心，所以必须要进行刀库管理。最后可将刀库管理的模式引申为机械手的夹爪库管理，甚至夹具库管理。

7. 第 7 类为测量与补偿类

测量与补偿类包括测量功能、补偿功能等。

8. 第 8 类为特殊功能类

特殊功能类包括特殊轴转换、轴耦合、特殊轨迹等，主要是针对某个具体应用领域解决某种特殊任务，完成特殊功能等。如多项式插补、样条曲线、表格插补、电子齿轮等，也包含诸如切线控制等特殊轨迹的实现。其要点在于关注运动的轨迹和变换。

顺说八类划分：

这 8 个子类有着相对固定的演变顺序，首先应由核心架构类定出基本框架，进而系统需要实时监控、维修诊断功能，以便及时反馈和掌握当前的各种状态，而后又扩展出和外围相关的各种通信接口，如与 PLC 的接口、与 HMI 的接口，建立起外围的信号系统和驱动系统，然后才定义运动执行器，首先建立相关的几何模型和轴容器模型，进而计算出相关的运动轨迹，到此涉及具体实现过程，机床当然是采用主轴加刀具为其执行器，故而关注刀具管理，而其他领域，如装配领域将拧紧枪、夹爪作为执行器，此时可将各种特殊工具看做刀具来进行管理。在此运动加工过程中需要辅助系统辅助配合。对于工艺过程和运动状态，需要实时测量和补偿，因此测量与补偿应运而生，至此，一台机床初步成型，但是涉及特殊领域加工中工艺过程，如磨床磨削补偿、摆动控制、铣床五轴联动、曲线加工等，必须开发相应特殊工艺功能来配合应用。因此，诞生了特殊工艺类。到此为止，制造商的任务已经基本完成，接下来用户登场，进行产品的操作和使用。

所有 840D 的设计和应用均离不开这 8 个类，任何一个任务都是这几个方面中的一个或者多个方面综合使用。举一例子，例如，优化轴主要要点在于使得速度更快，位置更精确，那么它一定属于轴类，但是，光靠轴类功能不够，还需要监视诊断轴的运行状态，分析伯德图，这样就用了监视诊断功能，而在优化的具体过程中，前馈补偿和加速度补偿往往要分别进行，做速度环和位置环优化时一定要去掉这两种功能，因此又涉及补偿类。轴的优化过程可作为西门子数控系统的典型应用和分析案例，其他有关运动控制的问题也可举一反三。

再举一例，例如，数控辅助功能指令，它涉及面其实很广。M00、M02、M30 这几个指令都是作程序结束控制的，因此归为程序类；而 M03、M04、M05 这几个又属于主轴控制，可归为轴类；而有些功能如 M06 换刀，可归为刀具管理类；H 指令用于记忆功能，可完成程序段记忆，这时候属于程序类，而 H 指令用于速度值分配，又属于轴类。但总的来讲，辅助功能指令都属于辅助系统类，目的是为了辅助运动过程的完成。基于这些特性，辅助系统起着沟通神经系统（核心程序架构）和运动系统（轴和轨迹运动）的作用。

由此可见，若不进行深入的分类解析，就寻不到要点，没有纲要，就会乱用、误用，开放性的西门子数控虽然灵活，可带来方便，但也会带来危险，若不小心谨慎，就会陷入各种杂乱信息的泥潭。

1.2 840D sl 硬件总体介绍和概览

本书介绍的 840D sl 系统是典型的 NCK+PLC 的架构方式。一般来说，840D sl 数控系统大量用于机床行业，是各类数控机床完成金属切削加工、装配制造的核心控制部件。

840D 数控系统共分为两个系列：powerline 与 solutionline。目前 powerline 近乎停产，以后将彻底以 solutionline 为主，所以本书内容将重点针对 solutionline 的设计应用。从 840D 的硬件构成来看，以 NCU 主控制器为核心部件，简化忽略掉一些次要的外围设备，可以将一台机床的数控系统抽象为如图 1-5 所示的模型。

其中，840D sl 的 NCK（NC Real-time kernel）+PLC 控制器集成在一起，称为 NCU。它是西门子数控实时操作系统的核心，就好比我们的计算机用的是 Windows 7 操作系统一样。NCU 早期时有两个版本：① NC（Numerical Control）：代表旧版的、最初的数控技术；② CNC

（Computerized Numerical Control）：计算机数控技术新版，数控的首选形式。

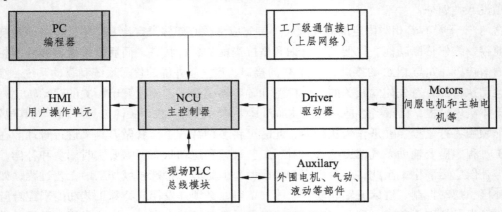

图 1-5　数控机床的抽象模型

　　PLC 主要用来控制外围设备，HMI 操作单元给用户提供良好友善的操作界面，驱动器用来控制各种伺服电机和数控主轴。编程器主要是指个人的计算机，用来和控制器通信完成设计和调试过程。

　　840D 采用 Siemens S7-300 的工作站，故而 PLC 程序基于 S7-300 架构，NC 加工程序是符合国际标准的 G 代码，为了便于高级应用和参数化编程，其高级编程的语法格式近于中高级编程语言如 C 和 Basic。840D 的用户界面可以采用多种方式实现，最常用的有扩展接口 Easyscreen，Transline 即 HMI-pro（汽车行业采用），OA 二次开发所使用的 VC++、Qt-designer 等。

1.2.1　硬件大致介绍

　　一台 840D sl 系统最多支持控制 31 根轴、10 个通道，如图 1-6 所示，可以看出，基本分成两个系列 PCU 和 TCU。PCU 中安装的是 HMI-advanced 界面系统，TCU 安装的是 Operator 界面系统，相应地，PCU 可以支持 WinCC flexible、Easyscreen、OA 等几种开发方式，而 TCU 系列就不包含 WinCC flexible 开发方式。PCU 中可以安装普通的.exe 软件，因为运行的系统是基于 Win XP 的，TCU 就不能运行.exe 文件，因为系统是基于 Linux 的，只能运行.so 文件等 Linux 系统支持的文件。其他的组件如手柄操作单元、电机编码器等就不一一介绍，详见西门子样本手册。

　　在此提示，有关西门子选型工具的主要是两个：一个是 TIA selector，另一个是 SINAMICS Sizer。

　　针对数控系统中部件选型主要使用 Sizer 来进行，Sizer 可对 SINAMICS、MICROMASTER 4、DYNAVERT T、SIMATIC ET 200S/pro FC 等驱动系统、电机起动器以及 SINUMERIK solution line、SIMOTION 和 SIMATIC Technology 等控制系统进行设计，并对驱动应用所需的组件进行规格设计、组态和选型。Sizer 可指导用户完成所有设计步骤：从材料供应开始，然后是电机的设计，最后是驱动器组件的设计。Sizer 软件才是数控驱动设计的核心，但因篇幅所限，此书并不对其详解，只有通过手工计算或是通过此类选型设计软件进行大量分析计算后的提出设计方案才是可行的，否则不能称为设计，只能是仿造。

　　使用 Sizer 进行硬件选型和设计具有以下优点：

　　（1）可以非常快速、方便地进行驱动系统的设计；

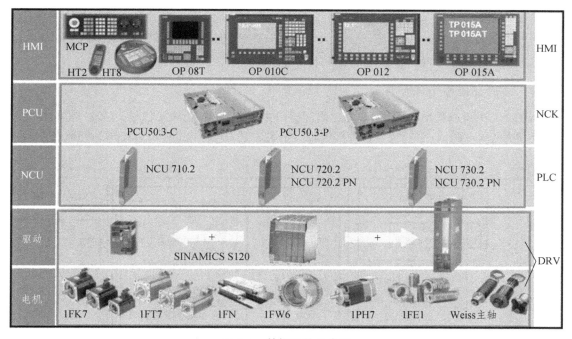

图 1-6　数控硬件分类图

（2）使用全局驱动设计可进行各种电机规格设计；

（3）从简单选型和机械系统设计，直至选择面向应用的驱动和控制解决方案；

（4）高一致性和可用性直观地引导完成整个工作流：对基本驱动器直至伺服驱动器进行相同地处理，有选择地进行快速优化。SINAMICS Sizer 现在的版本为 V3.4。

此处略提有关未来总线的应用，传统的西门子数控一般大量采用 Profibus 总线和 Asi 总线等，但是未来基本会全部采用无线以太网或者 Profinet 总线加扩展 IO link，如图 1-7 所示，几乎所有的设备在未来均可通过无线总线连接，甚至连能量也可以通过无线来传递，未来可以使用无线技术输送大功率的能量。

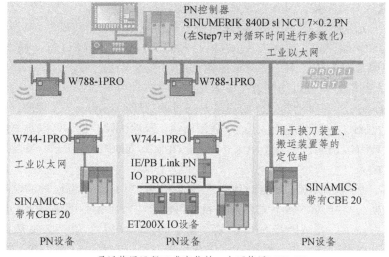

灵活使用远程 IO 或定位轴，也可使用 I-WLAN
图 1-7　无线以太网和 Profinet

总线应用是系统通信的一个重中之重，关系整个系统的通信架构，随着智能化、快速化处理大量数据的要求，Profibus 逐渐已经不适合未来的要求，但是本书仍然要以基本的 Profibus-DP 站组态应用为主，简要介绍一些 Profinet 的应用。

1.2.2 接口在硬件中的体现

从图 1-8 中可以看出，NCK 同 PLC 之间接口主要是 DPR 和 VDI 信号，NCK 同 DRV 驱动之间主要是 Drive CLiQ 总线接口，外部编程器主要通过 CP 走 EtherNet 以太网访问数控。

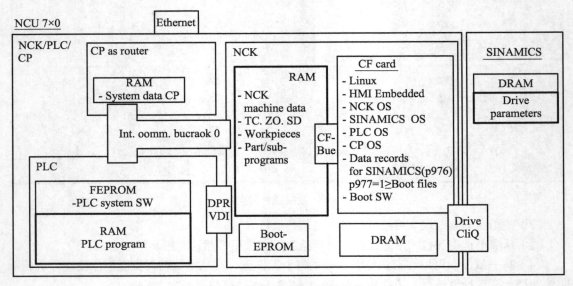

图 1-8　数控系统接口总体架构图

1.3　840D sl 软件总体介绍和概览

本书侧重于西门子 840D 数控软件设计和编程应用，作为制造商和设计人员，首先应了解 840D sl 数控的软件总体框架，其次应该掌握常用的数控应用软件。

按照前述的三元八类思想，可以大致作出一个软件总体框架图，如图 1-9 所示，分为两大部分，左边是 HMI 和网络接口，右边为 NCK+PLC 和驱动，左边运行于 Linux 操作系统平台之上，右边是内部的底层实时系统。两个部分依靠内部的软总线连接起来。因此，我们使用编程器计算机连接 CP 以太网端口就可以访问各个子系统。

HMI 与 NCK、PLC 和驱动器之间的通信是通过软总线（Softbus）实现的，该总线的功能相当于 PLC 的通信总线。软总线使用的是 S7 通信协议。既然协议相同，可以推测到想到使用共性的数据结构变量就可以访问这三者（NCK，PLC，DRV）。如图 1-10 所示，反映了四相之间的接口和相关的编程关系。

工欲善其事，必先利其器。随着时代变迁技术发展，很多工具都已被淘汰不再适用，如串口线、专用编程器、MPI 总线等，虽然这些目前可能会继续保留，但是将来必然会被取代。作为机床制造商或客户工厂调试维修人员，了解了基本的软件框架后，就有必要安装与西门子 840D sl 数控系统相关的各种软件。关于数控的软件有很多，也可大致可分为几类：关于 PLC 的、关于 HMI 的、关于驱动通信调试的等。常用的重要软件总结如下：

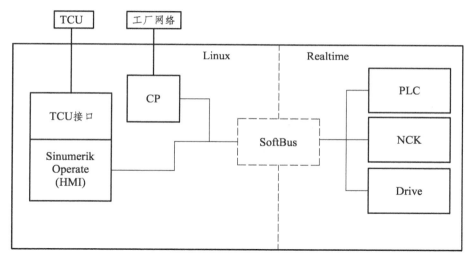

图 1-9　基于 Linux 系统的总体软件架构

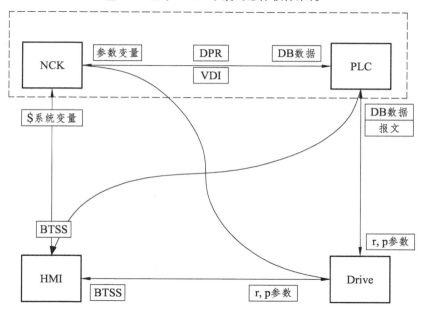

图 1-10　四相接口关系图

1.3.1　HMI-Advanced for PC/PG（IBN）——基于 Windows 系统的操作界面

1. 概述

　　HMI-Advanced for PC/PG（IBN）软件为西门子开发，分为 PC 运行版和 MMC 运行版。MMC 运行版可以理解为就是 840D 的系统操作软件光盘，一般由西门子在交货时安装，或者由机床制造商在调试初期安装到系统中，以前的 powerline 系统中，当硬盘分好区后，就可以通过 U 盘或光盘安装 HMI-Advanced 软件平台。在 solutionline 系统中，如果使用 PCU 架构，可以直接安装 HMI-Advanced；如果使用 TCU 架构，则不能安装 HMI-Advanced，只能安装 Operate 版本，因此相关的调试工作例如配置电机，优化电机不能直接在低版本的 Operate 平台上进行优化（V4.7 支持直接优化，V4.7 以上版本才支持优化功能）。因此，在 solutionline 相关调试过程中，需在个人计算机一侧安装 HMI-Advanced for PC/PG，主要用于调试驱动、配置电机模块、优化电机、及测试 PVsafety 等。另外，IBN tool 与此软件类似，为其简化版只包含调试功能。

2. 应用

（1）安装完成 HMI-Advanced 后，桌面上会出现如图 1-11 所示文件夹，双击打开 NCU Connection Wizard。

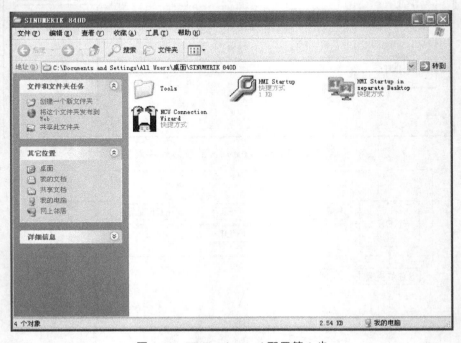

图 1-11　HMI-Advanced 配置第 1 步

（2）设置和 NCU 的连接方式如图 1-12 所示，选择 840D solutionline 数控类型。

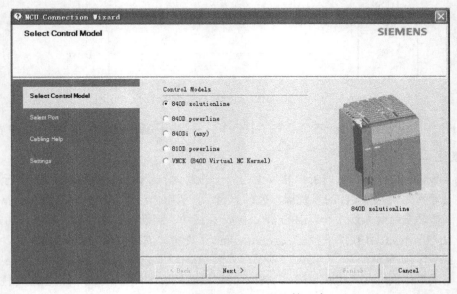

图 1-12　HMI-Advanced 配置第 2 步

（3）选择网络接口，如图 1-13 所示，一般可选择 X120 接口，如果连入工厂网络，则设置连接到 X130 接口。

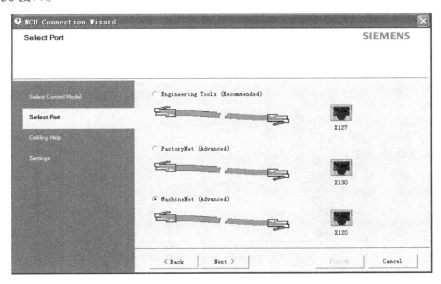

图 1-13　HMI-Advanced 配置第 3 步

（4）出现再次确认画面，如图 1-14 所示。图中示意了具体的接口，但现场中一般接入的是交换机。

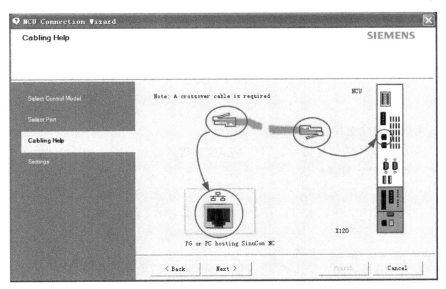

图 1-14　HMI-Advanced 配置第 4 步

（5）设置网络 IP 地址，如图 1-15 所示。如果是 X120，则不用改变；如果是 X130，则需设置为分配好的地址。

HMI-Advanced 主要用作开始调试的配置电机，后期的电机优化测试、安全集成测试和认证（PVsafety-ATW），需要在此基础上再安装 Sinucom NC 来配合使用。

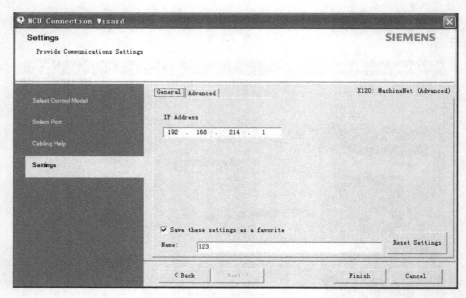

图 1-15　HMI-Advanced 配置第 5 步

1.3.2　WinSCP——文件传输神器，沟通 Windows 和 Linux 系统

1. 概述

由于 840D sl 操作系统为 Linux，我们日常使用的计算机都是基于 Windows 系统，因此无法直接进行文件数据的交换，必须使用 WinSCP 软件进行文件数据的交互。WinSCP 是一个 Windows 环境下使用 SSH 的开源图形化 SFTP 客户端，同时支持 SCP 协议。它的主要功能就是在本地与远程计算机间安全地复制文件。840D sl 系统主要利用 WinSCP 进行根目录操作、命令台操作、传输程序、复制系统文件等。传输文件时，数控系统相当于一台 linux 服务器，而编程计算机相当于客户端。

2. 应用

WinSCP 可用于传输文件、启动控制台等。

（1）首先需要配置服务器端参数，双击 WinSCP 进入登录界面，如图 1-16 所示。配置服务器的登录文件，设置如下内容：

① Host name：NCU 的网络地址。（看连接哪个端口，若为 X120 口，则设为 192.168.214.1；若为 X127 口，则设为 192.168.215.1；若为 X130 外网，则设定为相应的外网的地址，例如，设为 10.2.30.45。）

② Port number：设置为 22（默认）。

③ User name：设置为 manufact。

④ Password：设置为 SUNRISE。

⑤ 协议选择为 SFTP（sllow SCP fallback）（默认）。

然后点击保存，保存当前的设置，方便下次应用。

（2）复制文件操作。

点击 Login，登录服务器成功后，会显示如图 1-17 所示界面。左边是本机的文件目录（Windows 系统），右边是 NCU 系统的文件目录（Linux 系统），若要复制传输文件，只要鼠标选中文件或文件夹，直接拖入相应目录即可实现复制。

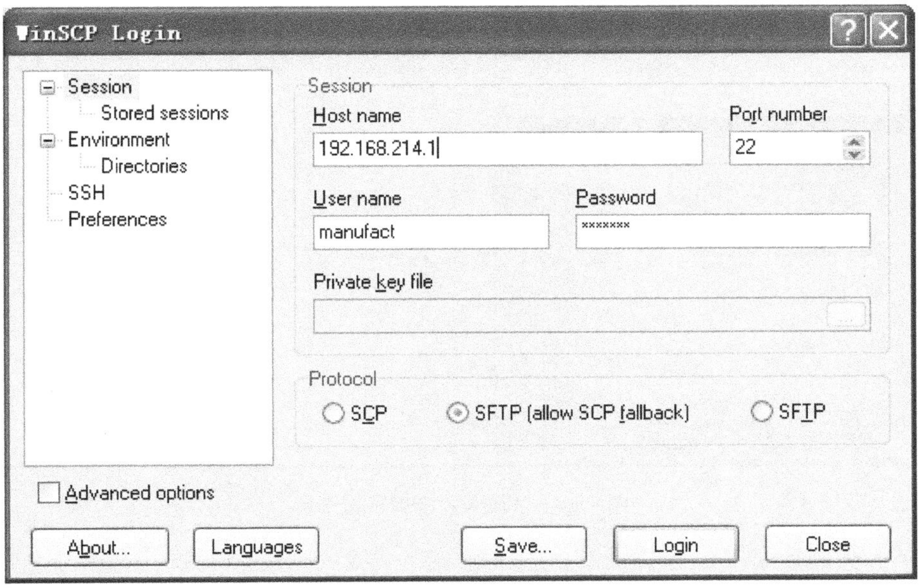

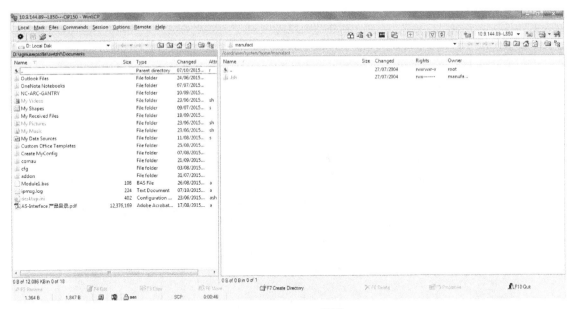

图 1-16　WinSCP 配置

图 1-17 WinSCP 界面

常用的目录有：

① NCKS 路径：/nckfs。

② Oem 下的 HMI 路径：/card/oem/sinumerik/hmi。

③ ARC 备份存放的文件路径：/card/oem/sinumerik/data/archive。

（3）如图 1-18 所示，通过打开目录操作可以存放书签，方便下次使用。

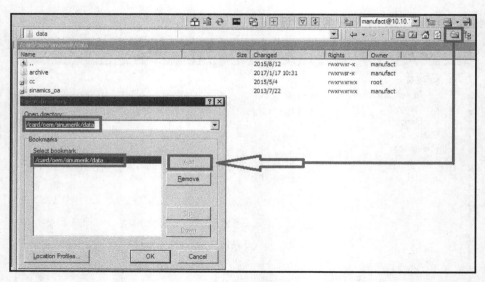

图 1-18　WinSCP 添加常用书签

（4）启动控制台。

点击菜单栏上的按钮 ，或者点击 Commands 菜单中的 Open Terminal 子项，或者按热键 Ctrl+T，即可启动控制台窗口。

如图 1-19 所示，这个控制台的本质是 WinSCP 调用了 PuTTY 来实现的一个远程功能控制。

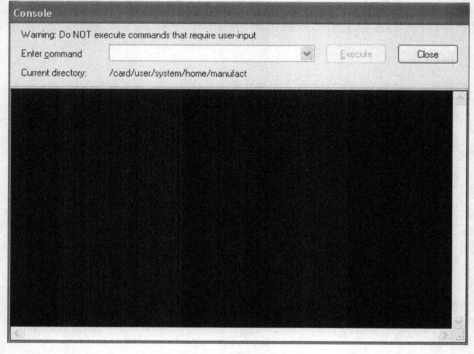

图 1-19　WinSCP 控制台窗口

或者用户可以直接打开 PuTTY，在 Enter command 中输入"sc help"指令，可以查看 840D sl NCU 支持的指令，如图 1-20 所示。

图 1-20　控制台 PuTTY 支持的命令

常用的命令举例如下：首先来试验一个查看网络 IP 的命令，输入"SC SHOW IP"，出现图 1-21 所示内容，从中可看到各个端口的 IP 地址。

输入"sc show net"，如图 1-22 所示，可以看到各个端口连接的具体网络设备。

还有一个指令可以重启整个系统，相当于 NCK、PLC、HMI 全部重启，命令为"sc restart"。此指令有极大的危险性存在，因为 PuTTY 是在后台运行，所以连入系统是没有任何提示的，如果有人使用这个命令重启系统，根本不会被发现。

图 1-21　控制台 PuTTY 查看网络地址分配

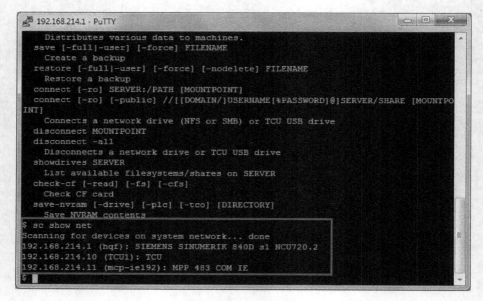

图 1-22　控制台 PuTTY 查看各端口网络连接

（5）启动系统网络中心（SNC）。

系统网络中心（system network center，SNC）管理整个数控系统的网络配置，在网络中心中可以配置相关的网络参数。首先，在控制台中输入命令"sc start snc"，按下 Execute，等待，出现图 1-23 所示结果，证明启动完成，就可以采用 VNC viewer 进入系统网络中心来修改相关配置了。

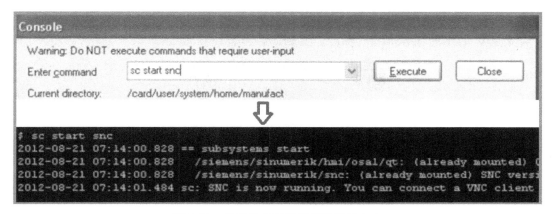

图 1-23　控制台启动数控系统网络中心

1.3.3　VNC Viewer——小巧玲珑的客户端

1. 概述

VNC Viewer 是一款优秀的远程控制工具软件，远程控制能力强大，高效实用，其性能可以和 Windows 和 MAC 中的任何远程控制软件媲美。它属于一种显示系统，也就是说它能将完整的窗口界面通过网络，传输到另一台计算机的屏幕上。在数控 840D 应用中，主要作为查看和监控数据，远程操作。它支持各种平台，手机或 iPad 上也可以安装 VNC Viewer 来监控数控系统。

2. 应用

（1）搜索网络上的节点。

利用 VNC Viewer 安装目录下的 scansl.exe 可以搜索到所有连接到网络的主机，如果不知道具体主机的网络地址，可以利用这个软件搜索到节点，如图 1-24 所示，只需设定适当的网络范围，点击 Start 按钮，即可自动搜索所有网络上的节点。

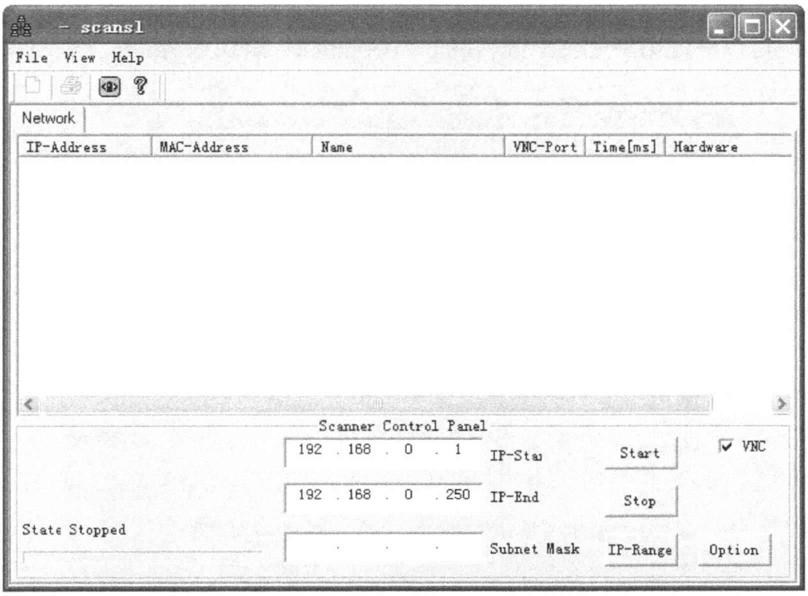

图 1-24　搜索网络节点

（2）联机监控并操作。

首先在 VNC 上配置 IP 地址，如图 1-25 所示。

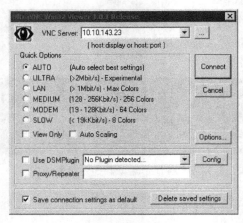

图 1-25 设置地址并连接

若连接 X120 口，则可设置为 192.168.214.1。

若连接 X127 口，则可设置为 192.168.215.1。

若连接 X130 口，可以设置为相关的工厂网络地址，如 10.10.143.23。

192.168.214.241 显示 PCU50.3 的界面，需要输入密码才能连接成功，默认密码为 password0，可通过网络控制台或相关的文件修改此密码。

端口设置说明：

端口 5900：显示内置的 HMI operate。

端口 5904：显示 NCU 控制台。

端口 5906：显示 NCU 网络设置（需"sc start snc"指令启动）。

在数控一侧需要设置 Remote diagnostics 远程诊断页面，如图 1-26 所示，若允许在 VNC 上面操作机床，则可以开通第一栏：Allow remote operation，默认是 Allow remote monitoring。

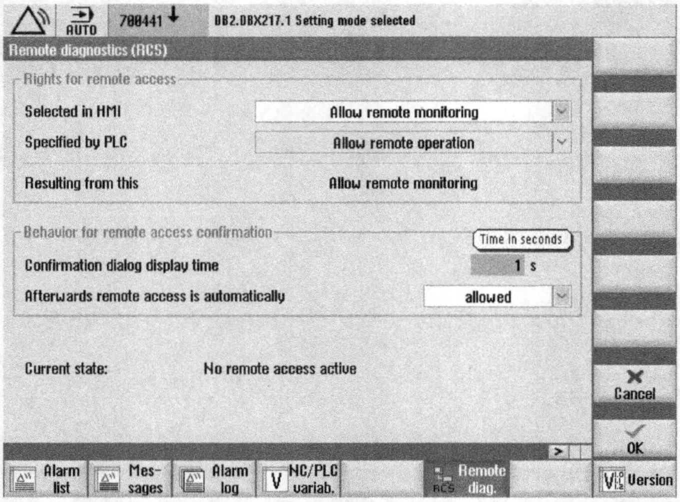

图 1-26 设置允许远程操作

若连接到 PCU 系统的 HMI-Advanced 界面，则显示效果如图 1-27 所示。

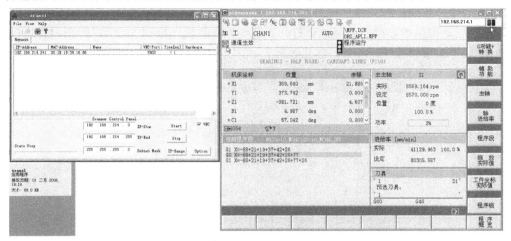

图 1-27　HMI-Advanced 界面效果

默认情况下，VNC Viewer 不能远程操作 HMI-Advanced 界面，打开 PCU50 中的一个配置文件：E：\siemens\service\etc\tcu.ini，修改 ExternalViewerSecurityPolicy=2（默认值是 1），然后重启 PCU50 即可远程操作。

VNC Viewer 不仅可以用作监控数控系统的界面，还可以用来监控所有安装了 VNC Server 的系统，只要启动了相应的服务，就可以实现远程监控功能，如图 1-28 所示是一台装配线的 Station 控制页面，这是一台普通工控机，在其中运行 VNC Server 后就可被 VNC Viewer 访问。

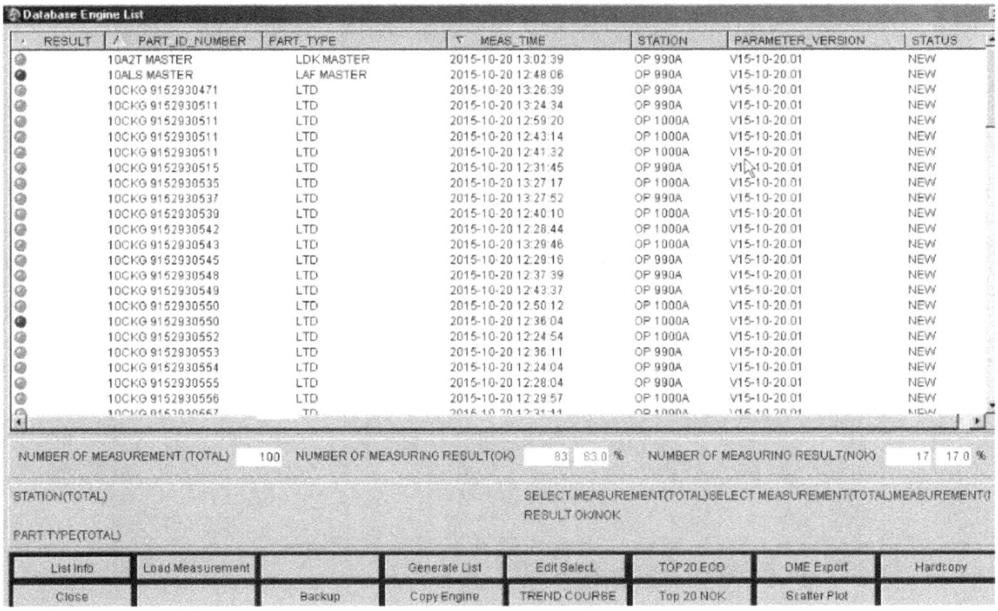

图 1-28　装配线工位界面效果

（3）利用 VNC Viewer 修改 X130 口的 IP 地址。

利用前述方法用 PuTTY 控制台启动 SNC 后就可以利用 VNC Viewer 进入系统网络中心，在此举例修改 X130 口的网络配置，为何要修改 X130 的 IP 地址，因为在具体应用中，特别是机床与车间网络进行通信时，往往工厂已经制定了网络配置，必须按照工厂的标准修改数控的外部端口 X130 的地址才能进行正常的网络通信。

① 首先启动网络中心将防火墙端口打开，若个人计算机连接到 X127 口，则设置 IP 地址为 192.168.215.1：5906，点击 Connect 连接数控，如图 1-29 所示。

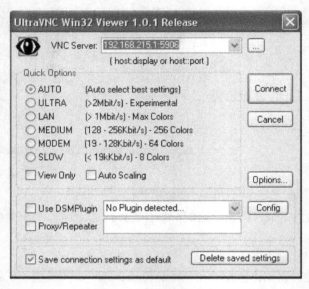

图 1-29　启动网络中心

② 而后出现如图 1-30 所示界面，即表示启动了网络中心。

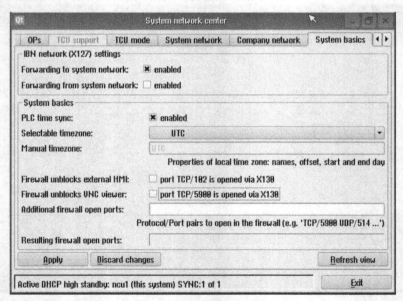

图 1-30　网络中心界面

③ 选择 System basics 页面，将其中的防火墙端口打开，即将"port TCP/102 is opened via X130"和"port TCP/5900 is opened via X130"两项选上，完成后退出。而后设置 X130 口的 IP 地址，若为 TCU 系统，则进入 HMI 诊断页面下的 Bus TCP/IP 子页面，如图 1-31 所示。

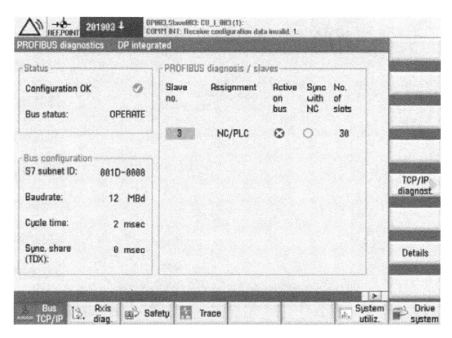

图 1-31　诊断 Bus TCP/IP 子页面

④ 点击 TCP/IP diagnostic，如图 1-32 所示。

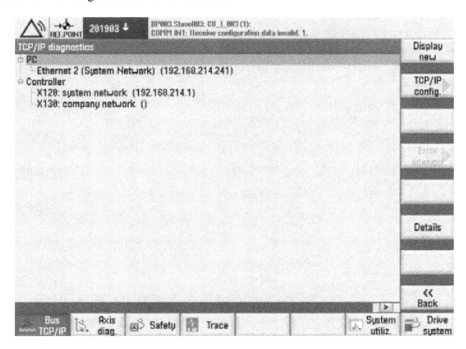

图 1-32　TCP/IP diagnostic 子页面

选择 TCP/IP config，如图 1-33 所示。

⑥ 按下方右扩展键找到 X130 口的设定，如图 1-34 所示，按下 Change 改变配置。

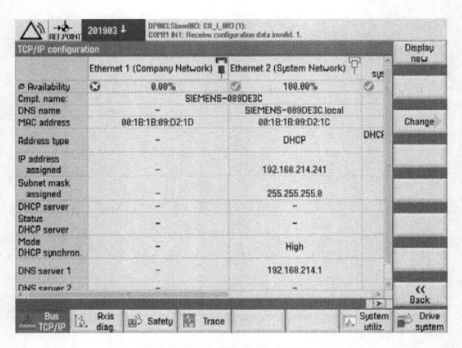

图 1-33　TCP/IP config 子页面

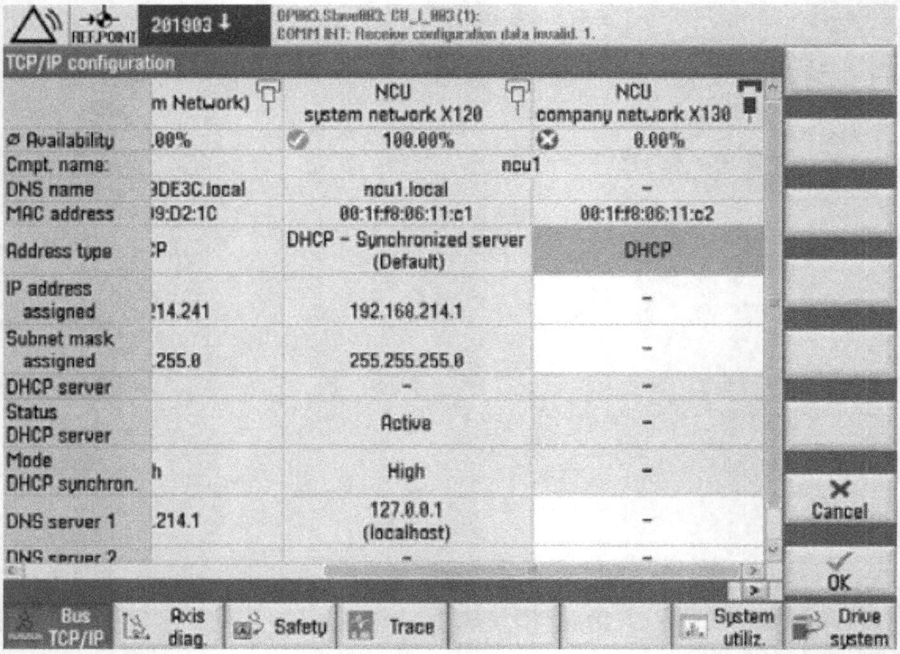

图 1-34　设置修改网络地址

⑦ 例如，输入工厂网络地址为 172.92.168.54，子网掩码 255.255.255.0，如图 1-35 所示。这样就设置好了，设置完毕后需要重启 NCU 生效。

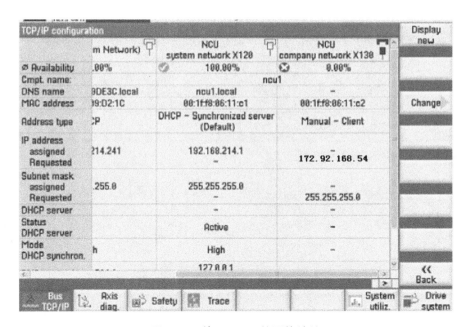

图 1-35　输入 X130 的网络地址

如果是 PCU 系统，则 X130 网络地址需要进入 windows 设定，操作步骤如下：

① 首先进入 windows 模式，数控开机时出现版本号后，快速地按下数字键盘"3"按键，然后输入密码 SUNRISE 即可进入 windows 界面，然后点击"Start"→Settings→Control panel，如图 1-36 所示。

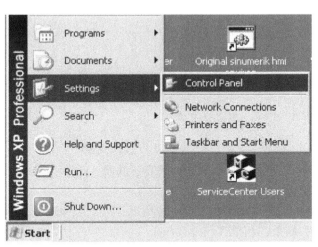

图 1-36　XP 系统启动控制面板

② 找到 Network Connections，双击进入图 1-37 界面。

③ 共有两个网络，系统网络和工厂网络，选择工厂网络 Ethernet 1，双击弹出属性对话框，如图 1-38 所示。

④ 双击对话框中 Internet Protocal（TCP/IP），出现 IP 设置对话框，如图 1-39 所示，输入如前所述的 IP 地址和子网掩码，设置完成后点击 OK，重启系统即可。

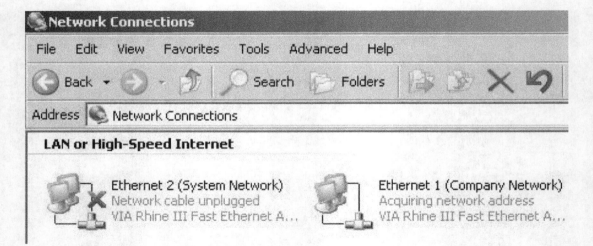

图 1-37　打开网络连接页面

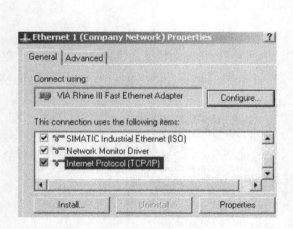

图 1-38　工厂网络属性

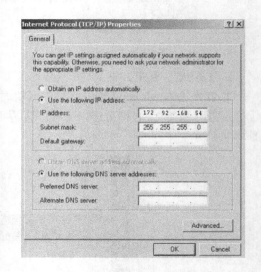

图 1-39　设置工厂网络地址

　　VNC 可以使用 DOS 命令直接连入指定的设备，例如，目标地址 192.168.214.1，只需写入命令 ">vncviewer 192.168.214.1" 即可。

　　再举一例，一台机床只允许同时接入一个 VNC Viewer 客户端，如果两个人同时要访问这台机床怎么办，可以通过修改文件做到。

　　实现多人同时使用 VNC Viewer 或 RCS Commander 监控 HMI 画面，只需修改 tcu.ini 文件即可。找到路径：system CF-Card/Siemens/system/etc/tcu.ini，打开文件找到 VNC Viewer 项，如图 1-40 所示，修改 External Viewer Max Connections=2（默认为 1，最大为 2）。

　　展望：如果工厂所有的 840D sl 机器都连入工厂 Ethernet 网络，则技术人员基本上可以坐在办公室内使用 VNC，WinSCP 等工具完全远程操控机器。对于维修和生产会带来极大的方便，但是同时也会有一些危险性的因素存在，但是采用适当的权限保护可以避免这种情况，如修改默认的 SUNRISE 密码，分配密码给有资质的专业技术人员。

```
tcu.ini - Notepad
File  Edit  Format  View  Help
# ried out at this time.
PCUStartupTimeout = 90

# TCU STARTUP STEP TIME
# The startup phase starts at the first TCU registration.
# The startup phase is completed if the TCUStartupStepTime
# period has passed and no registration of another TCU has
# been carried out at this time.
TCUStartupStepTime = 30

[VNCViewer]
# EXTERNAL VIEWER MAX CONNECTIONS
# Maximum number of external Viewer Connections (1 or 2)
# ExternalViewerMaxConnections=2
ExternalViewerMaxConnections=1

# EXTERNAL VIEWER SECURITY POLICY
# The user rights, assigned to an external VNCViewer
# ExternalViewerSecurityPolicy=0 : no external viewers allowed
# ExternalViewerSecurityPolicy=1 : Guest Mode (View-Only)
# ExternalViewerSecurityPolicy=2 : Administrator Mode
ExternalViewerSecurityPolicy=1

# EXTERNAL VIEWER MAX REFUSED REQUEST
# Number of refused external viewer requests, after which
# a timeout period is carried out for the viewer.
ExternalViewerMaxRefusedRequest=3

# EXTERNAL VIEWER CONNECTION TIMEOUT
# Timeout Period in seconds, after MaxRefusedRequest
# is reached. No viewer request is possible during the
# Timeout Period.
ExternalViewerConnectionTimeout=240
```

图 1-40   设置多人监控 VNC viewer

1.3.4   Toolbox——数控 840D 系统的 PLC 开发包

1. 概述

内含重要工具 NC VAR selector、PLC 符号生成器、及数控系统 PLC 标准模板库。其中，NC 变量选择器可以用于查看系统变量，读写系统参数和变量；PLC 符号生成器可用于在线查看程序符号；模板库是最重要的，包含标准的数控硬件配置信息和软件功能块。

2. 应用

NC 变量选择器的使用

① 首先介绍 NC 变量选择器，打开选择器，如图 1-41 所示，点击 New，选择 NC 系统变量数据库或是驱动变量数据库，一般选择 NC 数据库，即 ncv_NcData，点击打开。

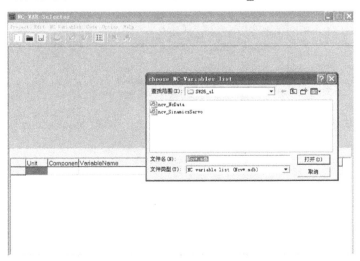

图 1-41   新建基于 NC 数据库的新工程

② 成功后出现如 1-42 界面，包含两部分内容：上面的部分是可选的系统变量列表，分区域显示；下面是已经选择的变量列表，变量的选择可以借助帮助来实现。选择好以后点击保存（必须保存，以便接下来生成数据块，否则不会出现相应的选项）。

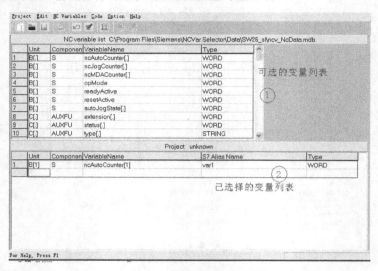

图 1-42　从数据库中选择变量

生成数据块。

首先配置数据块，单击菜单 Code→Selection，如图 1-43 所示，设置相应的选项，如语言、测量系统和 DB 块名称。

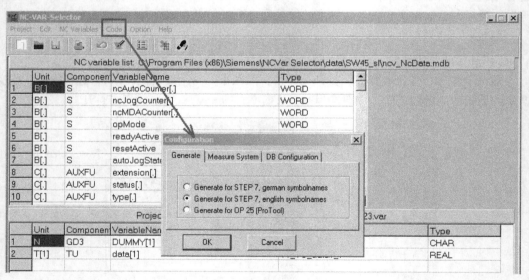

图 1-43　设置生成 DB 数据的属性

第二步，点击 Generate 生成数据块，命个名然后保存，如图 1-44 所示。

第三步（可选），如图 1-45 所示，这种方法比较直接，通过点击 to Step7 Project 按钮将生成的数据块文件传入相关的 Step 7 工程中，这一步可做可不做，可以在后续需要的时候手动复制过去。

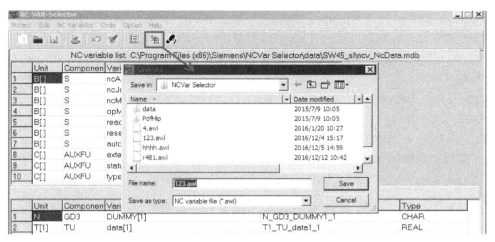

图 1-44 点击生成 DB 数据块的源文件

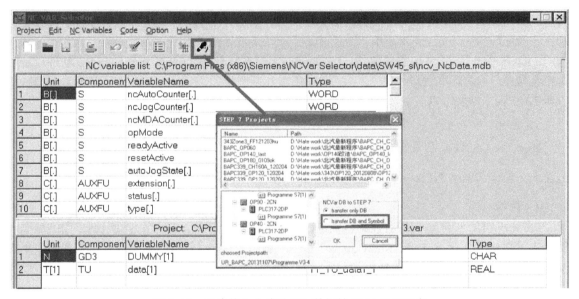

图 1-45 直接传入生成的 DB 数据块到 PLC 项目中

至此，已完成了变量选择器选择并生成变量的一个过程，在此只是大概介绍，没有具体实例应用，后续相关章节会做详细介绍。

PLC 符号生成器的使用。

PLC 符号选择器用来制作 PLC 符号菜单，详细用法在后续章节作介绍。

Toolbox 的其他文件和例程。

Toolbox 中还有一些十分重要的文件包含在安装目录文件夹下，且各种版本的 Toolbox 所含内容可能不尽相同，如在 powerline 系列中含有扩展接口例程，但 solutionline 中就没有。因此，最好将他们单独复制出来加以研究。常用的文件如下：

① 各种手持单元程序例程。

···\Toolbox 840Dsl v2.7.7\Toolbox 840D sl_ 840Di sl V02_07_07_00\8x0d\020706\BSP_PROG

② 用户报警的例子。

…\Toolbox 840Dsl v2.7.7\Toolbox 840D sl_ 840Di sl V02_07_07_00\8x0d\020706\PLCALARM

③ 安全测试认证模板。

…\Toolbox 840Dsl v2.7.7\Toolbox 840D sl_ 840Di sl V02_07_07_00\8x0d\certificate\english

④ 补偿文件。

\840D toolbox_v65\8X0D\EXAMPLES_TOOLS\COMPA

⑤ QEC 补偿例程。

\840D toolbox_v65\8X0D\EXAMPLES_TOOLS\QFK.MPF

⑥ 扩展接口画面例程。

\840D toolbox_v65\8X0D\EXAMPLES_TOOLS\WIZARD.BSP

1.3.5 HMI Pro CS RT——汽车行业标准界面设计软件

1. 概述

HMI Pro 又名 Transline，最初用于汽车行业 Powertrain 动力总成项目，因此保留了很多汽车行业的惯用模式，HMI Pro 与 WinCC flexible 类似，都是西门子开发的界面编程软件。其综合实力优于 WinCC flexible，开发简单，上手容易，模块标准，维护方便，程序小巧。HMI Pro 分为 CS 和 RT 两个软件，CS 为配置软件，RT 为实时运行系统软件。CS 配置软件和 RT 软件对于版本都很敏感，不同版本之间的程序不可混用，版本和系统相关，什么系统版本对应什么 RT 软件。否则 HMI 程序即使可以下载成功，也会出现乱码或意想不到的问题。

2. 应用

HMI Pro CS RT 的应用在第 5 章作详细介绍。

1.3.6 SinuCom NC-——数控监控测试分析工具包

1. 概述

SinuCom NC 程序包支持对控制系统进行简单、高效地调试。该程序为机床制造商的调试和维修人员提供下列全面支持。SinuCom NC 是一个程序集合包，同 Toolbox 类似，内含许多重要工具软件，主要用作数控系统数据和驱动系统数据的分析、备份管理、监控测试等用途。此程序包含有以下工具软件：

（1）SinuCom NC —— 调试 NC 系统的超级软件，内含两大功能：

① SinuCom NC Trace ——分析驱动数据，I/O 变量的监控和跟踪；

② SinuCom NC SI —— 安全集成测试分析验证工具。

SinuCom NC 是一个可以在线或离线运行的程序，支持 SINUMERIK 810D powerline/840Di/840D powerline 840D solutionline 控制系统的调试，可提供：

① 机床数据以对话为基础的参数化；

② 管理一系列的机床调试文件；

③ 集成的在线帮助，用于说明功能、机床数据以及报警。

（2）SinuCom FFS —— 用于生成 CCU/NCU of SINUMERIK 810D powerline/840D powerline PC 卡图像。

（3）SinuCom CFS —— 生成 CF 卡图像。

（4）SinuCom ARC —— 查看和制作数控系统文件备份。使用 SinuCom ARC 程序软件，可简便地处理文件备份，读取、删除、插入以及修改一系列的调试文件。

（5）SinuCom PCIN——串口调试工具，用于通过西门子编程器和西门子控制器之间的串口发送和接收数控系统用户数据，如机床数据和零件程序。它包括以下功能：① V.24 接口设置和状态查询；② 编辑存档文件；③ 从目录中单独保存文件；④ 安全的数据传输。

由此可见，SinuCom NC 程序包是集大成者，该程序包支持数控机床中 SINUMERIK 810D powerline/840Di/840D powerline 和 solutionline 控制系统的简便、高效调试。所包含的程序提供有丰富的机床调试产品，包括跟踪功能、安全集成验收测试、生成 PC 卡映像文件、系列调试管理及数控用户数据的传输等。

当第一次打开此软件时，可能会出现多个警告和报警，如图 1-46 所示，不用管，直接点 OK 继续，尝试再次打开此软件，经过漫长的等待后，出现此界面，输入 SUNRISE 密码就可以正常的使用了。此时机床侧的密码等级也会自动变为 manufacturer 用户。

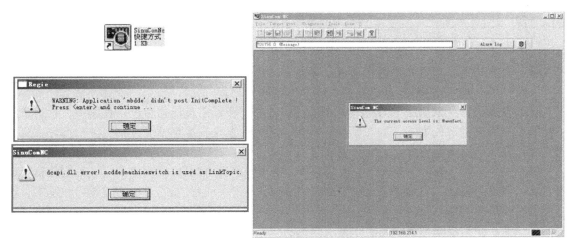

图 1-46　启动 SinuCom NC 成功的界面

2. 应用

SinuCom NC 功能强大，主要有以下功能（其应用在后续章节中作详细介绍）：

（1）监控变量。

（2）安全测试报告。

（3）参数分析。

（4）查看备份。

1.4　840D 数控系统基本概念

前述的三元八类概念若已了然，仿佛数控也就这么回事。但是数控的细节问题很多，前述的都只是基本的大纲和方略，对于具体应用还远远不够。万丈高楼平地起，千里之行积于跬步，明了数控的基本思想和概念就是第一步。

数控本空，空中生有，定位作用，道在其中。三元八类思想的精髓在于掌握以下这几种作用机制：

（1）逻辑控制——条件与功能。

（2）程序语言的解释机制——名句和概念。

（3）坐标系的概念，变换——空的定位作用。

（4）软件和硬件的设计和匹配——抽象"空"与具体"有"的关联和融合。

840D 系统有很多基本的具体概念，如坐标系、容器概念，不能简单地将机床看作是一台机器，将数控看作是设备，应从中汲取数控系统的先进设计理念，这些理念必须借由更加抽象的思维才可以完全深入理解。例如，将通道的概念扩大不是仅从字面上理解，究其本源，通道思想是容器的概念，将一类轴容纳进去，轴也是如此，各种属性的轴可以理解为不同概念下的轴容器。如果同一根轴，将之设置为不同的属性，运用到不同的轴容器中，就可以作不同的用途，完成不同的功能。以下详解各个基本概念。

1.4.1 方式组（BAG）

方式组德文缩写为 BAG。

BAG = Mode Group，就是方式组、模式组的意思。顾名思义，可以理解为机床的工作模式，如西门子数控系统默认的手动 Jog、自动 Auto、半自动 Mdi 等。多种不同的工作模式的集合就形成了一个方式组，多个方式组就形成了一个方式组集合，成为多方式组。方式组还可以自己定义，西门子 840D 系统最多可以支持 10 个方式组。

除数控系统本身默认的方式组外，在生产加工中，特别是自动化生产线程序中，大量采用了制造商自定义的成熟方式，如自动循环方式、空运行方式、排空循环方式、单步循环方式、连续循环方式、返修循环方式、维修模式等。

这些方式是对本有的方式组的修改和扩展，如在生产线自动循环中，按下 Reset 复位键只是用来确认和消除报警，并不是停止程序加工和复位，按下 Cycle Stop 不允许立刻停止加工，而是加工循环后才结束，只有钥匙开关打到 3 以上进入维修模式才可以随意的在 Jog 方式下移动某根轴等，这些都是根据生产线的实际需求指定的。

一般来讲，自动生产线的标准模式有以下几种：

（1）No Mode（空模式或无模式）。机床刚开始上电后应处于这个模式或者 Jog 模式，这个模式下等待用户操作，机床拍下紧急停止按钮后应该处于这个模式。

（2）Auto Mode（自动模式）。机床满足所有安全条件后，如果用户选择此模式，则机床会等待进入自动循环模式，完成整个工位的加工过程，只要按下 Cycle Start 启动按键，则循环就会执行。

（3）Single Cycle（单循环模式）。所有的自动机床都应具有这个模式，当按下 Cycle Start 按键，会执行一个完整的工位循环，在此过程中，如果用户按下复位按键并不会立刻停止加工过程，复位按键在自动循环的过程中可以用作报警复位或者循环结束停止，如果用户按下 Cycle Stop 按键，则也不会立刻停止加工，而是等待循环结束以后停止。

（4）Continuous Cycle（连续循环模式）。对于自动上下料的机床或具有安全防护的机床应该具有此种模式，如果不满足这些条件，出于安全考虑，不建议使用这种连续工作模式，出于这种连续循环状态下，当按下循环启动按键，机床即开始自动加工，按下循环结束按键，机床不会立刻停止，而是做完一个单个循环后暂停。

（5）Manu Mode（手动模式）。此模式下，用户可以做一些简单的手动动作或做一些手动循环，如手动上料循环、手动下料循环、润滑循环、移动某些轴、开门等。

（6）Maintaince Mode（维修模式）。此模式需要较高权限，处于此模式下，基本上所有的安全条件都会屏蔽，除了安全门等最高安全等级，用户可以对某些关键器件进行维修，可以自由的移动轴等。

当钥匙开关处于 0 的位置且没有激活 HT8 手轮时选择了自动生产循环，此时处于锁定模式。锁定模式有以下几种：

（1）Recycle 模式：按下了紧急返回按钮或者回原位按钮后执行。

（2）非锁定模式：既不在锁定模式也不在 Recycle 模式下的模式。

（3）自动模式：按下了自动循环按钮后处于自动模式。

（4）手动模式：按下了手动循环按钮后处于手动模式。

总结：方式组是一个很重要的概念，大量的生产过程都和方式组的切换密切相关，一台单机可能只具备有两种或三种操作方式（Jog，MDA，Auto），而一台自动化的机床则会出现多种方式，这几种方式中的转换不是随意的，大部分需要权限和相关的安全条件，须知：生产线一般是不许人工随意干涉的。因此，对于方式组的转换和控制有一套严格的标准。

1.4.2　通道（Channel）

介绍通道的概念，通道工作在方式组的下面，也就是说首先定义的是方式组，然后才定义通道。

每个通道就是一个独立的插补器，可以独立完成通道内各个轴的插补运算和控制。如果只有一个方式组。那么所有通道就只能在这一种方式组下工作，比如有一个方式组，有三个通道，则 1 通道选择自动方式的时候，2 通道和 3 通道也必须选择自动方式，所有的通道都处于自动方式下，但是可以单独的执行程序，如 2 通道此时按下了循环运行执行程序，但 1 通道和 3 通道可能都在复位状态。只有在存在多个方式组的情况下，才能一个通道自动加工，另一个通道在手动方式或其他方式。多通道、多方式组的情况下，才是完全独立 CNC 的概念。

总结：通道的存在必要性在于，对于复杂工件的加工，有时需要同步运行几组动作以节省节拍，比如，一个工位包含两套机械手，其中一套在装配气门，如果只采用一个通道，则另外一套机械手始终在等待，只有结束装配气门后才会开始装配油封，但是如果采用双通道，则第一套机械手装配气门时，第二套机械手可以同时在装载油封，等到气门安装完毕，第二套机械手立刻开始装配油封，而同时，第一套机械手可以同时装载弹簧，等到油封安装结束，立刻开始装配弹簧，如此执行，效率大大提高。对于复杂的机床，比如具有一个上料机构，两套刀库，两个加工夹具工作台的机床，将这三种按照区域变为三个通道，在加工过程中就可以相对独立的执行程序，大大提高生产效率。

多通道设定和技术实现对于编程人员的素养要求很高，编程人员脑中至少应同时考虑两套以上的程序，甚至 4 套或 5 套以上，这些程序之间必须有同步指令、等待指令、确认指令、协调指令等。

1.4.3　轴（Axis）

通道定义完毕后，可以谈轴的概念了，轴更加地复杂，因为越来越接近具体的底层。轴的参数相应地也更加多了。

此处所说的轴并非普通意义上的机械轴，而是轴容器的概念。在软件领域，轴并非指我们实际看到的由直线电机拖动的一块板或由旋转电机拖动的一根丝杆，而是特指一种运动容器，它是一种环形数据缓冲器，这里要引用数据结构的概念，环形数据也叫圆形数据，它有一个特点不同于普通的线性缓冲器（即队列），就是先进先出，普通的是后进先出，而且当一个数据元素被用掉后，其余数据元素不需要移动其存储位置。相反，一个非圆形缓冲区（如一个普通的队列）在用掉一个数据元素后，其余数据元素需要向前搬移。

这个特性用在轴容器中，可以实现基本的读写功能和存储功能，比如用户写了"G00 X=100 Y200 Z=-500"。轴容器处理的时候也会先处理 X，然后 Y，然后 Z。并且由于环形数据结构事先明确了缓冲区的最大容量（因为是闭环的，有限空间），所以也决定了轴最多有 31 根。

轴容器可以实现把本地轴和链接轴分配到通道中。链接轴就是指实际轴不光受到本地 NCU 控制，还受到外部其他 NCU 的控制，也就是遥控的外部轴。因此也就证明了轴容器是个通用的数据结构体，所以它必须具有对外的数据接口。这就间接暗示了接口系统的重要性。

有必要搞清楚，在所有轴的具体属性中，几何轴具有最高属性，这也就是为什么只要声明这根轴是几何轴，那么编程时就需要写几何轴的名字才能生效，其次是通道轴等，机床显示轴名称是最低的属性，只起显示作用。几何轴可以转为通道轴，通道轴也可以转为几何轴。即可通过 GEOAX 函数来实现。具体见专题论述。而定位轴对于所有的轴属性均可应用，即每种轴都可以进行定位，如一根轴几何轴名为 GX1，通道轴名为 CX1，则定位轴指令可以写为"POS[GX1]=100"或"POS[CX1]=100"是一样的，反之，这根轴已经具有了几何轴的最高属性，就不可以使用"G1 CX1=100 F1000"这样的指令，而应该使用"G1 GX1=100 F1000"。

定位轴是一种非常底层的运动模式，S120 驱动本身就有，因此它是一种基本属性。轴容器的使用过程就相当于先将一杯水装入一个塑料杯（定位轴），然后将此杯子再套入一个纸杯（通道轴），然后将此纸杯套入一个印有广告的金属杯（几何轴）一样。

1.4.4　坐标系（Frame）

建立了方式组、通道、轴以后，需要关注的就是坐标系了，在数控中，常称为框架，坐标系的配置不是唯一的，而且经常需要转换和运动，可将这些可变换坐标系看做框架（Frame）。

一般均采用笛卡尔右手坐标系，如图 1-47 所示。

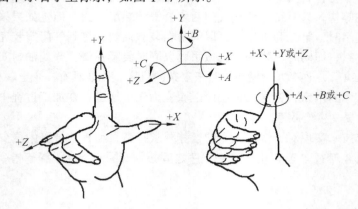

图 1-47　坐标系右手规定

840D 常用的框架坐标系如图 1-48 所示，很繁琐，也很抽象，它是采用层级叠加方式产生的，最初的坐标系被称为机床坐标系，经过层级变换和级联，终成工件加工坐标系。当然，大部分厂家的机床都只是采用了其中一些坐标系，而没有全部采用，西门子是把几乎所有可能的坐标系扩充组合到一起供用户使用。

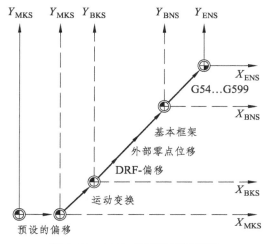

图 1-48　840D 坐标系框架规定

1.4.5　插补和联动

坐标系基本构建完毕，就开始谈运动了，数控最重要的运动当然是插补和联动。数控的核心其实就是算法，具体来讲就是运动轨迹控制的算法，简单来讲就是插补，先说单轴插补，单轴插补就是走直线运动，因为只有一个轴，所以一般轨迹是走直线，插补就是插值和补偿，具体来讲就是根据进给速度的要求，在轮廓起点和终点之间计算出若干个中间点的坐标值，然后依照这些坐标点走轨迹。两轴插补就可以走圆弧了，多轴插补自然还是走圆弧或直线，只不过在这个过程中还可以旋转刀具，实现刀具的矢量控制，因此可以实时控制刀具的中心。联动就是特指多个轴以上共同走一个轨迹，如果说一个轴或两个轴的轨迹控制成为插补，那么多个轴的轨迹控制就成为联动，此时每根轴都可以看做一个单独的函数，而整体就组成了一个泛函，实现多轴联动的直线插补并不困难，但是实现圆弧就比较困难了，因为涉及补偿理论和积分理论。

综合来看，这一切都是轨迹控制，而轨迹位置控制一般分为如下几种：

（1）点位控制。只关心如何快速准确地到达最终目标位置，而不管中间运动过程如何，因而无需联动也可以实现，如钻床的钻孔定位过程。数控和机器人中常用 PTP 指令来实现。

（2）连续控制。不同坐标间以固定的比例，匀速或等间隔地以直线运行关系移动到最终目标位置，是一种最简单的联动控制，如车床车锥面，或者铣床铣斜面。数控用 G01，G02 等指令来实现。

（3）轮廓控制。不同坐标间以确定的非比例运动关系，沿着一个确定的目标曲线或者曲面移动，直到最终完成，显然是需要联动控制的，比如最简单的圆的车铣加工、复杂的曲线车铣加工、及高要求的自由曲面铣削加工等。数控用后处理软件组合 G01，G02 或使用特殊工艺指令来实现。比如用一个电子齿轮来做，用一个多项式插补来做。

1.4.6　测量控制与无人自动化

自动化的核心就是关注测量和控制环节，卡尔曼提出了现代控制理论的两个重要的原理：能控性原理和能观性原理。如果测量控制实现了完全不需人类参与而能够自发进行，则成为真正无人自动化，俗称"黑灯工厂"。其实，控制的终极目的就是完全实现真正无人自动化。自动化生产的目标就是无人化，因为无人自动化意味着机器可以完全脱离人为干涉而依靠已经设定的规律来运动。据说发那科公司有一个无人参与、制造机器人的黑灯车间。在无人自动化生产线上，物料进入上料工位后会自动触发传感器，同时各种计量仪器进行自动连接，扫码芯片或者照相入数据库。关键质量控制工位设置了数据自动采集和录入系统，可对质量参数、维修数据进行收集分析，同时进行质量预警显示。此外，当总装线超前生产时，可通过安灯（Andon）看板传达到自制件，自制件立即做生产调整，当自制件生产逾期时，也可通过实绩看板反馈给总装，总装立即做生产调整，实现总装和自制件生产匹配。

在"完全集成自动化生产线"上，必须是所有工位无人的，实现了自动测量、自动控制、自动补偿和分析，甚至自动维修和保养，也就是实现了无人化地测量和控制。

先说测量，测量可分为在线测量（一般无人参与）和离线测量（一般有人参与）。在线测量一般为实时测量，比如实时监测外圆的直径，边切削边检测外圆直径变化量，达到给定值就停止；离线测量就是比如加工好一个工件，每隔 25 件检验一下工件是否合格，此时抽检一个工件拿到三坐标测量机上面去检验，根据报告调整加工的尺寸，一般在汽车生产线中，轴类加工测量采用在线测量外圆，缸体缸盖线加工中一般只有珩磨机会涉及在线测量工艺。缸体类的曲轴孔加工过程中也实现了在线测量。这个环节仿佛并不复杂，为何能够完全实现？关键在于曲轴测量容易实现，珩磨孔测量也很容易，而且所用的砂轮或特殊涨刀机构可根据传来的补偿值进行及时修正。而对于其他成型刀具此法并不适用。

在线补偿程序并不十分复杂，相反，在线程序更加简单，在线测量只是根据在线测量仪器的反馈值进行实时调整。对于大多数箱体类零件难以实现在线测量的原因是：① 某些特殊的尺寸实现在线测量的难度太大，如在线测量台阶、小孔或面（需要至少打三点，浪费节拍）等。② 传统控制理论认为：人类也是整个控制环节中的一环，在线测量难以实现的情况下，人类可以充当中间环节来测量尺寸，更改尺寸。③ 大部分箱体类零件使用的都是成型刀具，而不是动态刀具，只能通过修正坐标系来实现补偿，而且也不像轴类加工那样需要频繁地修正坐标系。

如果存在一个无人车间，那么它一定能实现全部尺寸的在线测量吗？不一定，或者说不可能。因为某些尺寸在线加工情况下不可被测量，所以一定要有离线测量的环节。所以，本质上只要能够实现离线测量无人化和离线补偿无人化，就可以完全实现无人自动化车间。

离线测量也有许多亟待解决的问题：第一，离线测量过程中需要将数据远程补偿传输到目标系统；第二，离线抽检需要机器人和移动小车等进行配合；第三，对于采集到的数据如何进行自动地分析和计算补偿。

离线测量无人化的基本过程是使用机械手等将待测工件取出拿到三坐标测量机上面进行测量，经过计算机分析后再将补偿值回传到各个加工站位，这就实现了离线补偿。

于是，这里总结出实现无人自动化生产线的三个重要原理：

（1）离线测量无人化。离线尺寸获取可通过机械手或机器人取出工件而后放在测量机器上测量来实现。

（2）离线补偿无人化。如果加工刀具可以进行实时修正和补偿，可以直接将测量机构的补偿值作为信号输入实现离线补偿；如果加工刀具不具备此种功能，则必须将补偿值转换为加工程序的坐标系修改值或加工程序的修改值输入加工工位。

（3）维护无人化。日常的维护过程包括检查传感器、机械部件、比较程序等，都是各种简单操作的组合，因此可以考虑将这些维护操作编程程序，让机器自动实现。目前，在国内还未能完全实现这一切，这里只是概念上的推理和分析。

注意，仅仅关注自动化而忽视对工人的培训，如果工厂管理未发生实质性改善，很有可能采用自动化的工厂反而缺乏效率，会影响产品的质量。

1.4.7 应用类比思想来分析数控系统

三元八类划分，如何用八类涵盖万象？西门子 840D 各种问题均围绕分类的概念来做，比如报警共分为系统通用类报警、通道类报警、轴类报警、用户自定义报警等，而参数区相应也是通用参数、通道参数、轴类参数、设定参数等，数据块也分为方式组数据块、通道数据块、轴数据块、自定义数据块等。

用类比的思想来分析事物，数控系统被分成了 NCK+PLC，HMI，DRV 这三大系统。日常常用的软件有 SinuCom ARC，Notepad++（设计分析 NCK 程序），STEP7（设计分析 PLC），HMI Pro（设计分析 HMI）。拿 NCK 来讲，程序中必然有个起始的主程序来调用一大堆子程序，程序中也必然包含全局变量和局部变量。因此可以类比，要求 PLC 程序中也会有主程序、子程序，也要包含全局变量、局部变量等，HMI 自然也要如此，具体来讲，NCK 程序中有 MPF 作为主程序，对应 PLC 中有 OB 组织块做主程序，NCK 有 SPF 做子程序，PLC 有 FC，FB 做子程序，NCK 中有全局变量（位于 def 文件夹下），以及局部变量（子程序中定义），则 PLC 中对应的就有全局变量（符号表可见，交叉参考可见），以及局部变量（FC，FB 块中可见）。HMI Pro 相应地也可定义全局和局部变量。因此，万事万物都可以适当地类比。

综三元于一体，合万物于一心，先观一例，如图 1-49 所示，报警机制问题，报警综 NCK，PLC，HMI，DRV 于一体，经过报警服务器的整合处理，最终输出。

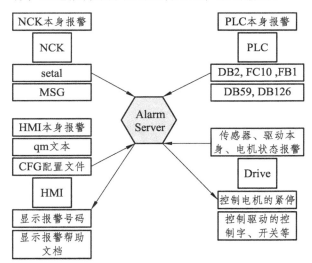

图 1-49　报警的核心机制

再举一例，数控的各种服务中包含如下几种分类：

（1）Variable Service ——变量服务（创建，修改，删除变量）；

（2）PI Service —— PI 服务（登录事件，调用程序事件等）；

（3）Domain Service ——域服务（网络域，集中管理）；

（4）File Service —— 文件服务（创建，修改，删除文件）；

（5）Alarm Service —— 报警服务；

（6）Trip Recorder —— 过程记录（过程的状态分析记录）；

（7）Trace Server ——跟踪服务（变量，过程的实时跟踪）。

如图 1-50 所示，简单地将常用的一些接口对象关联起来，形成一张关系草图。

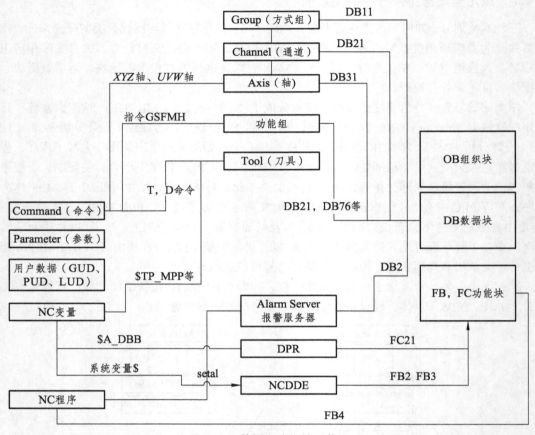

图 1-50　数据和功能关系草图

这个图并没有包含所有的内容，只是一些常用的核心内容，左边大略可以作为 NCK 部分，右边是 PLC 部分，中间是主线，路径上的字符就表示两个部分之间的关联数据。比如 NCK 和 PLC 之间的数据交换，可以采用 DPR 来实现，那么 PLC 一侧需要的是 FC21 这个数据块，NCK 一侧需要的是$A_DBB 这样的变量。

1.5　840D 数控系统的文件系统数据结构

数控应用中，参数配置、程序文件、系统变量均要用适当的数据结构组合到一起，才能发挥其作用，一般常用文件系统来实现，文件系统的数据结构表现为 HMI 中显示的目录结构。原则上任何能通过 HMI 目录结构寻找到的区域都可被数控文件操作指令来调用。常见的目录结构为树形结构。文件的数据结构是十分重要的，因而在开篇时就应该指出。文件系统结构相当重要，数控是将 PLC，NCK，DRV 综合为一体，且含 HMI，因而其结构十分复杂。

1.5.1　系统 CF 卡文件夹下的总体目录结构

如图 1-51 所示是一个 CF 卡文件系统总体概览图，它包含了常用的主要文件夹。

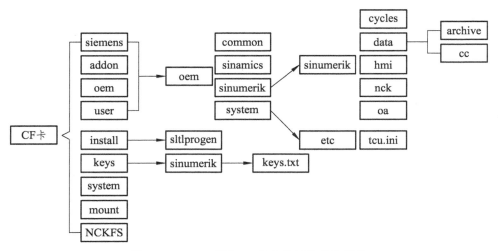

图 1-51　840D 系统 CF 卡文件架构总体概览

由图 1-51 可以看出，CF 卡相当于硬盘，可以分为很多文件夹，其中主要的有 Addon，oem，siemens，user，install 文件夹中包含 sltlprogen 这个压缩文件夹，它是由 hmipro 生成传输到系统中的，展开后就变为了 HMI Pro 的各种画面文件。keys 文件夹中主要包含 keys.txt 文件，也就是注册码文件，用于许可证的管理。system 文件夹相当于我们计算机的系统盘。mount 中包含了一些额外的硬件。NCKFS 非常重要，其中包含着 NCK 文件系统的所有程序文件，也就是日常打交道最多的 NC 加工程序部分。

我们主要关心 Addon，oem，siemens，user 4 个文件夹和 NCKFS 文件夹。

1.5.2　四大文件夹概述

CF 中主要的就是 4 个大文件夹：Addon，oem，siemens，user。这四个文件夹目录结构也都基本一致。我们选出一个 oem 作为代表来看，基本上都具有 common，sinamics，sinumerik，system 这几个文件夹。其中 sinamics 文件夹和驱动 DRV 有关系，一般不关心，sinumerik 文件夹管理数控系统的相关配置，是我们重点关注的对象。

oem 文件夹结构与 addon，siemens，user 差不多都一样，如图 1-52，包含如下目录文件夹：common，sinamics，sinumerik，system。

```
系统CF卡
addon
oem
    common                        21.3.86    17:49:05
    sinamics                      21.3.86    17:49:05
    sinumerik                     3.1.94     00:18:52
    system                        21.3.86    17:49:05
    versions        xml      871  2.1.94     20:10:56
```

图 1-52　oem 文件夹概览

oem 文件夹中的 sinumerik 文件夹是我们重点关注的对象。

一般制造商制作的 DB2 形式的报警文本、二次开发的画面、应用程序配置等都位于

oem/sinumerik/hmi 目录下。oem 下有个特殊的文件夹 data，如图 1-53 所示。data 中包含两个文件夹，一个 archive 就是日常保存备份的最终路径文件夹，一个 cc 文件夹用于放置编译循环。

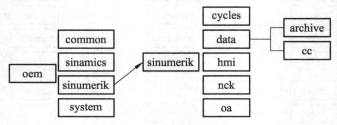

图 1-53　oem 文件结构举例

如图 1-54 所示，addon 中也包含如下目录文件夹：common，sinamics，sinumerik，system。对制造商而言，addon 中主要是包含 HMI Pro 传输过来的有关的画面文件，位于 addon/sinumerik/hmi 目录下。

系统CF卡				
addon				
common			21.3.86	17:49:05
sinamics			21.3.86	17:49:05
sinumerik			21.3.86	17:49:05
system			21.3.86	17:49:05
versions	xml	176	1.1.94	03:41:28

图 1-54　addon 文件夹概览

Siemens 下结构也一样，如图 1-55 所示。

系统CF卡				
addon				
oem				
siemens				
common			21.3.86	17:52:54
sinamics			1.1.70	00:00:00
sinumerik			21.3.86	17:53:16
system			21.3.86	17:49:05
sinamics	cfs	17952768	21.3.86	17:49:29
versions	xml	2584	21.3.86	17:49:29

图 1-55　Siemens 文件夹概览

siemens 目录下是 840D 数控本身的目录，一般不允许做随意更改。

user 下结构也一样，如图 1-56 所示。user 为用户目录，具有最高的优先级，也是关注的内容。user 下还有一个特殊的文件夹 log，位于 user/sinumerik/hmi/log/下，内含许多重要的记录文件，如报警记录文件、动作记录、优化测试记录、跟踪记录等等。位于 user/system/etc 文件夹下的 TCU.ini 文件也被经常用来设置 TCU 的相关参数。

依照三元八类的分类方法，可将 CF 卡文件夹分成 4 个大类：与 PLC 有关的文件夹，与 DRV 有关的文件夹，与 HMI 有关的文件夹，与 NCK 有关的文件夹。

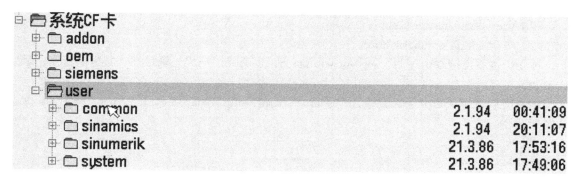

图 1-56　user 文件夹概览

1.5.3　与 PLC 有关的文件目录

PLC 安装在系统目录下，对于用户来讲，我们主要关心 user 或 oem 下的内容，位于 user\sinumerik\plc\是一个目录，其中可能包含用户自定义的 PLC 文件，oem\sinumerik\plc\symbolic 中可能存放由 PLC 符号表生成器生成的符号数据。

1.5.4　与 DRV 有关的目录

系统驱动文件一般位于此路径/card/siemens/sinamics。而用户的具体驱动配置则会展开到此文件夹下，如图 1-57 所示，路径为/card/user/sinamics/。

Name	Size	Changed
..		13/07/2004
data		20/03/2015
DP3.SLAVE15.NX		28/09/2011
DP3.SLAVE3.CU		28/09/2011
oa		13/07/2004
versions.xml	249	18/09/2015 8:17

sinamics
/card/user/sinamics

图 1-57　sinamics 文件夹概览

备份时，这些 user 中的驱动文件会被备份到 DRV 文件中。

可以看出，驱动的目录为 sinamics，如果用户接触过 S120 的驱动系统，则会触类旁通，联想到是否 sinamics 下的文件就是 S120 系统中 CF 卡下的文件？对，但是也并非完全一致。数控 840D 是对 S120 等这些伺服控制器的超集，只是利用其做驱动器，比较后发现，原本的 S120 固件版本中的 code 和 data 文件都只被 840D 利用了一些。本书目的主要是将数控同其他领域结合来看，相互比较和分析，找出共性。数控是驱动的高级表现形式，有条件的工程师最好先接触学习 S120 驱动，然后深入学习 Simotion 驱动系统，最后再学习数控 840D，这样循序渐进，效果最好，如果一开始就接触 840D，大多数人很难掌握要点。

1.5.5　与 HMI 有关的目录

前述可知，用户制作的 HMI 相关的文件主要都位于以下 3 个文件夹下：

（1）/card/user/sinumerik/hmi/；

（2）/card/oem/sinumerik/hmi/；

（3）/card/addon/sinumerik/hmi/。

优先级也就是搜索顺序为 user→oem→addon，也就是用户优先级最高，其次制造商，最后 HMI Pro。

HMI 主目录下又可分为大致这几个子目录：appl，cfg，data，hlp，ico，lng，proj 等，如图 1-58 所示：

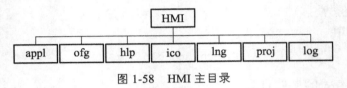

图 1-58　HMI 主目录

其中，appl 为应用程序存放处，常用于存放应用程序的画面，一般为编程包二次开发所得，或者是 HMI Pro 自带的应用程序对话框等；cfg 为配置文件存放处，如存放报警文本的设置文件、菜单的配置、画面的配置等；hlp 存放报警帮助文档等；ico 存放画面相关的图片和图标；lng 存放项目语言相关的文件；proj 存放扩展接口生成的工程文件等；log 前述可知，存放一些记录文件。

1.5.6　与 NCK 有关的目录

NCK 文件系统简称为 NCKFS，它包含的目录有 CMA，CST，CUS，DEF，MPF，SPF，WKS，SYF，如图 1-59 所示。

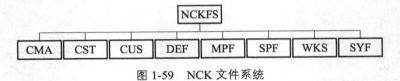

图 1-59　NCK 文件系统

（1）工件程序：Work pieces（后缀名 WKS）；

（2）子程序：Subprograms（SPF）；

（3）主程序或称零件程序：main program 或 part program（MPF）；

（4）西门子循环：cycle of standard Siemens（CST）；

（5）制造商循环：cycle of manufacturer（CMA）；

（6）用户循环：cycle of user（CUS）；

（7）循环文件下包含*.SPF 或*.CPF 子程序；

（8）全局定义：definitions（DEF）。

注意：DEF 文件夹下一般包含 GUD 变量定义和 MAC 宏定义两种文件。

1.5.7　归档为备份文件

前述的各种文件夹在数控系统中都是分立的，分属不同功能派别。对于设计和调试，还有一些特殊的文件需要认识。有时当系统出现致命错误时，必须从整体上恢复，这时就需要一个备份文件可以进行全盘的恢复。而从整体观设计角度出发，当整个数控系统设计之初，需要从全盘上考虑和规划整个系统组成，因此，决定了必须进行文件的归档处理工作。表 1-1 为西门子数控系统支持的各种归档文件格式。

表 1-1　数控归档格式

*.arc	NC，PLC，SDB，or DRV archive
*.ucz	Expert component
*.upt	Topology project
*.upz	Expert project
*.uss	Step XML，step properties
*.ust	Comparison topology
*.usz	Executable Linux package
*.utz	User-specified topology

其中，arc 文件基本尽人皆知，为调试完成后做的各种备份文件，包含 NCK，PLC，驱动参数的各种信息，可以说是一个最小系统的压缩包。此类型的存档可通过调试维护软件 SinuCom ARC 编辑。前述可知，此类数控系统的备份文件一般存放于 oem 目录下的 data 文件夹中的 archive 文件夹。

ARC 备份文件备份的主要内容如表 1-2 所示。

表 1-2　ARC 备份的主要内容

组件	数据
NC 数据	·机床数据； ·设定数据； ·选项数据； ·全局（GUD）和本地（LUD）用户数据； ·刀具和刀库数据； ·保护区域数据； ·R 参数； ·零点偏移； ·补偿数据； ·关注、全局零件程序和子程序； ·标准循环和用户循环； ·定义和宏指令
带有补偿数据	·PEC——象限误差补偿； ·CEC——直线/悬垂度补偿； ·EEC——丝杠螺距/编码器误差补偿； 提示：只有当调试文件需要再次载入同一个控制系统时，才建议存档机床专用的补偿数据
带编译循环	存在编译循环的情况下才会显示编译循环（*.elf）选项
PLC 数据	·OB（组织模块）； ·FB（功能模块）； ·FC（功能）； ·DB（数据模块）； ·SFB（系统功能模块）； ·SFC（系统功能）； ·SDB（系统数据模块）； 系统数据模块只能保存硬件设置，不能保存程序逻辑

组件	数据
驱动数据	选择以二进制格式或 ASCII 格式
HMI 数据	·文本：机床制造商的 PLC 报警文本、循环报警文本、零件程序信息文本； ·模块：单个模块、工件模块； ·应用程序：软件应用程序，例如机床制造商的； ·设计； ·配置：配置包括显示机床数据； ·帮助：在线帮助文件； ·版本数据； ·日志：例如运行记录器、截屏； ·程序列表； ·字典：用于简体中文和繁体中文（IME）； ·数据备份：通道数据、轴数据等，ASCII 格式； ·本地启动器上的程序：保存在 CF 卡上用户存储区中的程序

但剩余的几种文档文件基本上没有多少人知道，这几种都是由一个软件生成的，称为 CreateMyconfig，简称为 CMC 软件，它是专供制造商用来设计整个机床文件配置构成的软件，其主要的设计是关于系统参数、报警、ARC 文档传入、topo 数据设计等各种重要流程的集合。

掌握了这套工具，对于西门子数控的认识会更上一层楼，步入真正的 Expert 的行列。知其要者，一言而终。不知其要者，流散无穷。此工具软件的详细用法将在后续章节介绍。可惜此软件国内几乎无人知晓，而相关的培训也只在德国总部才有。

最后还有两种文件，一种就是常见的 ghost 文件，后缀为 gho，一种是 Linux 镜像文件，后缀为 tgz，两种都是对数控做整盘备份后生成的文档，相当于系统的备份光盘。至此，对于数控的文件结构从化约角度出发经过各种分析最终又回归到了整体，而由整体的备份经过系统读取和展开就可以又变为各个子文件[①]。

---

① 程子曰：其书始言一理，中散为万事，末复合为一理。放之则弥六合，卷之则退藏于密。其味无穷，皆实学也。善读者玩索而有得焉，则终身受用之，有不能尽者矣。类比于数控，始言一理专注于位置（空间）和速度（时空）精确控制，中间展开为万事万物各种算法理论的实现，最后再合成为几个备份甚至一个备份。再以牛顿之力的概念作类比，牛顿的力等于质量和加速度的耦合，加速度就是速度对时间的变化率，而速度又是位移对时间的变化率，位移就是空间变化，因此力不过是用来描述和解释一个质量点在空间变化和时间变化过程中的一个量。爱因斯坦的能量方程也可类似的分析，也是一种关于时空的描述形式而已。数控也必须是如此，运动控制领域就是对于时空变化的精确体现。

2 四相之 PLC 程序设计

绝大部分 PLC 程序都是用梯形图的表示方法，梯形图的表示方法容易被大多数人接受和理解，如果一个程序可以用简单的梯形图来实现，就不需要用 STL 语句表或 SCL 等复杂的办法，这是一个基本原则：不要将简单的事情复杂化。语句表等底层语言适用于处理地址，指针，大量需要批处理的数据，而对于一般的应用和调试，不必深究。我们可将 PLC 的编程思路简单理解为 logic（逻辑）。逻辑为体，梯形图为用。逻辑通常有 3 个方面的含义。

（1）规律，事物完成的序列。

（2）事物流动的顺序规则。

（3）事物传递信息，并得到解释的过程。

逻辑就是思维的规律、规则。至此，应该可以知道，PLC 只是逻辑学在工业控制领域中的一个实现方式。不能仅仅将 PLC 程序看作是检查开关通或断，电机是不是在转，这样简单的二进制和过程变量，PLC 是一门艺术，是关于逻辑思维的艺术。而当我们在面对一个虚无缥缈、从天而降的概念时，最好的应对方法就是直接看实例。因此，本章涵盖很多实例应用，可以让读者掌握逻辑的精髓。

PLC 程序的架构也要做到通用性、标准化和可扩展。目前 840D sl 中基于的 S7-300 Toolbox 程序架构包中包含了 OB 组织块、FB、FC 等功能块和功能，DB 数据块和 UDT 模板，以及 SFC 等基本系统功能。

Step 7 是一个统一的软件操作平台，各子软件可通过全局变量表共享全局数据。因此，假如在 Step 7 中定义一个变量则该变量经过全局变量表可以被其他 HMI 软件使用。再如，当 HMI 软件安装好之后则会被集成到 Step 7 中，如 WinCC flexible，HMI Pro。仿真软件、安全集成软件也会被集成到 Step 7 中。博途软件未来有可能将几乎所有的西门子应用软件都集中到一个统一的平台。

本章也依照分类原则，先谈 PLC 硬件部分，然后谈框架的设计（核心程序架构类），接着是监视诊断，最后阐述加工中心和输送机构的 PLC 控制规范（特殊功能类）。

2.1 PLC 硬件配置概要

硬件配置是骨架，硬件配置如果设置不当，则软件程序根本无法正常执行。硬件配置的任务目的就是在 Step 7 中产生一个与实际的硬件系统完全一致的系统，例如，生成网络，网络中各个站的机架和模块，以及设置各硬件组成部分的参数。硬件组态还需要确定 PLC 的输入输出变量的地址分布情况，为用户设计软件程序打下基础。

2.1.1 硬件序列号的含义

选择 Step 7-hardware 中的 Catalog 查找相关的硬件就可以将所需的硬件添加进去，为了更加方便地查找硬件，首先要明白西门子硬件序列号的含义，一个配置案例如图 2-1 所示。

S...		Module	...	Order number	
1					
2		CPU 315-2 PN/DP		6ES7 315-2EH14-0AB0	
X1		MPI/DP			
X2		PN-IO			
X2		Port 1			
X2		Port 2			
3					
4		DI32xDC24V		6ES7 321-1BL00-0AA0	
5		DI32xDC24V		6ES7 321-1BL00-0AA0	
6		DI32xDC24V		6ES7 321-1BL00-0AA0	6ES7 321-1BL00-0...
7		DO32xDC24V/0.5A		6ES7 322-1BL00-0AA0	
8		DO32xDC24V/0.5A		6ES7 322-1BL00-0AA0	
9		DO32xDC24V/0.5A		6ES7 322-1BL00-0AA0	
10		DO32xDC24V/0.5A		6ES7 322-1BL00-0AA0	

图 2-1　硬件配置示例

以图 2-1 中 6ES7 321-1BL00-0AA0 模块为例，其中：

6ES：表示西门子自动化系统系列。

7：S7 系列（5：S5 系列）。

3：300 系列（2：200 系列，4：400 系列）。

2：DI/DO（1：CPU，3：AI/AO，4：通信模块，5：功能模块）。

1：输入[2：输出，3：输入输出（对于数字量），4：输入输出（对于模拟量）]。

1：功率等级（数越大功率越强）。

B：晶体管（H：继电器，F：交流；如果是模拟量，K：通用型，P：温度信号）。

L 表示 32 点（F：8 点，D：4 点，B：两点）。

00：版本 0.0（如果最后一位数字不同，基本上可以通用）。

0XA0：后缀，用于描述特殊功能。

另外，可在 Step 7 中通过查找关键字搜索相关的硬件，如图 2-2 所示，欲找寻 ET200 相关的硬件，只需敲入 "ET200" 关键字搜寻即可。

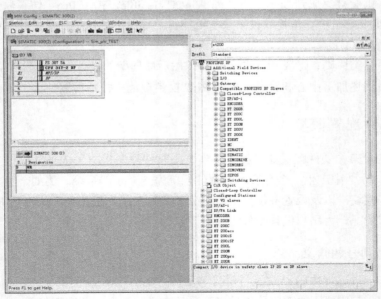

图 2-2　搜索硬件

2.1.2 硬件组态和网络布局设计

前述的配置调试章节中已经阐述了系统硬件组态的简单方法，此处再次对其进行详解。下载硬件配置之前，需要把各个硬件模块的属性设置好。各个模块的参数在相应的模块属性界面中设置。打开模块属性界面的方法：在硬件组态画面中，双击机架上相应的模块，会自动弹出相应模块的属性设置画面。

1. CPU 属性设置

首先，需要进行 CPU 模块的配置和系统存储区配置，这里顺便说一下 CPU 某些重要功能的设置。如图 2-3 所示，在硬件组态画面中双击机架上的 CPU，弹出该 CPU 的属性设置画面。

（1）设置 CPU 循环扫描时间和时钟字节。

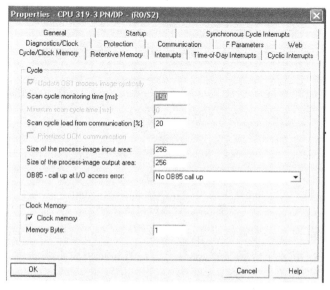

图 2-3　设置时钟

如图 2-3 所示，在 CPU 属性选项卡的 Cycles/Clock 子选项中，一个是循环扫描时间的设置，一个是下面的时钟字节设置，循环扫描时间一般不更改，但是在加了很多安全模块之后，可能必须要增加这个扫描时间，以免发生停机故障，时钟字节默认是 MB1，也就是说，MB1 的每一位都可以做特定的时钟脉冲，其意义如表 2-1 所示。

表 2-1　MB1 每一位的意义

Bit7	0.50 Hz	2.0 s
Bit6	0.62 Hz	1.6 s
Bit5	1.00 Hz	1.0 s
Bit4	1.25 Hz	0.8 s
Bit3	2.00 Hz	0.5 s
Bit2	2.50 Hz	0.4 s
Bit1	5.00 Hz	0.2 s
Bit0	10.0 Hz	0.1 s

（2）S7-300 CPU（使用 MMC 卡）的数据保持问题。

① 存储器（M）、定时器（T）、计数器（C）的可保持性取决于是否被组态为保持型，如果组态为非保持，则 Stop→Run 或者 Power Off/On 数据均被复位，如果组态为保持，则 Stop→Run 或者 Power Off/On 均被保持。

用户可以设置所有的 DB 块默认是掉电永久保持的。如果要取消只需要在 DB 块属性中将非掉电保持打勾即可，如图 2-4 所示。

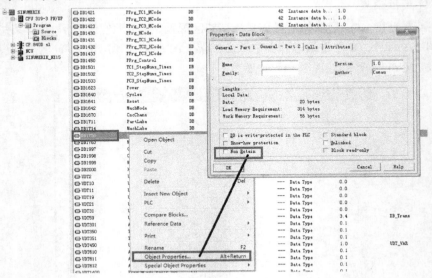

图 2-4　设置数据块保持

② M 存储区的掉电保存设置在硬件组态，双击 CPU，单击存储单元中可以设置，默认 M 区的 MB 存储区为 16。在定义保持属性后，M，T，C 数据都可以永久保持，如图 2-5 所示。

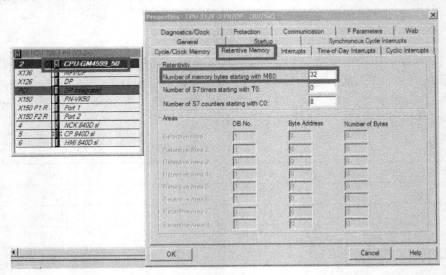

图 2-5　存储区数量设定

③ 注意一个过程映像存储容量的设置。

如图 2-6 所示，过程映像如果设置的太小，特别是设置范围小于驱动报文的大小，则不能正确地完成数据交换过程，此点要特别注意。

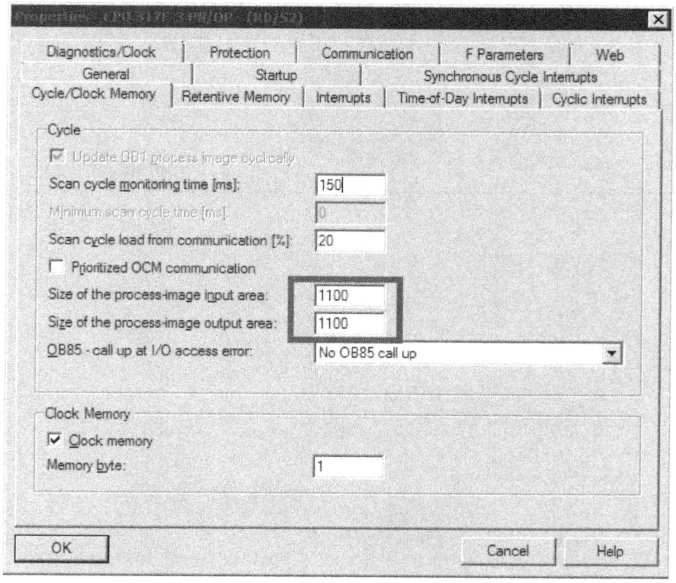

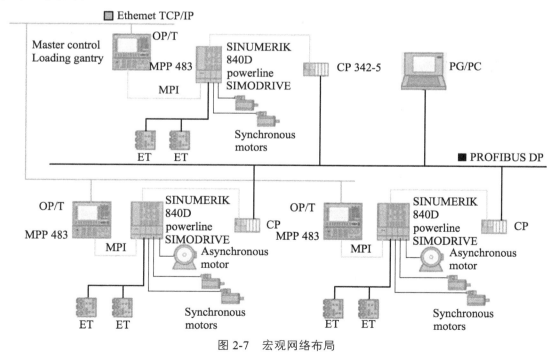

图 2-6 过程映像区设定

2. 通信网络设计和布局

站在一个车间角度看各条生产线，则网络设计和布局体现在工厂上层主机和各个生产线之间的通信和数据交互环节；站在其中一条机加工生产线的角度看，网络设计和布局表现在机械手（一般做中心主控单元）和各个子工位（加工中心）之间的通信和控制上，如图 2-7 所示是一个宏观的布局。

图 2-7 宏观网络布局

站在其中一台加工中心工位来看，网络设计和布局体现在主控制器（NCU）和各子模块之间的网络设计和布局上。如图 2-8 所示，是一加工中心上面的主要网络部件 layout 布局图。

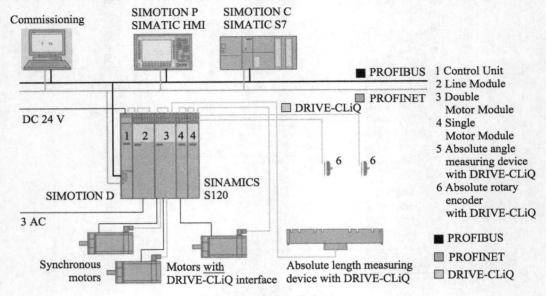

图 2-8　部件网络布局

通信网络主要关注 3 个方面：通信网络传输的介质、通信的具体协议和服务、PLC 和 PC 联网所需的通信处理器。

以前自动化的主流网络是 MPI 和 Profibus，但是慢慢地都被 Profinet 替代了。根据通信量由大到小来排列，分别是：工业以太网/Profinet，Profibus/MPI，AS-i。

工业以太网将会是未来的主流，它的通信速率快，传输数据量大，可以完全替代 Profibus。工业以太网的优势还在于其拓扑结构不仅有传统的总线型和树形结构，还可以组成环形结构，如图 2-9 所示。

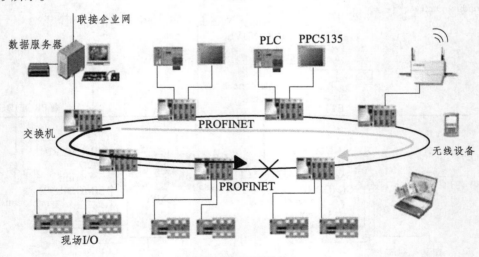

图 2-9　环形结构

当环形网络发生故障时，通过红色箭头方向无法寻址到其他站点，则以太网主机会自动的切换到蓝色路径来寻址，因此，以太网具备很强的冗余特性。

（1）Profinet 组网实战——Profinet IO 配置。

西门子的 PROFINET 分为 PROFINET IO 和 PROFINET CBA，PROFINET IO 是 IO Controller 和 IO Device 之间的通信，而 PROFINET CBA 是 IO Controller 以及代理之间的通信。

如图 2-10 所示，是一个复杂的工位网络布局图，基本上按照未来主流的 Profinet 来布局，采用两个路由器把内网（主电柜）和外网（外部控制模块）分开控制。安全的模块和元器件都通过 Profisafe 总线接入 ET200S 安全模块。布局的关键在于逻辑关系，并不在实现方式，逻辑清楚，万变不离其宗，布局不会浪费，所用器件力求可靠、合理，完成基本功能。

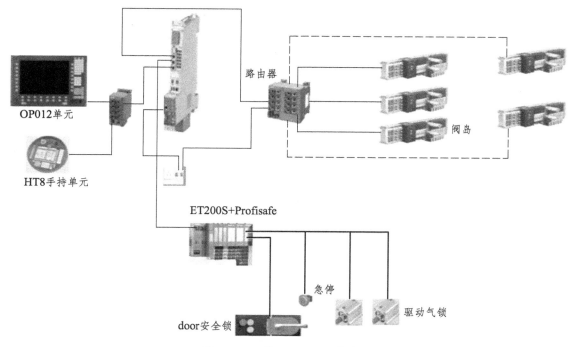

图 2-10　工位 Profinet 网络布局

将上述的布局示意图变为 Step7 的硬件配置图，即做到了抽象到具体的实现，如图 2-11 所示。硬件配置图用来实现子模块和网络的属性分配。

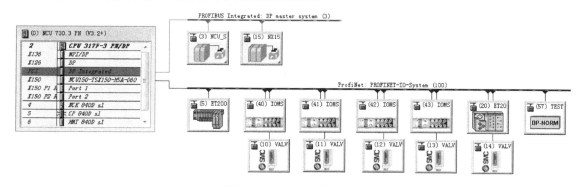

图 2-11　演变为硬件配置

配置 Profinet，打开 CPU 的 PN 接口模块，来新建一个 Profinet 网络，如图 2-12 所示。

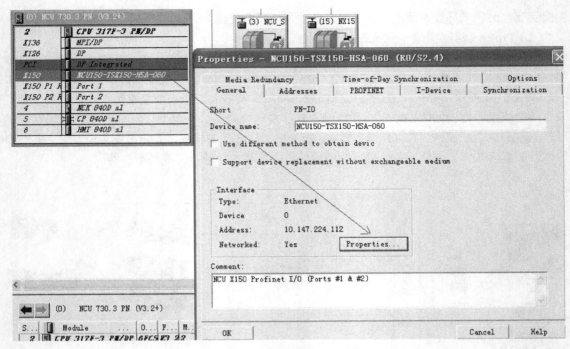

图 2-12　建立 Profinet 网络

如图 2-13 所示，配置两个网络：一个以太网，另一个 Profinet。

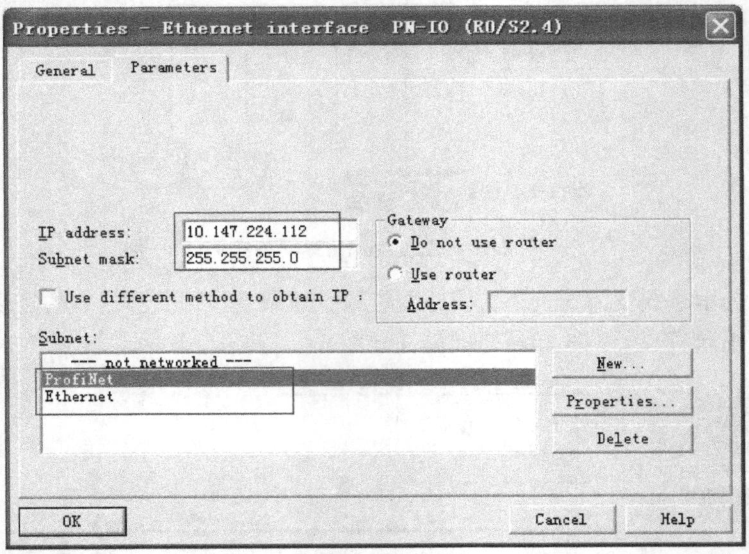

图 2-13　分配两个网络

注意一些具体参数，如发送时间等需要根据实际需求配置，如图 2-14 所示。

Profinet 重要的内容是配置 I-Device，这个特性与 Profibus 通信类似，这个称为 "I Device" 的功能同样适用于控制器之间通过 I/O 区域进行数据交换。该功能不需要像 TCP 或 UDP 那样进行通信编程，只需对硬件进行配置即可。这样，之前通过 PN/PN Coupler 进行通信的硬件方案也可以被取代了。

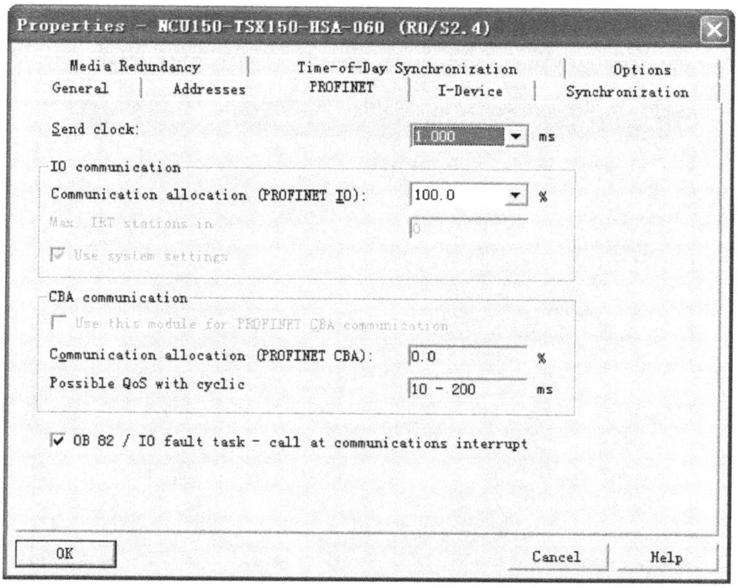

图 2-14　Profinet 属性

　　在作为上游控制器的 IO Device 的同时，一个 I Device 可以同时作为 I/O Controller（类似一个主站）带有自己本地的 IO Device，这两个角色可以在同一个 PROFINET 接口上实现。

　　配置 I-Device 具体做法如下，打开 HW config，双击控制器的 PN 接口，打开其属性窗口，在 I-Device 的选项卡上勾选 I-Device mode，激活 I Device 模式，如图 2-15 所示。

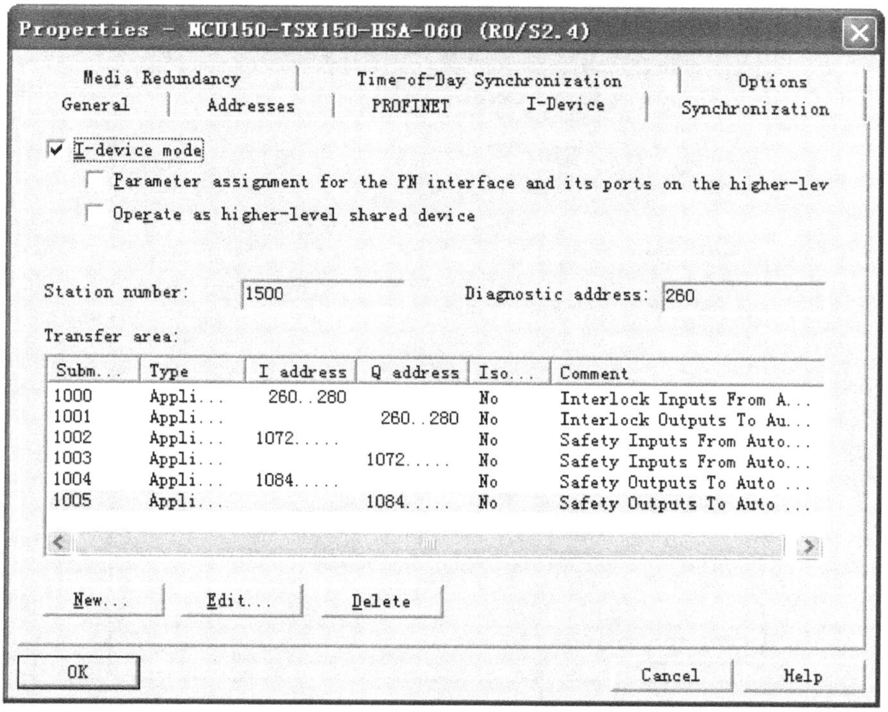

图 2-15　激活 I-device

在 I-Device 选项卡中，点击 NEW 可创建一条通道，比如创建一条发射通道，类型为 output，发送从 PQB260 开始的一段地址区，长度为 21 个字节，如图 2-16 所示。

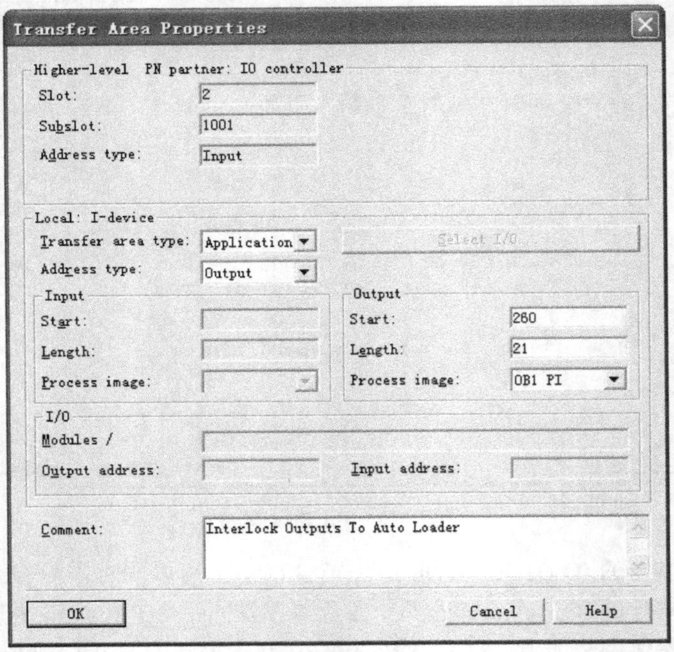

图 2-16　创建发射通道

创建一条接收通道，接收从 PIB260 开始的一段地址区，长度为 21 个字节，如图 2-17 所示。

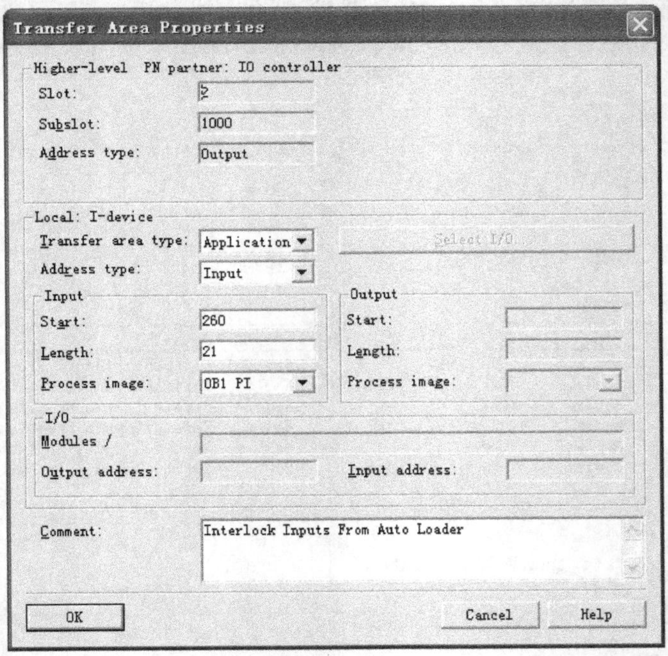

图 2-17　创建接收通道

配置好的 I-Device 可从 PN 组件属性中打开查看，如图 2-18 所示。

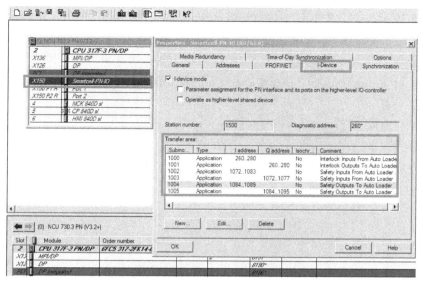

图 2-18　PN 组件属性

（2）Profinet CBA 组件设计。

如果存在第三方厂家的一些设备需要接入 Profinet 网，则可能需要使用 iMap 软件来配置基于自动化的组件，就是 CBA 组件方法。

SIMATIC iMap Step 7 Addon 程序包正是 PROFINET CBA 的一个组件，主要作用就是在 Step7 中生成 S7-300/400 站的 PROFINET Interface（接口）和 PROFINET Component（组件）；然后还需要另一个组态软件 iMap 来建立通信（代理）最后在 iMap 中下载，实现通信。

SIMATIC iMap STEP 7 Addon 可通过西门子官网获取最新的安装包，但是 SIMATIC iMap 必须要购买，旧的版本是 V3.0，但是只能在 xp 系统下正常安装，如果使用 Win7 系统，则安装进程会卡在 Registering application 这一步，此时需要强制结束这个进程，从官网下载最新的 iMap sp3 更新包，然后安装此更新包，才能顺利完成 iMap 的安装。

① 示例如图 2-19 所示，首先进行硬件组态配置。

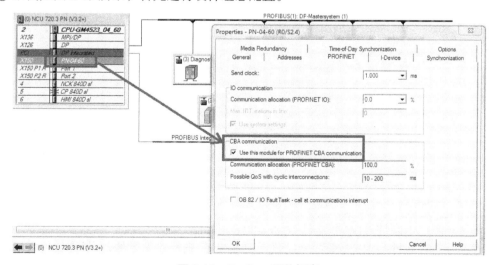

图 2-19　Profinet 硬件组态

② 如图 2-19 所示，选中 CPU 中的 Profinet 接口，然后将选项卡中的 CBA 通信选中。可在 OB1 中加入 FB90，DB90 进行通信。

③ 如图 2-20 所示，右键点击硬件 Create Profinet Interface 来创建组件的接口。

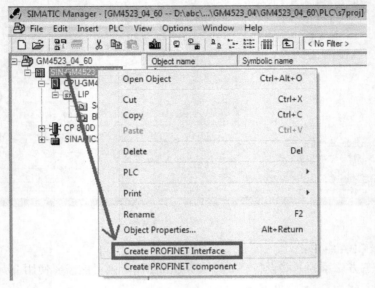

图 2-20　创建 profinet 接口

④然后可以看到详细配置，如图 2-21 所示，可以创建所需要的数据块。

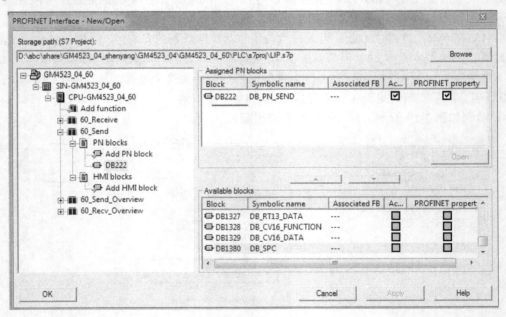

图 2-21　创建数据块

⑤ 再次右键点击硬件可以创建组件，如图 2-22 所示。

⑥ 可选择两种组件类型，如图 2-23 所示，在此我们选择单一组件，更新接口方式选择为自动更新。

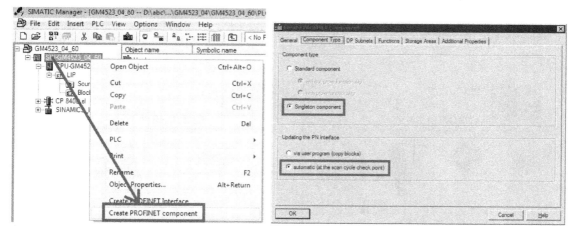

图 2-22　创建组件　　　　　　　　　　　　图 2-23　选择组件类型

⑦ 打开 iMap 软件，如图 2-24 所示，可以进行详细的 CBA 组件拓扑设计工作。

图 2-24　详细设计

这样就基本完成了 CBA 组件的设计，剩下的就是利用生成的 DB 数据块进行编程设计。

网络设计的目的就是尽量采用最可靠最方便的手段来实现通信，从某种意义上来讲，无线化，智能化是一种趋势，笔者预计未来几乎所有的工业网络都会采用无线以太网来实现通信的交互。

3. 特殊模块组态和设计

（1）Anybus 网络模块。

大部分西门子 PLC 习惯采用 Profibus 总线。假如外部设备采用诸如串口、以太网等设备，想转变为 Profibus 接口，则需要通过转换器，变为一个特殊的 Profibus 模块。又例如罗克韦尔的 AB-PLC 系统运用的是以太网接口，西门子运用的是 Profinet 接口，二者之间若要完成握手通信，则需进行转换器来关联。基于这种种考虑，我们必须使用一种通用的模块来完成类似的转换过程。

Anybus 是常用的一种协议转接模块，可以满足几乎所有的工业网络转换要求。它是瑞典 HMS 工业网络公司开发的产品，可以帮助连接几乎所有的现场总线和工业以太网。使用 Anybus 的典型串行应用包括变频器、传感器、执行器、人机界面、条形码扫描器、RFID 读写器和工业称重设备等。Anybus 可以采用一对一或一对多模式，Anybus Communicator 通过其可选的串行 RS-232/422/485 接口联接一台或多台（最多 31 台）自动化设备到现场总线或工业以太网，如图 2-25 所示。

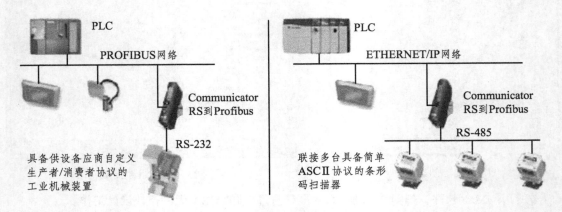

图 2-25　Anybus 通信连接示例

Anybus 部件外观示意图如图 2-26 所示。

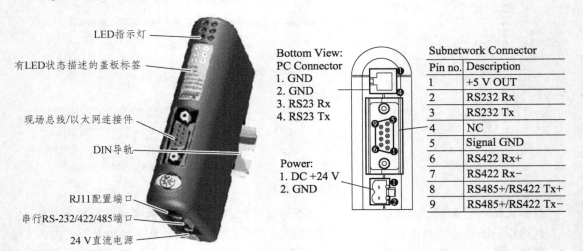

图 2-26　Anybus 外观和接口示意图

Anybus 模块上的指示灯代表的含义如图 2-27 所示。

（2）Anybus 智能的数据映射。

如图 2-28 所示，现场总线和串行网络设备之间所有交换的数据都被储存在 Anybus Communicator 内部的存储器缓冲区中。现场总线/工业以太网和自动化设备之间的数据交换使用 Communicator 内部的存储器的输入/输出缓冲区。这样，即使那些使用慢速串行通信的自动化设备也能集成到高速现场总线/工业以太网网络，而在网络方面没有任何限制。

配置实例，将一台带串口的相机接入 840D Profibus 总线之中。需要使用一个串口转 Profibus 的 Anybus 模块来完成任务。其硬件图纸如图 2-29 所示，相机的串口接入 Anybus 中，Anybus 转换为 Profibus 接入总线。而后将 Anybus 连接电源，将 Anybus 编程线连接至个人电脑，进行总线和输入输出模块的信号配置，配置完以后重启一次即可。

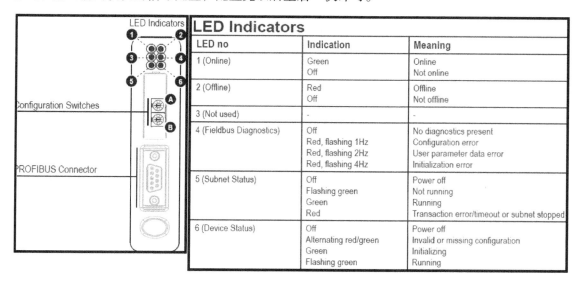

LED Indicators		
LED no	**Indication**	**Meaning**
1 (Online)	Green Off	Online Not online
2 (Offline)	Red Off	Offline Not offline
3 (Not used)	-	-
4 (Fieldbus Diagnostics)	Off Red, flashing 1Hz Red, flashing 2Hz Red, flashing 4Hz	No diagnostics present Configuration error User parameter data error Initialization error
5 (Subnet Status)	Off Flashing green Green Red	Power off Not running Running Transaction error/timeout or subnet stopped
6 (Device Status)	Off Alternating red/green Green Flashing green	Power off Invalid or missing configuration Initializing Running

图 2-27 模块指示灯含义

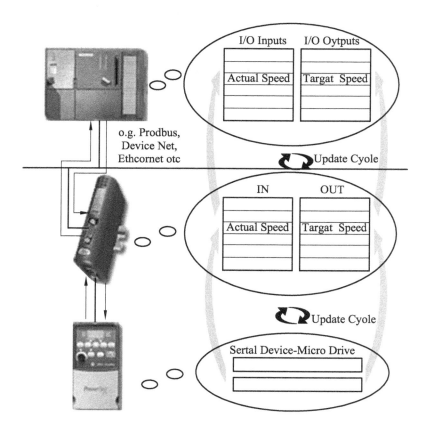

图 2-28 Anybus 数据交换概念

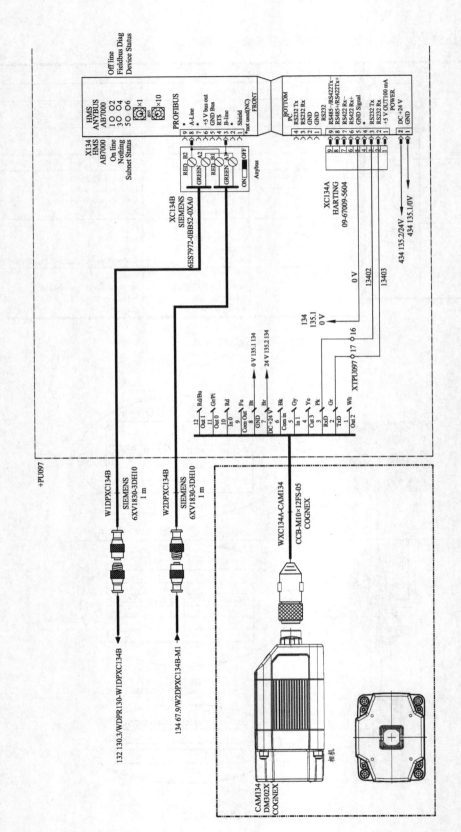

图 2-29　Anybus 模块硬件设计图纸

而后进行 PLC 硬件组态的配置，如图 2-30 所示，注意数据连续性那里需要选择 Total length。

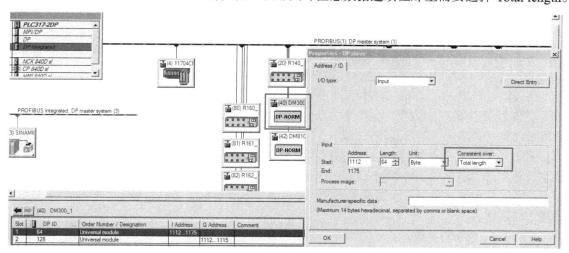

图 2-30　PLC 硬件组态

在 PLC 程序中一次性处理 64 个字节的相机输入信号，我们采用 SFC14 来解码，如图 2-31 所示，这样 IB1240-IB1303 的 64 个字节相机数据就可被读取了。

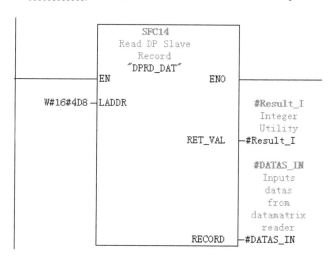

图 2-31　使用 SFC14 解码

这样就完成了串口转 Profibus 的 Anybus 应用。

（3）I/O Link 总线通信技术。

I/O Link 是第一种全球通用的可实现从控制器到自动化最底层级之间的通信的标准化 I/O 技术（IEC 61131-9）。通用的接口采用不依赖现场总线的点对点连接，借助非屏蔽式工业电缆工作。可取代 AS-interface 接口，还可取代一些 ET200 现场模块。

I/O Link 能将所有的传感器信号传输至控制系统，并反过来将控制数据传递至传感器/执行器层级。I/O Link 正是采用这种方式将每个传感器集成至现场总线层级。

I/O Link 简化了整个网络拓扑。其主控单元可与任何现场总线连接配合使用，以连接 I/O Link

传感器/执行器或 I/O Link 传感器集线器。此主控单元有多个 I/O Link 端口,因此它可以捆绑来自多个设备的数据并减少设备的数目。这是因为 I/O Link 传感器集线器能够采集并传送来自最多 16 个二进制传感器的开关信号。如果这些集线器已连接至 8 个端口 I/O Link 主控单元,则可以传送来自多达 136 个传感器的数据。I/O Link 主控单元上的每个端口可以选择以开关模式(处理二进制信号时采用 SIO 模式)或 I/O 通信模式进行操作,从而处理来自所有传感器的信息。

在传输过程中,I/O Link 主控单元几乎可以即时传送大量数据。在默认情况下,每个周期可传送高达 32 字节的过程数据。仅需要 400 μs 便可在 I/O Link 主控单元和设备之间以 230 kbaud 的传输速率交换两个字节的过程数据和一个字节的请求数据。

图 2-32 即是一个典型的 I/O Link 总线设计框图,其中的 2917 组件就是 I/O Link 的主控单元,此主控单元同上层总线(如 Profibus 和 Profinet)连接,相当于 Profibus 或 Profinet 总线的一个节点,然后主控单元可以接入很多传感器和输出点,或子模块(这点就是 I/O Link 与其他总线的最大的区别)。

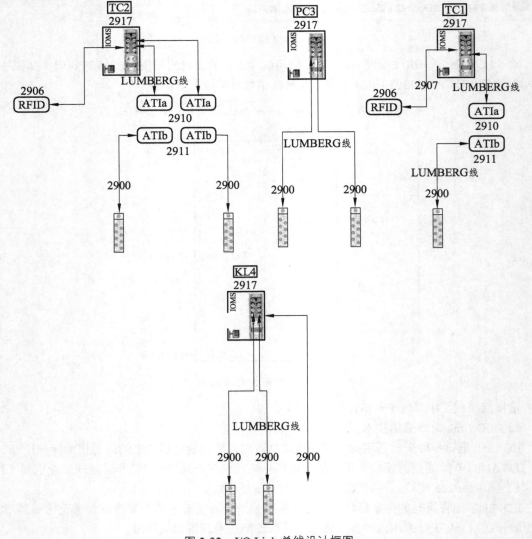

图 2-32 I/O Link 总线设计框图

我们取出其中一路来分析，由图 2-33 中可以看到，主控 2917 单元和子模块 2900 之间不仅可以使用直接连线方式进行耦合，还可以使用一个特殊的无线耦合器（2910/2911）进行无线耦合。

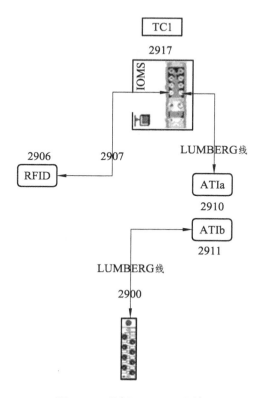

图 2-33 分析 I/O Link 支线

2.1.3 项目中的 CP 组件网络切换

许多人分不清数控 840D sl 网络接口，一般的用户只是知道使用编程口 X127 来连接数控，使用 192.168.215.1 的 IP 地址来访问，而制造商一般将 X120 口作为访问数控的入口，其地址固定为 192.168.214.1，而开放了 X130 口并连入上层网络的数控又可以利用外网地址来访问，如用 10.9.155.18 这样的 IP 来访问数控。可见，CP 网络组件分配并管理着三套不同的 IP 地址，初学者难以搞明，今就此略说。

X127 编程调试口是不连入内网或外网的，只是作为一种最初开机调试或者最终用户的调试接口。而 X120 口一般用集线器与面板、Profinet 等组件共联入一个内网，制造商调试均连入这个接口，硬件组态时也需要组态这个接口。X130 口一般连入工厂网络，需开通防火墙具体方法前述已说，供高层人员远程访问数控或作为大项目联网调试而用。

具体调试时，可用硬件管理器任意分配所访问的入口，例如，若将 PC 机连入现场 X120 内网，本地连接为 214 段内地址，查看硬件管理器显示如图 2-34 所示。

保证此时网址为 192.168.214.1 即连入 X120 口，点击保存，编译完成后即可在线监控程序。

如果将 PC 远程连入 X130 内网，例如，在办公室远程连接，则打开硬件管理器修改地址为工厂网络地址，如图 2-35 所示，改地址为 10.16.178.1。

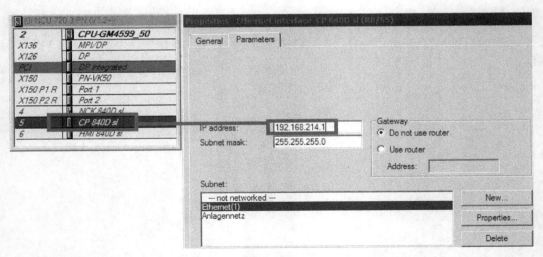

图 2-34　CP 网络组件显示硬件 IP 地址

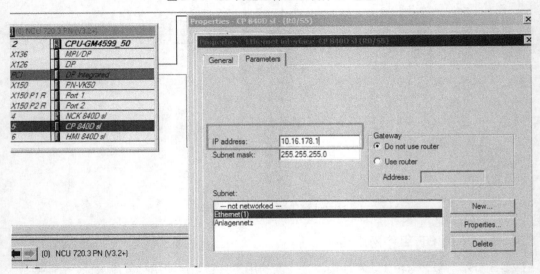

图 2-35　设置 X130 外网的地址

然后点击编译保存，则可在线远程监控程序。

2.1.4　大项目 PLC 全局硬件配置方法

对于一个大项目 PLC 的硬件配置环节，如果采用普通的方法来配置硬件，就会被已配置完的硬件所束缚，当用户删除了配置好的硬件配置，相应的其包含的 Step 7 的 S7 软件 Blocks 程序块也会被删除，程序块包含在硬件配置中，二者之间不独立，改动了硬件配置就会造成软件程序的参数变化。虽然硬件是基础，可是也是阻碍，硬件的差异是造成软件差异的一个根源，如果我们可以成功实现硬件和软件的"解耦"，以便能写出一个通用的程序，不管具体的硬件如何变化，软件始终如一，然后在软件中通过入口参数的不同选择来切换硬件配置。这种方法可以"完全脱离硬件"，这样的好处有很多，用户可以在一个项目里拥有多个硬件系统，但却只需要一个软件系统，当用户修改硬件时，不会对软件系统有任何伤害，硬件可以纷繁多变，但是软件却可以岿然不动。反之，如果不采用这种方法，就算每个工位软件程序基本一样，也需要针对每一台机器建立一个项目文件，然后针对每一台单独进行硬件配置和调试，十分麻烦。幸运的是，西门子支持这种"硬件解耦"方法，现举例说明：

（1）先看一个普通的基于硬件的配置方案，如图 2-36 所示，软件程序位于硬件配置之中。因此，程序不是独立的，程序与硬件配置耦合在一起，只是针对这个硬件系统的程序。

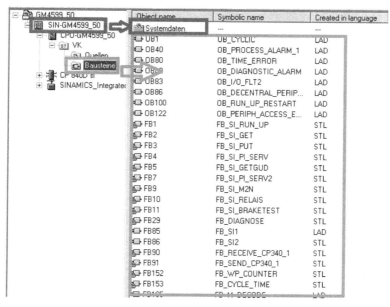

图 2-36　软件程序与硬件配置完全耦合

（2）再看一个大系统解决方案，如图 2-37 所示，S7 程序独立于硬件配置而存在，所以针对每个硬件系统做的单独修改都不会影响到程序本身。

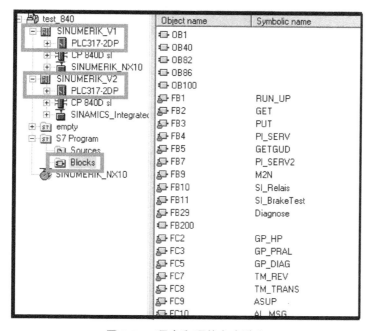

图 2-37　程序和硬件完全独立

其关键在于新建一个独立于硬件系统的 S7 程序，如图 2-38 所示，右键点击工程目录，然后插入一个单独的 S7 Program。

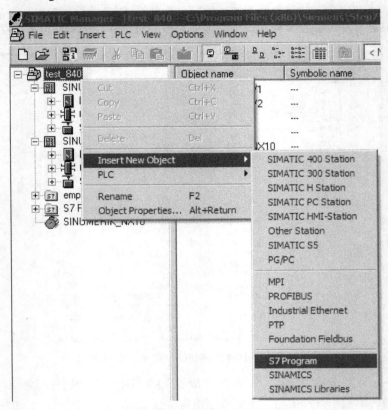

图 2-38　插入一个单独的软件程序

而且，这样的配置其硬件数据位于各个子硬件系统下，只做硬件的更改不做软件的更改时，可以点击相应的硬件站系统下装硬件配置数据即可，而不必重新下装软件程序；反之，软件的更改也是独立的。

而对于已经有的各种子项目，想要汇总成这样一个全局项目，就需要花一些功夫，关键点在于复制过来新的硬件配置后，必须重新建立总线连接。例如，如图 2-39 所示，首先复制过来两个硬件配置到已有项目中。

Object name	Symbolic name	Type
60665	---	SIMATIC 300 Station
60666	---	SIMATIC 300 Station
60667	---	SIMATIC 300 Station
W6066	---	S7 Program
MPI(1)	---	MPI
PROFIBUS(1)	---	PROFIBUS
PROFIBUS(2)	---	PROFIBUS
PROFIBUS(3)	---	PROFIBUS

PQ_GWM_B2_A22
　60665
　60666
　60667
　W6066

图 2-39　复制两套硬件配置

然后一定要进入复制过来的硬件配置中的总线配置，重新新建总线连接，如图 2-40 所示。

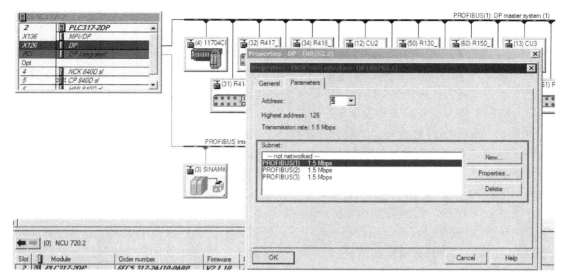

图 2-40　新建总线连接

一般来讲，有几个硬件配置就需要做几路总线，如图 2-41 所示。

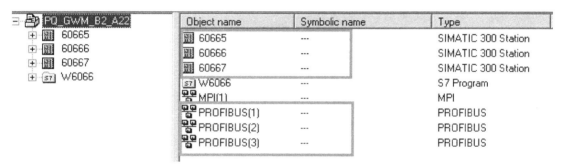

图 2-41　检查总线连接的数量

最后建立一个全局的程序包，连接下载程序时第一次必须手动输入地址，一般设定为192.168.214.1，如图 2-42 所示。

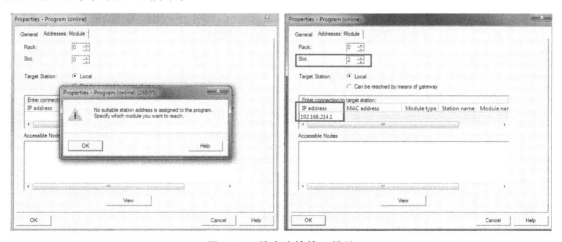

图 2-42　首次连接输入地址

2.2　S7-300 PLC 程序基本架构和程序块描述

西门子 PLC 程序建立在 Step 7 集成开发环境（IDE）基础上。日常使用的操作系统一般是采用 C 语言、VB 等高级语言和汇编等底层语言来实现，CPU 本身只是执行机器代码的，而 PLC 程序是图形化的高级编程语言，因此定要使用 Step 7 软件编译和解释为机器代码。Step 7 就是高级语言（图形）和底层代码进行交互的一个平台。

作为一个普通的 PLC 程序员其实只是学会了一种"中间表示代码"而已，而高级程序员可能会自己创建"更加高级的"源程序（source program），如利用 NC-VAR 变量选择器来生成对应的数据块的过程，也就相当于使用编译器的前端来构造出源程序的"中间表示代码"。

而由 Step 7 将编写好的梯形图、语句表、数据块等，这些中间代码下载到系统中的过程就是编译器的后端处理，后端根据中间表示代码来生成目标程序，一般是二进制机器码文件。

西门子 PLC 程序也可分为操作系统和用户程序两部分，操作系统用来实现后台任务功能，如处理 PLC 的启动，刷新过程映像 IO 表，调用用户程序，处理中断和错误，管理存储区和处理通信等。用户程序中包含着用户编写的与自动化生产相关的控制任务的主要功能。

从逻辑控制来看，用户程序也可分为组织块和功能块两大部分，功能块是完成每个具体任务的环节，而组织块就是这些具体功能和系统之间的接口。因此，笔者提出了如图 2-43 所示的结构示意图，可以帮助理解 PLC 整体架构。

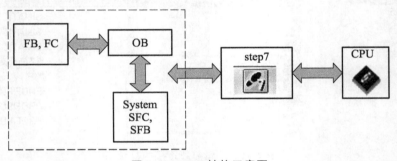

图 2-43　PLC 结构示意图

2.2.1　PLC 用户程序的总体结构

PLC 的 CPU 处理器循环运行操作系统程序，在每一次循环中，操作系统程序调用一次主程序 OB1。因此，OB1 中的程序也是循环执行的，OB1 就相当于数控 NCK 程序中的主程序中的自动循环主程序。

Step7 将用户编写的程序都放置在块（Block）中，使单个程序部件标准化。主要程序部件如下：

（1）OB 组织块，操作系统与用户程序的接口，决定用户程序的主体结构。

（2）FB 功能块，用户编写的功能性子程序，有专用的数据存储区。

（3）FC 功能，用户编写的功能性子程序，没有专用的数据存储区。

（4）SFB 系统功能块，集成于 CPU 系统模块中，完成特定功能，有专用存储区。

（5）SFC 系统功能，集成于 CPU 系统模块中，完成特定功能，没有专用存储区。

（6）DB 共享数据块，存储用户数据，供所有的逻辑块共享访问。

（7）DI 背景数据块，用于保存 FB 和 SFB 的静态变量，其数据在编译时自动生成。

840D sl 中的 PLC 必须采用 Toolbox 作为基本框架模板，这是编程定式。Toolbox 中包含了840D sl 需要用到的 OB 组织块、功能和功能块、数据块等。Toolbox 包含的 PLC 程序结构内容如图 2-44 所示。

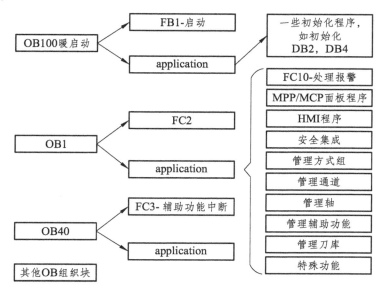

图 2-44　Toolbox 所含 PLC 程序包

2.2.2　OB 组织块

OB 块是西门子 CPU 的操作系统和用户的 PLC 程序的接口，组织块用于控制循环扫描和中断程序的执行、PLC 的启动和错误处理等。针对 840D 系统，一般项目工程包中含有以下 3 个功能块：OB1，OB40，OB100。这三个组织程序块必须存在，我们也常加入其他关键的组织块，如 OB10，OB82，OB86，OB122，OB35 等来实现特定功能。组织块都是事件触发执行的，组织块按照已经分配好的优先级来执行，组织块的优先级如表 2-2 所示（只介绍一些典型的组织块优先级）。

表 2-2　组织块的优先级定义

OB1	主程序	1
OB10~OB17	日期时间中断	2
OB20~OB23	延时中断	3~6
OB30~OB38	循环中断	7~15
OB40~OB47	硬件中断	16~23
OB82	诊断中断	25
OB83	模块插拔中断	25
OB100	暖启动	27

1. OB1 主程序组织块

OB1 组织块类似于主程序，相当于 C 语言程序中的主程序，但是除了 OB90 背景组织块以外，OB1 的优先级基本是最低的，任何的诊断块和故障块都比它的优先级别高。OB1 一般用来调用正常的加工程序，保证正常的加工循环的执行。

PLC 中的子程序是为一些特定的应用控制目的而编制的相对独立的程序。在 OB1 组织块循环中扫描可执行的条件来调用指令 CALL，CC，UC 等来执行子程序，如果该子程序调用条件不满足时，主程序就不会扫描这段子程序内容，这样就减少了不必要的循环扫描时间。因此，原则上多用子程序块，少在 OB1 组织块中编写具体的逻辑控制语句。

在 840D 中，OB1 中的定式是要调用一个 FC2 循环，这个 FC2 是个基本的程序，其核心是调用 FB15（嵌入在西门子 CPU 中，不在用户程序体现）这个功能接口块，使用 C-PLC 语言编程实现的，有兴趣的不妨研究一下。

OB1 执行完后，操作系统发送全局数据。再次启动 OB1 之前，操作系统会将输出映像区数据写入输出模板，刷新输入映像区并接收全局数据。S7 监视最长循环时间，保证最长的响应时间。最长循环时间缺省设置为 150 ms。用户可以设一个新值或通过 SFC43"RE_TRIGR"重新启动时间监视功能。如果程序超过了 OB1 最长循环时间，操作系统将调用 OB80（时间故障 OB）；如果 OB80 不存在，则 CPU 停机。除了监视最长循环时间，还可以保证最短循环时间。操作系统将延长下一个新循环（将输出映像区数据传送到输出模板）直到最短循环时间到。

OB1 中的临时变量也很有用，如图 2-45 所示。

		Name	Data Type	Address	Comment
Interface					
TEMP					
OB1_EV_CLASS		OB1_EV_CLASS	Byte	0.0	Bits 0-3 = 1 (Coming event), Bits 4-7 = 1 (Event class 1)
OB1_SCAN_1		OB1_SCAN_1	Byte	1.0	1 (Cold restart scan 1 of OB 1), 3 (Scan 2-n of OB 1)
OB1_PRIORITY		OB1_PRIORITY	Byte	2.0	1 (Priority of 1 is lowest)
OB1_OB_NUMBR		OB1_OB_NUMBR	Byte	3.0	1 (Organization block 1, OB1)
OB1_RESERVED_1		OB1_RESERVED_1	Byte	4.0	Reserved for system
OB1_RESERVED_2		OB1_RESERVED_2	Byte	5.0	Reserved for system
OB1_PREV_CYCLE		OB1_PREV_CYCLE	Int	6.0	Cycle time of previous OB1 scan (milliseconds)
OB1_MIN_CYCLE		OB1_MIN_CYCLE	Int	8.0	Minimum cycle time of OB1 (milliseconds)
OB1_MAX_CYCLE		OB1_MAX_CYCLE	Int	10.0	Maximum cycle time of OB1 (milliseconds)
OB1_DATE_TIME		OB1_DATE_TIME	Date_...	12.0	Date and time OB1 started
status_diag_mabus		status_diag_mabus	Word	20.0	Parameter STATUS DP_DIAG Maschinenbus
diaglng_diag_mabus		diaglng_diag_mabus	Byte	22.0	Parameter DIAGLNG DP_DIAG Maschinenbus

图 2-45　OB1 临时变量

其中，地址 LB0-LB19 的值系统已经占用，其具有实际含义，LB20 以上的数据用户可以自由定义，表 2-3 中定义了两个诊断字和字节。

表 2-3　诊断字定义

OB1_EV_CLASS	事件等级和标识码：B#16#11：OB1 激活
OB1_SCAN_1	B#16#01：暖启动完成
	B#16#02：热启动完成
	B#16#03：主循环完成
	B#16#04：冷启动完成
	B#16#05：当前一个主站 CPU 停机，后备新主站 CPU 的首次 OB1 循环
OB1_PRIORITY	优先级 1
OB1_OB_NUMBR	OB 号（01）
OB1_RESERVED_1	保留
OB1_RESERVED_2	保留
OB1_PREV_CYCLE	上一次 OB1 的循环时间（ms）
OB1_MIN_CYCLE	自 CPU 启动，最短一次 OB1 的循环时间（ms）
OB1_MAX_CYCLE	自 CPU 启动，最长一次 OB1 的循环时间（ms）
OB1_DATE_TIME	OB 被调用的日期和时间

因此，就可以利用临时变量来间接读取系统运行的循环时间，如图 2-46 所示。

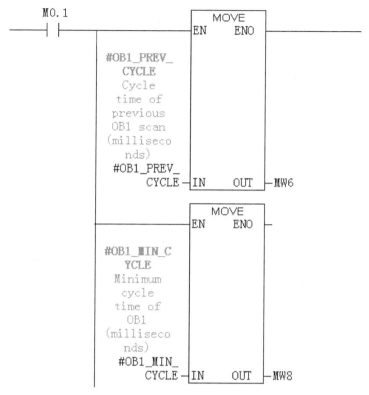

图 2-46　读取系统时间

2. OB10 日期时间中断块

OB10 组织块叫做循环时间日期中断组织块，日期时间中断块可以在某一个特定日期和时间执行一次，也可以从设定的日期时间开始，周期性的重复执行，如每分钟，每小时，每天，每年执行一次。因此，这个功能可以用来做一些特殊的用途，比如每月的最后一天（如 30 号）产生一个信号停机，做必要的机床保养等。

使用 SFC28-SFC30 可以重新设置，激活或取消日期时间中断。只有在 CPU 属性选项卡中设置了中断的参数，并且在相应的组织块中由用户程序存在，日期时间中断才能执行。日期时间中断在 PLC 暖启动或热启动时被激活，而且只能在 PLC 启动过程结束之后才能执行。暖启动后必须重新设置日期时间中断。

启动时间日期中断有几种设置方法：

（1）使用 Step 7 的硬件 CPU 选项卡设置时间日期的中断。打开硬件组态工具，如图 2-47 所示，双击 CPU 模块打开设置 CPU 属性对话框，选中 Time-of-Day Interrupts 菜单。

假如设置为每分钟执行一次，则将 Active 激活选项框打钩，Execution 子选项选择为 Every minute。将此硬件组态数据下载到 CPU 中，就可以实现日期时间中断的自动启动。如图 2-48 所示，在 OB10 中编写如下程序，载入后仿真可以看到 MW300 每隔 1 min 加 1。

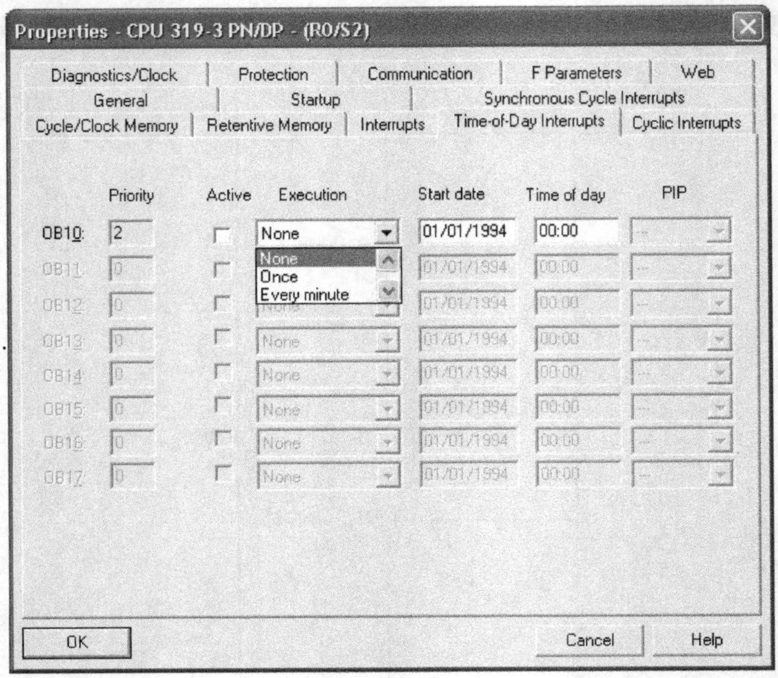

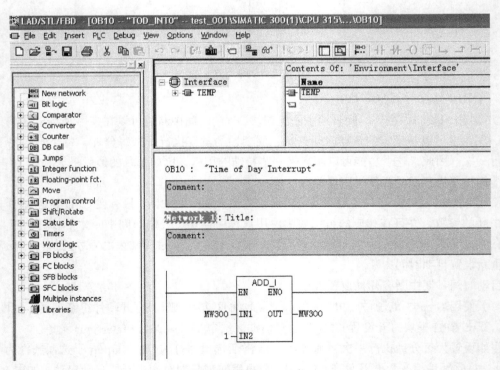

图 2-47　CPU 属性对话框

图 2-48　每隔 1 min 加 1

（2）如果不想在选项卡中设置参数，也可在用户程序中使用 SFC28 "SET_TINT" 和 SFC30 "ACT_TINT" 设置激活日期时间中断，如图 2-49 所示。

⊟ **Network 1**：sfc31-查询ob10中断的状态

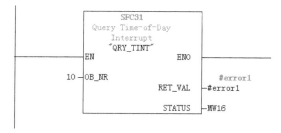

⊟ **Network 2**：合并日期时间

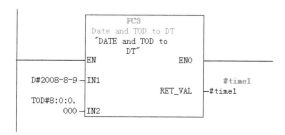

⊟ **Network 3**：激活日期时间中断

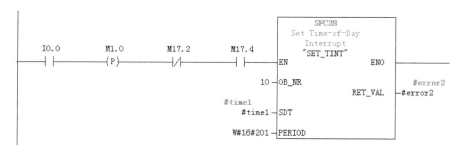

图 2-49　激活日期时间中断

利用 sfc31 可以查询设置了哪些日期时间中断及中断何时发生呢？

SFC31 返回的状态字 STATUS 中包含查询的信息：

① 位 0=0：CPU 正在运行；位 0=1：CPU 正在启动。

② 位 1=0：中断被激活；位 1=1：中断被 SFC39 "DIS_IRT"禁止。

③ 位 2=0：中断没有被激活；位 2=1：中断被激活。

④ 位 4=0：设定的 ob 不存在；位 4=1：设定的 OB 已经被装载。

本例中 MW16 中包含了状态，则 MB17 为低字节。

而后调用 SFC28 来设置和激活日期时间的中断，当 M17.2=0 时，表示中断没有被激活；M17.4=1 时，表示 ob10 已经存在并被装载，此时若 I0.0 有一个上升沿，则触发 SFC28 设置并激活时间日期的中断。

3. OB35 循环中断组织块

循环中断组织块，用于一定时间间隔循环执行某一个程序，如周期性地执行打开水泵清洗一次机床等。时间间隔不能小于 5 ms，若间隔时间过短，还未执行完循环就又调用它，则会产生时间错误事件，调用 OB80 可以进行处理。如果没有创建和下载 OB80，CPU 进入停机模式。

循环组织块分布从 OB30～OB38,能够使用的循环组织块的个数与具体的硬件有关,CPU316
以下的 CPU 硬件只能使用 OB35,数控 840D sl 一般都是 CPU317 以上的系列,如图 2-50 所示,
可见,它能够使用 OB32,OB33,OB34,OB35 四个循环中断组织块。

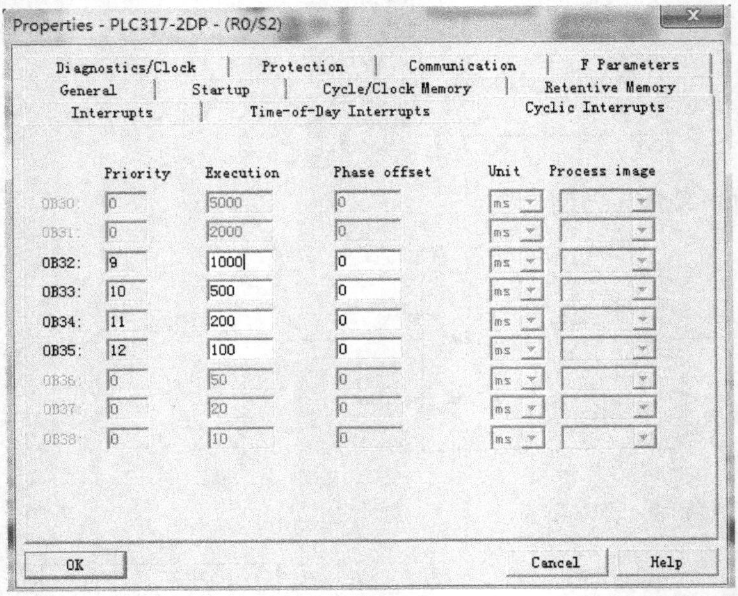

图 2-50　设置循环组织块

由于 OB35 是都含有的,所以我们以 OB35 为例,OB35 默认的时间间隔是 100 ms。

打开 CPU 属性设置画面中的 Cyclic Interrupts 子选项卡,如图 2-51 所示,找到 OB35 对应
的 Execution 时间周期,改为 2 000 ms,即 2 s 一次。

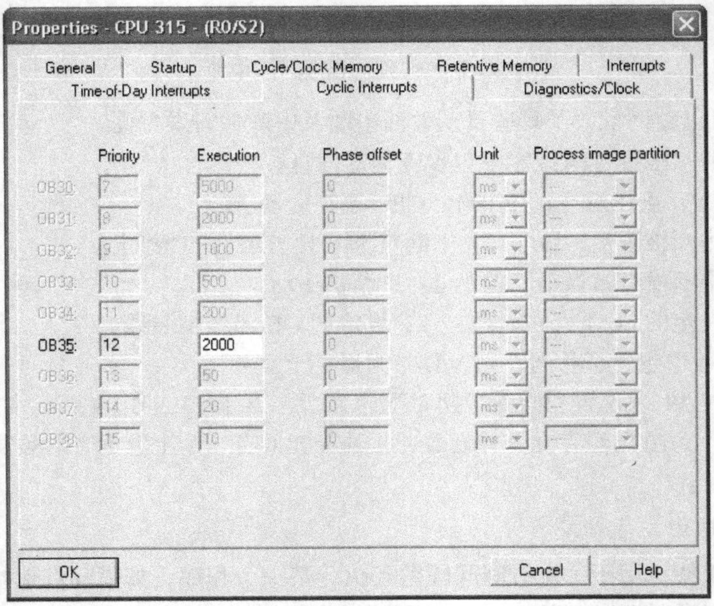

图 2-51　修改时间周期

然后打开 OB35 组织块，如图 2-52 所示，在其中编写相应的应用程序，这样即可实现每隔 2 s 时间 MW400 自动加 1。

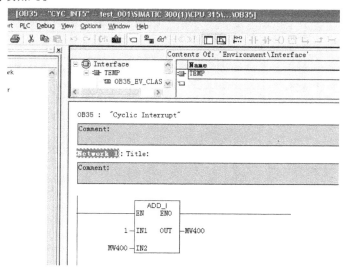

图 2-52   OB35 中编写调用程序

4. OB40 硬件中断

OB40 是硬件中断组织块，硬件中断组织块用于快速响应信号模块（SM 即输入输出模块）、通信处理器（CP）和功能模块（FM）的信号变化。这 3 种模块发生故障时会将中断信号送至 CPU，触发硬件中断，然后执行 OB40 中的中断处理程序。

在 840D 中，OB40 此块默认调用了 FC3 功能报警块，如图 2-53 所示，FC3 为 Toolbox 中用来处理辅助功能的中断控制程序，后续章节会详解。由 OB40 临时变量类表可以看出，OB40 默认的临时变量从 OB40_EV_CLASS 到 OB40_DATE_TIME。其余临时变量可以自由定义。此例子中其余变量是为 FC3 而建。

图 2-53   OB40 硬件中断

通过 OB40_MDL_ADDR 可以读出是哪个模块起始地址产生了硬件中断，通过 OB40_
POINT_ADDR 可以读出是第几位产生的中断，编写应用程序读出中断模块，如图 2-54 所示。

□ **Network 2**：读出产生中断的模块地址送入MW20

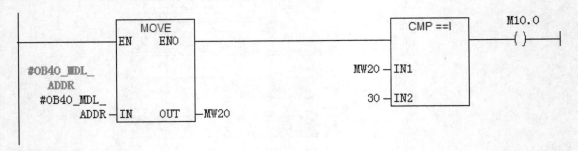

□ **Network 3**：读出产生中断的模块地址的点送入Md30

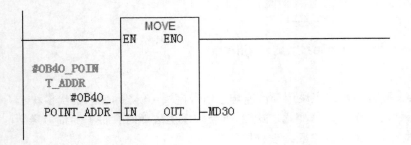

图 2-54　读出中断的模块

5. OB82 和 OB86 诊断故障

OB82 是诊断组织块，如果模块有诊断功能并且激活了它的诊断中断，当它检测到错误时，以及错误消失时，操作系统都会调用 OB82。下列情况将调用 OB82：① 游戏诊断功能模块的断线故障；② 模拟量输入模块的电源故障；③ 输入信号超过模拟量模块的测量范围。

此时，可以使用 SFC51 功能来读出模块的具体诊断数据，然后用 SFC52 将这些报警信息输出到诊断缓存区，并发送相关的报警文本到 HMI。因此，SFC52 可以用作产生报警文本功能，这点将在后续章节中详解。

OB86 是机架故障组织块，当机架断线、电源故障等时，主站、从站故障时，系统会调用 OB86。根据 OB86 的启动信息，可以判断具体是哪个机架损坏或者找不到，然后可以用 SFC52 将这些诊断信息发送到 HMI。

一般带诊断模式的模块为 Profibus ET200 模块，所以 OB82，OB86 中调用 FB96 来进行诊断和报警的处理。图 2-55 是一个典型的例子。

为了确保出现故障后不停机，使用 FC5 来确保，如图 2-56 所示。

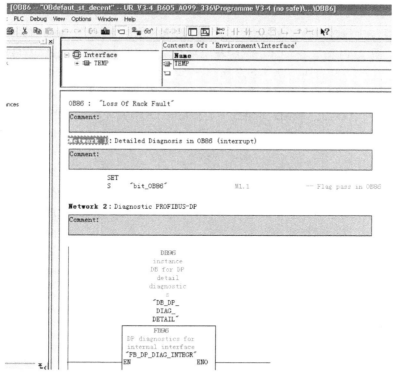

图 2-55　诊断总线故障

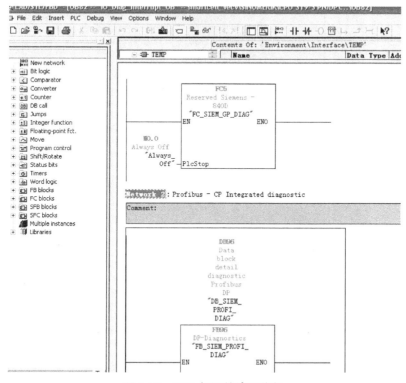

图 2-56　FC5 保证故障不停机

6. OB100 初始化

OB100 是系统进行暖启动（Warm restart）时调用的组织块，S7-300 只能进行暖启动，在暖启动的过程中，NCK 和 PLC 被同步。系统和用户数据块的完整性被检查，而最重要的基本程序参数亦被强制检查。一旦出现错误，基本程序就将错误代码传送到诊断缓冲区，并将 PLC 置为停机。操作系统在运行过 OB100 之后，便开始从 OB1 的开头运行。在启动过程中，PLC 和 MMC/NCK 被同步。经过正确的启动和第一个完整的 OB1 循环之后，PLC 和 NCK 不断地交换生命标记。若来自 NCK 的生命标记未被检查到，则接口失效且在 DB10 中的"NCK-CPU 准备好"信号被置 0。

PLC 暖启动时，将首先调用 OB100。OB100 块只在 CPU 执行暖启动时执行一次，一般用于作上电初始化程序，暖启动过程中，过程映像数据以及非保持的存储器位、定时器和计数器被复位。具有保持功能的存储器、定时器和所有的数据块将保留原来的数值。程序将重新开始运行，先执行 OB100，然后循环执行 OB1。

而在 840D 中，OB100 的程序定式为调用 FB1，如图 2-57 所示。

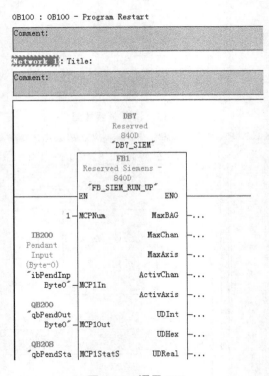

图 2-57　调用 FB1

FB1 的参数设置有很多，在后面的 FB 章节会讲到，再有，OB100 中可以用来作初始化常用的调试位、常量位、首次循环位，如图 2-58 所示，可在 OB100 中编写常量信号点。

另外，分配数据块等工作，如图 2-59 所示，如 DB4，DB2，以及第二通道数据块 DB22 等，均可在 OB100 中做预先处理。

甚至对于 M 指令大于 100 的初始化过程，如图 2-60 所示，也可于 OB100 中作预处理初始化。

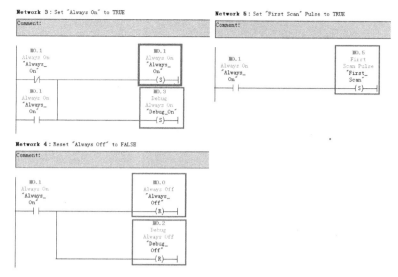

图 2-58　编写常量信号

Comment:

```
        OPN    "DB_SIEM_SYSTEM2"          DB4              -- PLC Messages
// Alarms for db2.dbx0.0 -> db2.dbx175.7
        L      0
        T      DBD    0
        T      DBD    4
        T      DBD    8
        T      DBD    12
        T      DBD    16
        T      DBW    20
// Alarms for  db2.dbx264.0 -> db2.dbx383.7
        T      DBD    33
        T      DBD    37
        T      DBD    41
        T      DBW    45
        T      DBB    47
// Fault for db2.dbx180.0 -> db2.dbx259.7
        L      B#16#F0
        T      DBB    22
        L      DW#16#FFFFFFFF
        T      DBD    23
        T      DBD    27
        L      W#16#FF0F
        T      DBW    31
```

图 2-59　配置数据块

Network 7: M function decoding system initiate (M100..M355)

Comment:

```
        OPN    "cFctMDBS"              // length = 16x10=160 bytes       DB75         -- Creation of M functions
        LAR1   P#DBX 0.0
        L      100               |     // First M fonction
        T      #M_Fct                                                    #M_Fct
        L      16                      // M functions decoding groups (16 => M100..M355)
NEXT:   T      #M_Count                                                  #M_Count
        L      0
        T      DBW [AR1,P#0.0]
        L      #M_Fct                                                    #M_Fct
        T      DBD [AR1,P#2.0]
        +      15                                    POINTER
        T      DBD [AR1,P#6.0]
        +      1
        T      #M_Fct                                                    #M_Fct
        +AR1   P#10.0
        L      #M_Count                                                  #M_Count
        LOOP   NEXT
```

图 2-60　M 指令的预处理

077

7. OB122 停机故障

OB122 为 IO 访问错误组织块，Step 7 如果访问有故障的模块，如模块损坏或者找不到，或者访问了一个硬件组态中不存在的 I/O 地址，此时 CPU 将会调用 OB122。

一般来讲，只需在程序中加入这个组织块，即可防止模块 I/O 错误引发的停机故障，其中不必写入任何程序。如图 2-61 所示，当临时变量 OB122_SW_FLT（错误代码）为 B#16#42 时，表示 I/O 读访问错误；为 B#16#43 时，表示 I/O 写访问错误。这些信息与通过 PLC 菜单中的模块信息诊断工具获得的信息一致。假如用户将这些临时变量中的关键诊断数据赋值到报警文本中，那么在 HMI 上面就可以直观地看到故障模块的相关信息。当然，一般没必要这么做。

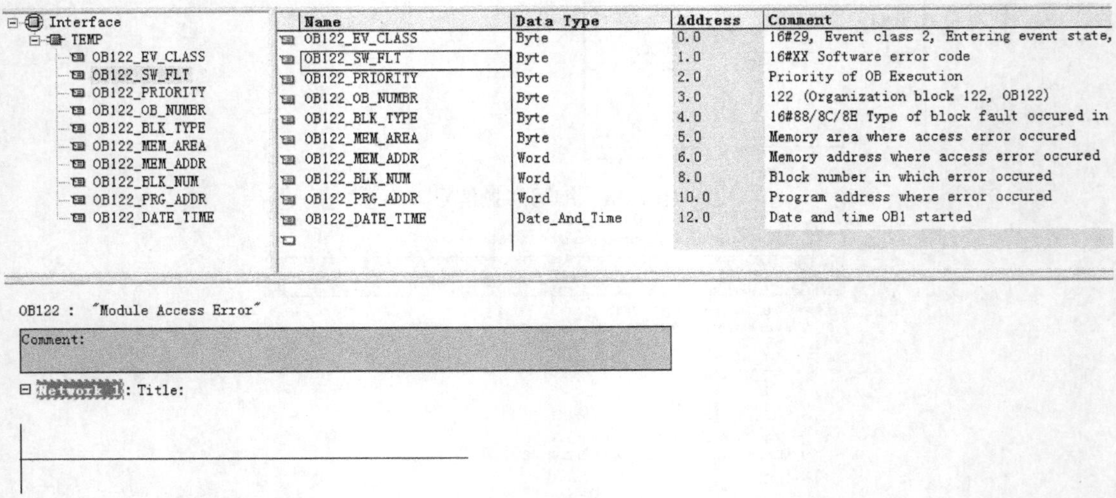

Interface	Name	Data Type	Address	Comment
TEMP				
OB122_EV_CLASS	OB122_EV_CLASS	Byte	0.0	16#29, Event class 2, Entering event state,
OB122_SW_FLT	OB122_SW_FLT	Byte	1.0	16#XX Software error code
OB122_PRIORITY	OB122_PRIORITY	Byte	2.0	Priority of OB Execution
OB122_OB_NUMBR	OB122_OB_NUMBR	Byte	3.0	122 (Organization block 122, OB122)
OB122_BLK_TYPE	OB122_BLK_TYPE	Byte	4.0	16#88/8C/8E Type of block fault occured in
OB122_MEM_AREA	OB122_MEM_AREA	Byte	5.0	Memory area where access error occured
OB122_MEM_ADDR	OB122_MEM_ADDR	Word	6.0	Memory address where access error occured
OB122_BLK_NUM	OB122_BLK_NUM	Word	8.0	Block number in which error occured
OB122_PRG_ADDR	OB122_PRG_ADDR	Word	10.0	Program address where error occured
OB122_DATE_TIME	OB122_DATE_TIME	Date_And_Time	12.0	Date and time OB1 started

OB122 : "Module Access Error"

Comment:

Network 1: Title:

图 2-61　防止模块 I/O 错误引发的停机故障

2.2.3　创建 FC 与 FB

FC 块称为功能，类似 C 语言中的子函数，可作为子程序使用将控制的子功能分为不同的 FC，然后由 OB 块来调用实现结构化编程思想。与 C 语言类似，函数 FC 提供了变量接口，分为：

（1）Input（输入变量）。

（2）Output（输出变量）。

（3）In_out（输入输出变量）。

（4）Temp（临时变量）。

如图 2-62 所示，在 SIMATIC Manager 中单击右键可以插入一个 FC 或者 FB。

FB 与 FC 类似，称为功能块，区别在于 FB 多了一块专用的存储区域称为背景数据块，而 FC 没有。FB 中含有 IN，OUT，INOUT，STAT，TEMP 等变量。

输入输出变量（IN，OUT，INOUT），需从外部引入或引出，实则就是全局变量，必须保持全局一致性。最好是在全局符号表中提前声明，将对应的绝对地址和全局符号关联起来，如图 2-63 所示，将 I83.4 与符号"+M-S83.4"关联起来，并用注释 A-axis blocked pressureless 来明确其功能性含义。

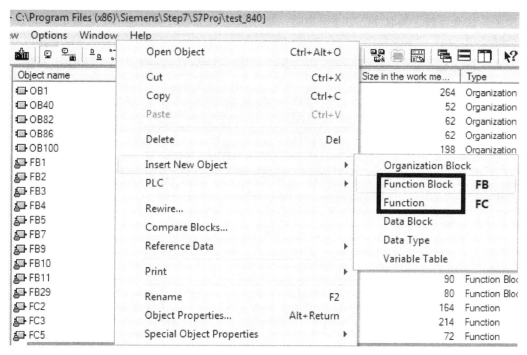

图 2-62　插入一个程序块

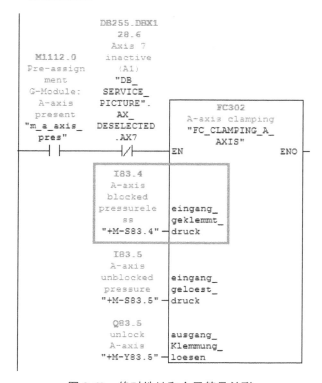

图 2-63　绝对地址和全局符号关联

局部变量有多种，如在 FC 功能中声明，则一般位于 TEMP 临时堆栈中，如图 2-64 所示，称作临时变量。

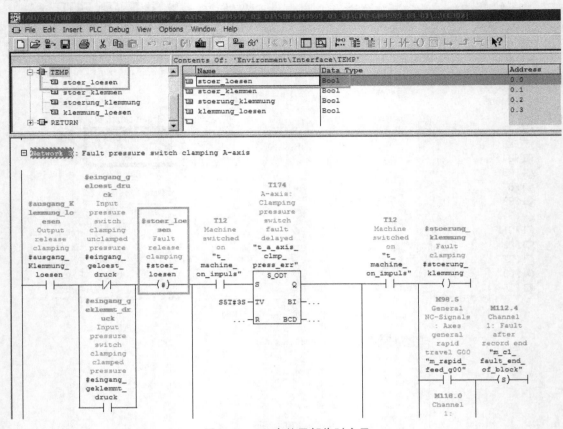

图 2-64　FC 中的局部临时变量

　　而在 FB 功能块中，局部变量主要分为静态变量和临时变量两种，如图 2-65 所示，静态变量引出后，也会与输入输出变量共同组成背景数据块，进而演化为全局变量。

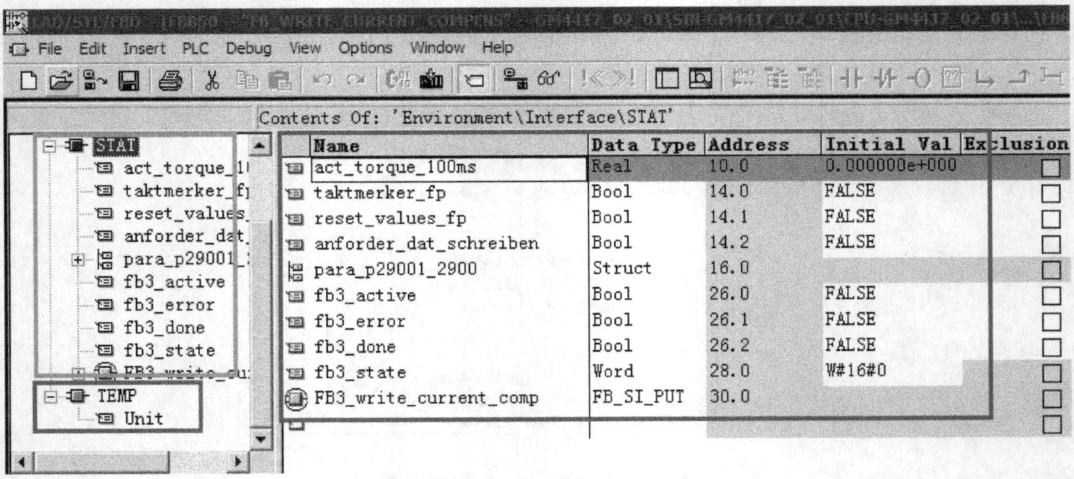

图 2-65　FB 中的局部变量

示例：若将 FB 功能块外部调用则生成背景数据块 DB851，就可以从外部引用静态变量，如图 2-66 所示，从外部引用 db851.dbd2。

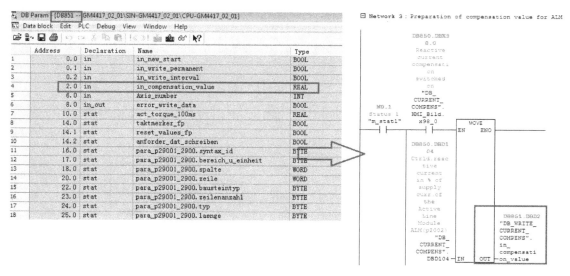

图 2-66　外部引用背景数据块

1. IN 输入变量的核心奥义

首先谈谈笔者的体会，理解 FC 和 FB 的输入变量（IN 参数）太难，而 FC 比 FB 更加复杂，对编程人员的要求也更高。FC 与 FB 对于输入变量的处理是西门子的核心机密之一，大多数有经验的编程人员对于背景数据块、多重背景数据块都已经了然于心，而且对于 FC 和 FB 的异同点也已经全部清楚了。可是，有一种情况可能很多编程人员还没遇见过，或者遇见过也不以为然，现举例说明。如图 2-67 所示，在一个 FC 块中调用了 SFC28，虽然 time1 输入参数为 Date And Time 是正确的数据格式，但是由于它是输入变量，语法报错，无法通过编译。所以使用 FC 调用 SFC28 不接受 SDT 参数为输入参数的情况，同理，SDT 也不接受输出参数。

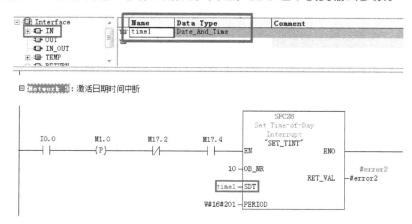

图 2-67　调用 SFC28

因此，笔者猜想这里应该改为临时变量。在修改为临时变量后，如图 2-68 所示，语法检测无错。大多数人认为到这里可能就结束了，认为原来如此，以后都用临时变量不就行了，那么，岂不是以后都要进入这个 FC 块给临时变量赋值才能修改 SFC28 的参数，无法通过输入变量直接赋值给 SFC28，显然，这样做太麻烦了。

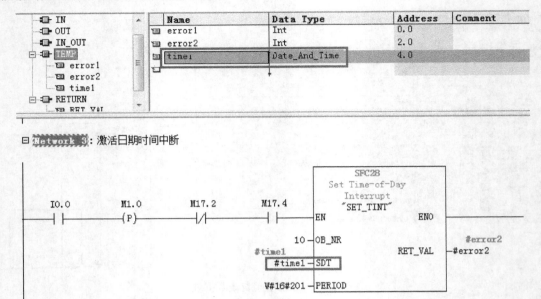

图 2-68　修改为临时变量不报错

笔者不甘心，想在 FB 中调用 SFC28 可能效果会不一样。果然，若在 FB 功能块中采用静态变量（自然地想到可以用静态变量来替代临时变量）如图 2-69 所示。

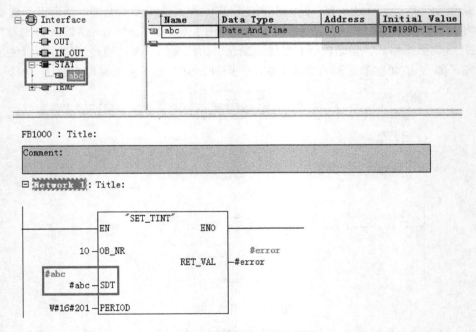

图 2-69　采用静态变量来替代

笔者试着在 FB 调用中也采用输入变量，奇迹出现了，居然可以使用，如图 2-70 所示。

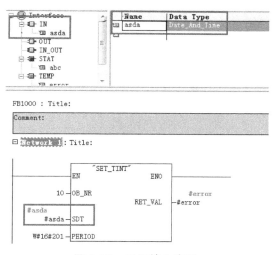

图 2-70　采用输入变量

这究竟是为什么？笔者相信这已经涉及一个核心秘密——FC 和 FB 对于输入变量的不同处理机制。

首先翻阅 SFC28 的说明文档（如遇其他类似的功能块也请如法炮制），查看其输入参数的可接受范围，如图 2-71 所示，很明显，SDT 输入的参数区域只能是 DB 数据块或者 L 临时变量。于是，这里要么使用 DB，要么使用临时变量，其他的诸如 I，Q，M 变量等一律禁止使用。

Setting a Time-of-Day Interrupt with SFC 28 "SET_TINT"

Description

With SFC 28 "SET_TINT" (set time-of-day interrupt), you set the start date and time of time-of-day

Parameter	Declaration	Data Type	Memory Area	Description
OB_NR	INPUT	INT	I, Q, M, D, L, constant	Number of the OB started at the time SDT + multiple of PERIOD (OB10 to OB17).
SDT	INPUT	DT	D, L	Start date and time: The seconds and milliseconds of the specified start time are ignored and set to 0. If you want to set a monthly start of a time-of-day interrupt OB, you can only use the days 1, 2, ... 28 as a start date.
PERIOD	INPUT	WORD	I, Q, M, D, L, constant	Periods from start point SDT onwards: W#16#0000 = once W#16#0201 = every minute W#16#0401 = hourly W#16#1001 = daily W#16#1201 = weekly W#16#1401 = monthly W#16#1801 = yearly W#16#2001 = at month's end
RET_VAL	OUTPUT	INT	I, Q, M, D, L	If an error occurs while the function is active, the actual parameter of RET_VAL contains an error code.

图 2-71　SFC28 的参数说明文件

因此，在 FC 中无法使用输入参数 in 变量，因为 FC 处理输入参数仅仅是把它当做"输入"参数处理，没有映射为数据块，而在 FB 中机制就不同，FB 将输入参数和静态变量都映射为背景数据来处理，也就是输入参数又进行了一次映射为 DI 数据，如图 2-72 所示，当调用 FB1000生成了背景数据块 DB300 后，DB300 内涵了 in 参数 asda 的信息。因此，FB 中可以使用输入参数作为 SFC28 的输入参数。

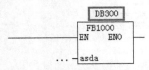

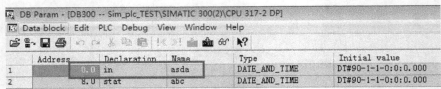

图 2-72　FB 参数映射机制

再举一个例子，西门子 IEC 库中的很多处理字符串函数，例如，FC10 的输入参数往往都是 D，L，如图 2-73 所示的 FC10，在使用 FC 调用 FC10 时不可使用输入参数，而使用 FB 就可以。

FC10 EQ_STRNG

Description

The function FC10 compares the contents of two variables in the data type format STRING to find o value. The return value has the signal state "1" if the string at parameter S1 is the same as the stri

The function does not report any errors.

Parameter	Declaration	Data Type	Memory Area	Description
S1	INPUT	STRING	D, L	Input variable in format STRING
S2	INPUT	STRING	D, L	Input variable in format STRING
RET_VAL	OUTPUT	BOOL	I, Q, M, D, L	Result of comparison

You can assign only a symbolically defined variable for the input parameters.

图 2-73　FC10 参数定义

至此，相信读者已经明白了很多问题，今后对于输入变量的问题务必小心谨慎。

2. TEMP 临时变量

临时变量一定是局部变量，不可被全局引用，使用西门子 PLC 临时变量 TEMP，一定要注意以下几点：

（1）临时变量不可用于上升沿、下降沿。

（2）临时变量不可用于自保持型线圈。

（3）临时变量不能先使用再赋值，一定要先赋值再使用。

因为临时变量是暂时保存在局部数据区中的变量，只是在执行块时才会调用临时变量，处理临时变量采用本地数据堆栈的格式，关闭块并执行完成后，不再保存临时变量的数值，因此临时变量的数值可能被其他数据覆盖。

基于以上原则，建议将 TEMP 变量做置位和复位处理，或做赋 0 初始化工作，临时变量初始化后接通一个线圈来使用，再加一些必要的跳转指令就可以实现许多"静态变量"无法完成的工作，这个技巧十分高明，在此不作介绍。如果理解并应用了这个技巧，就可以节省大量的外部操作，也可以节省很多静态变量、存储变量和数据块。充分理解配合 PLC 本身的扫描过程映像处理机制，可以大大提高编程效率。

标准临时变量的用法（必须先初始化为确定的值）：

（1）对于少数几个临时变量可以直接通过复位方法进行赋值然后使用，如图 2-74 所示。

（2）或者直接赋一个确定的值，然后再使用，如图 2-75 所示。

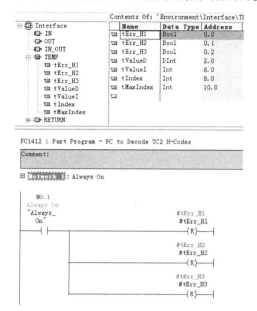

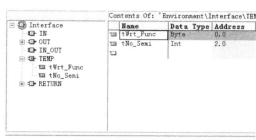

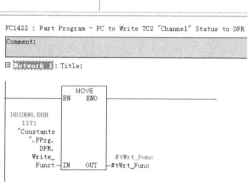

图 2-74　复位方法进行赋值再使用临时变量　　　　　图 2-75　赋一个确定值

（3）如图 2-76 所示，若需要用临时变量初始化一段字节，必须先将临时变量#tZeroCtr 赋值为 0，然后才可以复制到目标地址中；如果只是采用 SFC21 将#tZeroCtr 值初始化到目标地址，则其中的值并不确定，很可能发生错误。

（4）但如果将 temp 变量用作返回值的程序就不需要做初始化了，因为本身已经是赋值后再使用了，如图 2-77 所示。

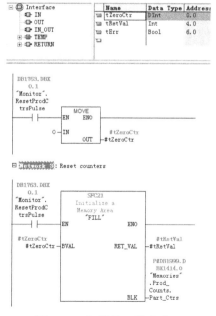

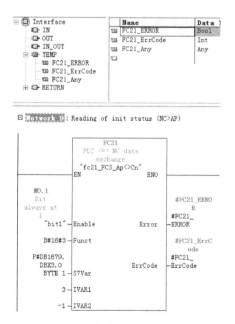

图 2-76　初始化一段字节　　　　　　　　　图 2-77　临时变量作为返回值

（5）利用 SFC14 解码硬件信号赋值直接给临时变量亦可，如图 2-78 所示。

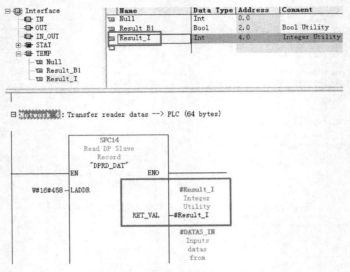

图 2-78　SFC14 直接赋值

3. STATIC 静态变量

静态变量安全可靠，有记忆性。大部分情况下比临时变量优越（对中级高手而言，但对超级高手则不然），它的应用灵活多变。从功能块执行完，到下一次重新调用，这个过程中静态变量的值保持不变。

静态变量需要在 FB 中明确声明，如图 2-79 所示，建立了很多不同类型的静态变量。

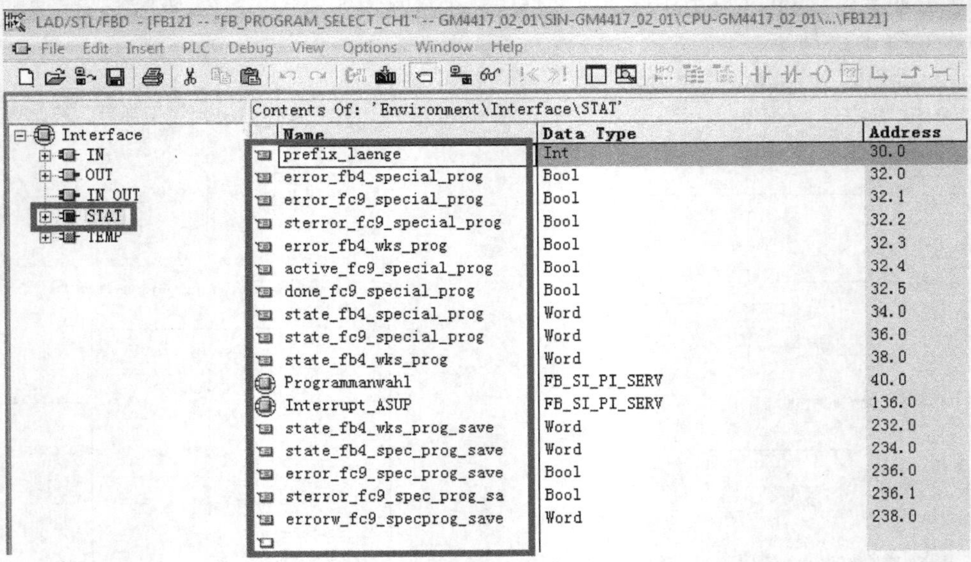

图 2-79　声明一些静态变量

注意，当需要新增静态变量时，最好是在静态变量组的最后一行新建变量，不要在中间删除或者插入新增变量，因为如果在中间进行重新编辑会重新生成新的数据结构，这样所有相关的数据块都会发生改变，如果下载时没有全部更新相关数据，则可能会引发停机故障。

4. 背景数据块与多重背景数据块

静态变量若在程序块内部引用称为 STATIC 静态变量，如果随 FB 块引出调用就生成为了全局背景数据块。

如图 2-80 所示，普通的用法是直接将逻辑条件关联到多重背景数据块中的某个点上，如 PushButton 这个输入点中。

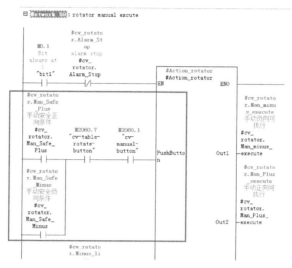

图 2-80　直接关联到逻辑点

实际上也可以采用如图 2-81 所示方式，即先声明再调用，将条件间接激活对应的逻辑点。

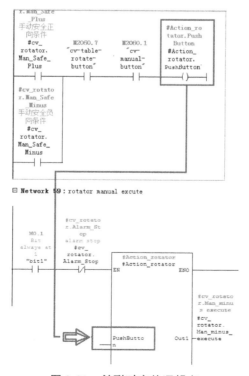

图 2-81　关联对应的逻辑点

这样做的好处是查找条件比较统一规范，而且保密性强，如果不熟悉此调用方式则绝对不能查找到相关的条件，同理，其输出点亦可变为此种形式，如图 2-82 所示。

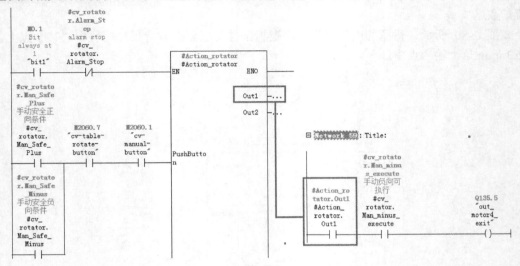

图 2-82　输出点间接引用

5. IN-OUT 变量的用法

一般来讲，输入输出双向变量的处理过程是这样的，如图 2-83 所示。

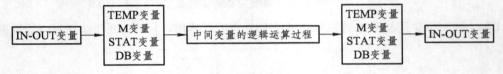

图 2-83　双向变量处理过程

先将 IN-OUT 变量读入到中间变量（一般是临时变量），也顺便将临时变量初始化了，然后对中间变量进行各种逻辑运算处理，这期间，可以引入很多外部输入变量（IN 变量）参与运算，自然经过这些逻辑运算后中间变量的数值得到更新，最终将中间变量再回传到 IN-OUT 变量中实现了更新。

举个例子：如图 2-84 所示，声明一个名称为 HMI_Byte 的 IN_OUT 变量，以及用于中间数据交换的一些临时变量，经过处理后回传 HMI_Byte。

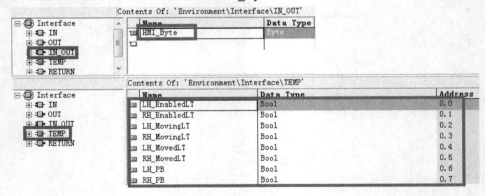

图 2-84　声明双向变量

首先初始化临时变量，如图 2-85 所示，将双向变量作为输入变量传给临时变量。

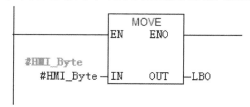

图 2-85　输入变量传给临时变量

处理中间逻辑过程使用临时变量，如图 2-86 所示。

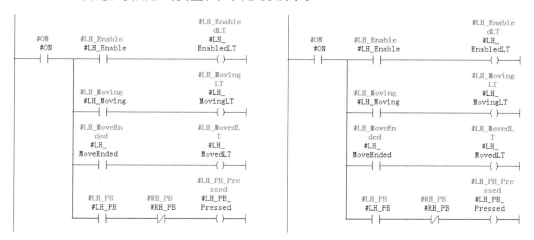

图 2-86　处理临时变量

回传刷新，将临时变量再回传给双向变量，此时双向变量作为输出变量而存在，如图 2-87 所示，完成一个过程循环。

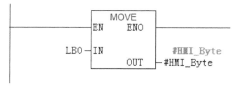

图 2-87　回传变量

6. FC 和 FB 的异同

FB 功能块带背景数据块，相当于带参数的函数，并且参数不必全部申明。FB 好像一种模板，类似于高级语言中的"类"，具有接口、属性及方法，用于对"控制对象"编程，而 FB 对应的背景 DB 就像是一个具体的"控制对象"的实例。FC 功能不带背景数据块，需通过共享数据块同外界交换数据。参数必须全部申明。FC 类似高级语言里的"函数"，直接调用，针对过程编程。

其实，西门子所有的软件架构都和面向对象高级语言类似，只要会一门高级语言，掌握其核心概念，就能在短时间内适应西门子的系统编程。

7. 840D sl Toolbox 库中常用的 FB 与 FC 功能块

SIMATIC PLC 每一个应用领域都提供了一个模板，840D sl 亦是如此，Toolbox 中提供了 PLC

的模板程序库，主要有以下一些功能块组成。

（1）FB1功能。

FB 1 在 OB100 中被调用。FB1 用于启动过程中完成 NCK 和 PLC 的同步，初始化 NCK 和 PLC 的通信，并根据 NCK 中机床数据的设定和一些相关的参数生成相应的 DB 数据块。对第 1 机床控制面板信号地址的设定由 FB1 中的两个形式参数来完成。

① MCP1In：机床控制面板 1 的输入信号起始地址指针。

② MCP1Out：机床控制面板 1 的输出信号起始地址指针。

缺省的地址设定为 0。

```
CALL   "RUN_UP"，"gp_par"
MCPNum             : =1                        //0～2 1：1 个 MCP，2：2 个 MCP
MCP1In          : =P#I 0.0                     //MCP1 输入信号的起始地址
MCP1Out         : =P#Q 0.0                     //MCP1 输出信号的起始地址
MCP1StatSend    : =P#I 8.0            //传到 MCP 的状态字的终止地址
MCP1StatRec     : =P#Q 12.0           //来自 MCP 的状态字的终止地址
MCP1BusAdr      : =6                  //MCP 的节点地址（0～15）
MCP1Timeout     : =S5T#700MS
MCP1Cycl        : =S5T#200MS          // MCP 信号的扫描周期
NCCyclTimeout   : =S5T#200MS
NCRunupTimeout：=S5T#50S
ListMDecGrp     : =
NCKomm          : =TRUE          //PLC NC 通信时=1 调用 FB2/3，4，5，7 时
MMCToIF         : =
HWheelMMC：=FALSE// 0：通过 PLC 激活手轮，1：通过人机界激活面，不填：都可激活
```

（2）FB1用法。

FB1 的普通用法，从 I0.0，Q0.0 开始分配操作面板的地址。

```
CALL   "RUN_UP"，  "gp_par"
MCPNum             : =1
MCP1In          : =P#I 0.0
MCP1Out         : =P#Q 0.0
MCP1StatSend    : =P#Q 8.0
MCP1StatRec     : =P#Q 12.0
MCP1BusAdr      : =6
```

FB1 高级一点的用法，用 DB 数据块来分配面板地址。

```
CALL   "fb1__FBS_synchro"，"db7_DBS"
MCPNum             : =2//MCP 个数，0 无，1 个，2 个
MCP1In          : ="es_pupDB".HT8.Entrees//指针 MCP1 按键的起始地址
MCP1Out         : ="es_pupDB".HT8.Voyants//MCP1 指示灯起始地址
MCP1StatSend    : ="es_pupDB".HT8.StatSend//发送给机床控制面板的起始双字
MCP1StatRec     : ="es_pupDB".HT8.StatRec//机床控制面板输出的起始双字
MCP1BusAdr      : =3//MCP 面板总线地址，192=网口
```

MCP1Timeout : =S5T#700MS//MCP 面板循环监控时间

MCP1Cycl : =S5T#200MS//MCP 循环时间

MCP2In : ="es_pupDB".MPP.Entrees//MCP2 按键起始地址

MCP2Out : ="es_pupDB".MPP.Voyants//MCP2 指示灯起始地址

MCP2StatSend : ="es_pupDB".MPP.StatSend //发给 MCP2 面板的起始双字

MCP2StatRec : ="es_pupDB".MPP.StatRec //MCP2 机床面板输出的起始双字

MCP2BusAdr : =192//MCP2 面板总线地址

MCP2Timeout : =S5T#700MS//MCP2 面板循环监控时间

MCP2Cycl : =S5T#200MS//MCP2 循环时间

MCPMPI : =FALSE//1=所有机床面板连接到 MCP 总线（没有 GD 参数化）

MCP1Stop : =TRUE//0=开始接收机床控制面板信号 1=停止接收机床控制面板信号

MCP2Stop : =TRUE//0=开始接收机床控制面板信号 1=停止接收机床控制面板信号

MCP1NotSend : =FALSE//0=发送和接收机床控制面板信号 1=至接收机床控制面板信号

MCP2NotSend : =FALSE//0=发送和接收机床控制面板信号 1=至接收机床控制面板信号

MCPSDB210 : =FALSE//0=MCP 中没有 SDB210 1=激活 MCP 的 SDB210 监控

MCPCopyDB77 : =FALSE//1：在 DB7 上复制 DB77 和 MCP 指针，只能在 DB77 上配置标准的 SDB210

MCPBusType : =B#16#55//0： MPI or OPI b#16#33：PROFIBUS MCP1 和 MCP2 b#16#55：MSTT（网线）

BHG : =0//0：没有手持，1：手持在 MPI 上，2：手持在 MCP 上，5：手持连接到网口

BHGIn : ="es_pupDB".BHG.Entrees//手持的面板输入地址

BHGOut : ="es_pupDB".BHG.Voyants//手持的面板输出地址

BHGStatSend : ="es_pupDB".BHG.StatSend//手持的面板输入信号起始双字

BHGStatRec : ="es_pupDB".BHG.StatRec//手持的面板输出信号起始双字

BHGInLen : =B#16#6//从手持操作面板接收的字节号

BHGOutLen : =B#16#14//从手持操作面板发送的字节号

BHGTimeout : =S5T#700MS//手持操作面板循环监控时间

BHGCycl : =S5T#70MS//手持操作面板循环时间

BHGRecGDNo : =2//HHU GD 循环参数

BHGRecGBZNo : =2//收到的 GI 号

BHGRecObjNo : =1//传送 GI 的对象号

BHGSendGDNo : =2//HHU GD 循环参数

BHGSendGBZNo : =1//传送的 GI 号

BHGSendObjNo : =1//传送 GI 的对象号码

BHGMPI : =TRUE//0=OPI 1=MPI

BHGStop : =TRUE//0=HHU 停止：1=手持停止

BHGNotSend : =FALSE//0=发送和接收 HHU 信号 1=只接收 HHU 信号

NCCyclTimeout : =S5T#200MS//NC 循环时间

NCRunupTimeout : =S5T#50S//NC 启动监控时间

ListMDecGrp : =0   //0 激活扩展 M 功能译码，1 不激活

NCKomm : =TRUE//NC 通信有效

MMCToIF : =TRUE//1=传送从 MMC，HMI 信号到接口地址（方式、程序控制等）

HWheelMMC : = //1 手轮由 MMC/HMI 选择 0 手轮由用户程序选择

ExtendAlMsg : =//激活扩展 FC10 功能

MsgUser : =32//用户区消息号

UserIR : =//从用户扩展数据信号传入 OB40 所需信号

IRAuxfuT : =在 OB40 赋值 T 功能

IRAuxfuH : =在 OB40 赋值 H 功能

IRAuxfuE : =在 OB40 赋值 D 功能

UserVersion : =版本显示指定字符串变量

OpKeyNum : =1//直接激活钥匙组件号 0=没有以太网，直接按键激活

Op1KeyIn：="pupitreDB".Boutons.OpKey_G1//直接键控制钥匙组件输入的起始地址

Op1KeyOut：="pupitreDB".Voyants.reserve_OpKey//直接键控制钥匙组件输出起始地址

Op1KeyBusAdr : =0//由以太网控制按键 TCU 索引

Op2KeyIn : =

Op2KeyOut : =

Op2KeyBusAdr : =

Op1KeyStop : =TRUE

Op2KeyStop : =

Op1KeyNotSend : =TRUE

Op2KeyNotSend : =

OpKeyBusType : =B#16#55 //以太网地址

IdentMcpBusAdr : =

IdentMcpProfilNo : =

IdentMcpBusType : =

IdentMcpStrobe : =

MaxBAG : =方式组数量

MaxChan : =#MaxChan 通道数量

MaxAxis : =轴数量

ActivChan : =有效通道的字符串

ActivAxis : =有效轴的字符串

UDInt : =机床输入数据 DB20 的整数数量

UDHex : =机床输入数据 DB20 的十六进制数量

UDReal : =机床输入数据 DB20 的实数数量

IdentMcpType : =类型（HT2，HT8…）

IdentMcpLengthIn：=PLC 输入数据信息长度

IdentMcpLengthOut：=PLC 输出数据信息的长度

（3）面板网络地址设定。

如果第一块 MCP 为 HT8，则设定为 3，HT8 背面的网络地址拨码开关相应的也要设置为 3，第二块 MCP 若为 MCp483，则设置地址为 192。

FB1 中调用了 FB15，PLC 启动时，调用了 FB15 根据设定的 NCK 和 PLC 的各种参数生成各种 DB 数据块，例如，根据设定的通道的数量生成 DB21～DB30，假如用户只设置了一个通道就只生成 DB21 一个数据块。DB11～DB14 是根据设定的方式组的数量来生成，如果设为 3，则可以生成 DB11～DB13 三个方式组数据块。DB31～DB61 根据 NCK 设置的系统轴数量来生成，如果设为 2，则生成 DB31，DB32 两根轴。

（4）FB2 功能。

FB2 是将数据从外界（NCK，DRV，HMI）读入 PLC，FB3 是将数据从 PLC 写入外界。因此，需要配置通信参数 NCKomm=true，此参数一般位于 OB100 中调用的 FB1 参数中。

FB2 可以读取 NCK、DRV 或 HMI 中的某些变量，但需要提前配置相应的数据块。这些数据块需要使用 NC-Var 变量选择器进行配置来生成，其实仔细观察变量选择器生成的数据块可以发现，所生成的数据都是指针结构体变量，且被赋予一些确定的值，掌握了生成规律就可以脱离变量选择器直接用 Step 7 来建立相应的数据块。

解释 FB2 参数列表：

① 输入参数。

a. Req：上升沿启动任务，bool 型。

b. Numvar：读取数据的数量，最大为 8，也就是同时读取 8 个变量。

c. Addr1-Addr8：NC-Var 生成的数据块的 any 型指针。

d. Unit1-Unit8：变量中的区域地址。

e. Column1-Column8：变量的列地址。

f. Line1-Line8：变量的行地址。

② 输出参数。

a. Error：读取任务出现错误或没有完成。

b. NDR：任务成功完成后反馈为 1。

c. State：任务执行的状态。

d. RD1～RD8：自己建立，存放最终读取出的数据。

举例说明 NC-Var 用法，如图 2-88 所示，对于 NC-Var 变量选择器不作过多介绍。例子的目的是一次读取 8 个当前出现的报警号，使用变量选择器选出相关的变量进而生成 DB165，其中蕴含着 8 个报警号码源。

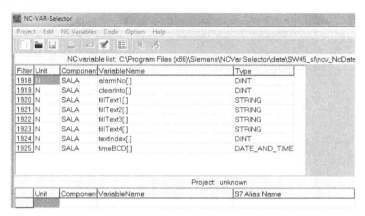

图 2-88　选择报警信号源

DB165 生成出的内容如图 2-89 所示。

LAD/STL/FBD - [DB165 -- "cnc-alarm" -- PQ_GWM_B2_A22\W6066\...\DB165]

File Edit Insert PLC Debug View Options Window Help

Address	Name	Type	Initial valu
0.0		STRUCT	
+0.0	N_SALA_textIndex0_1	STRUCT	
+0.0	SYNTAX_ID	BYTE	B#16#82
+1.0	Area_Unit	BYTE	B#16#1
+2.0	Column	WORD	W#16#1
+4.0	Line	WORD	W#16#0
+6.0	BlockType	BYTE	B#16#77
+7.0	NumOfLine	BYTE	B#16#1
+8.0	DataType	BYTE	B#16#7
+9.0	Length	BYTE	B#16#4
=10.0		END_STRUCT	
+10.0	N_SALA_timeBCD0_4	STRUCT	
+0.0	SYNTAX_ID	BYTE	B#16#82
+1.0	Area_Unit	BYTE	B#16#1
+2.0	Column	WORD	W#16#4
+4.0	Line	WORD	W#16#0
+6.0	BlockType	BYTE	B#16#77
+7.0	NumOfLine	BYTE	B#16#1
+8.0	DataType	BYTE	B#16#E
+9.0	Length	BYTE	B#16#8
=10.0		END_STRUCT	
+20.0	N_SALA_fillText10_5	STRUCT	
+0.0	SYNTAX_ID	BYTE	B#16#82
+1.0	Area_Unit	BYTE	B#16#1
+2.0	Column	WORD	W#16#5
+4.0	Line	WORD	W#16#0
+6.0	BlockType	BYTE	B#16#77
+7.0	NumOfLine	BYTE	B#16#1
+8.0	DataType	BYTE	B#16#13
+9.0	Length	BYTE	B#16#20
=10.0		END_STRUCT	

图 2-89　数据块中生成的报警数据源

建立一个数据块 DB164，用来获取 alarmNo 信息，如图 2-90 所示。

LAD/STL/FBD - [DB164 -- "db164_DBS" -- PQ_GWM_B2_A22\W6066\...\DB

File Edit Insert PLC Debug View Options Window Help

Address	Name	Type
0.0		STRUCT
+0.0	cnc_alarmNo1	DINT
+4.0	cnc_alarmNo2	DINT
+8.0	cnc_alarmNo3	DINT
+12.0	cnc_alarmNo4	DINT
+16.0	cnc_alarmNo5	DINT
+20.0	cnc_alarmNo6	DINT
+24.0	cnc_alarmNo7	DINT
+28.0	cnc_alarmNo8	DINT
=32.0		END_STRUCT

图 2-90　建立数据块 DB164

调用 FB2 来循环读取 alarmNo，如图 2-91 所示。

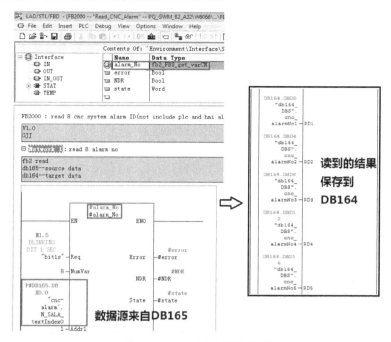

图 2-91　FB2 读取报警号码

注意：FB2 不具有实时性，读取时必须通过一次又一次的触发信号才可以读取，变量的改变不是实时的。读取过程一般在 1 ~ 2 个 PLC 循环周期内完成。

（5）FB3 功能。

FB3 功能与 FB2 恰好相反，是将 PLC 中定义的数据块值赋给相应的 NCK，DRV，HMI 变量。总结其与 FB2 的区别如图 2-92 所示。

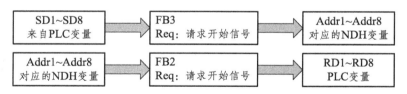

图 2-92　FB2 与 FB3 的区别

（6）FB4，FB7，FC9 功能。

FB4 和 FB7 功能是一样的，都是启动 PI service（program instance services）。启动 PI service 亦需要配置通信参数 NCKomm=true，此参数一般位于 OB100 中调用的 FB1 参数中。FB4 所使用的数据块有 DB16，里面是启动 PI-service 所使用的一些功能列表。

示例功能描述如下：

①启动信号触发注销用户功能，如图 2-93 所示。

图 2-93　触发注销用户功能框图

具体实现代码如图 2-94 所示。

```
CALL  #FB_Eff_Mot_Passe        #FB_Eff_Mot_Passe  -- FB4 instance
 Req      :=#Bit_cle_0          #Bit_cle_0         -- Key in pos 0 rising edge
 PIService:="db16DBS".LOGOUT    P#DB16.DBX360.0
 Unit     :=1
 Addr1    :=
 Addr2    :=
 Addr3    :=
 Addr4    :=
 WVar1    :=
 WVar2    :=
 WVar3    :=
 WVar4    :=
 WVar5    :=
 WVar6    :=
 WVar7    :=
 WVar8    :=
 WVar9    :=
 WVar10   :=
 Error    :=#FB4_ERROR          #FB4_ERROR
 Done     :=#FB4_DONE           #FB4_DONE
 State    :=#FB4_STATE          #FB4_STATE
```

图 2-94　FB4 注销用户实现代码

②选择一个程序但不执行，使用 Select 功能，如图 2-95 所示。

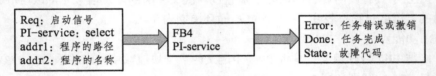

图 2-95　选择程序功能

③再介绍一种常用的功能——异步子程序（ASUP）。

异步子程序（ASUP）是一个通过外部事件（如一个外部数字输入信号）或由可编程序控制器进行激励启动的数控程序。如果相应的事件发生时，当前正在执行的数控程序段将被立即中断，数控程序可以事后在被中断的断点处继续执行。ASUP 可以用 3 种方式来实现：

a. 纯粹 NCK 程序调用方式。

b. 纯粹 PLC 程序调用方式。

c. 混合方式。

由于本章主要阐述 PLC，故只阐述 PLC 调用方式。

必须给多个异步子程序分配不同的优先级（PRIO），以便按照一定的顺序进行处理。在数控程序中可以禁止和重新使能异步子程序（DISABLE/ENABLE）。

原理同 FB4 选择程序功能，如图 2-96 所示，先使用 FB4 选出要执行的 NCK 程序，然后调用 FC9 来执行这个程序，可使用 FB4 配置完成的信号来启动 FC9。

对于 FB4，需要注意几个参数。首先是中断号，中断号取值 1 ~ 8，也就是说同时可以启动 8 个程序，相当于一个索引号；其次是中断优先级共有 1 ~ 128 个，数字越小等级越高可以优先执行。

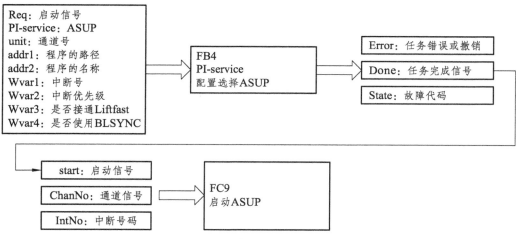

图 2-96　异步子程序的调用框图

然后需注意是否使用 Liftfast 功能。Liftfast 为 1 在中断信号出现时会首先使得"刀具快速离开工件轮廓",然后才启动中断程序,如图 2-97 所示。

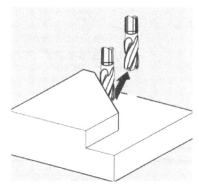

图 2-97　Liftfast 功能

如果 BLSYNC=1,在中断信号出现时仍会继续处理运行中的程序段,然后才启动中断程序。

还需要注意 ASUP 是选项功能,需要将相关的选项 MD19340.Bit2=1(激活)激活,才可正常使用。其他相关的 NCK 机床参数如下:

MD11602 参数。

bit0:ASUP 可以在任何模式启动,比如在 JOG 模式下满足条件也可以启动 ASUP。

Bit1:轴不在参考点也可以启动 ASUP。

Bit2:读入禁止时也允许启动。

Bit3:在 ASUP 中可以进行点动(注意:只适用于单通道系统)。

MD11604 参数。

定义 ASUP 优先级:如果选择了单步,则 ASUP 不一定被顺利执行,因此需屏蔽单步功能,需要设置参数 MD10702,程序中若出现 SBLON 会重新启动单步来抑制 ASUP,此时可能涉及设置 MD20117 来抑制单步或者采用 ASUP 程序开头书写 SBLOF 来抑制。

(7)FB5 功能。

FB5 功能是读全局变量(且只能读取大写字母的全局 GUD),因此功能有限,用法不详述,可以参考 Doconcd 中的基本功能手册。

（8）FB15 功能。

FB15 为 C 语言编写的内核程序，预先加载于 840D 的内核系统中，作为接口程序而存在，其作用和重要性不言而喻。很多基本的功能和功能块程序都调用了它。有兴趣者可以研究一下。

（9）FC2 功能。

FC2 称为循环基本程序，顾名思义，循环扫描，用于管理 NCK-PLC 基本接口信号，只需在 OB1 中首行调用即可，在标准程序库中已在第一行调用。FC2 中调用了 FB15 和 FC12。通常情况下，控制信号、状态信号是循环传送的，而对辅助功能 GMH 等是只在 NCK 请求时进行的。

（10）FC3 功能。

一般在 OB40 中断块中调用，主要处理辅助功能的中断控制，是一种核心程序，除了 FC2 循环顺序扫描控制辅助功能程序外，还必须提供对于中断的处理方式，这个 FC3 就是完成这个目的，它分为高速和低速两种模式。

对于 NC 信号引起的中断，如换刀、辅助功能、轴的位置到达信号等引起的中断，需要在 OB40 中调用。如图 2-98 所示，同一时刻只有一个中断会被处理。

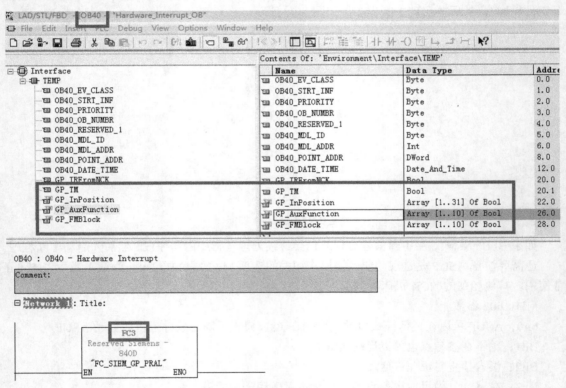

图 2-98　调用 FC3

对于通道，系统处理中断会自动设置临时变量中的这个 GP_AuxFunction 信号，则某个通道相关辅助功能可用，如 GP_AuxFunction[1]=1，通道 1 激活，GP_AuxFunction[2]=1，通道 2 辅助功能激活。

当处理换刀时，与此类似，GP_TM 这个变量用于完成换刀这个过程，通过 DB72，DB73 进行数据交换。

位置到达信号与此类似，GP_InPosition 用于针对某根轴，如 GP_InPosition[5]针对 AX5，假如通过 FC18 功能来使用某根轴，则此信号 GP_InPosition 就可做瞬时的到位信号估计，可用作某种应用，如此信号达到后立刻夹紧某根轴。

总结：一般来讲，FC3 只需在 OB40 中调用即可。

（11）FC10 功能。

FC10 用于处理报警 DB2 数据块信息，相关的报警信息制作等将在接口一章监视诊断报警问题一节单独讲解。当报警触发信号的正向脉冲到来时，信息和故障马上会显示在操作面板上。当触发信号负向脉冲到来时，操作信息会马上消失，但是故障信息可能需要操作确认。

FC10 的调用，如图 2-99 所示。

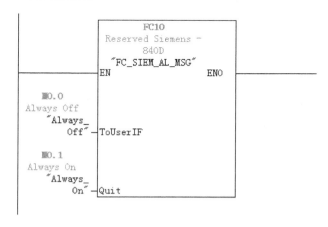

图 2-99　调用 FC10 处理报警信息

FC10 入口参数：ToUserIF 为 1 时，表示传送信号到每个用户循环中，报警原因消失以后，还需使用按键消除报警。

ToUserIF 为 0 时表示当报警原因消失以后，报警信息自动消失。一般选用这种方式。在自动生产线中，应尽量减少人为干涉，报警信息在原因解除之后应该立刻消除。

Quit 又称为确认按键，ToUserIF 为 1，当出现报警后，需使用此按键消除报警。ToUserIF 为 0 时，可置为 1 自动消除报警。

（12）FC18 功能。

FC18 主要实现由 PLC 控制主轴或进给轴做运动。FC18 支持如下几种主要功能：

① 主轴定位 Position spindle。

② 主轴旋转 Rotate spindle。

③ 主轴摆动 Oscillate spindle。

④ 分度轴 Indexing axes。

⑤ 定位轴 Positioning axes。

调用和参数如下例：

CALL　FC18

　　Start：=#FC18_Start　　//启动信号

　　Stop：=FALSE　　　　//停止信号

```
Funct: =B#16#5          //功能方式，5 代表以 mm 为单位定位进给轴
Mode: =B#16#1           //运动方向模式
AxisNo: =#FB11_AxisNo   //轴号
Pos: =5.000000e+000     //期望位置值
FRate: =1.000000e+003   //运动速度
InPos: =#FC18_InPos     //状态变量，轴位置到达信号反馈
Error: =#FC18_Error     //状态变量，故障信号
State: =#FC18_State     //状态变量，错误代码
```

注意事项：

① 每次上升沿（启动和停止）会激活调用 Fc18 功能，这些信号需要一直保持为 1 直到被 InPos 或 Error 确认后。

② NC 反馈状态信号至 DB31.DBB68，一旦轴处于 PLC 控制下，相关的移动命令状态可通过轴接口实现

③ 一旦执行了 FC18，就只有通过删除余程等信号才可取消 FC18 的执行。

④ 当轴被禁止之后，调用 FC18 轴也不会移动。

参数设置：

Funct 参数范围从 1 到 B#16#0B。

1：定位主轴；

2：旋转主轴；

3：摆动主轴；

4：分度轴；

5：以 mm 为单位定位轴；

6：以英寸为单位定位轴；

7：使用手轮倍率以 mm 为单位定位轴；

8：使用手轮倍率以英寸为单位定位轴；

9：自动换挡旋转主轴；

A：主轴恒线速切削（单位：m/min）；

B：主轴恒线速切削（单位：feet/min）。

Mode 参数范围从 0 到 5。

0：定位到绝对位置；

1：增量式定位；

2：以最短路径方式定位；

3：正方向绝对方式定位；

4：负方向绝对方式定位；

5：以 M4 功能方向进行旋转。

只介绍进给轴定位功能，此功能一般用作安全抱闸测试中。参数设定如下：

Start: 启动信号；

Funct: 设为 5 到 8；

Mode: 定位模式 0，1，2，3，4；

AxisNo: 机床轴号；

Pos:	位置值;
FRate:	速度值，如果为 0 使用；MD32060;
InPos:	当位置到达，变为 1;
Error	定位错误为 1;
State	错误代码。

具体调用示例：

每次上电或者打开安全门时，需要做一次安全测试，特别是垂直轴，需要移动几毫米测试抱闸情况，这时就可以使用 FC18 轴定位功能。程序示例如下：

```
A        #FB11_MoveAxis              // 来自抱闸测试的移动信号
    FP   #Flankenmerker[3]           // 上升沿
    S    #FC18_Start                 // FC18 启动信号
CALL  FC18
    Start：=#FC18_Start              // 启动信号
    Stop：=FALSE                     //取消停止
    Funct：=B#16#5                   // 选择定位功能
Mode：=B#16#1                        //
    AxisNo：=#FB11_AxisNo            // 机床轴号，例如，第三根轴就是 3
    Pos   ：=5.000000e+000           // 移动 5 mm
    FRate ：=1.000000e+003           // 速度 1 000 mm/min
    InPos ：=#FC18_InPos             // 定位信号
    Error ：=#FC18_Error             //错误
    State ：=#FC18_State             //报警代码
    A     #FC18_InPos                // 若到位或错误
    O     #FC18_Error
    FP    #Flankenmerker[6]          // 上升沿
    R     #FC18_Start                // 复位 FC18 启动信号
```

（13）FC19 功能。

FC19 在 OB1 中被无条件或有条件调用，用来实现控制 MCP483 面板。它有 5 个形参用于将机床控制面板的信号从过程映象内存传送到相关的 DB。如下所示。

```
BAGNo：=        B#16#1     //方式组 1，方式组号
ChanNo：=       B#16#1     //通道组 1，通道号
SpindlelFNo：=  B#16#4     //即第 4 轴为主轴，主轴号
FeedHold：=     M22.0      //进给使能，自锁模态，即面板上的进给禁止按钮
SpindleHold：=  M22.1      //主轴使能，自锁模态，即面板上的主轴禁止按钮
```

FC19 用于铣床版本 MCP，FC25 用于车床版本 MCP。具体应用时，可能需要具体修改里面的程序，一般单机或专机制造商直接调用 FC19 即可，但是自动生产线一般不用 FC19 来调用面板，而是直接采用各种接口信号自己来写相关程序或者通过修改 FC19 来实现。对于多通道的应用，往往需要多次调用 FC19，比如控制通道 1，则相应的通道号为 1，调用一次，切换到通道 2，则通道号为 2.在此举一个修改 Fc19 的例子，实现多通道多轴的应用。

（14）FC21 与 DPR 功能。

FC21 完成 NCK 与 PLC 内部 DPR 数据区的高速交换、NCK 通道的信号同步、通道或轴控制信号的匹配功能。此功能快一旦被调用，数据即可传输，不需要等到循环启动指令。

FC21 共有如下几种功能可供使用：

Funct 功能号=1：送给通道进行同步；

Funct 功能号=2：从通道来的同步功能；

Funct 功能号=3：从 NCK 读取到 PLC；

Funct 功能号=4：从 PLC 送出给 NCK；

Funct 功能号=5：送给通道的控制信号；

Funct 功能号=6，7：送给轴的控制信号。

例子：关联一个外部信号 I104.0，当轴移动到此点时，停止运动并记录当前位置，如图 2-100 所示。PLC 侧可以选用 function=4（NCK 从 PLC 进行读取：PLC→NCK）。

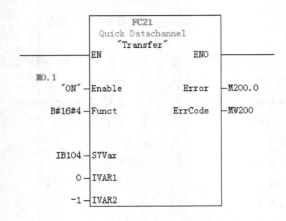

图 2-100　PLC 中处理 DPR 信号

NCK 侧处理如下：

G0 X=100

WHEN $A_DBB[0]=='H01'　DO DELDTG $R[0]=$AA_IM[X]

G1 X=200 F1000

选用 function=3（PLC 从 NCK 进行读取：NCK→PLC）。

2.2.4　如何建立 DB 数据块和 UDT 数据类型

1. 建立共享数据块

通过在程序 Blocks 中点击右键插入一个数据块，这样的数据块被称为共享数据块，如图 2-101 所示，共享数据块可被全局引用。

2. 建立数据类型 UDT

如图 2-102 所示，在程序 Blocks 中右键点击插入新对象，插入一个数据类型。

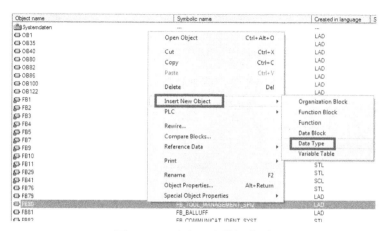

图 2-101　建立共享数据块

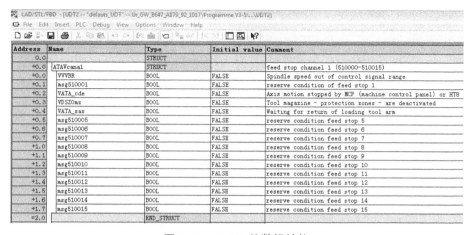

图 2-102　建立一个数据类型

打开后就可以逐行建立各种数据，比如我们打开 UDT2，如图 2-103 所示，可以看到它的数据结构，与共享数据块类似。

Address	Name	Type	Initial value	Comment
0.0		STRUCT		
+0.0	ATAVcana1	STRUCT		feed stop channel 1 (510000-510015)
+0.0	VVVBR	BOOL	FALSE	Spindle speed out of control signal range
+0.1	msg510001	BOOL	FALSE	reserve condition of feed stop 1
+0.2	VATA_cde	BOOL	FALSE	Axis motion stopped by MCP (machine control panel) or HT8
+0.3	VDSZOmz	BOOL	FALSE	Tool magazine - protection zones - are deactivated
+0.4	VATA_sas	BOOL	FALSE	Waiting for return of loading tool arm
+0.5	msg510005	BOOL	FALSE	reserve condition feed stop 5
+0.6	msg510006	BOOL	FALSE	reserve condition feed stop 6
+0.7	msg510007	BOOL	FALSE	reserve condition feed stop 7
+1.0	msg510008	BOOL	FALSE	reserve condition feed stop 8
+1.1	msg510009	BOOL	FALSE	reserve condition feed stop 9
+1.2	msg510010	BOOL	FALSE	reserve condition feed stop 10
+1.3	msg510011	BOOL	FALSE	reserve condition feed stop 11
+1.4	msg510012	BOOL	FALSE	reserve condition feed stop 12
+1.5	msg510013	BOOL	FALSE	reserve condition feed stop 13
+1.6	msg510014	BOOL	FALSE	reserve condition feed stop 14
+1.7	msg510015	BOOL	FALSE	reserve condition feed stop 15
=2.0		END_STRUCT		

图 2-103　UDT 的数据结构

UDT 还可以嵌套使用，一个 UDT 可以嵌入另一个 UDT 之中，如图 2-104 所示。

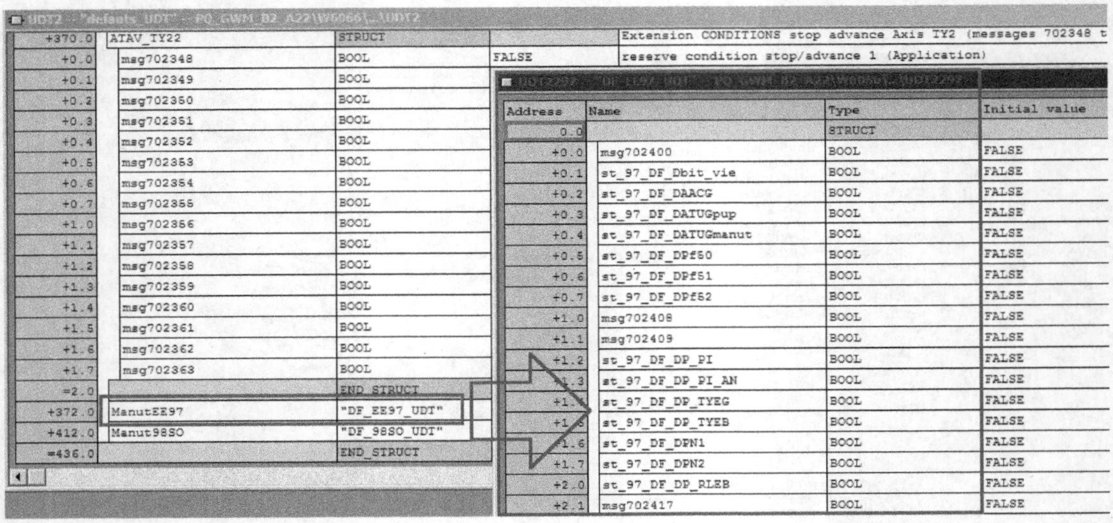

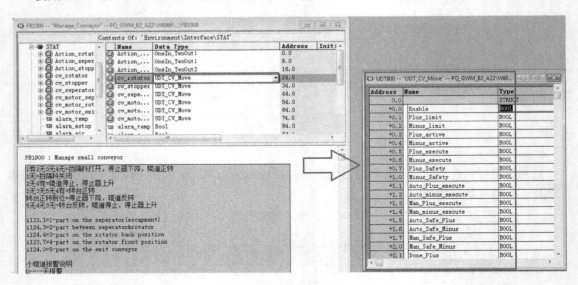

图 2-104   UDT 的嵌套引用

使用 UDT 时可以在 FB 中的静态变量声明中直接填入相应的 UDT 来调用，如图 2-105 所示。

图 2-105   静态变量中引用 UDT

在建立共享数据块时也可以直接插入 UDT 模板来生成相应的 UDT 数据。

3. 使用 Excel 导入导出和初始化 DB

如果想实现程序设计更加智能化，并且同别的设计部门进行联合，就必须实现数据库的外部可访问性，Excel 为日常使用较多的办公自动化软件，如果能实现使用 Excel 来编辑和生成 DB 数据块，无疑会给程序设计带来很多方便，也方便通其他部门进行交流。在此举一个例子：首先新建一个 Excel 数据文件，如图 2-106 所示，声明相关的参数如 DATA_BLOCK 等。

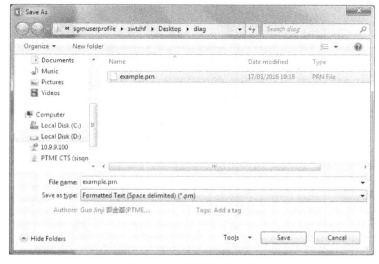

图 2-106　建立 Excel 表生成 DB 数据块

其核心的定义为 struct 与 end_struct 关键字中的变量定义。注意，需要用一些符号把变量和类型、数值、注释等分开。变量名和变量类型之间的分隔符建议采用"："，变量类型和变量的初始值之间采用"：="，变量结束用"；"，注释在最后写使用"//"作为前缀。

其他的定义，例如，最终生成的数据块的号码在 DATA_BLOCK 关键字后面定义。

然后将此文件另存为"格式文本文件"，文件后缀名是".prn"，如图 2-107 所示，点击是进行保存。

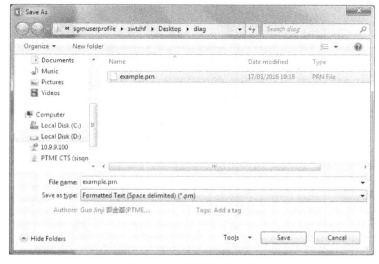

图 2-107　保存格式文件

然后把这个保存的 example.prn 文件后缀名改成 example.awl，即变为 Excel 可读取的格式。

如图 2-108 所示，打开 Step 7 在 SIMIATIC Manager 的程序中选择 sources 文件夹，右键点击 Insert new object 插入 external Source。在打开路径中选中刚才所创建的 AWL 文件。点击 "OPEN" 打开这个数据源，

图 2-108　打开数据源文件

在 "BEGIN" 和 "END_DATA_BLOCK" 关键字中可以添加变量的初始化值。

如图 2-109 所示，点击编译后即可自动生成数据块 DB201。

Address	Name	Type	Initial va	Comment
0.0		STRUCT		
+0.0	motor_on	BOOL	FALSE	motor start to on
+0.1	motor_off	BOOL	TRUE	motor start to off
+1.0	input1	BYTE	B#16#0	for input 1
+2.0	input2	BYTE	B#16#1	for input 2
+3.0	input3	BYTE	B#16#2	for input 3
+4.0	input4	BOOL	FALSE	for input 4
+4.1	input5	BOOL	FALSE	for input 5
+4.2	input6	BOOL	TRUE	for input 6
+5.0	output1	BYTE	B#16#0	for output1-valve
+6.0	output2	BYTE	B#16#1	for output2
+7.0	output3	BYTE	B#16#3	for output3
+8.0	output4	BOOL	FALSE	for output4
+8.1	output5	BOOL	TRUE	for output5
+8.2	output6	BOOL	TRUE	for output6
=10.0		END_STRUCT		

图 2-109　生成数据块 DB201

4. Step 7 DB 块导出到 EXCEL

打开刚才生成的数据块，通过菜单命令 File→Generate Source 反向生成此数据块的源文件，该文件位于项目工程 Source 的文件夹中。在 SIMATIC Manager 中选择需要编辑的源文件，如图 2-110 所示，点击右键弹出菜单，选择"Export Source"将数据导出，保存文件类型为.awl。

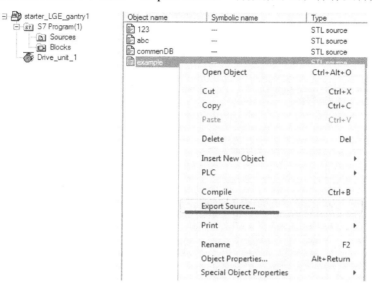

图 2-110　导出数据

然后就可以用 EXCEL 打开该源文件，在 EXCEL 文本导入/导出对话框选择"Tab 键"和"空格"作为分隔符即可。

还有一种方法可将 DB 数据块直接打印为文本文件，具体操作如下，首先必须要添加一个虚拟文本打印机。

（1）如图 2-111 所示，在控制面板中的设备和打印机中选择添加一个本地打印机。

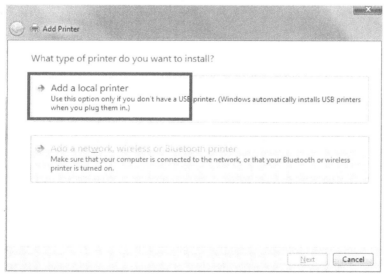

图 2-111　添加一个打印机

（2）如图 2-112 所示，打印机端口选择为打印到文件（File：Print to File）。

（3）选择安装驱动为 Generic text only 形式的打印机，如图 2-113 所示。

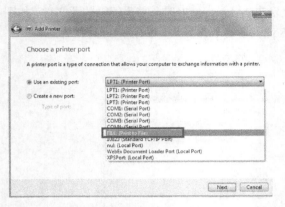

图 2-112　选择打印到文件

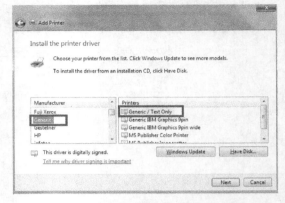

图 2-113　选择驱动类型

（4）打击 Next 后即可完成打印机的配置，然后打开一个 DB 数据块，如图 2-114 所示，点击 Print，选择使用 Generic/Text Only 来打印即可。

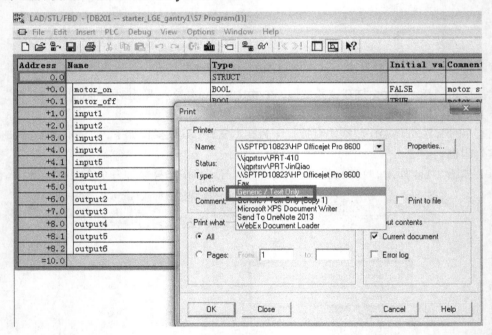

图 2-114　打印到文件

（5）默认的打印出的数据文件保存在 C 盘根目录下，这个文本文件即可用来作进一步的处理。

5. 840D sl 中的标准 DB 块与数据类型详解

Toolbox 中的标准 DB 数据块都是用作接口信号的，因 DB 本身属于 PLC 域，其接口也必然演变为联系 PLC 同其他系统之间的纽带。因此可大致分为 VDI 接口信号（与 NCK 的交互接口）和 BTSS 接口信号（与 HMI、MMC 的交互信号）。

接口块概览如图 2-115 所示。

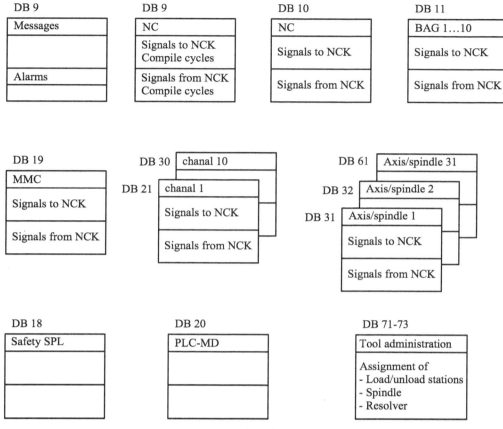

图 2-115　接口数据块概览

（1）DB10 详解。

DB10 是 NCK 和 PLC 的基本接口信号，相当于 NCK 中的通用参数范围，其作用原理如图 2-116 所示。

图 2-116　接口信号作用原理

DB10 中重要的信号如下：

PLC 给 NCK 信号：

DB10.DBX56.1 急停信号

MMC 给 NCK 信号

DB10.DBX103.6MMC 过热

DB10.DBX103.7 电池报警

NCK 给 PLC 信号：

DB10.DBX104.7 NCK CPU Ready

DB10.DBX108.7 NCK Ready

DB10.DBX108.6 Drive Ready

DB10.DBX106.7 急停信号

DB10.DBX109.0 NCK 报警存在

DB10.DBX109.5 NCK 过热

DB10.DBX109.6 NCK 温度过高

DB10.DBX109.7 电池报警

（2）DB11 详解。

DB11 是关于方式组的接口信号，其中重要的信号如下：

DB11.DBX0.0　　AUTO 模式

DB11.DBX0.1　　MDA 模式

DB11.DBX0.2　　JOG 模式

DB11.DBX0.4　　方式组切换禁止

DB11.DBX0.5　　方式组停止 进给轴 主轴不停

DB11.DBX0.6 方式组停止 进给轴 主轴停

DB11.DBX0.7　　方式组 Reset

DB11.DBX1.6　　single block 单段执行 NCK 给 PLC 信号

DB11.DBX6.3　　方式组 Ready

DB11.DBX6.7 方式组复位状态

（3）DB18 介绍。

DB18 为安全集成信号的交互数据块，详见第 7 章，此处不再赘述。

（4）DB19 详解。

DB19 为操作面板接口，联系 PLC 与 HMI 及 MMC 系统，重要的信号如下：

PLC 到 MMC 信号：

DB19.DBX0.0　　Screen bright

DB19.DBX0.1　　Screen darkening

DB19.DBX0.2　　key disable

DB19.DBX0.3　　清除通道报警

DB19.DBX0.7　　机械坐标或工件坐标

DB19.DBX0.7=1　机械坐标系

DB19.DBX0.7=0　工件坐标系

MMC 到 PLC 信号：

DB19.DBX20.3　　报警已清除

（5）DB20 详解。

DB20 一般称作用户自定义数据，制造商常用来作为选项功能的开放或预设值变量来使用。

DB20 是 PLC 机床数据，DB 块的大小与机床数据 14504、14506、14508 的设定值有关，具体到某一位、某个字或某个双子中的数值是与机床数据 14510、14512、14514 相关的。例如我们可以选定 14512[0]中的第 0 位作为机床 X 轴测量通道的选择位，在 PLC 中找到相应地数据位（如 DB20.DBX6.0）来控制是让 DB31.DBX1.5 生效还是让 DB31.DBX1.6 生效就能方便地实现测量通道的选择。当然还有其他更多的应用，如取一个整数或实数在 PLC 中做判断来完成某项功能等。

具体使用方法举例如下：

① 根据需要设定下列数据。

MD 14504 MAXNUM_USER_DATA_INT 整型数据的数量，注意是数量，不是具体参数！具体参数是从 MD 14510 USER_DATA_INT [0]开始的，占用一个字长度。

如机床数据设定为：

14504=10，

14506=10，

14508=10。

② 则 PLC 中 DB20 分配为：

14510[0] ~ [9]对应于 DBW0 ~ DBW18，（INT 值）；

14512[0] ~ [9]对应于 DBB20 ~ DBB29，（BIT 值）；

14514[0] ~ [9]对应于 DBD30 ~ DBD66（REAL 值）。

那么，14512[0]的位 0 就对应与 DB20.DBX20.0。

（6）DB21 ~ DB30 详解。

DB21 ~ DB30 是根据设置的通道数量由 NCK 自动生成的，对应 NCK 的通道参数范围，如果参数中通道数量设置为 1，只生成 DB21，如果设置为 10，可生成 DB21 ~ DB30，最多 10 个，其注释的 UDT 数据类型为 UDT21。其重要的信号如下：

PLC 给 NCK 的信号：

DB21 ~ DB30.DBX0.3　　DRF 生效，手轮脉冲

DB21 ~ DB30.DBX 0.4　　单段执行生效

DB21 ~ DB30 .DBX 0.5　　M01 生效

DB21 ~ DB30.DBX 0.6　　空运行

DB21 ~ DB30.DBX 1.1　　工作区域保护

DB21 ~ DB30.DBX 1.3　　时间监控

DB21 ~ DB30.DBX 1.7　　程序测试

DB21 ~ DB30.DBB4　　进给倍率（百分比方式生效或二进制编码方式生效，在机床参数中设定）

DB21 ~ DB30.DBB5　　快速进给倍率

DB21 ~ DB30.DBX 6.6　　进给倍率生效

DB21 ~ DB30.DBX 6.7　　快速进给倍率生效

DB21 ~ DB30.DBX 6.0　　进给停止

DB21 ~ DB30.DBX 6.1　　reading disable 读入禁止 dbx6.1=1 时，停在当前程序段，直到此信号被复位

DB21 ~ DB30.DBX 7.0　　NC start disable

DB21 ~ DB30.DBX 7.1　　NC start

DB21 ~ DB30.DBX 7.3　　NC stop 进给轴停，主轴不停，程序处于中断状态，报警排除后，当 NC start 高电平时，继续执行

NCK 给 PLC 的信号：

DB21 ~ DB30.DBX 33.0	正在返参考点
DB21 ~ DB30.DBX 36.2	已经返回参考点
DB21 ~ DB30.DBX 33.4	正在进行块搜索
DB21 ~ DB30.DBX 33.5	M02/M30 生效
DB21 ~ DB30.DBX 33.7	程序测试状态
DB21 ~ DB30.DBB 35	channel and program status
DB21 ~ DB30.DBX 35.0	程序在运行状态
DB21 ~ DB30.DBX 35.1	程序在等待状态
DB21 ~ DB30.DBX 35.2	程序在停止状态
DB21 ~ DB30.DBX 35.3	程序在中断状态
DB21 ~ DB30.DBX 35.4	程序在无效状态
DB21 ~ DB30.DBX 35.5	通道处于激活状态
DB21 ~ DB30.DBX 35.6	通道处于中断状态
DB21 ~ DB30.DBX 35.7	通道处于复位状态
DB21 ~ DB30.DBX 36.6	NCK alarm present
DB21 ~ DB30.DBX 36.7	NC 停止报警号存在

（7）DB31 ~ DB61 详解。

DB31 ~ DB61 是 NCK 根据设置的数控轴数量生成的，如果设置为 1，只生成 DB31，如果设置为 32，可生成 DB31 ~ DB61，相关的注释数据类型为 UDT31。其重要的信号如下：

PLC 给 NCK 的信号：

Db31 ~ Db61.DBB0	进给倍率
Db31 ~ Db61.DBX 1.1	固定点到达确认
Db31 ~ Db61.DBX 1.3	轴停止
Db31 ~ Db61.DBX 1.7	进给倍率生效
Db31 ~ Db61.DBX 1.5	测量系统 1（电机编码器）
Db31 ~ Db61.DBX 2.1	controller enable 控制器使能
Db31 ~ Db61.DBX 21.7	pulse enables 脉冲使能
Db31 ~ Db61.DBX 12.0	"–" 硬极限
Db31 ~ Db61.DBX 12.1	"+" 硬极限
Db31 ~ Db61.DBX 12.2	"–" 软极限
Db31 ~ Db61.DBX 12.3	"+" 软极限
Db31 ~ Db61.DBB 16 ~	DBB 19 主轴信号
Db31 ~ Db61.DBB 22 ~	DBB 23 安全功能
Db31 ~ Db61.DBX 60.7	精停，位置到达信号
Db31 ~ Db61.DBX 60.6	粗停，位置到达信号
Db31 ~ Db61.DBX 61.7	电流环闭合
Db31 ~ Db61.DBX 61.6	速度环闭合
Db31 ~ Db61.DBX 61.5	位置环闭合
Db31 ~ Db61.DBX 61.4	静止
Db31 ~ Db61.DBX 62.0	软限位应答

Db31～Db61.DBX 62.5	固定点到达
Db31～Db61.DBX 94.0	电机过热
Db31～Db61.DBX 94.5	速度到达信号
Db31～Db61.DBX 95.0	直流母线超压报警

例如，上电回路使能，上电过程主要考虑如下信号：dbx1.5，dbx1.7，dbx2.1，dbx21.7 信号。

Dbx4.3 进给停止，区别于 dbx1.3 信号，此信号仅是停止轴运行，不会打断当前的程序，而 dbx1.3 不仅停止，且断掉控制器使能，因此一般不采用 dbx1.3。

DDS 信号涉及驱动器的 DDS 数据组切换，如在安全测试中使用较小力矩做测试就可以用这个信号来做。

Db31.dbx9.0，dbx9.1，dbx9.2 三个信号组合就可以用来控制参数组的切换。

还有一些安全抱闸信号，安全限位信号灯在简明调试手册中就无法查到，必须通过 DocOn CD 来寻找完整版的说明。

2.2.5　常用的 SFC 系统功能的使用

1. SFC1 的使用

SFC1 可用来读取系统日期，如图 2-117 所示，注意#CurSysDT 的数据类型必须是 Date and Time。

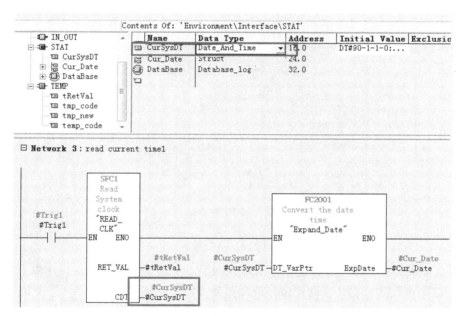

图 2-117　利用 SFC1 读取日期

2. SFC14 和 SFC15 的使用

SFC14 和 SFC15 用于地址解析，用于外部 I/O 数据读写，当用户遍寻不到引用的 I，O 点来自何方的时候，很可能是因为编程人员是利用 SFC14 或 SFC15 做了地址映射，如图 2-118 所示。

编程人员将 W#16#458 换算成十进制为 IB1112-开始的字节读入了临时变量#Result_I 去做后续的逻辑控制，然后将静态变量#DATAS_OUT 开始的字节写入到 QB1112 开始的多个字节。所以，即便用户寻找了所有的 I，Q，也不会发现这中间到底是如何传递的。

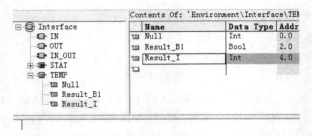

□ **Network 4**: Transfer reader datas --> PLC (64 bytes)

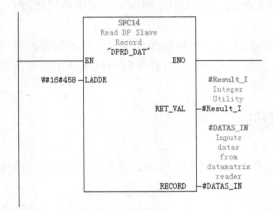

□ **Network 5**: Transfer PLC datas --> readers (4 bytes)

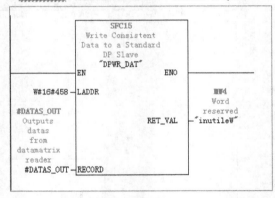

图 2-118　地址解析

　　有很多人会问，为什么不直接使用 I，Q，非要用这种地址解析的方法，这样不方便查找和维修。其实这个也没办法，往往这样做，编程更加方便。这是因为一个点一个点的写不如用字节或指针写方便，一个确定的地址不如一个抽象化的符号方便，引入了地址解析，一则保密性强，二则下次硬件更改只需要将 W#16#458 修改为新的硬件地址即可，而不必一个个去寻找 I，Q 点来改掉。这就是符号编程，地址解析的奥义所在。因此，如果用户怎么也搜索不到 I/O 地址的时候，请尝试直接搜索 SFC14 或 SFC15，将会发现奇迹。

　　3. SFC20 的使用

　　SFC20 "BLKMOV"（块移动），可以将源存储区的内容传送到目标存储区。源存储区和目标存储区不能交叉重合。它是对普通的 move 指令的扩展。

　　以下为两个例子，如图 2-119 所示，使用 SFC20 传送一段数据到地址，示例 1 中是将系统时间传送到了 DB1252.dbb8 开始的一段字节，示例 2 中将 DB1693.dbb72 起始的一段字节传送到了一个变量 Integer 中。

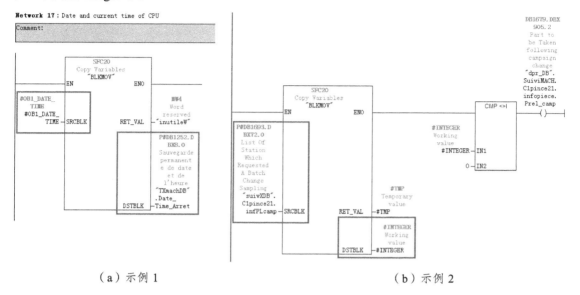

（a）示例 1　　　　　　　　　　　　　　　　（b）示例 2

图 2-119　示例 SFC20 传送数据

4. SFC21 的使用

SFC21 "Fill" 一般用于初始化一段数据，可以将源数据区的数据传送填充到目标数据区，传送时将源数据区作为一个单元然后填充到目标区域。源数据区和目标数据区不能交叉重合。如图 2-120 所示的一个例子：将目标区域中的所有字节赋值为 0.

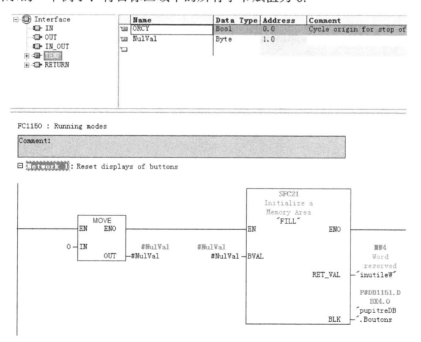

图 2-120　填充 0 到目标区域

再如图 2-121 所示例子，假设 MB10 和 MB11 中的值为 4，6，执行下面例子后，DB100 中的 DBB0，dbb1，dbb2，dbb3，dbb4 中的值分别为 4，6，4，6，4。

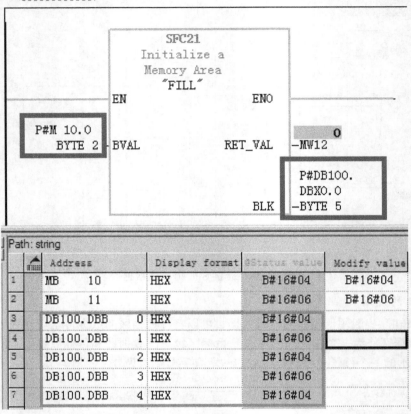

图 2-121　SFC21 使用示例

2.2.6　分析 PLC 参数变量

PLC 程序中的信号可以按照位、字节、字、双字等来表现出来。

1. 信号

任何一个信号都有上升沿、变化过程、下降沿 3 种状态，PLC 程序中若分别处理这 3 种状态就可以完整地把握住当前的信号。

（1）用字或双字数据传送给 DO 点方法来控制输出。

在 PLC 的应用中通常都会有大量的输出控制，用字或双字数据传送给 DO 点方法来控制输出可以提高速度，只要根据实际应用的要求，合理分配输出地址，变换控制输出控制字，可以大大减少 PLC 程序执行的步数，从而加快 PLC 的程序运行速度。

（2）信号位置、复位指令 SET、CLR。

PLC 中，使用 SET 指令只执行一次即可，不必每次扫描都执行这个指令，很适合与脉冲输出（PLS/PLF）指令配合使用。有些工程人员忽视了这个问题，使用了常规的方法来驱动 SET 指令，无意中增加了 PLC 程序扫描运行时间。

2. 记忆信号

记忆信号采用置位、复位最为简单。

3. String 变量的特殊性

String 变量格式比较特殊，它的起始字节是固定的，总字节数为有效的字符长度加 2，前两个字节总是 16 进制的 W#16#1000。并且 String 变量无法直接被监控，如果我们声明一个 String 变量，有效字符数为 16，如图 2-122 所示，赋值到这个变量中。

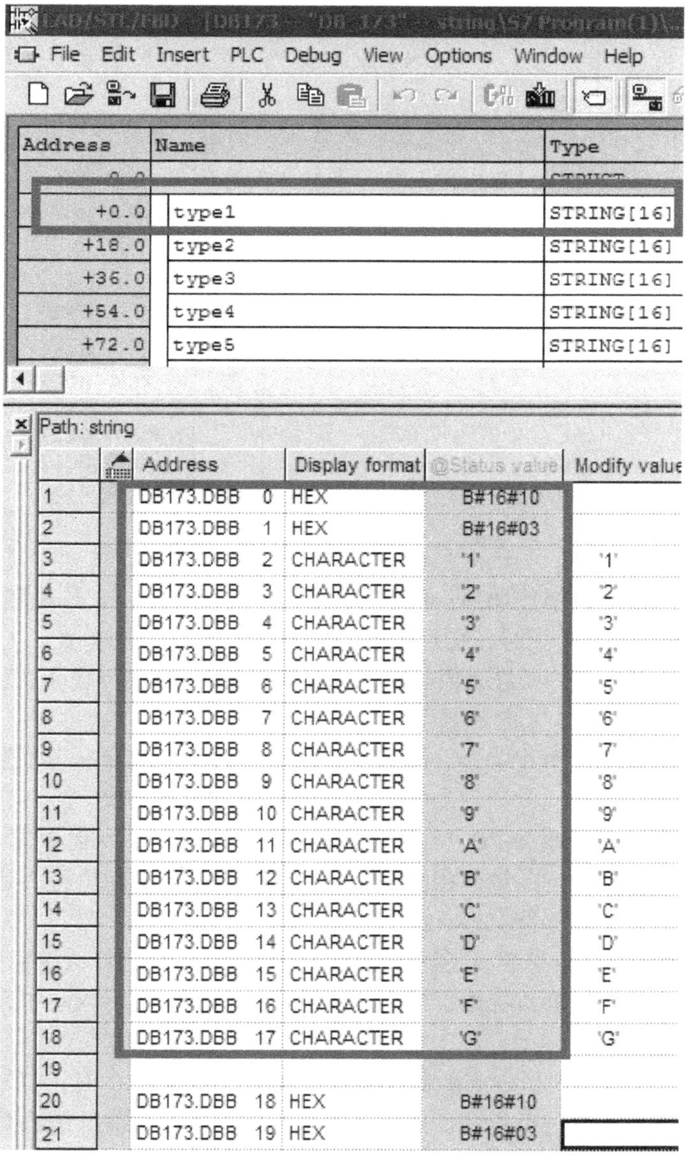

图 2-122　声明一个 String 变量并赋值

可以看到，虽然有效的字符是 16 个，但是却占据了 18 个字节。有效的字符从第 3 个字节开始。监控也只能是间接的一个个字节来监控，而不能用整体来监控。这或许给我们一个启示，

String 其实就是一种包含字符的结构体，前两个字节用来表示这是个特殊的结构体。

2.2.7　PLC 中状态字的含义

很多人可能都有下面的疑问：

（1）状态字中的首次检测位到底有什么作用？它与编程有关吗？

（2）程序段的第一条逻辑运算指令实际上做了什么操作？

S7-300/400 的状态字（Status word）的最低位为首次检测位 FC，该位的为 0 状态表示一个梯形图逻辑程序段的开始，或指令为逻辑串（即串并联电路块）的第一条指令。在逻辑串指令执行过程中该位为 1，输出指令（=、R、S）或与 RLO（逻辑运算结果）有关的跳转指令将该位清零，表示一个逻辑串的结束。

如图 2-123 所示的程序段，它将两条串联电路（逻辑串）并联后，控制 Q4.2 的线圈，逻辑表达式为 I0.4*I0.7+I0.6*/I0.5=Q4.2（/I0.5 对应于 I0.5 的常闭触点）。执行第一条指令"A I0.4"时首次检测位为 0，表示程序段开始。执行指令"A I0.6"时首次检测位为 0，表示第二条串联电路开始；执行"="指令之后，首次检测位被清零。

程序段 3：标题：			RLO	STA	STATUS WORD
A	I	0.4	1	1	1_0000_0111
A	I	0.7	0	0	1_0000_0001
O			0	1	1_0000_0100
A	I	0.6	1	1	1_0000_0111
AN	I	0.5	1	0	1_0000_0011
=	Q	4.2	1	1	1_0000_0110

图 2-123　程序段与逻辑运算结果

查阅手册，对 A 指令的描述如下：检查寻址位的状态是否为 1，并将测试结果与 RLO 进行"与"运算。执行第一条 A 指令时，它到底做了什么操作？

（1）显然它不会将 I0.4 的二进制值与前一个程序段执行完后的 RLO 进行"与"运算，本程序段与前一程序段之间"井水不犯河水"。

（2）"与"运算需要两个变量参与，第一条 A 指令执行完后只有一个位变量 I0.4 的值，不可能作"与"运算。

将上面的第一条 A 指令改为"O I0.4"或"X I0.4"指令（"或"运算或"异或"运算指令），前两条指令的"与"运算执行的结果相同。这说明前两条指令实际执行的是什么逻辑运算取决于第二条指令，而与第一条指令（A、O 或 X）无关。

实际上，程序段的第一条指令或逻辑串的第一条指令并不执行什么逻辑运算，第一条 A、O、X 指令只是将指令中的位变量的值传送到 RLO，第一条 AN、ON、XN 指令将指令中的位变量的值作"非"运算后传送到 RLO。

操作系统在执行程序的时候，判断首次检测位的值，其值为 0 时，就知道该指令是程序段的第一条指令或逻辑串的第一条指令，然后完成上述的操作。首次检测位与用户程序没有直接的关系。

其他的 PLC（包括 S7-200）几乎都用 LD 和 LDN（或 LD NOT、LDI）指令来表示一个程序段或逻辑串的开始。S7-300/400 因为没有类似的指令，所以用首次检测位来检测一个程序段或逻辑串的开始。

2.2.8 指针探讨

指针是一种参数类型，可将变量的地址值作为实际参数传送。指针占用 6 个字节，字节 0 和 1 中存放数据块 DB 的编号，对于其他数据类型例如 I，Q 等，其中的数值为 0。字节 2 到 5 存放地址值和存储区域类型值，格式类似寄存器间接寻址的双字指针，意义如图 2-124 所示。

							pointer数据结构								
位	47	46	45	44	43	42	41	40	39	38	37	36	35	34	33	32	
字节0							DB块编号或0										字节1
位	31	30	29	28	27	26	25	24	23	22	21	20	19	18	17	16	
字节2	1	0	0	0	0	r	r	r	0	0	0	0	0	b	b	b	字节3
位	15	14	13	12	11	10	9	8	7	6	5	4	3	2	1	0	
字节4	b	b	b	b	b	b	b	b	b	b	b	b	b	x	x	x	字节5
						r: 存储类型 b: 字节地址 x: 位地址											

图 2-124　指针的数据结构

指针的第 0～2 位是寻址的位编号，第 3～18 位是寻址的字节编号，第 24～26 位是存储区域的编号，存储区域编号定义如表 2-4 所示。

表 2-4　存储区域寻址定义

十六进制编号	存储区域	说　明
B#16#81	I	输入区域
B#16#82	Q	输出区域
B#16#83	M	位存储区域
B#16#84	DB	数据块
B#16#85	DI	背景数据块
B#16#86	L	临时变量
B#16#87	V	上次临时变量

指针如果采用实参形式调用，可有两种表现形式：一是指针形式，如用 P#M10.0 byte 2 表示引用 M10.0 开始的两个字节的地址，实际相当于引用 MB10 和 MB11；二是用 P#DB2.dbx180.0 表示引用 DB2.dbx180.0 开始的地址。再如下例，若此时 AR1 地址寄存器中指向 DB100.dbx20.0，若执行指令 L B[AR1，P#0.0]，则表示将 db100.dbb20 中的内容装载到累加器 1 中，若执行 L W[AR1,P#10.0]，则表示将 db100.dbw30 中指向的内容装载到累加器中，若执行 L D[AR1,P#5.0]，则表示将 db100.dbd25 中指向的内容装载到累加器中。

可直接将地址指针用一个 DW 双字来表示，如 DW#16#81000000 就表示 I0.0 指向的地址，则 LB [AR1，P#0.0]就表示装入 IB0，指向如下程序就将 IB0 装入了 MB600。

```
L      DW#16#81000000
       LAR1
L      B [AR1，P#0.0]
T      MB   600
```

如欲将 MB1 中的内容传递至 MB100，则可考虑将 MB1 用指针表示，因存储区域位于 M 地址，故编号为 16#83，取 MB1，则指针为：1000，0011，0000，0000，0000，0000，0000，1000 即为 DW#16#83000008，则程序可表示为：

```
L        DW#16#83000008
LAR1
L        B [AR1，P#0.0]
T        MB    100
```

如欲使用数据块的指针表示，则必须赋具体的数据块编号，常使用指令 OPN 打开一个确定的数据块来赋值编号，示例如下：

```
OPN    DB    100       //打开 db100，则此时指针指向数据块 DB100
L        DW#16#84000008     //做一个指针指向 DBX1.0
LAR1                         //将子指针指向 DBX1.0，生成了 DB100.dbx1.0 指针
L        B [AR1，P#2.0]   //累加指针 P#2.0，则指向了 DB100.dbx2.0 中的一个字节内
容，即取出 DB100.dbb2
T        MB    200   //将 db100.dbb2 中的内容传给 MB200
```

设想如果将一个数字左移 3 位，传入一个指针变量后或与指针变量做运算，即可生成一个指针，如将数字 3 左移 3 位，传入#Pt1 指针中，则#Pt1 指针就相当于 P#3.0。因此，两种编程思路的效果是一样的，如图 2-125 所示。

Name	Data Type
char_group	Array [1..16] Of Char
Idx1	Byte
pt1	DInt
pt2	DInt

```
                                          L    5
L    P#5.0                                 SLW  3
L    #pt1                       #pt1       L    #pt1                     #pt1
+I                                         +I
T    #pt2                       #pt2       T    #pt2                     #pt2
LAR1                                       LAR1
L    B [AR1,P#0.0]                         L    B [AR1,P#0.0]
T    #char_group[1]            #char_group[1]    T    #char_group[1]     #char_group[1]
```

图 2-125　两种指针编程思路

指针可以实现变量化编程，如图 2-126 所示，Idx1 就变成了一个索引号指针，改变 Idx1 的数值就可以进行变量寻址。

```
L      5
T      #Idx1                    #Idx1
L      #Idx1                    #Idx1
SLW    3
L      #pt1                     #pt1
+I
T      #pt2                     #pt2
LAR1
L      B [AR1,P#0.0]
T      #char_group[1]           #char_group[1]
```

图 2-126　变量化指针

为了实现更加灵活的参数化编程，可使用长度为 10 个字节的 any 型指针指向任意的数据，以便完成复杂的运算过程。例如，P#db2.dbx30.0 byte10 就表示指向 DB2.dbb30 起始的 10 个字节。

2.2.9 西门子 PLC 结构语法类比高级语言

西门子 PCL 程序的结构类似于高级语言。如图 2-127 所示，首先我们来观察一个普通的西门子 PLC 子程序块。其外部接口中包含输入、输出、双向、临时、返回值 5 种类型。如果是 FB 块，则还包含静态变量区域。

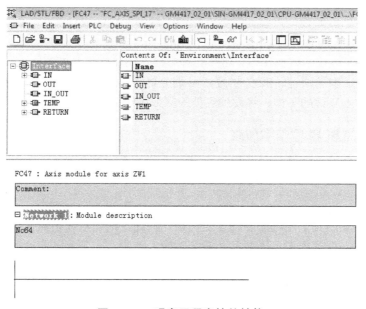

图 2-127 观察子程序块的结构

类比于高级语言，一般亦可分为五大内存分区，以 CPP 或 Java 程序语言为例。

在 C++中，内存分成 5 个区，他们分别是堆、栈、自由存储区、全局/静态存储区和常量存储区。

（1）栈，就是那些由编译器在需要的时候分配，在不需要的时候自动清除的变量存储区。里面的变量通常是局部变量、函数参数等，类似 Temp。

（2）堆，就是那些由 New 分配的内存块，他们的释放编译器不去管，由我们的应用程序去控制，一般一个 New 就要对应一个 Delete。如果程序员没有释放掉，那么在程序结束后，操作系统会自动回收。

（3）自由存储区，就是那些由 Malloc 等分配的内存块，它和堆是十分相似的，不过它是用 Free 来结束自己的生命。

（4）全局/静态存储区，全局变量和静态变量被分配到同一块内存中，在以前的 C 语言中，全局变量又分为初始化的和未初始化的，在 C++里面没有这个区分了，他们共同占用同一块内存区。

（5）常量存储区，这是一块比较特殊的存储区，它们里面存放的是常量，不允许修改（当然，你要通过非正当手段，也可以修改，而且方法很多）。

Static 静态变量会被放在程序的全局存储区中（即在程序的全局数据区，而不是在堆栈中分配，所以不会导致堆栈溢出），这样可以在下一次调用的时候还可以保持原来的赋值。这一点是它与堆栈变量和堆变量的区别。Temp 变量可以理解为就是高级语言中的堆栈变量。共享 DB 块中的变量可以理解为全局变量。背景数据块可被认为是局部变量引出为全局变量。

除此以外，注意可将 PLC 的逻辑看作是有限状态机的一种表现形式，有限状态机即是表征有限个状态以及在这些状态之间的转移和动作等行为的数学模型。

逻辑主要通过两种表现形式来表达，一种是状态转换图即流程图，另一种是状态转换表即真值表，两种的结合就是象数系统。具体到 Step 7 中，使用梯形图来描述逻辑的方法就类似于状态转换图，使用数据块或外部 Excel 表生成的数据库源文件的方法就类似于状态转换表。

对于一个完整的原始设计过程，需要有图和表两种形式的设计文件，结合目前流行的办公软件，可以推测，图形可使用 Visio，Matlab 的 Stateflow 等软件来实现，而数表可用 Excel 来实现。如果再进一步开发出一些编译器，将这几种软件自动转换为对应的数控系统逻辑中间语言，如梯形图或语句表、数据块等，就成为 PLC 一端的最终实现。可以预见，这样一些编译器能够完成过去人们大量重复性的工作，将设计人员的精力集中在逻辑本体的设计中。

2.2.10 电气图纸和 PLC 基本回路

一个项目中首要的是将电气图纸和 PLC 程序对应起来，概括下来，电气图纸主要关联如下一些基本的程序块。

1. 安全回路

早期安全回路多用安全继电器和硬连线实现，因此可编程点和逻辑甚少，但现在越来越多需要更新为可编程安全逻辑点，需要配合安全集成来使用，必须保证安全回路，安全模块的地址和逻辑分配与程序高度一致。

2. 上电回路和轴使能

上电回路和轴使能又称 Control on 回路，一般系统完成正常初始化，满足一切安全条件，启动好公共辅助系统后，才允许上电。这个过程的完成表示是满足最基本的运动条件。

3. 辅助系统控制

辅助系统（如液压系统、气动系统）是运动的先决条件，无此，则运动不具备可能性。

4. 按钮控制

操作工打交道最多的就是按钮盒，常见的按钮主要是关于模式选择的方式组按钮，包含 Auto 模式、Manual 模式、Drycycle 循环、Load 循环、Unload 循环等，手动、自动操作（左右运动、启动停止等按钮），工艺过程（节拍确认、工艺过程确认等按钮），这些点的布局也需要和程序保持一致。

未来，可能会出现一种自动图纸生成程序的软件，例如，将 Eplan 图纸信息变为标准化的数据库信息，然后同 PLC 无缝结合，当导入 eplan 的关系数据库后，就可根据这些数据自动生成一套电气对应的逻辑。这个工作需要数据库、智能比较和导入、PLC 变量化模板等相关的技术支持和发展才能完成。

2.2.11 PLC 编程常用技巧

举几个简单的例子来说明 Step 7 常用的一些应用手段。

1. 转换常开常闭节点

先按下 Insert 按键，再按下选择 F2 或 F3 按键就可以迅速改变常开或常闭逻辑点，如图 2-128 所示。想要改变 M30.0 常开点为常闭点，只需先按下 Insert 按键，然后选中 M30.0，按下 F3 即可。

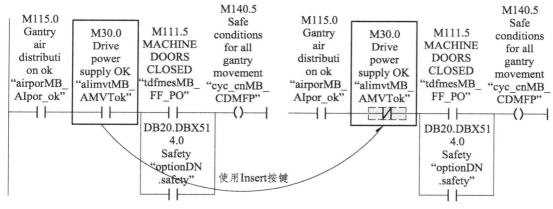

图 2-128　迅速转换常开常闭点

2. 符号命名要规范

为了避免使用时混淆，最好以明确的符号定义来区分变量的功能。在此推荐类匈牙利命名法：以前缀指示变量类型，用首字母大写的有意义的英文单词的组合作变量名。具体来看一个例子：

变量名：Grip11_QB_unlock　针对输出点 Q100.0

注释 Gripper TZ11：　Gripper unlocking 夹爪 TZ11 解锁

其中前缀 Grip11 就表示 Gripper TZ11，中间的 QB 代表这个变量属于 Q 输出变量，后面的 unlock 代表功能，一目了然。

也可使用单字组合做变量的表示。如 I_S_10.0 表示一个输入变量用来描述传感器 10.0。

3. 导入导出程序备份

点击 File→Archive，可以制作当前项目的 arc 或 zip 备份文件。如图 2-129 所示，将项目文件夹压缩为一个文件包，方便共享应用和存档管理，更重要的是，如果保存为 arc 文件格式，可以直接将此 arc 文件复制到数控系统，然后数控中读取此备份就相当于恢复并下载了整个 PLC 程序。

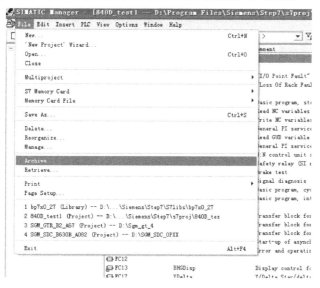

图 2-129　归档项目文件

如图 2-130 所示，当选择了 Archive 之后，在对话框中选择需要存档的项目，点击 OK 确定。

图 2-130　选择要归档的文件

选择要保存到的目录和文件的格式，如图 2-131 所示，一般在电脑上存档就直接选择.zip 格式，如果需要在 NCU 上直接运行就可以保存为.arc 格式，一般我们选的都是.zip 格式。点击保存后确认即可完成备份归档。

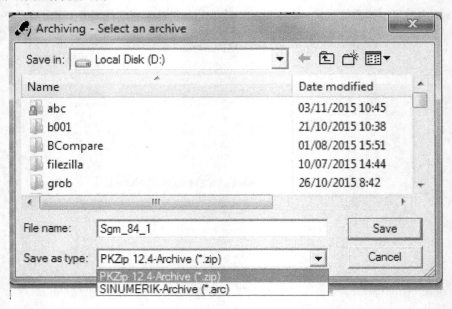

图 2-131　存档文件的格式

4. 设置项目语言的问题

程序语言一般设置为中文，但需考虑一点，将来如果在控制面板区域语言中修改了语言为其他，则中文会显示乱码。如图 2-132 所示，右键点击项目文件夹图标，点击对象属性项。

在属性对话框，将默认语言设置为中文即可，如图 2-133 所示。

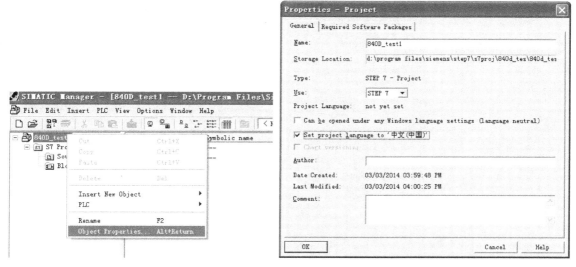

图 2-132　点击对象属性　　　　　　　　　图 2-133　设置项目语言

如果将复选框打钩可以使用任何语言打开此项目，这样就更加方便共享和交流了。

5. 语言引起的项目打不开问题

由于语言引起的 PLC 程序打不开怎么办？

有时国外的程序使用的是他们的本土语言编写，如法语或德语，如果创建者使用的语言和用户所安装的 Step 7 不同，可能会无法显示项目程序。当用户打开项目时候出现报警，然后无法打开，此时需要进入 PLC 项目所在的文件夹下面，将其中的 Language 文件直接删除即可。如图 2-134 所示，将 Global 下的 Language 文件直接删除，再打开项目即可。

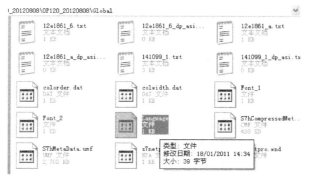

图 2-134　删除语言文件

6. 梯形图转换错误问题

使用梯形图编程时，有时由于在程序中过多使用字节编程方式，会出现地址类型不匹配的情况。这样梯形图只能显示成语句表，不容易看明白，若想恢复成梯形图，可以尝试如下操作：

打开任意一个程序块，如图 2-135 所示，选择菜单 Option→Customize→LAD/FBD 页面，将其中的 Type Check of Addresses 这个选项取消勾选，点击确定后，再打开所要转换的程序，将视图由 LAD—STL—LAD 切换一下，就可以看到程序都转化为 LAD 了。

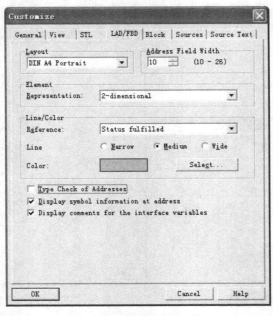

图 2-135　转换为梯形图

如果上面的方法成功了，说明程序中存在地址类型不匹配的情况，如将字节用于字运算或比较指令中。

7. 查看节点

查看节点功能调试网络，非常方便，如图 2-136 所示，点击图标 Accessible Nodes，进入后双击某个节点，可以查看所有连入以太网的站点网络地址。

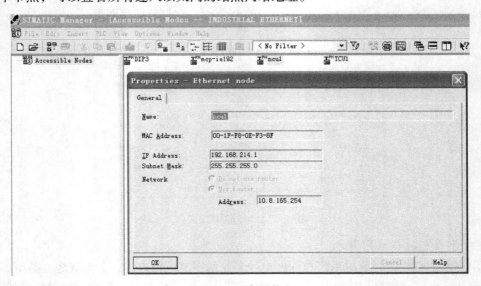

图 2-136　查看节点

8. 网络连接设置

840D sl 基本都采用网口调试，开始首次调试时候需要设定编程器的网口地址，如图 2-137 所示，需进入菜单 Set PG/PC Interface 来设置接口，注意若使用无线路由器后，接口设置一定要匹配为相应的无线网卡，如果此时仍使用有线网卡设置方式，虽然可以连接，但链接速度会极不稳定且很慢。

图 2-137　设置连接端口

9. 更新硬件

很多项目会采用新的硬件，此时需要更新为新的 GSD 硬件配置文件，首先要保证 Internet 外网 OK，如图 2-138 所示，点击 Hardware 中的 Options→Install HW Updates 来更新硬件。

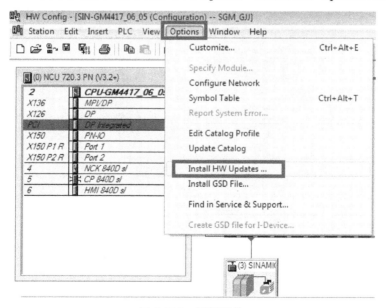

图 2-138　更新硬件

安装时，只需要选择缺少的新硬件安装即可，如图 2-139 所示。

图 2-139　选择下载更新硬件

10. 比较程序块

很多时候用户所得到的程序与现场程序不一致，此时需要比较出不同之处，然后才能在此基础上做更新和修改，可采用如图 2-140 所示的步骤：打开某个项目，右键单击 Blocks→Compare Blocks，然后点击确定，软件就会比较整个程序，速度会比较慢。

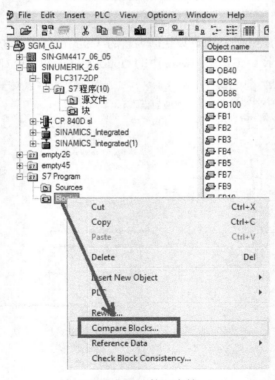

图 2-140　比较程序块

也可以如图 2-141 所示进行比较，选中想要比较的一些程序块，然后右键选择比较程序。

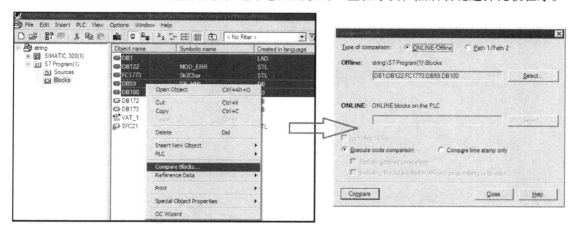

图 2-141　比较选中的块

除了选择与在线程序进行比较外，也可以选择与离线程序进行比较，在线就是将电脑中的当前打开的项目与对应的在线工位的数据进行比较，离线就是选中目前电脑中的不同项目来比较。如图 2-142 所示，为在线比较项目程序的结果。

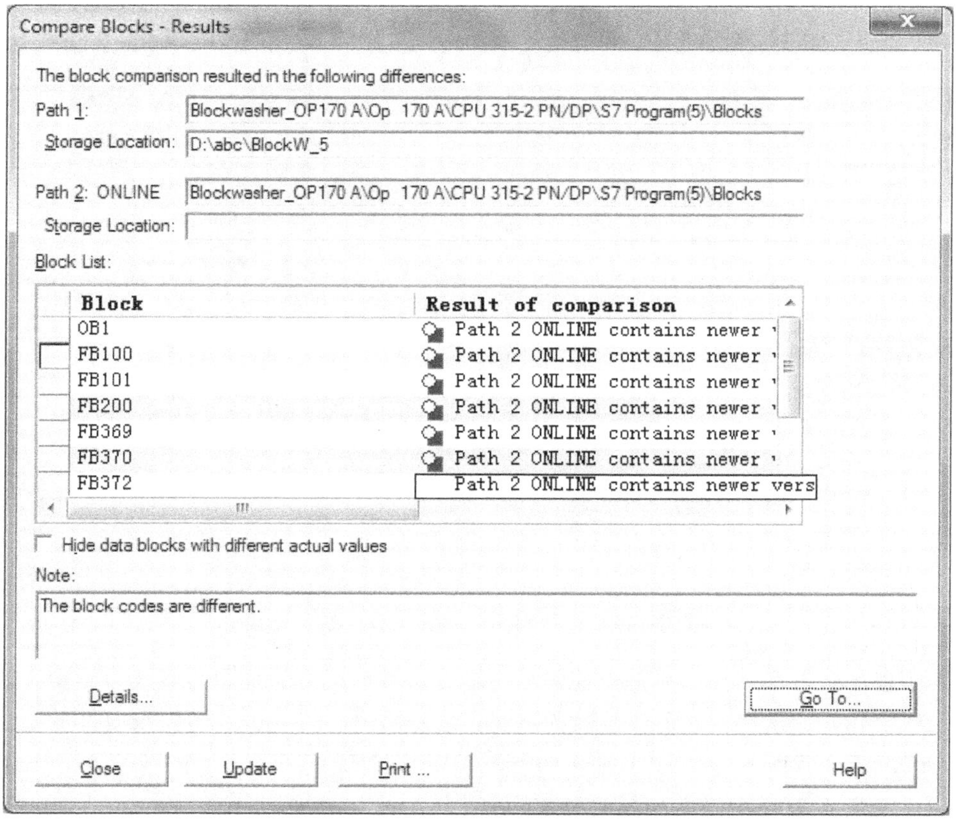

图 2-142　在线比较程序

通过点击 Go To 按钮，可以查看具体有哪些不同，如图 2-143 所示。

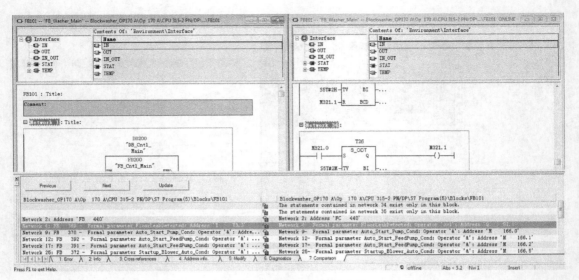

图 2-143 查看具体不同之处

选中并双击细节栏中的每一项不同的内容，则可以查看其差异之处并做出相应的修改和更新。

有一种非常特殊的情况，如图 2-144 所示，比较下来两个程序不同，经过修改后程序已经保证完全一致，但是却依旧无法监控。可以查看其 Details（细节），发现校验码 Block checksum 不同。

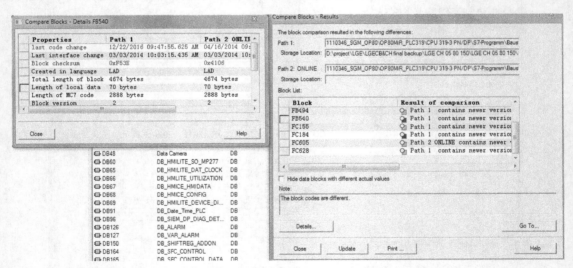

图 2-144 程序相同却无法通过一致性比较

这表明程序数据都一样，只是校验码不一样，这种情况可能是因为更改了编程方式，比如梯形图改成语句表，这样就会造成校验的不同。这是西门子的 Bug，暂时没有好的办法，只能切换到 Online（在线模式），然后直接上传替换 Offline 程序。

11. 地址优先和符号优先的编程设置

就编程方式和习惯而言，西门子 PLC 应用编程工程师可分为两大门派：一派是绝对地址派，另一派是符号优先派。绝对地址一派针对各个具体地址去编程，符号优先派首先定义符号，再利用符号来映射地址适当的设置编程习惯，可以提高工作效率。

若考虑绝对地址优先时，显示选项应以地址作为首要因素，因此作如下设置，如图 2-145 所示，将 View→Display with→symbolic Representation 前面的勾去掉即可。

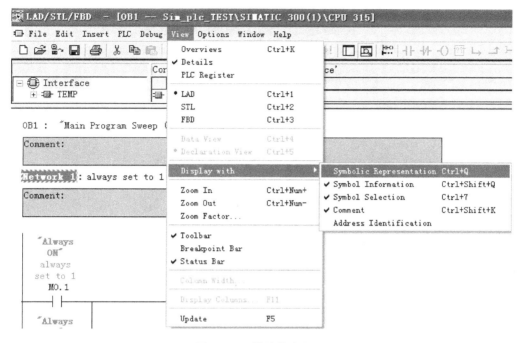

图 2-145　地址优先显示

程序变为如图 2-146 所示的显示状态。

若考虑变为符号编程优先的显示方式，只需将 View→Display with→Symbolic Representation 前面的勾加上即可，显示结果如图 2-147 所示。

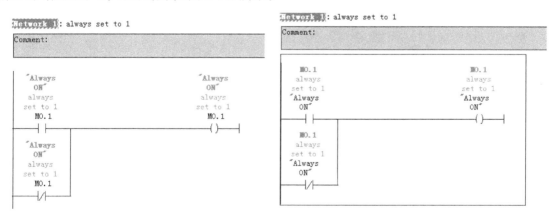

图 2-146　地址优先的显示结果　　　　图 2-147　符号优先的显示方式

更有甚者，若想纯粹显示符号，而将地址信息移到下方显示，可作如图 2-148 所示的设置，点击 Options→Customize→LAD/FBD 标签，将下方 Display symbol information at address 的勾去掉即可。

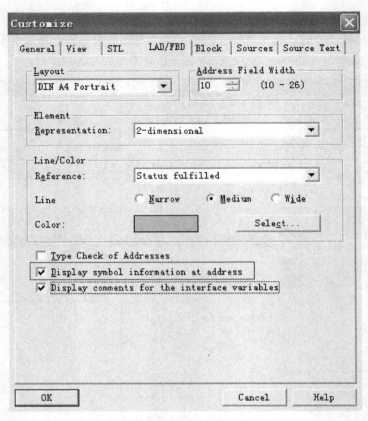

图 2-148 纯粹显示符号设置

显示结果如图 2-149 所示，这样就实现了纯粹使用符号编程的显示习惯。

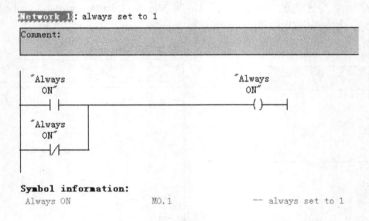

图 2-149 纯粹符号编程习惯

12. 符号和绝对地址优先编程与重新布线功能

在具体实际应用中，有时候会遇到如下的情况，程序的总体逻辑不变，但是程序的某些模块的地址发生了变化，如电机启动信号，原来的地址是 I0.3，现在硬件地址变成了 I10.2，这该如何处理，总不能一个一个修改。因此需要发明批处理的技巧，根据符号和绝对地址两种习惯的不同，可分为两种重新布线方法。

（1）绝对地址优先下的 Rewiring 重新布线功能。

例如，若是想把 I16.7 地址变为 I17.0，则首先设置类型为绝对地址优先方式，如图 2-150 所示。

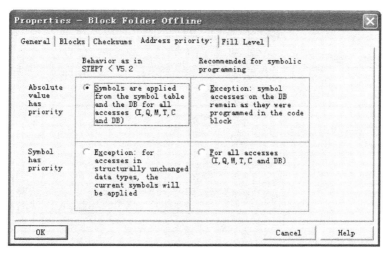

图 2-150　设置为绝对地址优先

然后选择菜单 Option 下的 Rewiring 子项，如图 2-151 所示，将需要重新布线的点填入，如把 I16.7 更换为 I17.0。

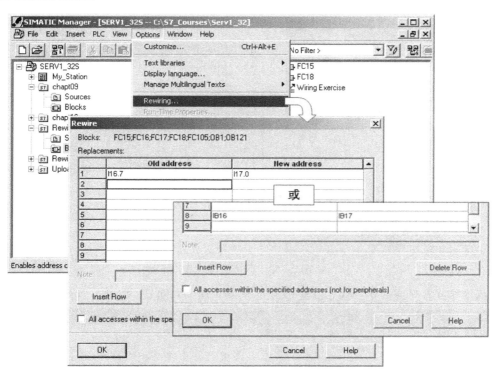

图 2-151　绝对地址重新布线

重新布线后的结果如图 2-152 所示。

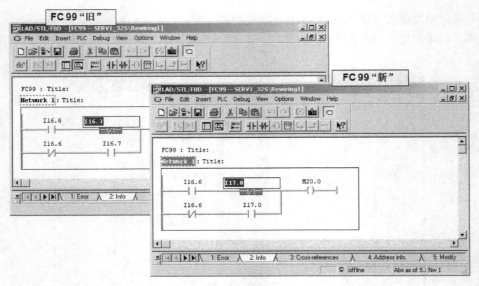

图 2-152　重新布线的结果

（2）符号优先功能下的重新布线。

如图 2-153 所示，螺旋排屑器电机正反转信号接反了，正转为 Q69.0，反转为 Q69.1，而程序中出现的 Q69.0 和 Q69.1 很多，如果一个一个修改，费时费力还容易出错，此时符号优先就派上用场了，先改成符号优先方式。

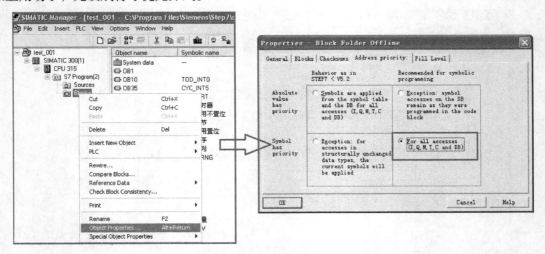

图 2-153　改成符号优先

然后直接在符号表中把 Q69.0 改成 Q69.1，Q69.1 改为 Q69.0，如图 2-154 所示。

	Status	Symbol	Address		Data type	Comment
2146		viscopAB_ARIEX	Q	69.0	BOOL	Chips recuperator motor reverse rotation
2147		viscopAB_AROEX	Q	69.1	BOOL	Chips extractor motor running
2134		vannep_FC	FC	1123	FC 1123	proportionnal valve

图 2-154　修改符号表

134

最后点击用"Check block consistency…（检查块一致性）"功能重新编译即可或者打开程序块执行 Check and Update Accesses，如图 2-155 所示。

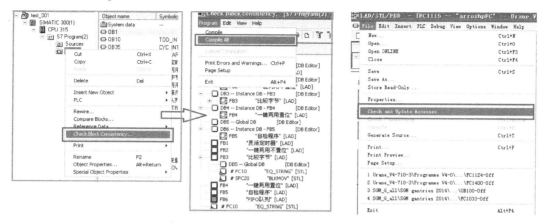

图 2-155　重新编译程序

此法经过变通，也可用于不改变绝对地址，而改变程序符号名称的场合，此时恰好与前述相反，应采用地址优先，亦可用于增添新的程序，屏蔽旧有的程序功能，只需将不用的符号名称所对应的绝对地址往后移动，例如，旧有的 I0.3 信号功能不再需要，则直接改为 I1000.3，这个信号没有实际对应的信号，因而即可被屏蔽掉。

13. 符号表的比较和导入导出

若两个工程中的符号表不同，如欲将之融合。可使用如下方法进行比较和整合

首先打开符号表 1，如图 2-156 所示，选择输出为.asc 格式文件，保存。

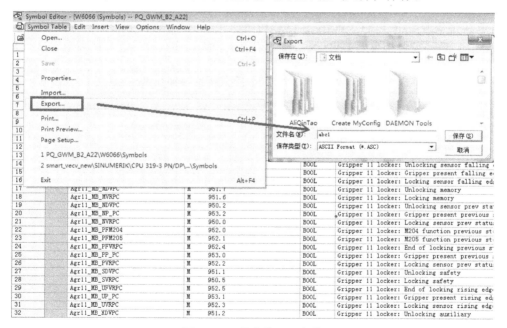

图 2-156　保存为.asc 文件

将此文件重命名或另存为 txt 文件后再次打开，如图 2-157 所示。

文件(F)　编辑(E)　格式(O)　查看(V)　帮助(H)

```
126, Aff_Temps         MW   16   WORD   Display of cumulative time of OB1
126, Agr11_AB_ADVPC    Q    71.5 BOOL   Gripper TZ11: Gripper unlocking
126, Agr11_AB_AVRPC    Q    71.4 BOOL   Gripper TZ11: Gripper locking
126, Agr11_EB_CDVPC    I    71.6 BOOL   Gripper TZ11: Gripper unlocked
126, Agr11_EB_CP_PC    I    71.6 BOOL   Gripper TZ11: Gripper present control
126, Agr11_EB_CVRPC    I    71.4 BOOL   Gripper TZ11: Gripper locked
126, Agr11_IN_SDVPC    M    951.5 BOOL  Gripper 11 locker: Unlocking application safety
126, Agr11_IN_SVRPC    M    951.4 BOOL  Gripper 11 locker: Locking application safety
126, Agr11_MB_DATIM    M    951.3 BOOL  Gripper 11 locker: Immediate stop fault
126, Agr11_MB_FDV_1    M    952.7 BOOL  Gripper 11 locker: General end of unlocking
126, Agr11_MB_FDVPC    M    951.0 BOOL  Gripper 11 locker: End of unlocking
126, Agr11_MB_FVR_1    M    952.6 BOOL  Gripper 11 locker: General end of locking
126, Agr11_MB_FVRPC    M    950.4 BOOL  Gripper 11 locker: End of locking
126, Agr11_MB_LDVPC    M    950.3 BOOL  Gripper 11 locker: Unlocking sensor falling edge
126, Agr11_MB_LP_PC    M    953.3 BOOL  Gripper 11 locker: Gripper present falling edge
126, Agr11_MB_LVRPC    M    950.1 BOOL  Gripper 11 locker: Locking sensor falling edge
126, Agr11_MB_MDVPC    M    951.7 BOOL  Gripper 11 locker: Unlocking memory
126, Agr11_MB_NVRPC    M    951.6 BOOL  Gripper 11 locker: Locking memory
126, Agr11_MB_NDVPC    M    950.2 BOOL  Gripper 11 locker: Unlocking sensor prev status
126, Agr11_MB_NP_PC    M    953.2 BOOL  Gripper 11 locker: Gripper present previous status
126, Agr11_MB_NVRPC    M    950.0 BOOL  Gripper 11 locker: Locking sensor prev status
126, Agr11_MB_PFM204   M    952.0 BOOL  Gripper 11 locker: M204 function previous status
126, Agr11_MB_PFM205   M    952.1 BOOL  Gripper 11 locker: M205 function previous status
```

图 2-157　符号表文件中的内容

对此文件进行编辑和修改，然后再次保存为.asc 后缀名文件，选择 Import 导入即可。

如果需要比较两个符号表之间的异同之处，那就运用 BCompare 软件比较这两个符号表生成的 asc 文件，比较后经过修改再导入即可。

2.3　监视诊断和分析 PLC 系统

2.3.1　诊断和分析 PLC

笔者认为，一个成熟的系统需要拥有自诊断能力和自分析能力，能够帮助人类迅速查找出相关的故障。西门子系统具备这些能力，Step 7 蕴含了各种故障诊断工具和监视功能。

1. 模块信息的诊断

模块信息功能能让用户不必做任何额外的编程，便可对系统进行诊断，并且迅速检测到错误，确定其位置且纠正它们。如图 2-158 所示，可从 SIMATIC 管理器菜单 PLC→Module Information 打开，或者从程序 LAD 编辑器中调用此功能，亦或可从硬件诊断中间接打开。

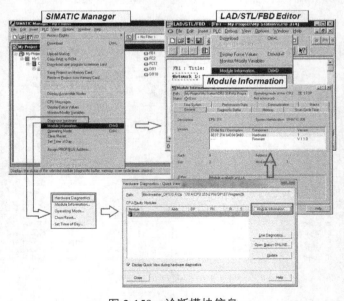

图 2-158　诊断模块信息

模块的信息卡如图 2-159 所示，General 常规选项卡中包含对模块的描述、硬件和固件的版本。可以看到模块的订货号，是否正常等一般信息。

图 2-159　模块信息卡

一般我们可打开第二个选项卡诊断缓冲区来查看模块的故障，分析系统错误，如图 2-160 所示，它包括全部的诊断事件（按它们发生的顺序排列），且事件带有简单的说明。

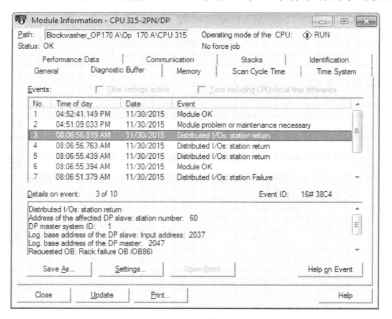

图 2-160　诊断缓冲区

诊断事件包括模块故障、过程写错误、CPU 系统错误、CPU 运行模式的切换、用户程序的错误和用户使用系统功能 SFC52 自定义的诊断事件。在诊断缓冲区对话框中，位于最上面的事件是最近发生的事件。当出现编程错误引发的故障事件时，选中这个事件所在的行，此时 Open

Block 按钮会点亮，单击这个按钮，则会自动打开所在的错误的程序块，显示出错的程序段代码。

模块信息中的存储器选项卡提供了 CPU 目前的工作存储器和装载存储器当前的使用情况，用于查看 CPU 是否有足够的空间来存储新的块。如图 2-161 所示，可以显示装载存储器，RAM 装载存储器和工作存储器的大小和使用情况。

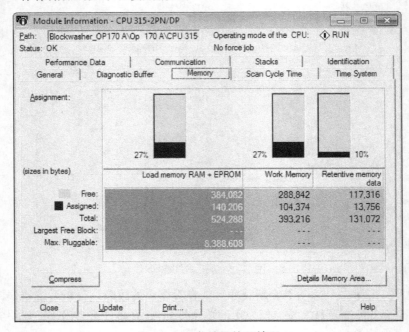

图 2-161　存储区使用情况

扫描循环时间选项卡用于显示 CPU 的最小循环时间、最大循环时间和当前循环时间，如图 2-162 所示。

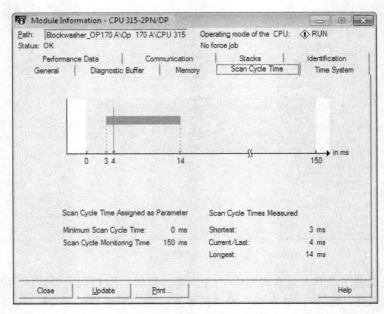

图 2-162　循环时间选项卡

其余选项卡一般不常用，在此不作介绍。

单击 PLC→诊断设置的操作模式选项，可以弹出操作模式对话框。如图 2-163 所示，可以停止当前的 CPU 工作，重启 PLC，进行暖启动等，每次下载更新完硬件设置后可能需要进入这个对话框重启 PLC。

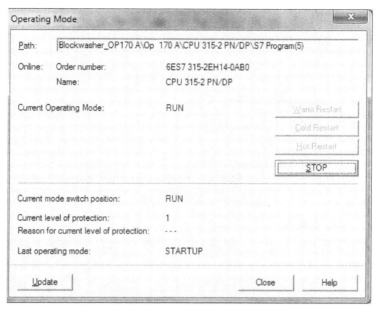

图 2-163　操作模式对话框

在 PLC→诊断设置中单击 Clear/Reset，可以清空 PLC 的内存，相当于总清 PLC，如图 2-164所示。

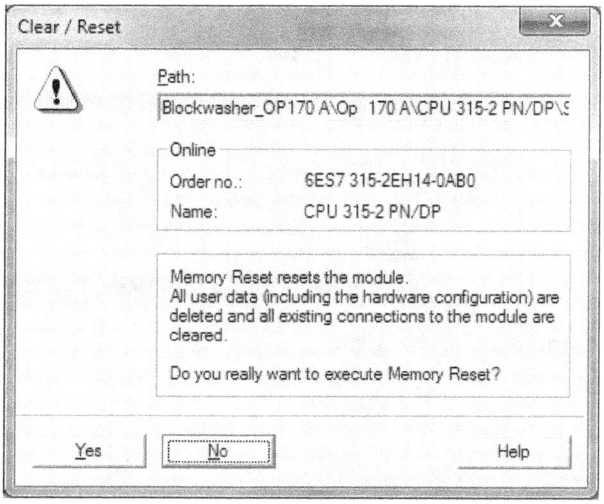

图 2-164　总清 PLC

在 PLC→诊断设置中单击设置时间，可以方便地设置当前的 PLC 系统时间，如图 2-165所示。

Set Time of Day

Path: Blockwasher_OP170 A\Op 170 A\CPU 315-2 PN/I

Online: Order No.: 6ES7 315-2EH14-0AB0
Name: CPU 315-2 PN/DP

	Date:	Time of Day:
PG/PC time:	12/03/2015	03:21:08 PM
Module time:	12/03/2015	03:13:48 PM

☑ Take from PG/PC

More>>

Apply   Close   Help

图 2-165 设置 PLC 的时间

2. 交叉索引显示参考数据

显示参考数据功能是非常有用的，常用于检查信号点的调用，查看未被使用的信号点，交叉参考地址的使用情况。对于庞大的程序，非常需要概览各种数据的引用情况，包括地址在何处被使用或被赋值，输入和输出点被实际使用的数量，以及整个用户程序的结构。对于那些由逻辑编程错误引起的功能性错误（如重复赋值），"程序状态"工具与"参考数据"工具一起使用会很有效。例如，若由于一个标志位未被置位使某一逻辑操作不满足条件，用户可以使用"参考数据"工具来确定该标志位在哪里被赋值。

参考数据功能给出了用户程序的结构和地址使用情况的概览。参考数据从保存的 Offline 用户程序生成，如图 2-166 所示，可通过 Reference Data 来显示生成的参考数据。单击 Option→Reference Data→Display 就可以更新和查看参考数据。

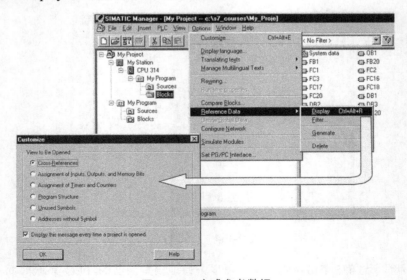

图 2-166 生成参考数据

此时会弹出一个窗口询问需要显示的参考数据形式，如图 2-167 所示的左方小窗口，点击 OK 则打开右方的参考数据，最上边的几个快捷按键恰好对应左边小窗口中的各种选项。

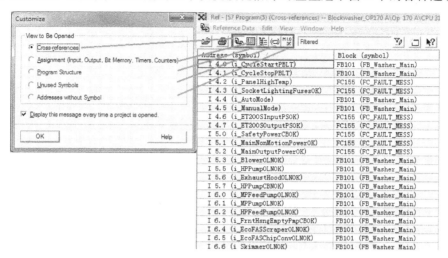

图 2-167　显示参考数据的几种形式

若选择了第一项交叉参考，则显示 Step 7 用户程序使用的地址和符号表的概况。需要注意的是，如果选择地址优先的方式编程，则第一列中显示的是绝对地址+（符号）的方式，如果选择符号优先的方式编程，则第一列中显示的是符号+（绝对地址）的方式，如图 2-168 所示。

Address (symbol)	Block (symbol)
Q 89.7 (+M-Y89.7)	FC 186 (FC_FUNCTION_MAG...
Q 90.0 (+M-Y90.0)	FC185 (FC_FUNCTION_SPIN...
Q 90.1 (+M-Y90.1)	FC185 (FC_FUNCTION_SPIN...
Q 90.2 (+M-Y90.2)	FC185 (FC_FUNCTION_SPIN...
Q 90.3 (+M-Y90.3)	FC185 (FC_FUNCTION_SPIN...
Q 90.4 (+M-1ASi20A:A0)	FC500 (FC_CITI_MemMap_0...
Q 90.5 (+M-1ASi20A:A1)	FC500 (FC_CITI_MemMap_0...
Q 90.6 (+M-1ASi20A:A2)	FC500 (FC_CITI_MemMap_0...
Q 90.7 (+M-1ASi20A:A3)	FC500 (FC_CITI_MemMap_0...
Q 91.0 (+M-Y91.0)	FC186 (FC_FUNCTION_MAG...
Q 91.1 (+M-Y91.1)	FC186 (FC_FUNCTION_MAG...
Q 91.2 (+M-Y91.2)	FC186 (FC_FUNCTION_MAG...
Q 91.3 (+M-Y91.3)	FC186 (FC_FUNCTION_MAG...
Q 91.4 (+M-Y91.4)	FC186 (FC_FUNCTION_MAG...
Q 91.5 (+M-Y91.5)	FC186 (FC_FUNCTION_MAG...
Q 91.6 (+M-Y91.6)	FC186 (FC_FUNCTION_MAG...
Q 91.7 (+M-Y91.7)	FC186 (FC_FUNCTION_MAG...
Q 92.0 (+M-Y92.0)	FC191 (FC_MEDIA)
Q 92.2 (+M-Y92.2)	FC191 (FC_MEDIA)
Q 94.0 (+M-Y94.0)	FC149 (FC_SAFETY_GATES)
Q 94.1 (+M-Y94.1)	FC149 (FC_SAFETY_GATES)

地址优先

Address	Block
alimvtMB__AMVTok (M 1610.0)	alimvtFC (FC1066)
alimvtMB_LMEVT (M 1610.1)	alimvtFC (FC1066)
alimvtMB_PMEVT (M 1610.2)	alimvtFC (FC1066)
alimvtTU_ADV (T 10)	alimvtFC (FC1066)
alimvtTU_TDFME (T 12)	alimvtFC (FC1066)
Always_OFF (M 100.0)	FC_SGM_Andon (FC5...
Always_ON (M 100.1)	FC_SGM_Andon (FC5...
ap->cnMB__CYECapp (M 1800.0)	ap->bas_FC (FC1199)
ap->cnMB__CYECbas (M 1800.1)	ap->cnFC (FC1130)
ap>basMB_MATUS (M 3144.0)	ap>bas_FC (FC1199)
ap>basMB_MUSEF (M 3144.7)	ap>bas_FC (FC1199)
ap>basMB_OO_POcg (M 3144.6)	ap>bas_FC (FC1199)
ap>basMB_PDPCY (M 3144.5)	ap>bas_FC (FC1199)
ap>basMB_PRYSE (M 3144.1)	ap>bas_FC (FC1199)
ap>basMB_SZOUS (M 3144.4)	ap>bas_FC (FC1199)
ap>basMB_URYSE (M 3144.2)	ap>bas_FC (FC1199)
ap>basTU_TDPCY (T 351)	ap>bas_FC (FC1199)
ap>basTU_TDPCY2 (T 353)	ap>bas_FC (FC1199)
ap>basTU_TDVPOchg (T 352)	ap>bas_FC (FC1199)
aroshpAB_AAHOU (Q 172.1)	arroshpFC (FC1115)
aroshpAB_AAMHP (Q 171.5)	garoshpFC (FC1118)

符号优先

图 2-168　地址优先和符号优先的方式

通过 Edit→Find 或者 Ctrl+F 快捷按键可以弹出对话框来查找相关的地址或符号。查找到需要的地址或符号以后，双击在 Location 列中的位置，就会跳转到相应的程序引用处，如图 2-169 所示，这就是称为交叉参考的奥义所在。

如图 2-170 所示，点击过滤器旁边的小按钮或者单击 View→Filtered 弹出过滤器设置窗口，通过设置不同的参数，快速分类出想查找的数据，如只选择 IB4-IB10 的输入点，则在复选框中只选择 Inputs，而后在参数中设置为 4-10 即可。

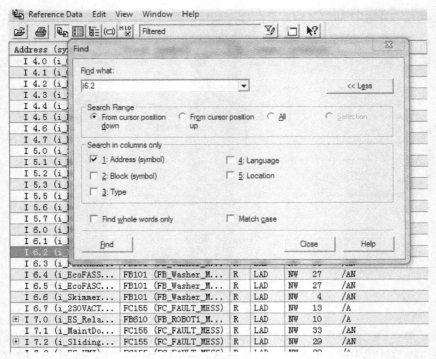

图 2-169　交叉参考

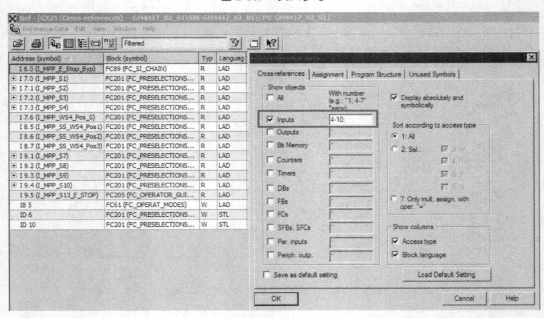

图 2-170　过滤器分类查找

　　打开第二个功能为分配表，如图 2-171 所示，左边显示了输入、输出和 M 存储区的使用情况，右边是定时器和计数器的使用情况，凡是变蓝和点×的都代表已经被使用，所以这张表可以用来分析实际的变量被使用的情况。如果用户想增加一个 M 地址或者定时器，可以从这张表中获取信息。

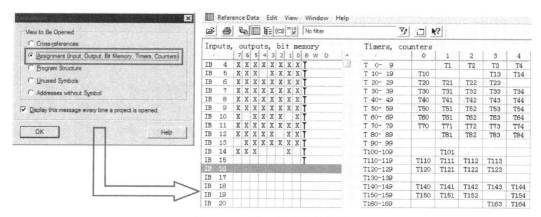

图 2-171　显示已分配的变量

其他选项如程序结构图、未使用符号等功能，由于没有太大的用途，在这里不作介绍。

3. 快速查找全局和局部变量

对于程序中的全局变量，如 M 点地址、DB 点地址、I 点 Q 点这些明码地址，可通过右键单击 Go To→选择 Location 来全局查找相应的调用情况，如图 2-172 所示。

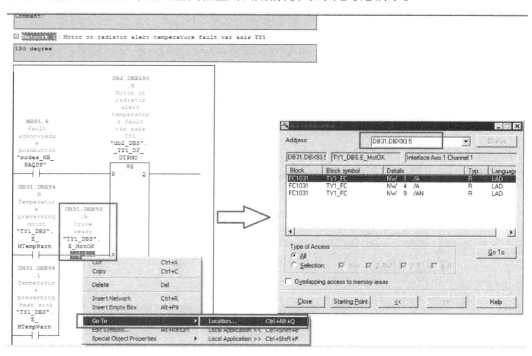

图 2-172　查看全局变量的调用情况

有些时候，一个变量可能被字节形式或字的形式读写，只用点的方式查找不到，此时必须打上复选框 Over lapping，表示重叠访问区域，才可看到变量的引用结果。复选 Over lapping 这个选项可以看到更多相关的调用情况。

对于程序中的内部变量，如 Temp 临时变量、Stat 静态变量等因属于局部变量，就不能使用 Go To Location 方式查找，而必须通过"Location Application<<"和"Location Application>>"这两种方法查找，前者是局部向前查找，后者是局部向后查找，如图 2-173 所示。

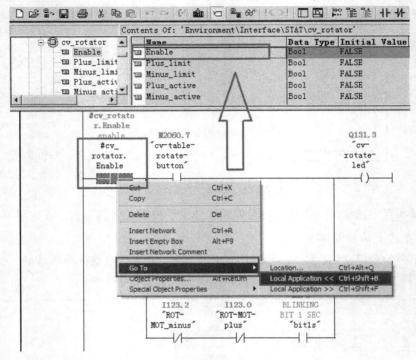

图 2-173　局部变量的查找

或者通过 Find 功能来查找，如图 2-174 所示，写入要查找的变量名字，选中 All 来查找引用情况。

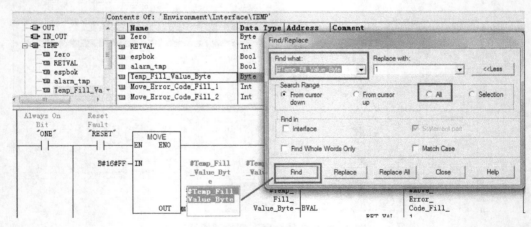

图 2-174　find 功能查找

4. 监控变量

监控变量包含监视变量和修改变量两种方法，具体应用中，既可以建立一个单独的变量表来监控变量，也可以直接在程序编辑器窗口中进行变量监控。

（1）使用变量监控表来监控变量。

一般调试过程中，可以直接点击 Online 在线监控按钮来监视程序变量的运行情况，但是对于程序块较大的情况和复杂的程序，显示的状态只局限于屏幕上一小部分，不能同时显示某个功能相关的所有变量的运行情况。因此，我们需要有一个变量表功能来同时监视、修改、强制一些关键过程变量。一个项目中可以生成针对功能的多个变量表，以满足不同的调试需求。

选中 Step 7 管理器左边的 Block 之后，鼠标右键点击插入新对象→变量表命令，生成一个新的变量表。如图 2-175 所示，点击“眼镜”按钮或者 Variabl→Monitor 来监视在线变量。选择的变量被输入到一个变量表中（VAT）。除了块局部和临时变量，用户可以监视和修改全部的变量和地址。此表格中所含数据项如下：

① Address：变量的绝对地址；

② Symbol：变量的符号名称；

③ Symbol comment：变量显示的注释；

④ Display format：可通过点击鼠标选择数据格式（二进制、十进制……），变量的内容以该格式显示；

⑤ Status value：以选定的状态、格式的变量的值；

⑥ Modify value：要赋给变量的值。

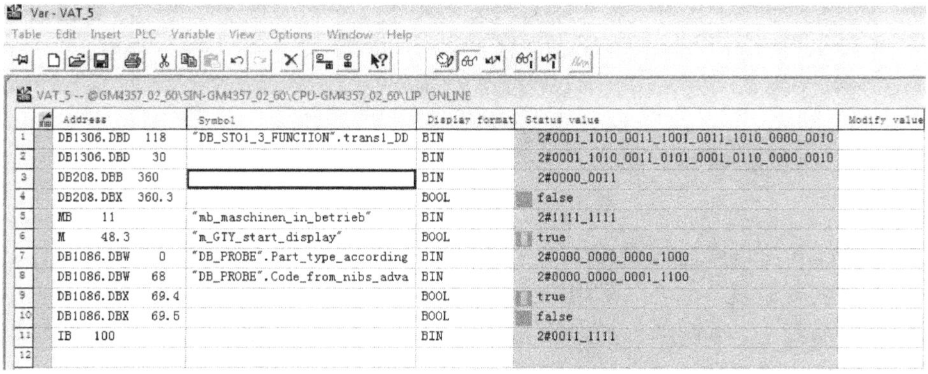

	Address	Symbol	Display format	Status value	Modify value
1	DB1306.DBD 118	"DB_ST01_3_FUNCTION".trans1_DD	BIN	2#0001_1010_0011_1001_0011_1010_0000_0010	
2	DB1306.DBD 30		BIN	2#0001_1010_0011_0101_0001_0110_0000_0010	
3	DB208.DBB 360		BIN	2#0000_0011	
4	DB208.DBX 360.3		BOOL	false	
5	MB 11	"mb_maschinen_in_betrieb"	BIN	2#1111_1111	
6	M 48.3	"m_GTY_start_display"	BOOL	true	
7	DB1086.DBW 0	"DB_PROBE".Part_type_according	BIN	2#0000_0000_0000_1000	
8	DB1086.DBW 68	"DB_PROBE".Code_from_nibs_adva	BIN	2#0000_0000_0001_1100	
9	DB1086.DBX 69.4		BOOL	true	
10	DB1086.DBX 69.5		BOOL	false	
11	IB 100		BIN	2#0011_1111	
12					

图 2-175　使用变量表来监控变量

监控完成后，可以利用菜单 Table → Save 或 Table →Save as 对输入的变量表进行保存。用户可以给变量表起任意的名字，而该名字作为符号名可被插入符号表。保存的变量表可再次用于变量的监视和修改，而不必重新输入。

如图 2-176 所示，修改变量可在 Modify value 一列中输入要修改的数值，然后点击激活修改值按钮，送入修改的数值。

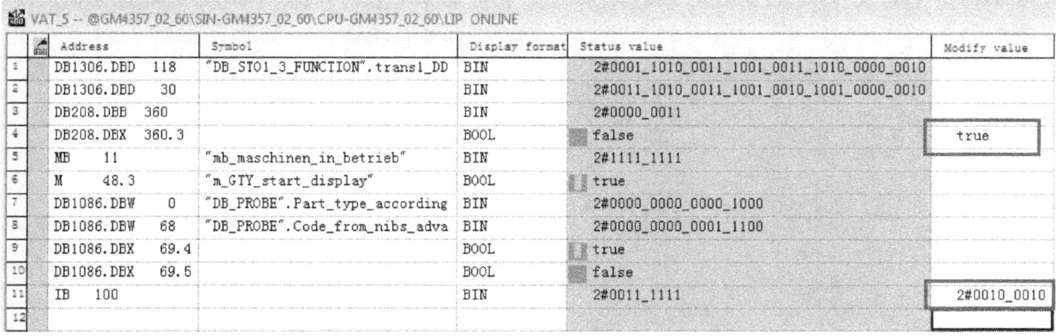

	Address	Symbol	Display format	Status value	Modify value
1	DB1306.DBD 118	"DB_ST01_3_FUNCTION".trans1_DD	BIN	2#0001_1010_0011_1001_0011_1010_0000_0010	
2	DB1306.DBD 30		BIN	2#0011_1010_0011_1001_0010_1001_0000_0010	
3	DB208.DBB 360		BIN	2#0000_0011	
4	DB208.DBX 360.3		BOOL	false	true
5	MB 11	"mb_maschinen_in_betrieb"	BIN	2#1111_1111	
6	M 48.3	"m_GTY_start_display"	BOOL	true	
7	DB1086.DBW 0	"DB_PROBE".Part_type_according	BIN	2#0000_0000_0000_1000	
8	DB1086.DBW 68	"DB_PROBE".Code_from_nibs_adva	BIN	2#0000_0000_0001_1100	
9	DB1086.DBX 69.4		BOOL	true	
10	DB1086.DBX 69.5		BOOL	false	
11	IB 100		BIN	2#0011_1111	2#0010_0010
12					

图 2-176　修改变量的值

变量表还有一个强制变量的功能，此处不介绍，笔者不建议采用此方式，主要是因为变量被强制以后如果忘记会带来隐患，而且某些数控使用的新型 CPU 一旦强制变量以后就无法通过取消强制变量来恢复，必须总清 PLC 内存才能恢复，所以不推荐使用强制变量的手法。

亦可以从 SIMATIC 管理器或"LAD/STL/FBD 编辑器"直接调用"监视/修改变量"工具，如图 2-177 所示。

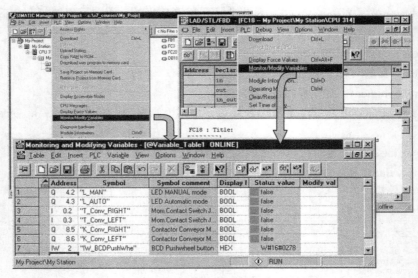

图 2-177　直接调用监控变量

（2）使用 Detail 窗口来监控变量。

如果不想建立变量表，也可以采用 Detail 窗口来监视和修改变量，Detail 窗口位于每一个逻辑块编辑器中，如图 2-178 所示，其中的 Modify 子页面可以用来监视和修改变量。选中需要监控的变量，右键点击选择监控或者修改即可。

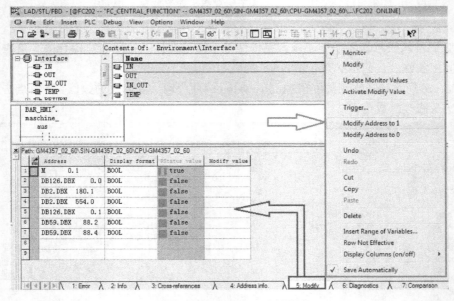

图 2-178　Detail 窗口监控变量

2.3.2 PLC_sim 仿真

使用 840D Toolbox 建立的程序虽然不能用 PLC-SIM 软件直接进行整体仿真，但是可将部分自己编写的子程序块直接提取出来，建立一个普通的 S7-300 站位来进行仿真。

举一例子：任务目标为只用一个按钮完成两种功能的程序。按下按钮电机旋转，再按按钮则电机停止。

如图 2-179 所示，新建一个 S7-300 站位，S7 程序命名为 my_plc_sim，放入已经编写好的功能程序块，如 FB4-一键两用。

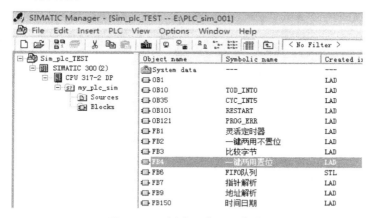

图 2-179　新建一个工程文件

如图 2-180 所示，在 FB4 中编写相关的程序，而后在 OB1 中调用 FB4。

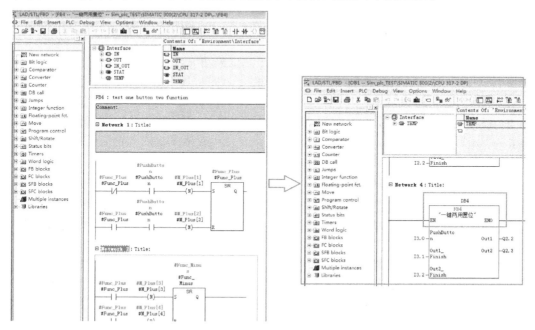

图 2-180　FB4 中编写相关的程序

保存后，点击 PLC_sim 图标，启动 PLC 仿真器，如图 2-181 所示，注意设置正确的接口，然后即可针对程序进行仿真，仿真对于项目前期的方案验证十分重要。

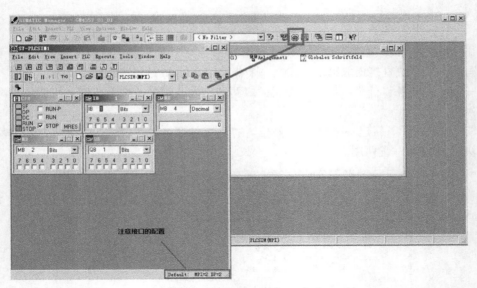

图 2-181　开始用 PLC-Sim 仿真

2.4　大项目 PLC 软件结构的控制规范

2.4.1　大项目 PLC 软件编写规范

针对一个大项目，我们必须有一个成熟的 PLC 程序编写规范。

1. 软件描述规范

（1）首先，我们应明确项目中使用的相关软件，例如，GJJ001 项目规定使用如下软件：

① Step 7 V5.5 +Toolbox4.5；

② Starter 4.3 或 HMI_Advanced 7.6 sp2（用于调试驱动）；

③ TRANSLINE 2000 HMI Pro 7.3.25+RT4.5.0.8（针对机加工站位 HMI 编写）；

④ WinCC Flexible 2008 –sp3 （针对辅助站位 HMI 编写）。

（2）根据工程实际需求，进行功能块的总体设计规划。PLC 程序的编写和调试必须遵照相关的工艺、电气、时序图和相关的具体要求。

（3）PLC 编程语言尽量采用梯形图格式，对于某些辊道程序可以采用 Gragh 图形化语言。

（4）所有的程序变量必须有易于理解的符号和注释。每个 Block network 的注释尽量详尽。

（5）所有的报警文本必须能够被顺利触发且及时并正确的显示于 HMI 操作屏幕上。

（6）所有未使用的信号点变量（I/O 点）必须有 Spare 的注释，表明为"备用"将来可以进行自由分配。

（7）所有的信号点变量的命名必须与电气图纸的名字一致，可使用缩写方式。

（8）预定义位 M0.0 为永远是 0 的信号；位 M0.1 为永远是 1 的信号；位 M0.6 为 PLC 首次启动状态为 1 的信号（OB100 中用于初始化某些变量）；位 M0.2 为常 1 信号，为编程调试时的临时替代位，在调试过程完成后必须删除或使用正常的变量替代，程序调试结束后，不允许其在程序里作为条件而存在。

（9）在使用本地临时 Temp 变量（LB，LW，LD，L0.0 等）时必须在变量表里定义符号。

（10）CPU 存储器字节 1（MB1）被定义为 CPU 系统的时钟信号。

2. 安全条件描述规范

分析电气图纸，凡是安全回路的信号点都应引入公共性安全逻辑条件中，公共性安全逻辑条件是最高级别的安全。

3. 对于方式组的描述规范

（1）在自动循环运行中时，若突然切换选择在手动模式时必须立即执行循环结束停止，对于某些工艺敏感性的加工过程必须能够不干扰目前的正常加工过程，在加工完本工序后停止，例如，机床 T002 刀加工后停止，拧紧和涂胶过程完成后停止。打标机完成打标后停止。

（2）选择空运转循环前提是必须保证机床中没有工件，且一旦空运行循环开始，若有工件进入，循环必须立即停止。

4. 工位切除功能（bypass）描述规范

工位切除是指当一条生产线上的某个工位出现问题后，在不影响生产的基础上，切除这个工位或者切除这个工位的某些功能，因此，原则上不可切除串联生产线的各个工位，串联生产线是指各个工位分别独立完成某些工序，工序之间是串联连续的，缺一不可，切出任何一台则整线工艺无法完成。

而并联生产线允许切除工位，但仍需保留至少一台工位，不允许全部切除，同理，也不可切除一个工位中所有的机床功能，例如，有 8 个拧紧轴的机床，最大切除数为 7 个，必须保留一个。多主轴机床必须保留至少一个主轴正常工作，不允许全部屏蔽。

5. 对于动作执行器的描述规范

对于动态报警 FC 功能块必须定义其运动对应的最大时间检查其运动是否异常。

2.4.2 大项目 PLC 软件功能块结构描述

一条自动化生产线，无论是金属切削加工还是装配，其运动机构无非两种：一种是输送单元，由 Gantry（龙门式机械手），Kinematic robot arm（动力学机械手），Conveyor（辊道）等辅助机构来实现；另一种是机床，就是一般的加工中心，但是也包括各种专机，如泄露测试单元、清洗机、去毛刺机器、滚压机器、热处理机器、测量机、打标机、拧紧站位、珩磨机、动平衡机等。因此，一个大的项目需要包含各种复杂的设备，在这个大项目中必须精炼出一整套基本适用于各种工艺要求的控制规范和软件结构描述。

参照了项目标准和经验，总结出一套软件结构描述如下：

硬件描述：包含对硬件本身信号的规范描述。

方式组管理：包含各种方式组，如手动方式、自动方式、空循环方式、连续循环方式、Recycle方式、回原位方式的管理。

运动管理：包含对电机轴、气动、液压等运动的管理。

安全规范管理：包含对安全信号、安全集成的管理。

工艺过程循环实现：具体的功能逻辑须符合要求的工艺。

报警功能：每个功能都需要有异常监控和报警输出。

2.4.3 公共信号描述

PLC 常用基本信号

定义常 0 和常 1 信号，常 0 信号永远为 0，常 1 信号永远为 1，可看做两个常量。

常 1 信号一般定为 M0.1，再衍生出一个调试位 M0.2，在所有的调试完成情况下，可将 M0.2 改为相应的 M0.1 或者去掉。常 1 常量如图 2-182 所示。

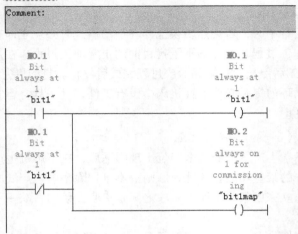

图 2-182　定义常 1 常量

常 0 信号一般定为 M0.0，相应的调试位定位 M0.4，如图 2-183 所示，在所有的调试完成情况下，可将 M0.4 改为相应的 M0.0 或去掉。

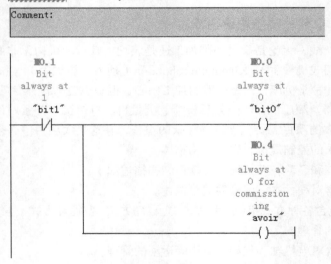

图 2-183　定义常 0 常量

2.4.4　地址映射

地址映射的意义在于更换硬件后对于内部逻辑不需做改动，比如原来一个到位信号为 I30.0，现在更换了硬件变为 I40.0，则程序逻辑中所有用到 I30.0 的点都需要换成 I40.0。当然用户可以采用重新布线来完成这个工作，但是毕竟这个会比较麻烦。所以我们需要想出一种地址映射的方式，让硬件实体映射到一个虚拟的中间数据空间，使其抽象化。其实很简单，就是将实体关联到 DB 数据块或 MB 数据块，如图 2-184 所示。

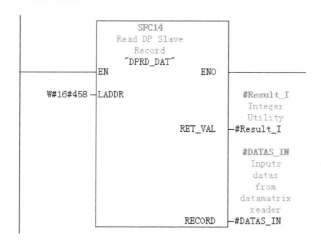

⊟ **Network 1**：Panel input button

```
            I120.0
   M0.1     CONVEYOR
   Bit      ESTOP
always at   BUTTON                          M2060.0
   1       "CV-ESTOP-                        "cv-estop-
  "bit1"       BT"                            button"
 ──┤├────┬────┤├─────────────────────────────( )──────

            I120.1          I120.2          M2060.1
          "CV-MODE1-       "CV-MODE2-         "cv-
             BT"              BT"           manual-
                                            button"
            ├────┤/├───────────┤/├───────────( )──────

            I120.2          I120.1          M2060.2
          "CV-MODE2-       "CV-MODE1-         "cv-auto-
             BT"              BT"            button"
            ├────┤├────────────┤├────────────( )──────

            I120.3                          M2060.3
          "CV-CYC-                           "cv-cycle-
             BT"                             button"
            ├────┤├─────────────────────────( )──────

            I120.4                          M2060.4
           "CV-                              "cv-
          STOPPER-                          stopper-
             BT"                             button"
            └────┤├─────────────────────────( )──────
```

图 2-184　映射逻辑地址

程序中的逻辑一般不允许直接使用 I 点，必须使用数据块或 M 点，这样就完成了地址映射，可保持内部逻辑的完整性，比如现在 I120.4 变为 I120.5，只需改掉相应的点即可。利用 SFC14，SFC15 来读写 DP 数据也是一种地址映射，如图 2-185 所示。

⊟ **Network 4**：Transfer reader datas --> PLC (64 bytes)

```
                    ┌─────────────────┐
                    │       SFC14      │
                    │  Read DP Slave   │
                    │     Record       │
                    │   "DPRD_DAT"     │
                ────┤EN            ENO ├────
                    │                  │        #Result_I
      W#16#458 ─────┤LADDR             │         Integer
                    │                  │         Utility
                    │          RET_VAL ├────────#Result_I
                    │                  │
                    │                  │        #DATAS_IN
                    │                  │         Inputs
                    │                  │         datas
                    │                  │         from
                    │                  │        datamatrix
                    │                  │         reader
                    │           RECORD ├────────#DATAS_IN
                    └─────────────────┘
```

图 2-185　SFC14 地址解析

如是操作，即可将 IB1112-IB1175 的数据读到 Datas_in 数据块中，利用 profinet CBA 组件 iMap 来进行配置也属于一种特殊的地址映射。

2.5 自动化金属切削生产线中的加工中心 PLC 控制概述

自动生产线按照功能可分为两大类：加工单元和传输单元。加工单元主要指金属切削加工机床。国内一般传统的机床加工单元并不具备自动整线加工能力，大多都是用作单机制造。机床加工单元的主要运动就是平移和旋转以便切削出合格工件。而传输单元主要的运动也是平移和旋转，用于输送工件，一般用机械手来实现。加工单元配合传输单元才可组成完整的加工生产线。

常常下棋的人都知道，象棋有布局，围棋也有标准定式，程序也不例外，有些经过不断地总结和发展，形成了很实用的范式，我们称其为标准构件模型。对于大多数机床，可以概括了一些基本定式，例如，每一台机床都需要上电，都需要伺服控制，都需要做报警，做信号和信息传递，只要掌握了这些基本过程，每个公司都能开发出适合自己的一套基本模板。仔细看西门子数控的资料，就会发现，它分为基本和扩展两种，也就是基本和应用。

首先划分为基本版和应用版两个部分，然后分别在版本中添加和修改构件（component），即为模块化设计方案。基本版建立在 SINUMERIK Toolbox 模板基础上。数控的核心是对关键概念和方法的把握，而不是事必躬亲，每件事都试图去研究，当基本版建立之后，应用开发人员就不必关注基本程序模型的传递和转换过程，应把主要的精力放在与实际工艺相关的应用程序的开发上。

2.5.1 核心架构类

若从程序最核心角度出发归纳常见的任务，则一个任务必然具备如下几个关键要素：

（1）条件，又称标准（Condition 或者 Criteria），条件是在功能被使能后，生成命令并完成功能所需要具备的必要因素。

（2）状态（Status），有时称为状态字，反馈和把握当前的所有运行状态以便进行下一步地判断。对应一种读操作。

（3）过程（Process），又称逻辑、循环、动作、序列，是一整套完成功能的动作逻辑图。它对应信号流。是核心，是由工艺决定的。

（4）命令（Command）或者称为输出或控制字，是发送出去的信号而产生具体作用，对应一种写操作。

（5）异常（Error，Fault），过程中所发生的异常情况，捕捉异常成功后就会产生报警输出和相应的故障解决方案。如果没有对异常做相关处理就不是完善的程序。

对这些诸多要素再次概括后，可以形成一些核心范式。概括下来主要有这么几种：

（1）信号范式，对于一个信号做 3 种分析：上升沿分析、下降沿分析、过程分析。也就是瞬态和常态分析。如果此信号作为一种触发信号，则一般做上升沿触发，如果此信号做长时间逻辑监控，则需要做一些防抖处理等。

（2）循环范式，对于动作的逻辑循环，做开环闭环分析，即动作是一次性的还是循环的，然后进行时序分析，即动作循环是按照条件的不依照时间的还是必须按照时间来执行。按照条件的循环可用逻辑点线圈来实现，按照时序的必须按照置位复位来保持或者按照 Graph 图表来处理。

（3）模式范式，对于一个具体的循环，必须分清楚各种不同模式下的不同条件作用和效果。如要分析处于 Jog 模式下的条件是什么，此时的互锁条件安全条件的影响，处于 Auto 模式下的条件又是什么。

（4）安全范式，安全意识是第一位的，安全程序能够保证人的安全但也仅仅是在人遵守安全操作的前提下，例如，打开安全门前，系统会自动进行安全测试，这个测试主要针对重力轴的抱闸，旋转轴的抱闸等，如果不通过，则不允许开门，打开安全门后，决不允许插入锁片屏蔽安全门，应该使用 HT8 按下 Deadman、Liveman 按键来使能轴的操作。对于气动部件则处于不可控状态，因为气动在安全门打开后必须处于断气状态。因此气动部件需要加气锁装置，但仍不可靠。

对于安全集成，需要注意几个问题：

（1）安全锁定，制造商在交付机床后，其 DB18.DBX36.0 一定属于常 1 且永远为 1，这代表安全集成调试完毕且不允许随意更改，如图 2-186 所示。

图 2-186　安全集成调试完成点

注意：国外某些厂商居然在安全调试完成后还允许此点随意更改，这不符合安全规范。

（2）对于重力轴、旋转轴，其安全测试不可缺少，且每隔一定时间如 8 h 需要自动做一次安全测试，自动做的时候需要是无任务待机轴静止状态下。

2.5.2　监视诊断

监控 NCK 是否正常，如图 2-187 所示，常使用这些关键点来监控数控是否已经正常运行。

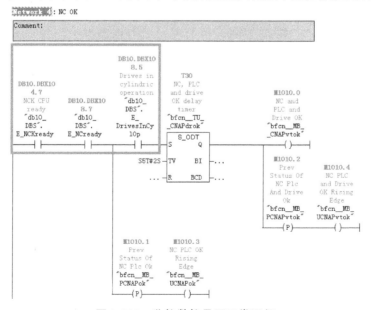

图 2-187　监控数控是否正常运行

由 PLC 来激活硬件限位和软件限位实现对轴行程的监控，如图 2-188 所示。

由 PLC 来激活 softcam 实现对特殊工艺位置的监控，以及对运动可能造成的干涉点的监控，如图 2-189 所示。

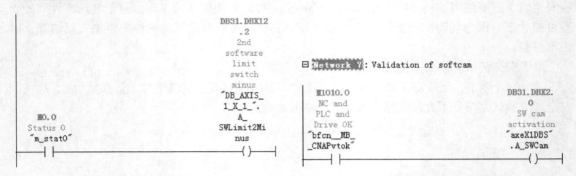

图 2-188　监控负向限位　　　　　　　　　图 2-189　监控软凸轮开关

由 PLC 来激活自定义的各种报警，建议只做 DB2 报警，DB126 报警需配合 HMI Pro，更新报警后也需要用 HMI Pro 传入所以并不方便，DB2 报警用自制的文本传入即可。而且建议，将报警块也分组考虑，如将等级高的报警全部编写到 DB222 中，将提示信息都编写到 DB223 中，然后全部归类复制到 DB2 相应数据中。

例如，将 Fault 块全部编写到 DB222 中，然后传入 DB2 对应的数据，如图 2-190 所示。

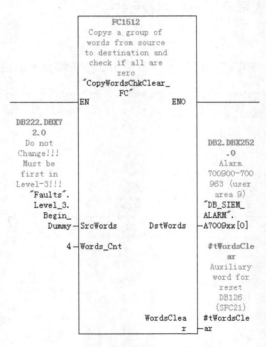

图 2-190　传送报警块

Warning 块全部编写到 DB223 中，然后传入 DB2 对应的数据，如图 2-191 所示。

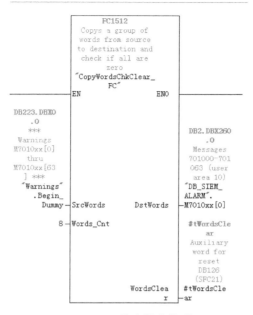

```
                        FC1512
                     Copys a group of
                     words from source
                     to destination and
                     check if all are
                          zero
                    "CopyWordsChkClear_
                          FC"
               ─EN                ENO─

DB223.DBX0
    .0                                    DB2.DBX260
   ***                                       .0
 Warnings                                  Messages
 M7010xx[0]                                701000-701
   thru                                    063 (user
 M7010xx[63                                 area 10)
 ] ***                                    "DB_SIEM_
 "Warnings"                                 ALARM".
 .Begin_                                  ─M7010xx[0]
  Dummy─SrcWords      DstWords─

                                          #tWordsCle
       8─Words_Cnt                          ar
                                          Auxiliary
                                          word for
                                            reset
                                           DB126
                                           (SFC21)
                     WordsClea─            #tWordsCle
                          r                 ar
```

图 2-191　警告块的传送

也要查验有无报警，做一个标志位。一旦出现报警，可以利用这个标志位来做下一步地处理，如图 2-192 所示。

```
Comment:

DB21.DBX36                               DB2.DBX213
    .7                                       .0
 NCK alarm                                At least
  with                                    one NC
 processing                               fault
  stop                                    with stop
 present                                  of
 "cana1DBS"                               processing
 .E_                                      "db2_DBS".
 NCKalarmSt                               bfcnc_DF_
  op                                       DATCY
──┤ ├──                                    ─( )─

DB22.DBX36
    .7
 NCK alarm
  with
 processing
  stop
 present
 "cana2DBS"
 .E_
 NCKalarmSt
  op
──┤ ├──
```

图 2-192　存在报警标志位

2.5.3　安全速度限制

DB3*.DBX110.5 安全速度阈值当速度 < PM 36946 时，此位为 1，当速度大于安全速度阈值，

此位为 0，如图 2-193 所示，这个功能属于安全集成的一个重要概念。

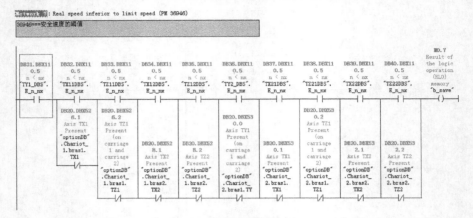

图 2-193　安全速度监控

2.5.4　接口通信

主要掌握 DPR 的方式来处理 NCK 和 PLC 的内部信号，将 PLC 的当前状态通过 DPR 传送给 NCK，如图 2-194 所示，将 DB1139.DBX4.0 对应的 MDA 模式信号传送过去。

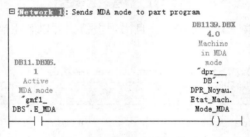

图 2-194　传送方式组信号

如图 2-195 所示，将 DB1139.DBX4.1 热主轴信号传送过去。

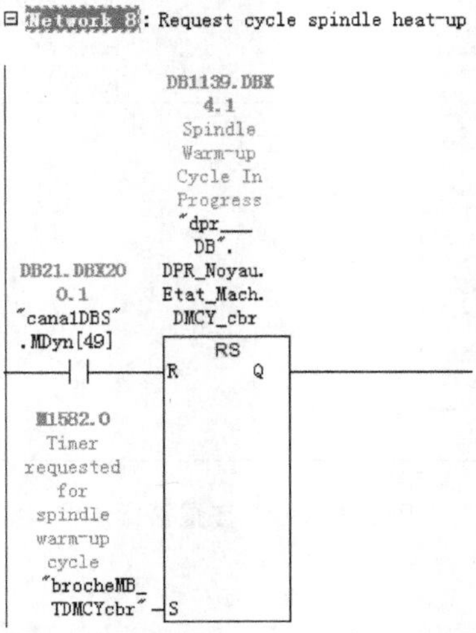

图 2-195　传送热主轴信号

统一打包发送，如图 2-196 所示。

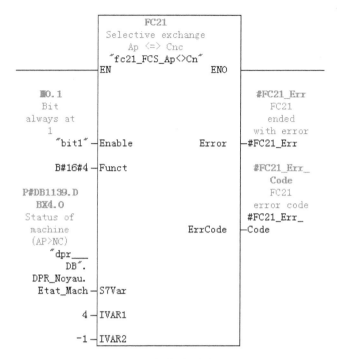

图 2-196　打包发送给 NCK

NCK 侧接受这些信号并做相关的逻辑处理，如图 2-197 所示。

```
if NOT ($A_DBB[4] B_AND 1)                    ; Mode MDA
   if $tc_mpp6[9998,1] <> 0                    ; Outil en broche
      if ($A_MYMN[$tc_mpp6[9998,1]]==1)      ; Magasin ?chaine
         RAP X=POS_X_OUT Y=POS_Y_OUT SPOS=POS_ID_BR0[1] M88
      endif
   endif
endif
```

图 2-197　NCK 一侧处理 DPR

反过来处理，从 NCK 读取信号到 PLC 中，如图 2-198 所示，NCK 一侧，上电后调用初始化程序，如果一切无异常，则令$a_dbb[3]=1。

```
if $MN_USER_DATA_HEX[14] B_AND 'h10'    ; Part changer
   BHG_PCH
endif
if O_axe_Z2
   BHG_Z2
endif
;------------------------------------------

$A_DBB[3] = $A_DBB[3] B_OR 'h01'        ; Initialisation core code OK (bit0)

RET
```

图 2-198　NCK 发布输出命令

此信号按照如图 2-199 所示的链接通过 DPR 传送给 PLC。

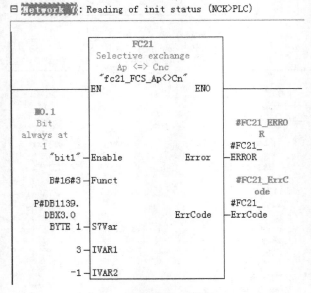

图 2-199   将信号打包传给 PLC

机床对外的接口主要是通过各种耦合器实现，比如通过 Profibus 的 DP/DP 耦合器或者 Profinet 的 PN/PN 耦合器。

如果是 DP 耦合器，常见做法是利用 SFC14 和 SFC15 来进行解码。

但也有人采用 PIB 读取指针地址来解码，如图 2-200 所示，使用这种方式解码的较少，故解释一下，图中耦合器中地址为 2000。

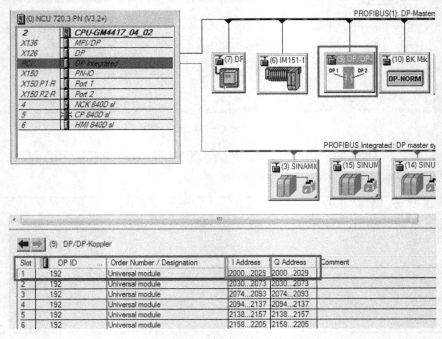

图 2-200   DP 耦合器的硬件配置

编写 FC772 功能块用来解析硬件地址，如图 2-201 所示。

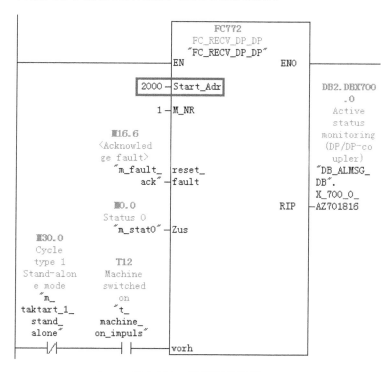

图 2-201　解析硬件地址

FC772 中核心代码就是将 PIB2000 地址解析到 DB98 中，如图 2-202 所示

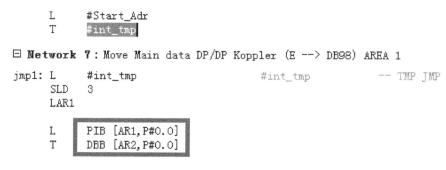

图 2-202　输入地址的解析过程

如果是 PN 耦合器，则可用 Idevice 来配置，但也有用 iMap 来进行配置的。

2.5.5　轴容器

轴的管理主要分为上电管理和安全集成管理，每根轴的具体管理可以分散到每个子功能块中，例如，用 FC130 总管全局轴模块，然后调用 FC131 管理 DB31 轴，FC132 管理 DB32 轴，等等。使用选项 DB20 接口块开通实际轴的调用是个不错的做法，或者读取 DB7 中的当前信息来查看是否所要的轴信号被激活。

DB20 选项功能开通轴模块的示意图如 2-203 所示。

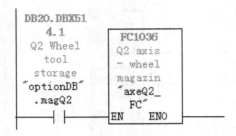

図 2-203　選項功能開通軸模块

若存在 Q2 轴，则选项位 DB20.DBX514.1 被设置为 1，因而激活调用 FC1036 来处理这根轴。DB7 的做法如图 2-204 所示。

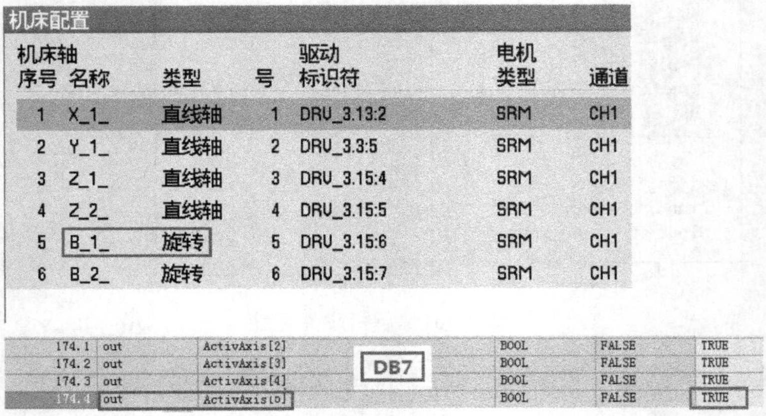

机床配置					
机床轴				电机	
序号 名称	类型	号	驱动标识符	类型	通道
1　X_1_	直线轴	1	DRU_3.13:2	SRM	CH1
2　Y_1_	直线轴	2	DRU_3.3:5	SRM	CH1
3　Z_1_	直线轴	3	DRU_3.15:4	SRM	CH1
4　Z_2_	直线轴	4	DRU_3.15:5	SRM	CH1
5　B_1_	旋转	5	DRU_3.15:6	SRM	CH1
6　B_2_	旋转	6	DRU_3.15:7	SRM	CH1

174.1	out	ActivAxis[2]		BOOL	FALSE	TRUE
174.2	out	ActivAxis[3]	DB7	BOOL	FALSE	TRUE
174.3	out	ActivAxis[4]		BOOL	FALSE	TRUE
174.4	out	ActivAxis[0]		BOOL	FALSE	TRUE

图 2-204　读取机床真实的配置数据

如果存在真实的 B_1 轴，则对应的 FB1 的背景数据块 DB7 相应信号 DB7.DBX174.4 被置为 1。编写程序如图 2-205 所示。若存在 B_1 轴则调用 B_1 轴相关的功能块。

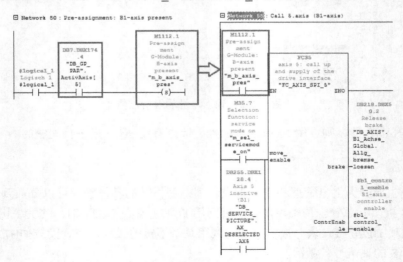

图 2-205　真实的 B_1 轴存在则调用相关的功能

2.5.6 刀库管理

对于刀库管理，PLC 主要负责刀库的信息保存和交互，接口信号的管理，装卸刀，换刀过程的信号实现。对于一般的加工中心，都是采用西门子标准块 FC8 来实现，若存在多刀，则需使用 FC6 来处理。注意，为保证逻辑触发的时序和避免冲突，一般只调用一次 FC8，要避免多次调用。对于刀具的断刀检测功能等也应包含在刀具管理中。

2.5.7 测量补偿

探头信号一般通过快速输入点触发，故 PLC 一端不必做太多逻辑处理，但最好做一些信号的记忆和信息保存。加工中心的测量补偿一般都是 NCK 起主要作用。

2.5.8 辅助系统

辅助系统管理十分重要，并非辅助就是次要的意思，辅助系统的正常状态是系统进行自动运行的先决条件，一旦出现辅助系统的报警，要么不允许启动循环，要么在循环结束后立刻停止，甚至立即停止。

1. 气动系统

气动系统主要是管理气动元件，如主气源，气动阀等，气动管理的关键就是随时监控系统的压力信号。但压力信号的监控需建立根据时间的上升沿和下降沿信号，而不是像纯粹电气开关一样监控整个过程量的变化。压力信号都有一定的滞回特性。

注意：气动报警后在下一次换刀时停止，因换刀动作一般必用到气动元件。

2. 液压系统

液压主要用作夹具的夹紧松开，液压系统作用至关重要，因此一旦液压系统报警，一般都是立即停止。如图 2-206 所示，一旦出现液压泵断路器跳电，或压力低，应立即停止，因为这意味着夹具有可能夹不紧工件造成工件的报废或高速的旋转工件造成工件弹出引起安全问题。

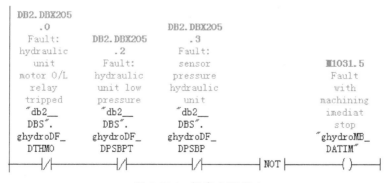

图 2-206　机床立即停止

3. 水冷却系统或微量润滑

水冷系统起着润滑刀具和冲洗工件的作用，并保证工作室的空间温度，因此需监控水温、水压两种信号。其报警也必然要分类处理，如果仅仅是水温报警则可循环结束停止或下一工序时停止，若是水泵报警则须立即停止。

微量润滑是一种较新的系统，它是利用喷洒微量油雾形成润滑层来进行加工的，但就算有了微量润滑，冲洗工件和台面的水系统也少不了，此点敬请注意。

4. 运动部件润滑系统

运动部件在运动中必然磨损发热，润滑也至关重要。润滑是定时产生的，润滑是否到位是通过压力开关来进行检测。润滑系统的报警比较难做，一般是通过超时报警触发，即当润滑泵输出命令后，如果在设定时间后润滑压力开关依旧没有任何反应则认为润滑失效报警。也因此润滑压力开关应做成常闭点，若长时间润滑压力开关处于0信号，则认为此压力开关损坏或断线。

2.6 自动化金属切削生产线中的机械手 PLC 控制概述

一切运动部件均可大致归为两类：平移部件和旋转部件。实现三维空间内的平移和旋转，首先是实现二维平面下的平移和旋转，然后只需在垂直于此二维平面的方向做平移升降运动即可实现三维空间的任意变换。因此，可将所有的三维空间内的运动部件分为平移部件、旋转部件、提升部件 3 类。

传输单元主要是完成自动上下料的机械手，是实现和完成整线自动加工的关键工位，并非想象中那么简单，它相当于三元中的接口部分。传输单元才是实现自动化的关键，当机床加工单元由各单机组成联网的生产线后，主要控制权便由机床转移到了机械手。

按照普通的机械分类方法，传输单元可分为两大类：一类是采用辊道配合人工输送工件；另一类是采用机械手输送工件。一般来看，机械手输送工件往往用于加工中心之间进行内部输送，是相对封闭的结构，一旦出现毛病则加工中心也会跟着停止，所以机械手要求安全性和可靠性要更高。辊道一般用于加工中心外部空间的工件输送，或者作为手动或者半自动生产线中人和机床的交互平台。辊道是一种开放性的架构，出了问题可以采用屏蔽信号，人为干涉，手动移动工件等方式迅速排除问题，辊道的应用比机械手要广泛，在装配线和其他生产线也广泛采用。此篇为方便处理，视作全自动生产线，则辊道将作为机械手的辅助站位而存在。

2.6.1 机械手控制描述

对于机械手先作一个大致介绍。机械手的布局大致如图 2-207 所示，其中横梁为 Y 轴，手臂为 Z 轴。

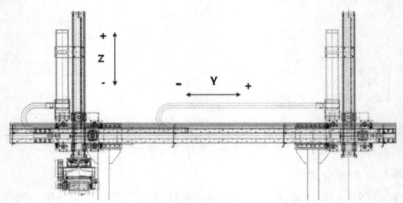

图 2-207　机械手大致布局

机械手关联机床构成的整线布局如图 2-208 所示。

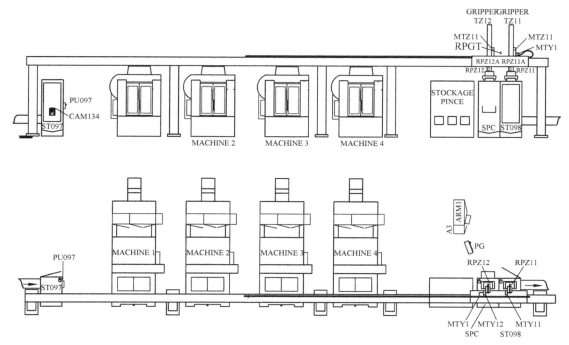

图 2-208　整线布局示意图

与机床组成生产线后，还需要各种辅助站位，如上下料、抽检站位等。

机械手按照手臂夹爪结构形式，可分为 H 型 Gantry（龙门架形式机械手）和 Robot 型（普通工业机器人或动力学形式机械手）。龙门架机械手刚性强，但速度不够快；Robot 型动力学机械手刚性不强，负载能力不强，但平移速度快。因为龙门架机械手应用非常广泛，此处以之为代表简要介绍龙门架机械手的控制规范，对于 Robot 形式机械手作为一类特殊功能在后续章节中研究探讨。

H 型机械手布局如图 2-209 所示，一只手臂负责从机床中取料，一只手臂负责往机床放料。

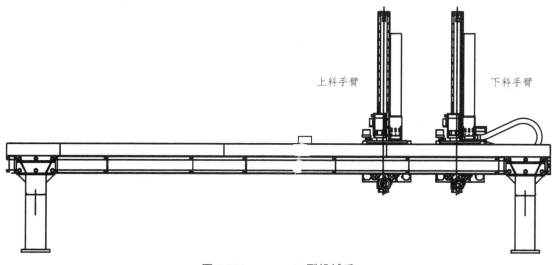

图 2-209　gantry-H 型机械手

Robot 型机械手如图 2-210 所示，可以想象这种布局就是将工业机器人绑定到水平横梁上，工业机器人完成上下料姿态调整。

图 2-210　robot 型机械手

2.6.2　站位命名设计

首先我们讨论一条机械手，带 3 个加工中心，一个 SPC 抽检站位，一个上料站位，一个下料站位的情况。我们先考虑站位的命名，存在两种思维方式，一种是顺序形式的，即将上料命名为 ST01，加工中心 1 为 ST02，顺序往下排，如图 2-211 所示。

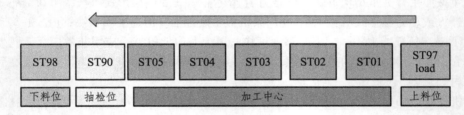

图 2-211　顺序命名站位

但是这样做，如果将来进行改造或者重新修正设计方案，比如加入更多的加工中心，那么站位号就必须重新排列，或者作不合时宜地编排，如图 2-212 所示。

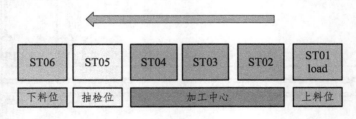

图 2-212　扩展命名引发混乱

考虑第二种思维方式，如果把加工中心始终从 ST01 开始编排，将上料站位固定命名为一个较大的值，如 ST97，下料命名为 St98，抽检为 ST90，如此，则加工中心最多可以从 ST01 到 ST89 足够使用，抽检站位也可以从 ST90 扩展到 ST96，如图 2-213 所示。

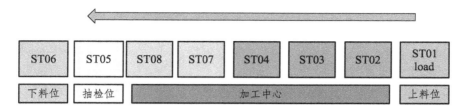

| ST06 | ST05 | ST08 | ST07 | ST04 | ST03 | ST02 | ST01 load |

| 下料位 | 抽检位 | 加工中心 | | | | | 上料位 |

图 2-213　合理的可扩展性命名方式

这种命名和西门子刀库数据很类似，西门子将缓冲刀库直接命名 9998，装载区命名 9999，也类似这种思维方式，它是具有扩展性的，应该引起重视。

2.6.3　核心架构类

核心架构预定机械手的核心框架，其实最重要的核心就是根据工艺来调整程序的框架。框架要体现不变和变两种矛盾，不变的前提就是变，是扩展性和可配置性足够强，因而以不变应万变，无论项目如何变化，基本框架始终不变，这才是核心程序的艺术。

机械手程序主要难点在上下料逻辑上，因为每个项目都略有不同，站位的数量不会一样，所以决定程序需要根据项目调整。每一个站位最好单独做一个程序块，如将 ST01 加工中心命名为 FC1001，ST02 加工中心命名为 FC1002，ST97 上料站位命名为 FC1097，ST98 下料站位命名为 FC1098，ST90 抽检站位命名为 FC1090。

后面举例说明。

1. Loading 工件逻辑举例

如何发布命令去 ST1 装载工件呢？必须满足几种条件，第一种：夹爪 1 上有一个工件信息存在，而且此工件没有被 ST1，ST2 等机床加工过，且此工件是一个合格工件。则满足上料条件。或者夹爪 2 上面没有工件，而机床发布上料命令信息，如图 2-214 所示。

当安全条件满足后，循环自动运行满足，条件 M1000.1 满足，则发布当前状态 DB1675.DBX15.0，如图 2-215 所示，这个就是发给机床的握手信号。

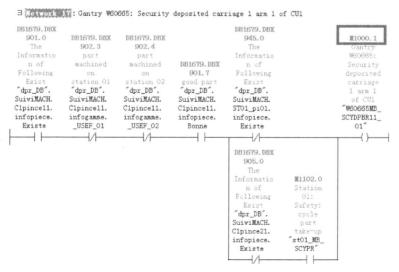

图 2-214　上料的条件

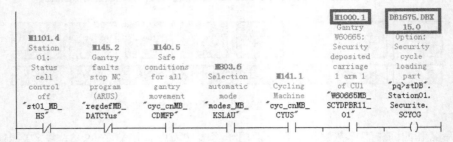

图 2-215 机床侧握手信号发布

同时等待机床侧请求上料命令，如图 2-216 所示，准备生成命令。

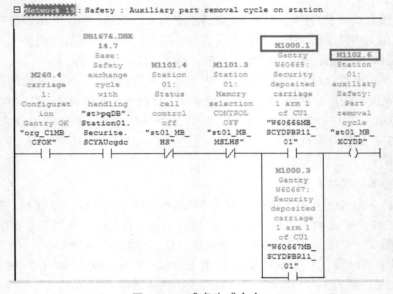

图 2-216 准备生成命令

这个 DB1676.DBX0.2 就是机床侧反馈来的请求机械手上料的命令，如图 2-217 所示。

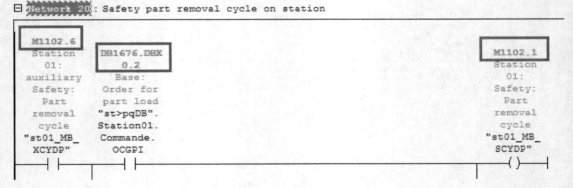

图 2-217 收到请求上料命令

最终发布命令 DB1679.DBX510.1 执行上料，如图 2-218 所示，可通过 DPR 实现。

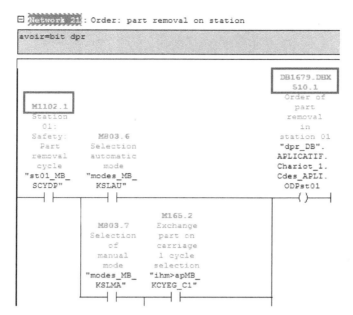

图 2-218　实现最终的上料命令

由于使用了 DPR，这个命令将被 NCK 程序获取而调用相关的子程序动作循环，例如：

define Ch1_pose_01 as（$A_DBW[510] b_and 'h02'）　　　；（DB1679.DBX510.1）

//判断执行

if Ch1_pose_01

　　call ST01_arm11.spf；//执行一个上料程序

endif

2. Unloading 工件逻辑举例

如何发布命令去 ST1 卸载工件呢？必须先满足条件，如图 2-219 所示，第一种：正常循环下，夹爪 2 上没有工件，夹爪 1 上有一个工件，而且此工件是一个合格工件，则满足取料条件。排空模式下，夹爪 1 上面没有工件，ST1 中有一个工件，则亦满足取料条件。

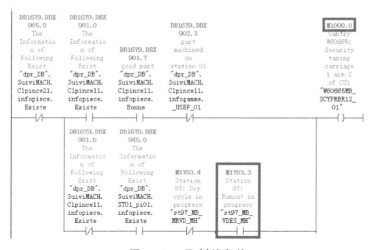

图 2-219　取料的条件

取料条件满足后要通知 ST1 告诉其当前的状态，因此做出一个握手信号 DB1675.DBX15.1，如图 2-220 所示。

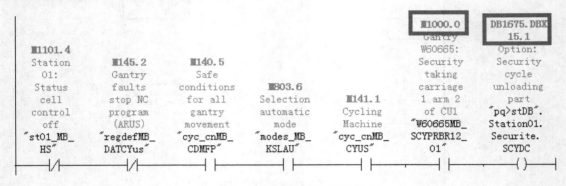

图 2-220　机床侧反馈来握手状态

同时等待机床侧请求取料命令，如图 2-221 所示。

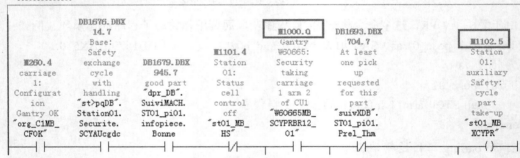

图 2-221　等待机床侧的取料命令请求

收到来自机床的取料命令 DB1676.DBX0.1，满足安全条件后即准备发布命令，如图 2-222 所示。

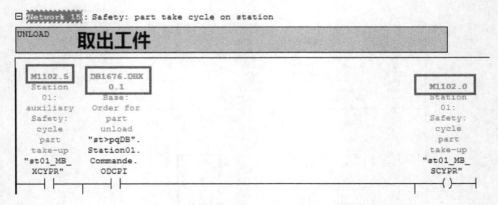

图 2-222　准备发布取料命令

最终发布取料命令 DB1679.DBX508.1，可用 DPR 来实现，如图 2-223 所示。

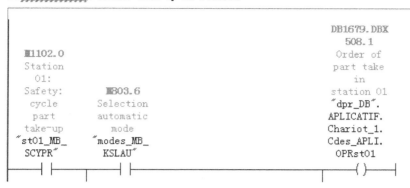

图 2-223　发布最终的取料命令

3. 工件信息的交互

主要目的在于夹爪和机床间上下料过程中实现信息的双向传递。

（1）将机床站位的信息传给夹爪。

产生一个传递命令：当夹爪到达站位，且夹爪到达上料或下料位置，且夹爪已经夹紧到位，且此时夹爪上面工件信息不存在，则发布从机床转移工件信息到夹爪的命令，逻辑实现如图 2-224 所示。

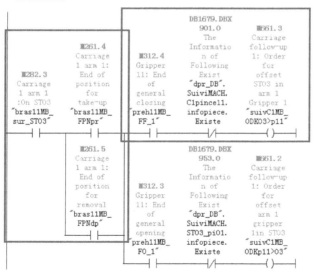

图 2-224　发布从机床转移工件信息到夹爪的命令

收到命令后，开始传递信息的第一步，如图 2-225 所示，将信息从机床传到夹爪，这里有一个秘密，即信息需要有两种传递路径：一种是直接的硬件交互；另一种是与画面结合 DPR 方便操作工人工干涉。由于信息的传递存在不可靠因素，当非正常情况下，也需要人工的修改工件信息，故信息的块需要至少有两个，一个是 DPR 的内部传递路径，一个是直接传递路径，相应的传递信息也分为两条路线。当两条路线收到的信息一致时，则认为信息传递无误，否则就报警信息不一致。DPR 在此处的应用类似于校验功能。

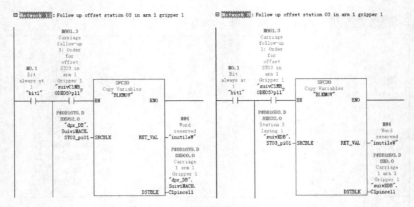

图 2-225　信息从机床传到夹爪

第二步，清空机床一侧的工件信息，如图 2-226 所示，清空信息也必须分两条路线。

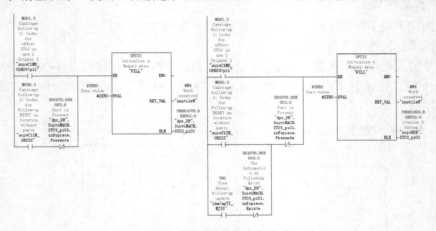

图 2-226　清空机床侧信息

（2）信息从夹爪传给机床。

产生一个传递命令：当夹爪达到站位，且夹爪到达上料或下料位置，且夹爪已经夹紧，且此时机床站位上面工件信息不存在，则发布从夹爪转移工件信息到机床的命令，如图 2-227 所示。

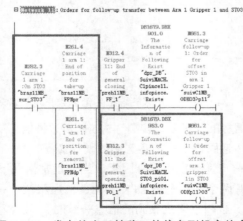

图 2-227　发布从夹爪转移工件信息到机床的命令

收到命令后，开始将工件信息从夹爪传递到机床，如图 2-228 所示。

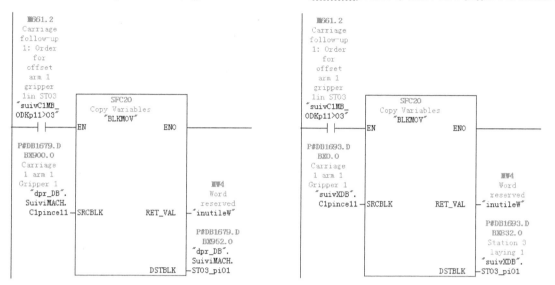

图 2-228 工件信息从夹爪传递到机床

4. 抽检工件逻辑

抽检工件的逻辑比较繁琐，主要的难点在于判断引入工件的信息是否同数据库中的信息保持一致，如果一致则允许返入；如果不一致，则作种种处理。其关键点和难点在于实现一种查询工件信息数据库，这种数据库利用前述的指针实现，当被抽检的工件从抽检站位释放的同时，将此工件的信息完整的存储在这个动态数据库中，一般保存的重要信息必须包含此工件是哪种抽检类型，如是首件、换刀件、可疑工件、频次抽检或操作员抽检等。保存完毕后操作员即可将此工件拿出抽检站位，当抽检完毕后，需要返回此抽检工件，根据相机扫描到的二维码或 RFID 识别出的标志来搜索数据库中的这条记录，如果此记录存在则证明此工件有可能被引入；如果记录不存在，则警告是否建立一个新的返回件，然后再次深度搜索此工件是否是好件或坏件。如果是好件则可被顺利引入；如果是坏件，则报警是否引入此坏件；如果确实需要引入，则必须将权限切入最高允许将此工件修改为返修过的好件而引入。这些逻辑的调试异常复杂，完善一个项目的抽检站位是机械手的一个重中之重的工作。当抽检逻辑设计完毕后，还必须对换刀首件抽检，频次抽检等做大量测试，特别要注意某些错误的时序问题。抽检还必须和工艺过程密切相关，针对串线和并线的抽检逻辑是完全不同的。

5. 安全问题

安全集成问题是一个大问题，安全亦可分为外部安全和内部安全，此处所指的外部安全主要体现在机械手和机床共同循环中，举几个例子：当机械手同加工中心连接正常循环中，若机械手急停，则加工中心必须跟着急停，因机械手的急停相当于区域整个急停，起着中控作用。

若为串线，则当某台机床急停，引发整线急停。

若为并线，某机床 Bypass 切除工位（必须提前切除），则其急停不会影响其余整线停机。

若某机床在上下料过程中运行，此时顶门打开状态，如果触发急停报警，则机械手急停，由于机械手急停，故整线急停；反之，若顶门关闭情况，且为并线工位，此机床急停，则不会引发其余停机。

循环结束同此理，机械手循环结束意味着所有工位循环结束，而某机床循环结束且为串线，则其余工位等待也相当于循环结束，若为并线，则忽略此机床。

内部安全则指机械手内部信号的安全。比如机械手本身的急停信号触发可以有几种方式：面板急停、HT8 急停、辊道急停、气动开关急停等，一般是作串联，但未来采用安全模块编程点会越来越多，所以这些点可以用与逻辑来实现。对于安全门的管理，在进入安全门之前，必须通过安全测试，对于机械手来讲就是对于夹爪的抱闸测试处理，打开安全门后，一般使用 HT8 进行调整操作，此时必须按着 Deadman/Liveman 按键才可以安全使能，轴将以安全最低速度运行。因此，如果要保证彻底的安全，气动的夹爪也需要做成伺服形式，在打开门以后方便调整并保证安全速度运行。

国内很多厂家出了问题都是直接将安全锁钥匙插入进行带电操作，这种做法是绝对禁止的！

2.6.4 监视诊断

由 PLC 来激活硬件限位和软件限位，如图 2-229 所示。

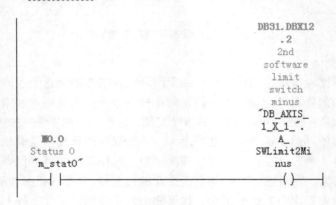

图 2-229 PLC 监控限位

由 PLC 来激活 Softcam，如图 2-230 所示。Softcam 用于特殊的工艺点，如刀库门和主轴产生碰撞的特殊区域，当手动或自动运行到此区域时，就会引发报警停止主轴的运动。

图 2-230 监控软凸轮开关

由 PLC 来激活自定义的各种报警，报警需分组，比如将 DB2 报警数据块分为基本报警（不随项目改变，只随机型改变）和应用报警（只随项目变化和工艺变化）。举个例子，轴电机温度报警这个就属于基本报警，因为无论哪个项目都会有轴存在，但是二维码相机识别不出这个报警就属于应用报警，因为不是每个项目都会有相机存在，也许这个项目是相机识别，下个项目是 RFID 识别，再下个项目则根本没有。

2.6.5　接口通信

机械手接口对外主要和加工中心进行通信，对内主要是利用 DPR 实现 NCK 和 PLC 之间的通信。

对外接口的实现依赖硬件，如图 2-231 所示，为 Profibus DP 耦合器实现。

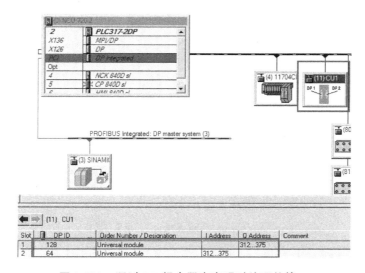

图 2-231　通过 DP 耦合器来实现对外硬件接口

相应的 PLC 可以使用 SFC14 来解析 312 开始的字节，将之变为数据块 DB1676，如图 2-232所示。

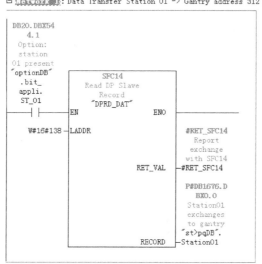

图 2-232　解析地址变为数据块

那么这个 DB1676 就是从机床到机械手的传输信号，是由 IB312 开始的一堆字节转换成了 DB1676.DBB0 开始的一堆字节，这些字节就是机床来的信息，可供机械手逻辑判断使用。

经过了种种逻辑判断动作循环后，输出命令给机床，则必须通过 DP 耦合器的 QB 字节来发送，如图 2-233 所示。

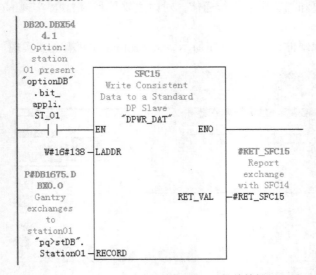

图 2-233　通过 SFC15 发送数据

这样就实现了将机械手内部的 DB1675 数据通过 DP 转换为 QB 发送出去的目的。

假如采用 Profinet 通信协议，则接口可用 Idevice 或者 iMap 来配置，但是里面总的逻辑都是一样的。对内接口则主要通过 FC21 关联 DPR 来实现。对于机械手的夹爪硬件接口部分，可以考虑无线形式的接口，可将夹爪关节处快换插头改为无线耦合方式，如图 2-234 所示。

图 2-234　无线耦合装置

从图 2-234 中可以看出，爪子具有快换结构，具有电气和气动两种接口。

对于动力电缆和通信，也可以采用近似无线的耦合方式，动力电缆可采用铜制导轨耦合，而通信可采用无线路由器，如图 2-235 所示。

图 2-235　无线形式的机械手

2.6.6　轴容器

每根轴一般用一个功能块来对应，例如，FC131 对应 DB31 轴 1，FC132 对应 DB32 轴 2，FC133 对应 DB33 轴 3，FC133 对应 DB34 轴 4。PLC 对轴的控制主要体现在伺服接口信号和报警控制上。

2.6.7　机械手的夹爪

夹爪的正规叫法应该是机械手末端执行器机构（EOAT），即 End-Of-Arm Tooling 技术。如图 2-236 所示为常见的几种气动夹爪，夹爪一般采用气动机构。

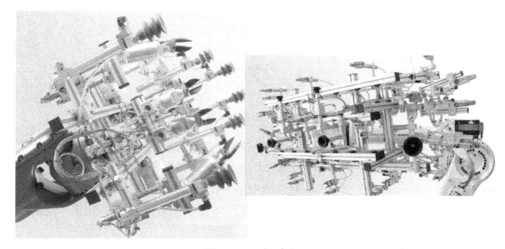

图 2-236　气动夹爪

1. 夹爪的分类

汽车动力总成生产线中，根据所加工内容不同，如图 2-237 所示，常见的夹爪被分为两类：轴类和箱体类。轴类夹爪比较简单，主要是夹紧轴类的主轴径。箱体类夹爪，一般是通过定位销点来夹紧工件，销点的布局和定位块非常重要。

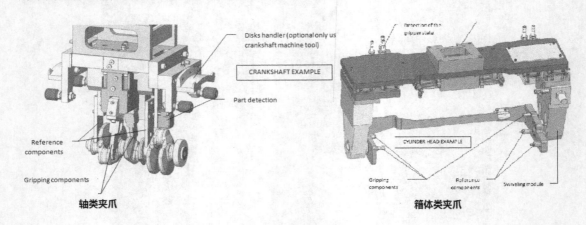

图 2-237　两种类型的夹爪

随着技术的不断发展，许多项目开始采用灵活的、可更换的夹爪，分别针对各种不同的工件类型，类比机床的刀库管理，机械手的夹爪就称为夹爪库管理。

2. 夹爪的程序设计

夹爪的程序设计主要关注 3 个方面：夹紧过程、接口形式和工件位置姿态，如图 2-238 所示。

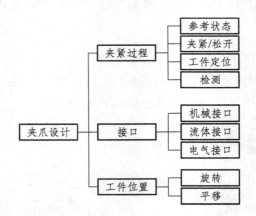

图 2-238　夹爪程序设计

相应的程序必须满足这些任务需求，夹爪的动作逻辑必须标准化统一调用。

以 H 型为例，程序自然分为夹爪 1 的程序块和夹爪 2 程序块。夹爪程序块中主要管理夹爪 1 的传感器的状态，夹爪的动作命令（如夹爪的完全夹紧、完全关闭、松开、无工件夹紧等）等。必须设计相应的报警来监控不同的任务状态，例如，M 指令 100 命令夹爪打开，但是此时夹爪打开传感器一直没有到位信号，于是必须超时报警。

还要作功能块以监控夹爪当前处于的位置，例如，当夹爪到 ST01 设定的位置时，激活

DB300.DBX0.1 信号；当夹爪到 ST02 设定的位置时，激活 DB300.DBX0.2 信号。这些都可以通过 Softcam 来实现，或者通过自己编写 DPR 实时监控位置值比对来实现，也可通过装传感器感应位置来实现，不过这个做法比较原始。

2.6.8 测量补偿

机械手的测量补偿一般是不需要的，但是如果工作环境比较差，横梁比较长，则可能需要作温度补偿。虽然名为温度，实则还是反映为位置的变化，所以可在横梁上装设微量位移传感器，通过检测位移的变化来做相关的补偿。如图 2-239 所示，用 DPR 传送到 NCK 程序然后在恰当的时候更新位置变量（如在机械手整线循环结束后更新）。

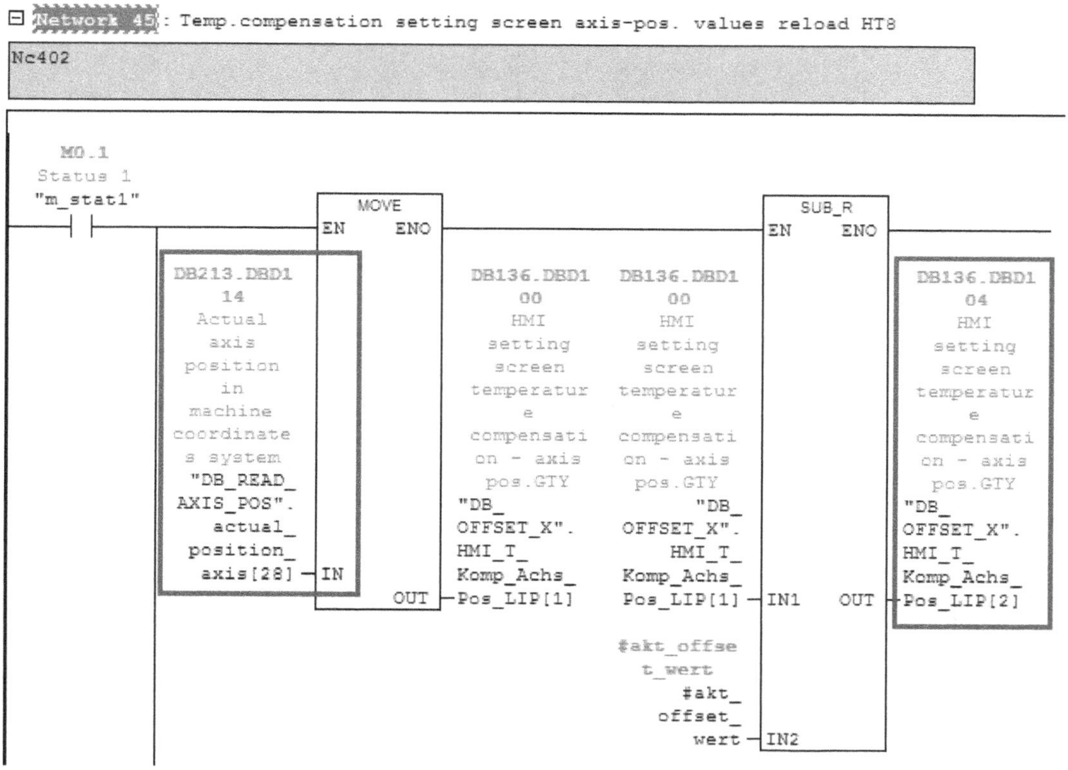

图 2-239 机械手位置补偿

2.6.9 辅助系统

机械手辅助系统主要由气动系统、润滑系统、辅助站位等构成，此处重点在于辅助站位的控制，辅助站位中重点在于辊道的控制。

1. 机械手的润滑系统

机械手的润滑主要是齿轮、齿条及夹爪的润滑，如图 2-240 所示案例，每隔 48 h 润滑一次，对应 172 800 立即数。

2. 辊道机构控制描述

辊道运动部件主要由传感器（感应位置、区域、压力、液位等）、运动气缸（用作旋转、停止器、分离机构等），运动电机（定位、输送、旋转等）等组成。也就是控制理论中常提到的三大部件：传感器、控制器、执行器。

辊道形式的输送单元按照功能可以分为辊道（平移输送）、转台（旋转加平移）、升降机（提升和平移）、翻转机构（旋转加平移，一般为手动翻转，不需作控制）。

（1）辊道平移机构（Conveyor）。

举一个 PZR（Power Zone Roller）Conveyor 动力区辊道的配置例子。如图 2-241 所示，此种辊道是为了避免工件碰撞而特殊设计的，每段辊道一般只允许放置一个工件。

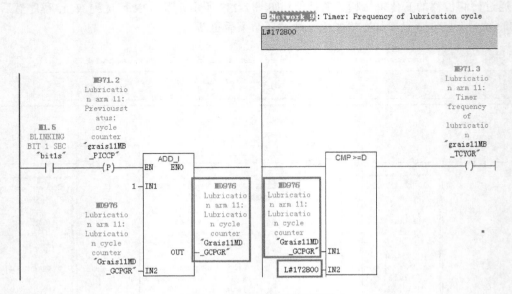

图 2-240　润滑过程编程实现

图 2-241　PZR 辊道

常规辊道一般用于精加工之前工位，对于精加工必须采用 PZR，PZR 辊道能够有效地保证辊道上的工件不会碰撞，避免了常规辊道出现的工件之间的磕碰和辊道对工件传输面的划伤。

机械部件一般包含在位信号开关、输送电机、停止器（常规辊道需配置）、分离机构（常规辊道需配置）、导向条、导向板等。还有些特殊辊道例如双层的，同步辊道在具体项目中也会碰到。其关键均在于信息的同步传递。

（2）转台机构（Rotator）。

转台是为了调整工件流向姿态而设计的。一般将转台放在转角部分。如图 2-242 所示，转台顺时针和逆时针旋转可以改变工件的朝向。

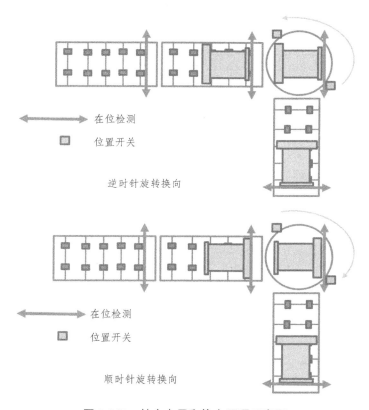

图 2-242　转台布局和换向原理示意图

转台机械主要由在位信号开关、旋转电机或旋转气缸执行部件、输送电机、位置开关（负责检测正向或负向到位）等构成。

（3）升降机构（Lifter）。

升降器用于提升工件，主要用在上下料站位与机械手交互，也可用于双层辊道提升工件。

机械构成主要是在位信号开关、提升电机或提升气缸、输送电机、到位开关等。

（4）辊道程序逻辑举例。

可将辊道程序做成标准程序块，第一步就是将辊道部件变为标准数据结构，概括下来做成一个 UDT 文件供重复调用，如图 2-243 是笔者粗略建的一个，仅仅考虑基本功能实现，可分为 Enable 使能、正负命令、到位、正在执行、可执行、安全条件等数据。

LAD/STL/FBD - [UDT800 -- "UDT_CV_Move" -- PQ_GWM_B2_A22\W6066\...\UDT800]

File Edit Insert PLC Debug View Options Window Help

Address	Name	Type	Initial value	Comment
0.0		STRUCT		
+0.0	Enable	BOOL	FALSE	enable
+0.1	Plus_limit	BOOL	FALSE	正向位置到达
+0.2	Minus_limit	BOOL	FALSE	负向位置到达
+0.3	Plus_active	BOOL	FALSE	正向命令激活
+0.4	Minus_active	BOOL	FALSE	负向命令激活
+0.5	Plus_execute	BOOL	FALSE	正向可执行
+0.6	Minus_execute	BOOL	FALSE	负向可执行
+0.7	Plus_Safety	BOOL	FALSE	正向安全条件
+1.0	Minus_Safety	BOOL	FALSE	负向安全条件
+1.1	Auto_Plus_execute	BOOL	FALSE	自动正向可执行
+1.2	Auto_minus_execute	BOOL	FALSE	自动负向可执行
+1.3	Man_Plus_execute	BOOL	FALSE	手动正向可执行
+1.4	Man_minus_execute	BOOL	FALSE	手动负向可执行
+1.5	Auto_Safe_Plus	BOOL	FALSE	自动安全正向条件
+1.6	Auto_Safe_Minus	BOOL	FALSE	自动安全负向条件
+1.7	Man_Safe_Plus	BOOL	FALSE	手动安全正向条件
+2.0	Man_Safe_Minus	BOOL	FALSE	手动安全负向条件
+2.1	Done_Plus	BOOL	FALSE	正向动作完成
+2.2	Done_Minus	BOOL	FALSE	负向动作完成
+2.3	Running_Plus	BOOL	FALSE	正向运行中
+2.4	Running_Minus	BOOL	FALSE	负向运行中
+2.5	Plus_sensor_fall_edge	BOOL	FALSE	正向传感器下降沿
+2.6	Minus_sensor_fall_edge	BOOL	FALSE	负向传感器下降沿
+4.0	Mem_plus	ARRAY[1..4]		

图 2-243　标准辊道数据结构

考虑捕捉异常机制，则必须做对应地报警，如图 2-244 分配数据结构。

+8.0	Alarm_Stop	BOOL	FALSE	alarm stop
+8.1	Alarm_Plus_time	BOOL	FALSE	action plus time-out fault
+8.2	Alarm_Minus_time	BOOL	FALSE	action minus time-out fault
+8.3	Alarm_Plus_sensor	BOOL	FALSE	plus sensor fault
+8.4	Alarm_Minus_sensor	BOOL	FALSE	minus sensor fault
+8.5	Alarm_breaker	BOOL	FALSE	
+8.6	Alarm_contact1	BOOL	FALSE	
+8.7	Alarm_contact2	BOOL	FALSE	
+9.0	Alarm_spare1	BOOL	FALSE	
+9.1	Alarm_spare2	BOOL	FALSE	

图 2-244　分配辊道的报警数据

Alarm_stop 对应 level1 报警，若出现则停止，此处未做循环结束停止，考虑了最简单的方式，正向动作超时、负向动作超时、断路器报警、接触器报警等都可以形成报警数据结构。

而后对于每一个功能，如转台的逻辑实现，就都可以在一个总的 FB 下的静态变量中调用这个公共数据结构来实现一个实体例子，如图 2-245 所示。

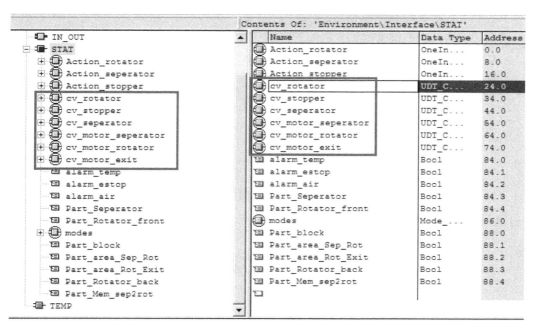

图 2-245　调用标准部件的数据块

在此处建立了 6 个具体实例，分别对应转台旋转电机、停止器、分料器、分料辊道电机、转台辊道电机和出料口辊道电机。均引用前述的 UDT 来实现。

逻辑上首先判断是否具有 Enable 功能，在此只做了一个逻辑即报警停止禁止启动，如图 2-246 所示，可考虑加上 Bypass 信号，空循环是否使能等种种条件。

⊟ Network 15 : ENABLE FUNCTION

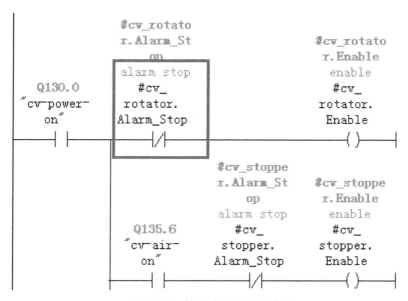

图 2-246　使能功能的逻辑实现

判断正向到位信号的实现如图 2-247 所示。

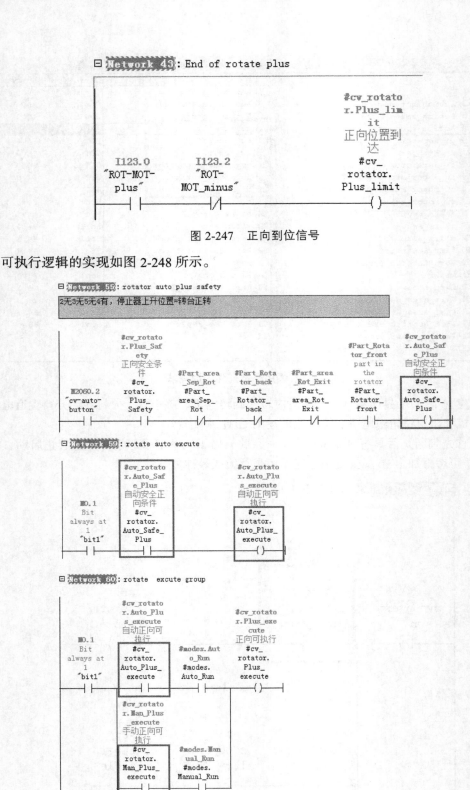

图 2-247　正向到位信号

可执行逻辑的实现如图 2-248 所示。

图 2-248　可执行逻辑的实现

命令输出的发布如图 2-249 所示。

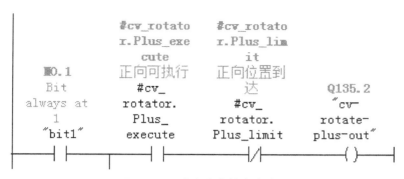

图 2-249   发布命令输出真实的硬件

对于正向超时报警的处理：当有命令输出但一直没有到位信号则触发报警，如图 2-250 所示。

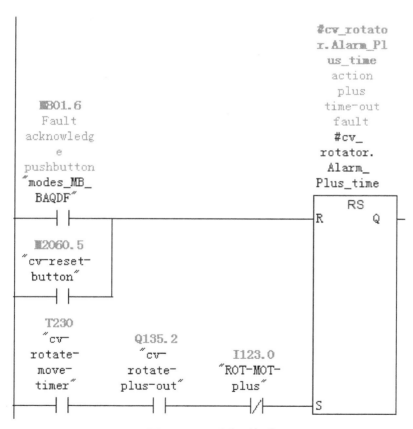

图 2-250   正向超时报警

对于传感器的报警，主要分为不一致报警、断线报警等，如图 2-251 所示，当无命令输出且超时，且检测到两个到位信号，则证明传感器信号有问题。当有命令输出后，出现下降沿（传感器为常闭点）接通报警，一般认为是断线或传感器损坏。

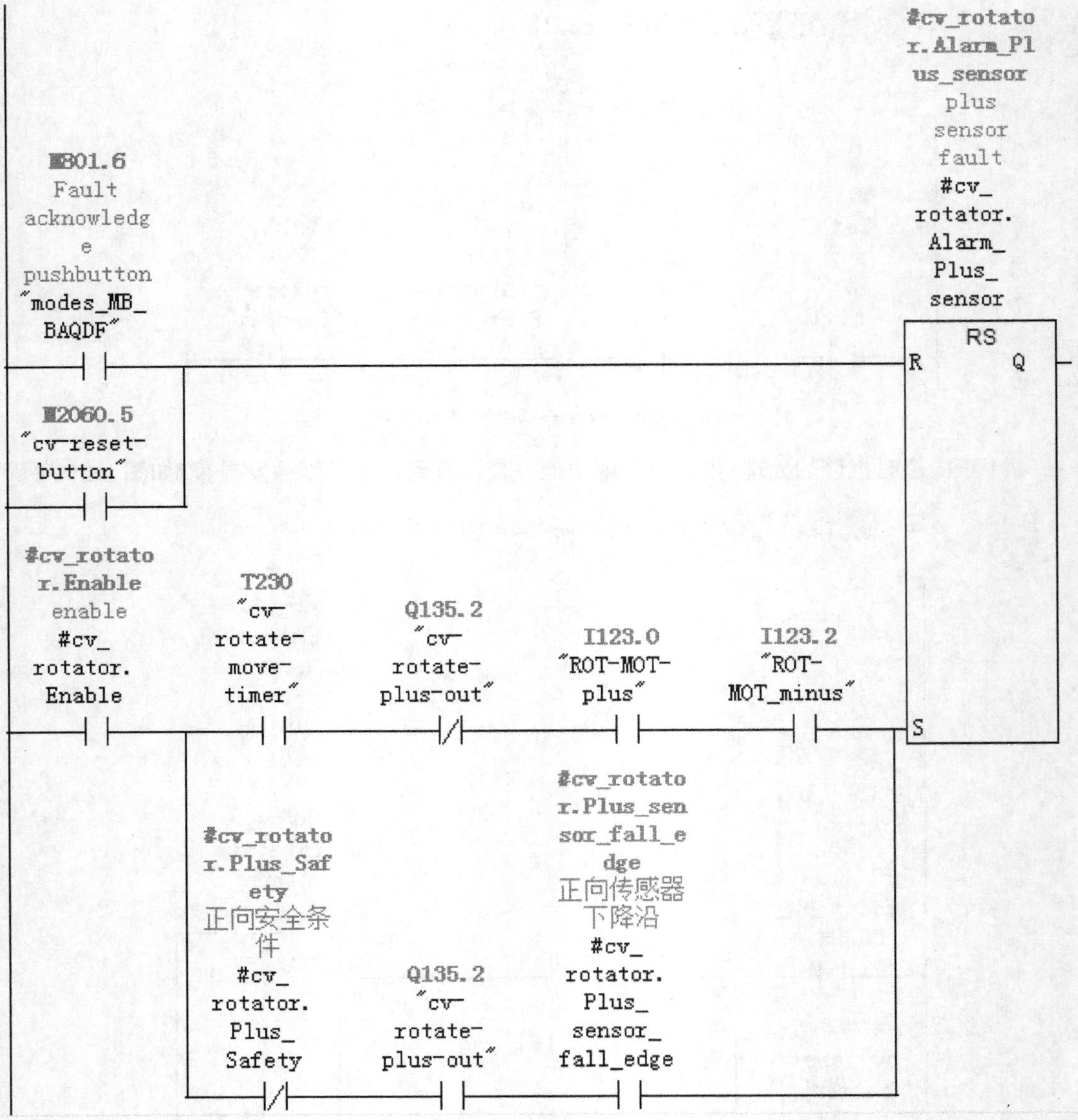

图 2-251 检测传感器的报警

3　四相之 NCK 程序设计

NCK 是数控的数值演算中心，NCK 程序是依照严谨的逻辑架构和工艺要求经过严格的数学分析而成的，其每一道工序、每一步骤都应有明确的含义。针对 NCK 程序编程，可以参考 840D sl 基础编程（PG）手册和工作准备（PGA）手册这两本书，编程人员的目的绝对不是试图掌握所有的特殊功能和编程技巧，而是掌握一种全局性的目标框架方法，在此基础上根据具体的项目理解、变通、应用，达到举一反三的效果。此篇亦绝非泛泛而谈框架理论，而是有针对性地介绍，首先从全局和通用型的角度出发建立一个初始不变的框架，然后在框架的基础上做各种变换分析。NCK 程序的设计还必须同 PLC 紧密结合，二者是密不可分的。仅仅掌握了加工程序中的 G 代码、M 代码等是远远不够的。NCK 编程设计人员应该花时间了解 PLC 部分和接口信号，在全自动生产线中，工艺过程只是其中一个小环节，工艺设计只是原理分析，而程序设计才是具体的实现。程序设计中更重要的是关注程序的框架结构，NCK（核心框架）程序设计人员在了解基本工艺的基础上，应把主要精力用于关注其运动实现过程，以及同 PLC、DRV、HMI 几大系统的交互过程，当我们建立起 NCK 程序的框架后，剩余部分请让专业的工艺编程人员去解决。只有每个人各尽所能，各司其职，项目才能顺利进行下去。

3.1　NCK 程序概述

NCK 程序不仅是一般狭义程度理解的仅仅针对 G 代码的工艺加工程序，它还包含很多内容，如系统变量、自定义的可编程的变量、框架变量、控制逻辑等。理解和设计 840D 的 NC 程序之前需要明确应用的对象，针对具体的项目完成整个框架结构，然后在此基础上进行设计。总的来讲，840D 的 NC 程序类似于 C 语言程序设计，它具有主程序加子程序的调用结构，具有变量定义和变量类型和作用范围的严格划分，又具有各种后台控制逻辑以便进行任务的分配和执行，还具有中断模式和同步模式等功能结构和相应的语法。

任何软件程序都是从变量定义出发，然后遵循事先规定好的机器指令，依照设计人员的变成逻辑来实现对目标的控制。

类比于之前的 PLC，PLC 含有一个 symbol 全局符号表，注意，它是全局有效的。类似地，我们的 NCK 程序也有全局定义的数据变量，它是使用 DEF 指令在 DEF 文件夹中定义的，所以这个 DEF 文件夹就相当于 PLC 的全局符号表。PLC 的局部变量和临时变量在 OB，FB，FC 中声明和使用，类似地，我们的 NCK 程序在 MPF，SPF 等 NCK 子程序中进行程序变量和局部变量的声明和使用。他们都是动态的建立在堆栈中。所以说，万事万物原本都是相通的，可以举一反三。因此，假如设计人员的西门子 PLC 编程水平达到了一定高度，本章的大部分内容都可以略过。因为 PLC 和 NCK 本质上就是相通的，精通任何一门程序语言，再去看其他的语言，它们的诸多处理方式和习惯都大同小异。

反之，如果没有掌握一门语言的精髓，比如对于 PLC，如果我们从来没有自己定义过一个数据结构，一个静态变量，一个临时变量，而只是使用系统自带的 M 变量，编写的都是简单的逻辑结构语句，那么，就很难理解复杂 PLC 程序。因此，笔者可以推断出，这样的程序员转作

NCK 程序应用领域，编写出的 NCK 代码也只是简单的 G 代码的组合，甚至从来也没有自己定义过全局和局部用户变量数据，他也无法理解复杂一点的 NCK 程序。只有经过自身严格的锻炼和修习后，才有可能完全掌握 PLC，NCK 的高级编程方法，如有机会亲自做过很多实验和项目，则对于复杂的数据结构、变量、逻辑都会了然于心，那么他可以顺理成章地用已经形成的完善的思维习惯去理解别人的程序和编写自己的程序。当然，千里之行始于足下，每个人都是从新手一步步转变，我们首先应该寻找一个成熟的模板，学习别人的编程方式。这样比较容易上手，但更重要的第一步是，掌握一门语言的根本文件架构。

3.2　NCK 程序的文件系统

作为一个成熟的且可扩展的 NCK 项目程序，应尽可能采用模块化、参数化的编程理念，虽然针对一个具体的项目任务，可能有多种实现方法，但是相比较而言，一个标准的处理方案是把这个具体的任务变得更加抽象化、参数化，具有扩展性，这样，今后如果遇到类似问题的可以把这个任务作为一个子模块而存在，模块化的编程思路可以很快应用起来快速实现新的应用。虽然起初看起来这样做会更加麻烦，但是对于后期全局的应用，全局的扩展，全局的一致性，这样做是非常必要的。这种思路在 C++ 那里称作泛型编程。泛型最重要的两个概念：迭代器和容器。注意这个容器前述已有（轴容器的概念），迭代器有时又称游标（Cursor）即指针，可访问容器（Container，如链表或阵列）。运用了泛型编程思想，我们只需要把具体的东西抽象变为容器，包罗万象，然后用迭代器来访问这些容器，然后就组装为万事万物。

NCK 加工程序从整体架构来讲，分为主程序和子程序，如图 3-1 所示，分为 DEF 定义目录、CST 西门子循环目录、CMA 制造商循环目录、CUS 用户循环目录、MPF 主程序目录、WKS 工件集合目录和 SPF 子程序目录等。从西门子具体应用来看，一般标准的调用框架如下：即 MPF 统管全局，调用 WKS，再由 WKS 调用 SPF 等。

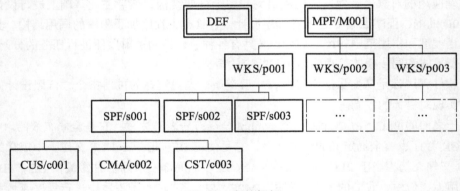

图 3-1　文件框架

谁作主程序，谁作子程序，其实完全由程序员来决定，这几个目录框架本身并无等级之分，但是，一般来讲，架构是这样的，与程序相关的全局变量或宏等定义在 DEF 文件中，供各种子程序使用，由 PLC 自动选择启动主程序或者由操作员手动选的某个主程序，这个主程序一般位于 MPF 之中，而后 MPF 主程序若满足不同的条件会调用不同的子程序，首先，若满足正常的加工逻辑，那么会调用 WKS 工件集合目录下的某种工件程序组如 P001 号工件，P001 程序中也很复杂，一般会调用很多子程序，共同构成此种工件的加工工艺，这些子程序一般又位于 SPF

中，在加工的过程中，若满足某个条件，工艺子程序会调用 CST 或 CMA 或 CUS 中的某个子循环以实现相关的功能，可以看出，法无定法，招无定招，一切事在人为。例如，有人习惯于将主程序集成在 WKS 工件集合中，这样比较直观，由 HMI 画面选择或由 PLC 或人为选择 WKS 中的某个工件加工主程序，然后再调用相关的子程序来实现；也有人干脆不需要 MPF 和 WKS，直接使用 SPF。

整体架构基本如此，针对某一个具体的项目，程序设计一般安排如下：首先，定义变量；其次，逻辑判断；然后是针对某个判断做出相应的处理，除此之外，必须保证程序的可读性，无论编写程序多么复杂精巧，首先需要保证注释的完善准确，保证别人能快速读懂程序。

若有人将所有程序编写到一个 SPF 中，那么，笔者可以推测此人的 PLC 程序一定是将所有的功能都写到了 OB1 中，此人所写的程序虽然很容易被一般人理解，但是根本不具备可重用性和可扩展性，这种程序我们常称之为应付作业程序。程序不仅是为了实现所要求的功能，也要保证标准化和可扩展性，不幸的是，国产机床充斥了大量的这种应付作业程序，功能上是实现了（甚至有些复杂功能并没有完全实现），但是没有实现规范化，同一种类型的机床，可以出现几种不同程序，不同的设计人员所编写的都不一样，甚至同一个设计人员编写的同一种机床程序都不一样，如此，不可能实现深层次的进步。程序编写的第一步就是做到规范化。

3.3 NCK 变量和宏定义

NCK 可以由用户自定义变量，如果变量被定义在子程序和主程序中，被称为局部变量，这种变量只能在程序内部使用，局部变量在此程序运行结束后被清除释放内存，不再保存，类似 PLC 的临时变量。

3.3.1 如何定义 NCK 变量

如果变量被定义在 DEF 文件夹目录下，被称为全局变量，可被全局引用（但也分为通道 CHAN 全局有效和 NCK 全局有效）。全局变量需要在 HMI 操作界面中被激活（分配固定内存）。

DEF 文件夹中包含如图 3-2 所示各种类型的变量定义文件夹。

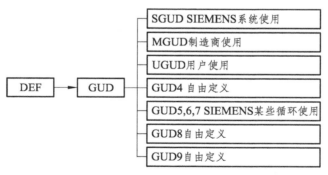

图 3-2　DEF 文件夹

定义变量的语法如下：

若在程序中定义则为局部变量，则格式为：DEF"数据类型""变量名"。

例如，def bool prise_09b1, prise_09b2;定义两个 bool 型变量名称为 prise_09b1 和 prise_09b2。定义变量必须在程序最开始处。

若在 DEF 文件夹中定义为全局变量，如在 MGUD.def 中，必须加上变量的有效作用范围，格式为：Def "有效范围""数据类型""变量名"。其中有效范围设置为 NCK 为 NCK 全局有效，设置 CHAN 为通道全局有效。

例如，DEF NCK STRING[16] Tool_Break_Name ；定义了一个 NCK 全局有效的字符串型变量 Tool_Break_Name。

可供定义的数据类型描述如表 3-1 所示。

表 3-1　数据类型

数据类型	描述
Bool	1 位
Character	8 位，没有符号
Byte	8 位，带符号
Word	16 位，没有符号
Short Integer	16 位，带符号
Doubleword	32 位，没有符号
Long Integer	32 位，带符号
Float	32 位，浮点
Double	64 位，浮点
String	字符串，解释为零

注意：变量名称最多 31 个字符，首字符必须为一个字母或一条下划线，"$" 字符预留给系统变量，不可使用。不仅是变量，要注意文件的命名程序的命名最好都是这样，有些奇怪的问题就是因为命名不正确造成的。为了规范化用户自定义的变量，建议采用如表 3-2 所示的前缀命名方式。

表 3-2　变量前缀命名

数据类型	全局程序 Global User Data GUD	主程序 Program User Data PUD	局部程序 Local User Data LUD
Axis	ga_	pa_	la_
Bool	gb_	pb_	lb_
Char	gc_	pc_	lc_
Int	gi_	pi_	li_
Real	gr_	pr_	lr_
String	gs_	ps_	ls_
Macro	gm_	pm_	lm_

建议用户自定义变量的定义区域如表 3-3 所示。

表 3-3 变量定义区域

变量申明区域	GUD	PUD	LUD
DEF	√		
CUS			√
CMA			√
CST			√
MPF		√	
SPF			√
WKS		√	√

例如，一个变量为整数型（Int），功能为夹紧工件（Clamping Part），在子程序中声明，所以变量应该命名为：DEF INT li_clamp_part。

3.3.2 全局变量和局部变量的有效性

西门子 840D 的全局变量存放在 DEF 目录之中，需要标示出是通道全局还是 NCK 全局，如果是通道全局，则变量值在本通道内有效，其他通道的值与此独立。例如，DEF NCK Bool ECRIT_TCY 和 DEF CHAN Bool ECRIT_TCY 是不同的。

如果使用 NCK 做数据声明，则此变量为 NCK 全局变量。在每个通道下的值都是一致同步的。如果使用 CHAN 做数据声明，则此变量为通道全局变量，每个通道下的值都是独立的。

R 参数只是通道全局变量，不是 NCK 全局的，此处定要注意，如图 3-3 所示，这些 R 参数在通道 TC1 通道中存放。

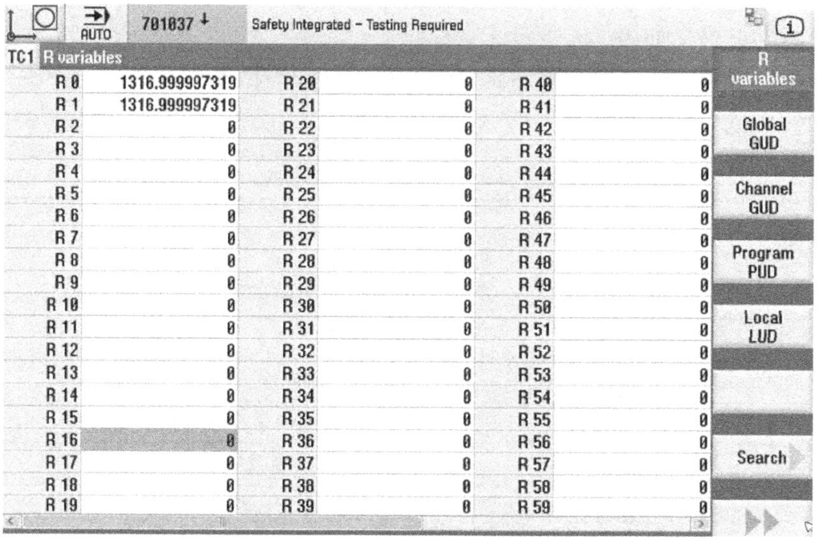

图 3-3 通道全局 R 参数

在每个子程序开头定义的变量为程序变量，不是全局的，只是 PUD 或 LUD。

如果一个变量的值想要在所有程序中有效并且不可重复定义，可以将 MD11120 全局参数可重用性参数设为 0，控制主程序和子程序中用相同的名称去定义同一个变量，为零则只能在主程序定义，在其他程序中只要引用即可。制造商一般把全局变量存于 MGUD.DEF 中，用户一般存在 UGUD.DEF 中。

3.3.3 NCK 系统变量

系统变量用于读写 NCU 系统内部的关键数据，如驱动的电流、轴速度等，系统变量区别于普通变量，其起首字符必须为$，含义即是 System。系统变量的定义规则如表 3-4 所示。

表 3-4　系统变量定义规则

$+第 1 个字母	含义：数据类型
在与处理时读取/写入的系统变量	
$M	机床数据[1]
$S	设定数据，保护区域[1]
$T	刀具管理参数
$P	程序数值
$C	ISO 包络循环的循环变量
$O	选项数据
R	R 参数（计算参数）[2]
在主运行时读取/写入的系统变量	
$$M	机床数据[1]
$$S	设定数据[1]
$A	当前主运行数据
$V	伺服数据

系统变量首字母含义如表 3-5 所示。

表 3-5　系统变量首字母含义

$+第 1 个字母	含义：数据类型
$R	R 参数（计算参数）[2]

系统变量第 2 个字母含义如表 3-6 所示。

表 3-6　系统变量第二个字母含义

$+第 2 个字母	含义：变量显示
N	NCK 全局变量（NCK）
C	通道专用变量（Channel）
A	轴专用变量（Axis）

举例说明，$AA_IM[x]含义为当前运行的轴 X 在机床坐标系下的数值。机床数据前缀分类

---

[1] 在零件程序/循环中使用机床数据和设定数据作为预处理变量时，在前缀中写入一个$字符。在同步动作中用作主运行变量时，在前缀中写入两个$字符。

[2] 在零件程序/循环中使用 R 参数作为预处理变量时，不写入前缀，如 R10。在同步动作中用作主运行变量时，在前缀中写入一个$字符，如 R10。

如下：

全局机床数据 $MN_...

轴专用的机床数据 $MA_...

通道专用的机床数据 $MC_...

设定数据前缀分类如下：

全局设定数据 $SN_...

轴专用的设定数据 $SA_...

通道专用的设定数据 $SC_...

系统变量示例：

通道 1（默认）R1 参数 　　$R[1]

通道 2 的 R30 参数 　$R[2, 30]

注意调整 GUD 变量的数量，如果分配不够，内存会报警，此时需要考虑修改如表 3-7 的参数，适当增大其数量即可。

表 3-7　GUD 内存分配参数

编　号	名称$MN_	含　义
11140[①]	GUD_AREA_SAVE_TAB	GUD 模块的附加备份
18118[①]	MM_NUM_GUD_MODULES	当前主动文件系统中 GUD 文件的数量
18120[①]	MM_NUM_GUD_NAMES_NCK	全局 GUD 名称数量
18130[①]	MM_NUM_GUD_NAMES_CHAN	通道专用 GUD 名称数量
18140[①]	MM_NUM_GUD_NAMES_AXIS	轴专用 GUD 名称数量
18150[①]	MM_GUD_VALUES_MEM	全局 GUD 值的存储空间
18660[①]	MM_NUM_SYNACT_GUD_REAL	可设置的数据类型为 REAL 的 GUD 数量
18661[①]	MM_NUM_SYNACT_GUD_INT	可设置的数据类型为 INT 的 GUD 数量
18662[①]	MM_NUM_SYNACT_GUD_BOOL	可设置的数据类型为 BOOL 的 GUD 数量
18663[①]	MM_NUM_SYNACT_GUD__AXIS	可设置的数据类型为 AXIS 的 GUD 数量
18664[①]	MM_NUM_SYNACT_GUD_CHAR	可设置的数据类型为 CHAR 的 GUD 数量
18665[①]	MM_NUM_SYNACT_GUD_STRING	可设置的数据类型为 STRING 的 GUD 数量

R 参数如果不够，可以修改此参数 MD28050，但是修改此参数会影响内存分配，必须先做 NC 备份，然后回读即可。

上位机软件读取或加工程序使用驱动的运行变量时，需要设置 N36730。$MA_DRIVE_SIGNAL_TRACKING=1，若 NC 程序使用，还需要选项功能 MD19320*bit1=1，驱动运行变量主要有如下几个：

$AA_LOAD[axis] Load；负载%

$AA_TORQUE[axis]；力矩 NM

$AA_POWER[axis]；功率 W

$AA_CURR[axis]；电流

---

① 在零件程序/循环中使用机床数据和设定数据作为预处理变量时，在前缀中写入一个$字符。在同步动作中用作主运行变量时，在前缀中写入两个$字符。

还有一些常用的系统变量，如当前的通道号：$P_CHANNO 等也十分常用，对于常用的变量应该熟悉。

3.3.4 宏定义

利用宏定义可以将一些字符串、命令或者函数组织在一起作为一个字符出现，从而在程序其他地方需要调用这些功能时，只需写这个宏名即可。宏程序可以减少程序存储空间。一般常用的功能组合都可以使用宏来编写。

宏指令定义：

DEFINE <宏名称> AS <指令 1><指令 2> ...

例如，define O_zone_1   as（$MN_USER_DATA_HEX[13] B_AND 'h02'）即可将后面一长串变量运算化为一个变量指令 O_zone_1，程序中只需调用 O_zone_1 即可。

再如，DEFINE M99 AS M05 M09，即将 M99 赋予 M05 主轴停止和 M09 切削液关闭的功能。

制造商一般把宏存于 MMAC.DEF 中，用户一般可以存在 UMAC.DEF 目录中。

3.4 运算和控制指令

运算控制指令主要可分为运算指令和逻辑控制指令。运算指令分为算术型运算和逻辑比较型运算。控制指令主要是判断、选择和循环等逻辑指令。

先谈算术运算和比较运算的优先级问题，每个运算符都被赋予一个优先级。在计算一个表达式时，较高优先级别的运算先被执行。在优先级相同的运算中，运算由左到右进行。在算术表达式中可以通过圆括号确定所有运算的顺序并且由此脱离原来普通的优先计算规则。

优先级的顺序如表 3-8 所示，从最高到最低排序，1 级最高。

表 3-8　运算符的优先级

优先级	运算符	含义
1	NOT，B_NOT	非，位方式"非"
2	*，/，DIV，MOD	乘除
3	+，-	加减
4	B_AND	位方式"与"
5	B_XOR	位方式"异或"
6	B_OR	位方式"或"
7	AND	与
8	XOR	异或
9	OR	或
10	<<	字符串的链接，结果类型字符串
11	==，<>，>，<，>=，<=	比较运算符

3.4.1 算术运算

算术运算主要应用于 R 参数和实数型，整数型字符型变量或常量。

常用的算术运算函数指令如表 3-9 所示。

表 3-9 常用运算函数

运算符	功　能	举　例
+	加法	R0=R1+R2
-	减法	R0=R1－R2
*	乘法	R0=R1*R2
/	除法	R0=R1/R2
DIV	除法	R0=R1 DIV R2
MOD	取模运算	R0=R1 MOD R2
:	级联运算	DEC1：DEC2：DEC3
sin（）	正弦	R5=SIN（R1）
cos（）	余弦	R5=COS（R1）
tan（）	正切	R5=TAN（R1）
asin（）	反正弦	R5=ASIN（R1）
acos（）	反余弦	R5=ACOS（R1）
atan2（）	反正切	R5=ATAN2（R1）
sqrt（）	求平方根	R5=SQRT（R1）
abs（）	绝对值	R5=ABS（R1）
pot（）	平方	R5=POT（R1）
trunc（）	只取整数部分	R5=TRUNC（R1）
round（）	四舍五入取整	R5=ROUND（R1）
ln（）	自然对数	R5=LN（R1）
exp（）	指数	R5=EXP（R1）
MINVAL（）	两变量中的较小值	R5=MINVAL（R1，R2）
MAXVAL（）	两变量中的较大值	R5=MAXVAL（R1，R2）
bound（）	已定义值域中的变量值	R5=BOUND（R1，R2，VAR1）
ctrans（）	平移	CTRANS（X，100）
crot（）	旋转	CROT（X，90）
cscale（）	比例	CSCALE（X，0.7）
cmirror（）	镜像	CMIRROR（X）

3.4.2　比较运算

比较运算主要用来做判断条件，判断的结果可用于逻辑控制指令，比较运算可适用于 char，int，real，bool 型的变量。对于 string，axis，frame 变量可以使用 "=="等于和 "<>"不等于来进行比较，比较运算的结果是 bool 型。

比较运算符含义如下：

== 是否等于

<> 不等于

> 大于

< 小于

>= 大于等于

<= 小于等于

AND 与运算

OR 或运算

NOT 非运算

XOR 异或运算

B_AND 按位与运算

B_OR 按位或运算

B_NOT 按位非运算

B_XOR 按位异或运算

3.3.3 逻辑指令

逻辑指令是程序的灵魂和框架，控制整个程序的运行模式，常用的逻辑形式主要是判断、分支、循环等。逻辑指令可以进行嵌套，比如将多个 if 判断语句放在一个 while 循环下，再把这个 while 循环放在另一个 if 判断下，这个 if 判断再放在一个 for 循环下，这样一层一层嵌套下去，每个程序内最多可以嵌套 16 层。

1. if-else-end if 判断指令

if 判断结构指令也称作查询指令，当满足 if 设定的条件时，则执行 if 中的程序快，如果 if 条件不满足，则执行 else 中备用的程序块，如果不需要执行 else 中的程序，if 判断可以不带 else 指令。例如，判断 R0 是否大于 R1，如果是，则执行 X 轴快速移动到 100；否则 X 轴快速移动到 0。

If R0 > R1

G0 x=100

Else

G0 x=0

Endif

如果判断 R0 是否大于 R1，如果是，则执行 X 轴快速移动到 100，否则不执行任何动作，则可以写成：

If R0 > R1

G0 x=100

Endif

2. 跳转和分支功能

无条件跳转一般使用 GOTOB 和 GOTOF，注意，在 840D 系统中函数指令无大小写之分，即 gotob 和 GOTOB 是一样的。GOTOB 为向后跳转，GOTOF 为向前跳转，例如：

G01 X=30 F100

GOTOF MARK1；无条件跳转到 MARK1

G01 X=40 F100

MARK1：；GOTOF 跳转到此处

R2=0

……

如果无条件跳转指令加上条件判断指令 IF，就组合为有条件跳转，语法如下：

IF 条件判断语句 GOTOB 跳转位置

IF 条件判断语句 GOTOF 跳转位置

例如，IF $AA_IM[X]>30 GOTOB MARK1；如果当前 X 的机床坐标值 > 30，则向后跳转到 MARK1 的位置。

条件判断语句可以使用复杂条件的逻辑组合，例如，（条件 1）AND（条件 2），（条件 1）or（条件 2）等。

跳转位置可以使用"<<"连接符灵活处理，"<<"连接符可以连接字母或者数字或变量，例如：

MARK1：

……

MARK2：

……

MARK3：

……

R10=2

IF $AA_IM[X]>30 GOTOB"MARK"<<R10

通过改变 R10 的数值，即可跳转到任何想跳转的目标，此处若 R10=2，则跳转到 MARK2

GOTOS 可以用于程序重复时跳回到某个主程序或者子程序的开始处。只有当设置 DB21.DBX384.0=1 时，GOTOS 才有效。

通过机床数据 MD27860 和 MD27880 可以设置在每次跳回到程序开始处时执行：

① 将程序运行时间设置为"0"；

② 将工件计数值增加 1。

如图 3-4 所示，MD27860.bit8 若设置为 1，则每次执行 gotos 后将清零当前程序运行时间设置为 0 不清零。

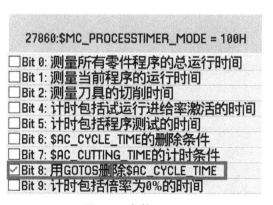

图 3-4　参数 27860

如图 3-5 所示，使用 MD27880 $MC_PART_COUNTER（activation of work piece counters）的第 71115 位可以设置实际工件计数器的值是否加 1。

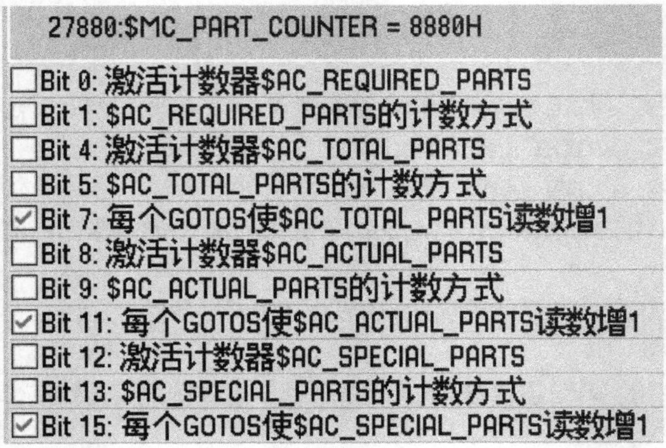

图 3-5　参数 27880

例子：通过修改 DB21.DBX384.0=1 和 0 观察 X 轴移动位置判断 gotos 的执行状态。

g4 f3

g1 x=3 f2000

g0 x=5

g0 y=090

gotos

g0 x=100

M2

3. Case-of-default 分支功能

CASE 功能可以检测一个变量或者一个算式的当前值（类型：整型 INT），根据结果跳转到程序中的不同位置。

语法为：CASE<表达式> OF <常量 1> GOTOF <跳转目标 1><常量 2> GOTOF <跳转目标 2> ... DEFAULT GOTOF <跳转目标 n>

例如，利用 R10 作为表达式的例子如下：

CASE R10 OF 2 GOTOF PH2 3 GOTOF PH3 4 GOTOF PH4 5 GOTOF PH5 6 GOTOF PH6 7 GOTOF PH7

利用已经声明的变量作为表达式进行判断，如下：

CASE（VAR1+VAR2+VAR3）OF 7 GOTOF Label_1 9 GOTOF Label_2 DEFAULT GOTOF Label_3

Label_1：G0 X1 Y1

Label_2：G0 X3 Y2

Label_3：G0 X2 Y4

……

（1）如果计算变量表达式值 VAR1+VAR2-VAR3 = 7，则跳转到带有跳转标记定义的程序段"Label_1"。

（2）如果计算变量表达式值 VAR1+VAR2-VAR3 = 9，则跳转到带有跳转标记定义的程序段"Label_2"。

（3）如果计算变量表达式 VAR1+VAR2-VAR3 的值既不等于 7 也不等于 9，则跳转到带有跳转标记定义的程序段"Label_3"。

4. 循环逻辑指令

循环逻辑指令亦可分为条件循环和无条件循环，其中，while，for，repeat 循环属于条件循环，loop 循环属于无条件循环。

（1）While 循环。

While 循环的开始是有条件的。一旦满足条件，While 循环即开始运行；不满足条件后，退出 While 循环。其语法如下：

While（条件表达式）

NC 程序段

Endwhile

例子：

While R0<50	；循环开始
R10=R10+40	；将 R10 每次加上 40
R0=R0+2	；循环条件+2
Endwhile	；循环结束

又如：

WHILE $AA_IW[X1] > 10

；当前的轴 X1 在 WKS 中的值必须大于 10 才开始调用 WHILE 循环。

G1 G91 F250 X1=−1   ；每次 X1 轴-1

ENDWHILE

（2）for 循环。

for 循环称为计数循环，for 循环利用一个变量自动的计数，当此变量值到达设定的终值时，结束循环过程。for 循环语法如下：

for 计数变量=初值 to 终值

NC 程序段

Endfor

计数变量从初值开始向上计数，直到终值，且在每次运行时加 1，可在循环中灵活地修改变量的值以改变循环的总次数达到某些特殊的应用。

例子：

R1=1

For R0 =3 to 10

R1=R1+1

Endfor

执行结果 R1=9。因为 R0 从 3 增加到 10 共 8 次，初始 R1=1，所以 R1 终值为 9。

若修改为如下程序：

R1=1

For R0 =3 to 10

R1=R1+1

R0=R0+1

Endfor

执行结果 R1=5。因为 R0 从 3 增加到 10，每次除了默认加 1 又加一次 1，每次加 2，共 4 次，初始 R1=1，所以 R1 终值为 5。

若改为：

R1=1

For R0 =3 to 10

R1=R1+1

R0=R0+2

End for

执行结果 R1=5。因为 R0 从 3 增加到 10，每次加 3，共加 3 次，初始 R1=1，所以 R1 终值为 4。

（3）Repeat 循环。

Repeat 是有条件的循环。Repeat 循环一旦被执行会不断重复执行，直到满足条件才结束。

语法如下：

REPEAT

NC 程序段

UNTIL <条件>

例子：

g0 x0

r0=0

repeat

g91 g1 x100 f2000

r0=r0+1

until r0==10

M2

执行结果 X 轴每次递增 100 直到 1 000。

g0 x0

r0=0

repeat

g91 g1 x100 f2000

r0=r0+2

until r0>=10

M2

执行结果 X 轴每次递增 100 直到 500。

（4）Repeat 循环运行程序段。

将需要重复运行的程序段加上段落标记以后，就可以使用 REPEAT，REPEATB，ENDLABEL，P 指令来重复运行程序。

① 重复运行某一句程序行的语法如下（其中 n 为重复运行的次数）：

<行标记>：…

...

REPEATB <行标记> P=<n>

...

例子：

N10 POSITION1： X10 Y20

N20 POSITION2： CYCLE（0,，9，8）；位置循环

N30 ...

N40 REPEATB POSITION1 P=5；执行 N10 程序行五次

N50 REPEATB POSITION2；执行 N20 程序行一次

执行结果：POSITION1 一共被执行了 6 次，POSITION1 一共被执行了 2 次。

例子：

G0 x0

llll1： g91 g1 x100 f2000

repeat llll1 p=1

最终 llll1 共运行两次，如图 3-6 所示。

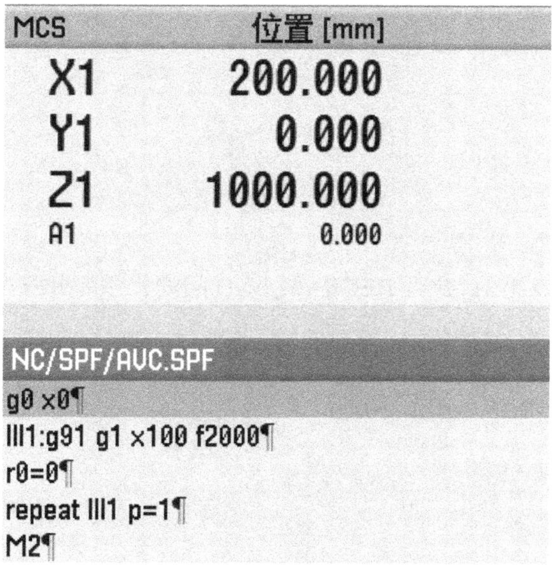

图 3-6　程序运行结果

② 重复运行程序段标记和 REPEAT 指令之间的程序段落。

语法如下：

<程序段标记>： ...

...

REPEAT <程序段标记> P=<n>

...

例子：

g0 x0 y0

PP1： g1 g91 y10 f2000

```
    g1 g91 x10 f2000
REPEAT PP1 P=5
M2
```
③ 重复两个程序标记间的段落。

语法如下：

<起始跳转标记>：...

...

<结束跳转标记>：...

...

REPEAT <起始跳转标记> <结束跳转标记> P=<n>

...

例子：

```
R10=15
Begin:  R10=R10+1；宽度
Z=10-R10
G1 X=R10 F200
Y=R10
X=-R10
Y=-R10
END：Z=10
Z10
CYCLE（10，20，30）
REPEAT BEGIN END P=3；执行 BEGIN 到 END 间的程序部分三次
Z10
M30
```

④ 重复跳转标记和 ENDLABEL 间的段落。

语法如下：

<跳转标记>：...

...

ENDLABEL：...

...

REPEAT <跳转标记> P=<n>

...

例子：

```
N10 G1 F300 Z-10
N20 BEGIN1：
N30 X10
N40 Y10
N50 BEGIN2：
N60 X20
```

N70 Y30

N80 ENDLABEL： Z10

N90 X0 Y0 Z0

N100 Z-10

N110 BEGIN3： X20

N120 Y30

N130 REPEAT BEGIN3 P=3；执行 N110 到 N120 程序部分三次

N140 REPEAT BEGIN2 P=2；执行 N50 到 N80 之间的程序部分两次

N150 M100

N160 REPEAT BEGIN1 P=2；执行 N20 到 N80 之间的程序部分两次

N170 Z10

N180 X0 Y0

N190 M30

（5）Loop 循环

Loop 循环是无条件循环，也是无限循环，在循环结尾 Endloop 后总是跳转到循环开头重新执行循环。故 Loop 循环常用于自动生产线之中，作为主控制架构而出现，一旦进入 Loop 循环，就意味着进入了自动生产循环，除非报警或者有循环结束停止命令才会退出此循环。

Loop 循环语法如下

Loop

NC 程序块

Endloop

例子：一直执行循环，除非 R0>30 才能退出这个循环。

Loop

Msg（"无限循环进入"）

G0 x100

G4 f1

G0 x120

If r0>30 gotof aaa

Endloop

aaa：

m2

3.5 文件和字符串功能

NCK 文件和字符串功能是相当重要的功能组，对于文件进行操作，PLC 不能对 FC，FB 本身进行操作，没有一条指令是可以用来删除 PLC 程序块 FC21 或 DB20，而 NCK 就可以。

3.5.1 Write 函数

使用 Write 指令可以将零件程序中的程序段落或数据写入到指定文件的末尾，或写入到正在执行的零件程序中。程序段或数据在文件末尾插入。

Write 函数语法如下：

DEF INT <定义一个错误返回变量>

WRITE（<错误返回变量>，"<文件名称>"，"<需要写入的程序段或数据>"）

程序例子如图 3-7 所示。

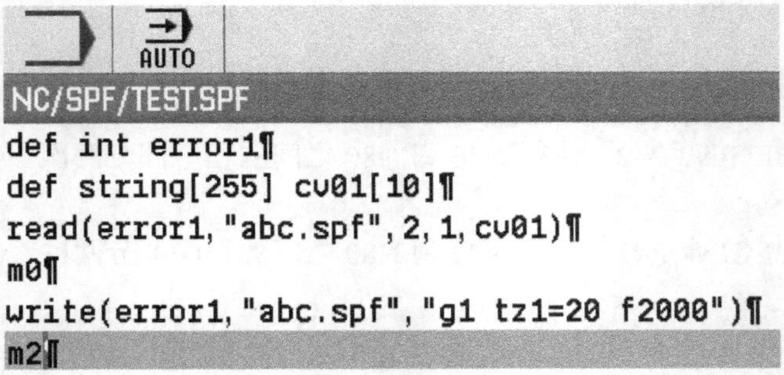

```
NC/SPF/TEST.SPF
def int error1¶
def string[255] cv01[10]¶
read(error1,"abc.spf",2,1,cv01)¶
m0¶
write(error1,"abc.spf","g1 tz1=20 f2000")¶
m2¶
```

图 3-7　write 函数示例

返回错误值的变量含义（类型：INT）

0　无错误

1　非法路径

2　路径未找到

3　文件未找到

4　错误的文件类型

10　文件内容已满

11　文件正被使用

12　没有空余的存储量

13　无访问权限

14　输出设备缺少 EXTOPEN 指令或指令出错

15　写入外部设备出错

16　写入了无效的外部路径

参数 2<文件名称>：表示要写入的指定的程序段/数据的文件名称。类型：STRING。

在指定文件名称时应注意以下几点：

（1）如果指定的文件名称含有空格或者控制符（ASCII 代码<= 32 的字符），就会中断 WRITE 指令并且显示出错标识 1 "路径非法"。

（2）文件名可以通过路径和文件标识指定。

（3）路径说明应是绝对的，即以 "/" 开始。

（4）如果没有指定路径，文件会存放在当前的目录（=选中程序的目录）中。

如果文件名不包含文件主标识（_N_），系统会自动补充。

如果文件名中倒数第 4 个字符是一个下划线 "_"，则后面的 3 个字符被视为文件标识。 只允许使用文件标识 _SPF 和_MPF，从而可以在执行所有的文件指令时使用相同的文件名称，如通过 STRING 类型的变量。

如果没有指定标记（"_MPF"或 "_SPF"），系统会自动补充_MPF。

文件名的长度最多可以有 32 个字节，路径的长度最多可以有 128 个字节。

示例:

"PROTFILE"

或"_N_PROTFILE"

或"_N_PROTFILE_MPF"

或"/_N_MPF_DIR_/_N_PROTFILE_MPF/"

示例:

N10 DEF INT ERROR

N20 WRITE(ERROR,"PROT","2015 年 1 月 1 号的记录")

N30 IF ERROR

N40 MSG("执行 WRITE 指令时出错:"<<ERROR)

N50 M0

N60 ENDIF

运行结果如图 3-8 所示,在当前的 MPF 目录下生成了 PROT.mpf 子程序。

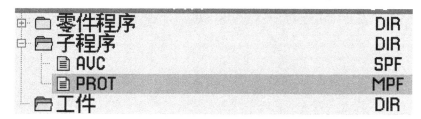

图 3-8　程序运行结果

运行结果内容如图 3-9 所示。

NC/SPF/PROT

2015年1月1号的记录¶

图 3-9　运行结果内容

连续执行多次后结果如图 3-10 所示。

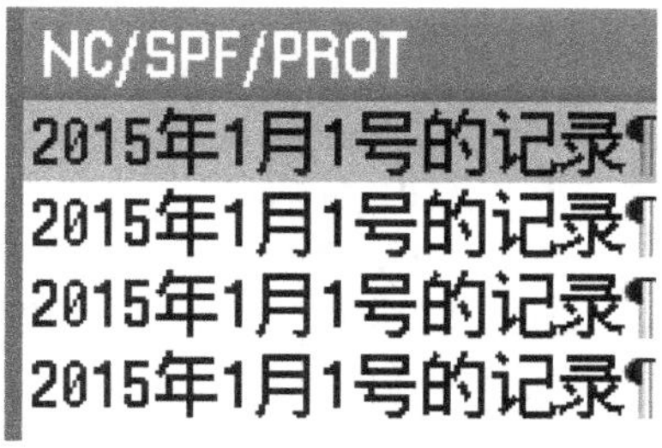

NC/SPF/PROT

2015年1月1号的记录¶

2015年1月1号的记录¶

2015年1月1号的记录¶

2015年1月1号的记录¶

图 3-10　连续执行多次后结果

如果将其中的 write 内容改为:

WRITE(ERROR,"PROT",2000+$A_YEAR<<"."<< $A_MONTH<<"."<<$A_DAY<<",

"<<$A_HOUR<<": "<<$A_MINUTE<<": "<<$A_SECOND)

就可以显示出当前的时间,结果如图 3-11 所示。

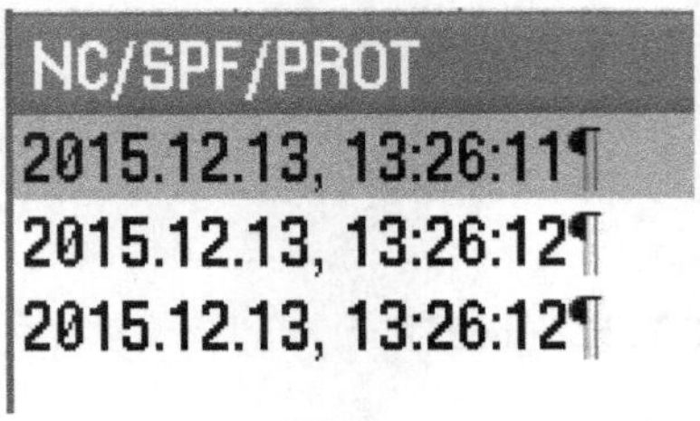

图 3-11　显示当前时间

再举一个例子：将一些 G 代码指令写到一个文件 test_ggg 中，然后执行这个文件。

DEF INT ERROR

WRITE（ERROR，"test_ggg"，"G0 x100 y1300 "）

WRITE（ERROR，"test_ggg"，"G0 y1200 x130 "）

WRITE（ERROR，"test_ggg"，"m2"）

IF ERROR

MSG（"执行 WRITE 指令时出错："<<ERROR）

M0

ENDIF

test_ggg

M2

运行结果及程序 TEST_GGG 如图 3-12 所示。

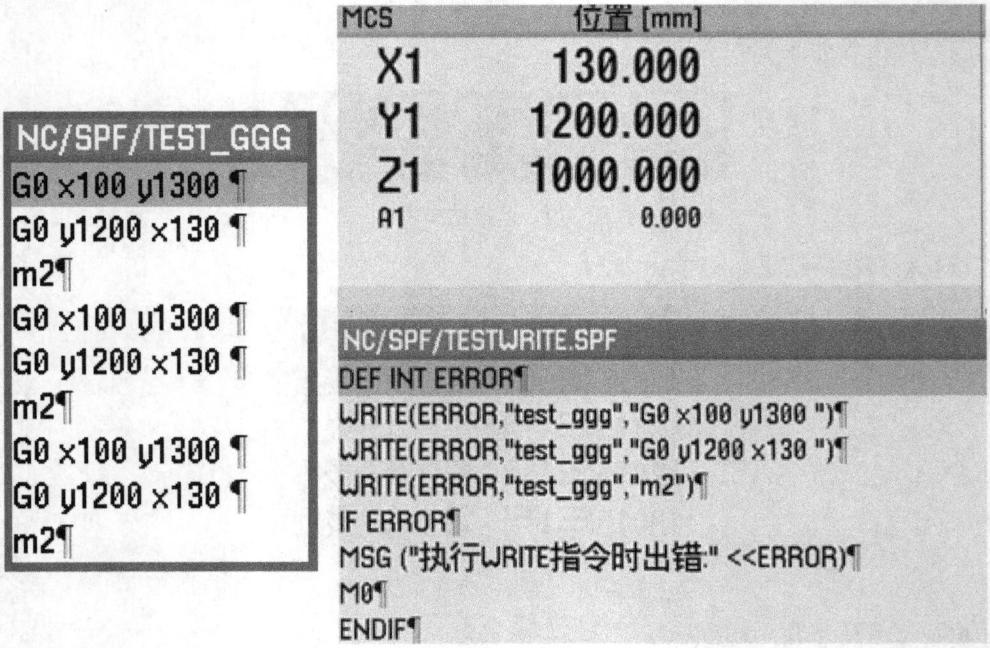

图 3-12　运行结果

3.5.2　Read 函数

Read 函数用来在指定的文件中读取一行或者多行，然后将所读取的信息保存在一个 string

类型字符串中，每个被读取的行占一个数组元素长度。语法格式如下：

DEF INT <错误变量>；定义一个错误变量

DEF STRING[<字符串长度>] <结果变量>；定义一个结果变量

READ（<错误变量>，"<文件名称>"，<起始行>，<行数>，<结果变量>）；开始读取

示例：

DEF INT ERROR

DEF STRING[255] RESULT[5]

READ（ERROR，"/_N_SPF_DIR/_N_TEST1_SPF"，1，5，RESULT）

IF ERROR <>0

MSG（"错误"<<ERROR<<"READ 指令"）

M0

ENDIF

M0

源文件 TEST1.SPF 内容如图 3-13 所示。

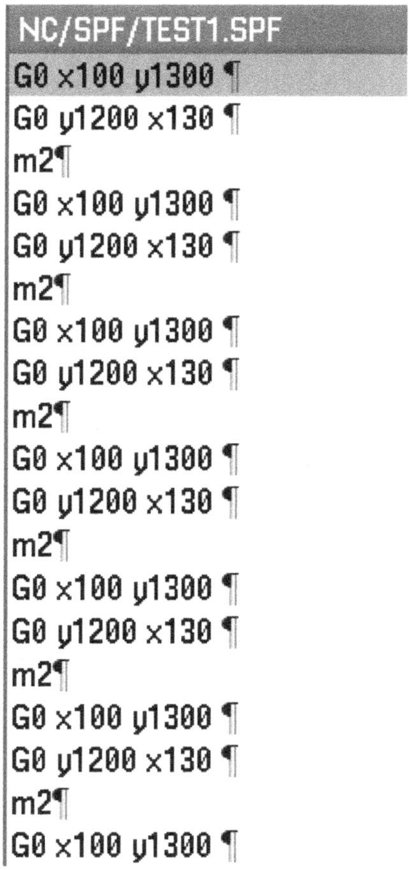

```
NC/SPF/TEST1.SPF
G0 x100 y1300 ¶
G0 y1200 x130 ¶
m2¶
G0 x100 y1300 ¶
G0 y1200 x130 ¶
m2¶
G0 x100 y1300 ¶
G0 y1200 x130 ¶
m2¶
G0 x100 y1300 ¶
G0 y1200 x130 ¶
m2¶
G0 x100 y1300 ¶
G0 y1200 x130 ¶
m2¶
G0 x100 y1300 ¶
G0 y1200 x130 ¶
m2¶
G0 x100 y1300 ¶
```

图 3-13　程序内容

读取结果如图 3-14 所示。注意：在程序最后加上 M0 暂停，否则运行完程序以后局部变量 result 不会被保存。如果要读取 test1.spf 文件，不可以将文件名称写成"test.spf"，应该写成完整

的路径名称或者"test1_spf"，否则文件无法被找到。

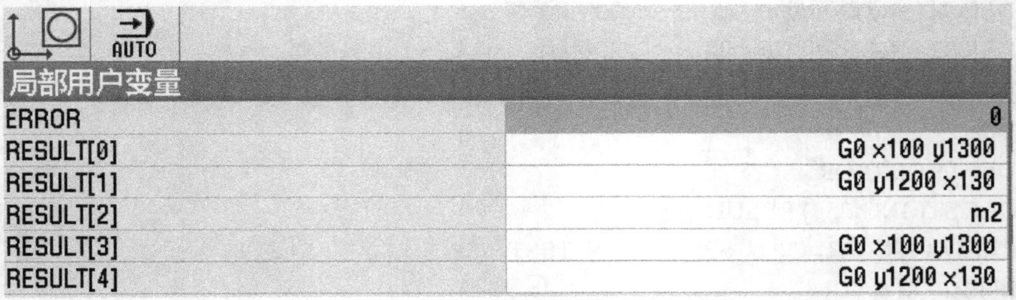

局部用户变量	
ERROR	0
RESULT[0]	G0 x100 y1300
RESULT[1]	G0 y1200 x130
RESULT[2]	m2
RESULT[3]	G0 x100 y1300
RESULT[4]	G0 y1200 x130

图 3-14　读取结果

返回错误值的变量含义如下（Call-By-Reference 引用调用参数）：

0 无错误

1 非法路径

2 路径未找到

3 文件未找到

4 错误的文件类型

11 文件正被使用

13 访问权限不够

21 行不存在（参数 <起始行>或<行数>大于指定文件中的总行数）

22 结果变量（<结果>）的数组长度太短

23 行范围太大（选择的参数<行数>太大，已超出了文件末尾）

在指定文件名称时应注意以下几点：

如果指定的文件名称含有空格或者控制符（ASCII 代码<= 32 的字符），就会中断 READ 指令并且显示出错标识 1 "路径非法"。

文件名可以通过路径和文件标识指定。

文件路径说明必须是绝对的，即以"/"开始。

如果没有指定路径，会在当前的目录（=选中程序的目录）中查找文件。

如果文件名不包含文件主标识（_N_），系统会自动补充。

如果文件名中倒数第 4 个字符是一个下划线"_"，则后面的 3 个字符被视为文件标识。 只允许使用文件标识 _SPF 和_MPF，从而可以在执行所有的文件指令时使用相同的文件名称，如通过 STRING 类型的变量。

如果没有指定标记（"_MPF"或"_SPF"），系统会自动补充_MPF。

文件名的长度最多可以有 32 个字节，路径的长度最多可以有 128 个字节。

示例：

"PROTFILE""_N_PROTFILE""_N_PROTFILE_MPF""/_N_MPF_DIR_/_N_PROTFILE_MPF/"

3.5.3　Delete 函数

Delete 函数可以用来删除几乎所有的文件（除了某些格式错误的文件无法删除以外），语法格式如下：

DEF INT <错误>

DELETE（<错误>，"<文件名称>"）

其中，返回错误值的变量类型：INT。

值的含义如下：

0 无错误

1 非法路径

2 路径未找到

3 文件未找到

4 错误的文件类型

11 文件正被使用

12 没有空余的存储量

20 其他错误

<文件名称>：需要删除的文件的名称，类型：STRING。

在指定文件名称时应注意以下几点：

如果指定的文件名称含有空格或者控制符（ASCII 代码<= 32 的字符），就会中断 DELETE 指令并且显示出错标识 1 "路径非法"。

文件名可以通过路径和文件标识指定。

路径说明必须是绝对的，即以"/"开始。

如果没有指定路径，会在当前的目录（=选中程序的目录）中查找文件。

如果文件名不包含文件主标识（_N_），系统会自动补充。

如果文件名中倒数第 4 个字符是一个下划线"_"，则后面的 3 个字符被视为文件标识。 只允许使用文件标识 _SPF 和_MPF，从而可以在执行所有的文件指令时使用相同的文件名称，如通过 STRING 类型的变量。

如果没有指定标记（"_MPF"或"_SPF"），系统会自动补充 _MPF。

文件名的长度最多可以有 32 个字节，路径的长度最多可以有 128 个字节。

示例：

"PROTFILE""_N_PROTFILE""_N_PROTFILE_MPF""/_N_MPF_DIR_/_N_PROTFILE_MPF/"

例子：

DEF INT ERROR

delete（error，"test1_spf"）

IF ERROR <>0

MSG（"错误"<<ERROR<<"READ 指令"）

M0

ENDIF

m2

3.5.4 ISFILE 函数

使用 isfile 函数可以检测指定的文件是否存在于 NCK 的用户文件系统中，查询的结果如果是 true（表示存在这个文件），如果是 false（表示这个文件不存在），语法如下：

<结果>=ISFILE（"<文件名称>"）

其中，<文件名称>：表示需要检查是否位于被动文件系统中的文件的名称。类型：STRING。

在指定文件名称时应注意以下几点：

指定的文件名称不允许包含空格或控制符（ASCII 码 ≤32 的字符）。

文件名可以通过路径和文件标识指定。

路径必须是绝对的，即以"/"开始。

如果没有指定路径，会在当前的目录（=选中程序的目录）中查找文件。

如果文件名不包含文件主标识（_N_），系统会自动补充。

如果文件名中倒数第 4 个字符是一个下划线"_"，则后面的 3 个字符被视为文件标识。只允许使用文件标识_SPF 和_MPF，从而可以在执行所有的文件指令时使用相同的文件名称，如通过 STRING 类型的变量。

如果没有指定标记（"_MPF"或"_SPF"），系统会自动补充_MPF。

文件名的长度最多可以有 32 个字节，路径的长度最多可以有 128 个字节。

示例：

"PROTFILE""_N_PROTFILE""_N_PROTFILE_MPF""/_N_MPF_DIR_/_N_PROTFILE_MPF/"

<结果>：表示用于接收检查结果的变量类型：BOOL。

返回值的含义如下：

TRUE：文件存在

FALSE：文件不存在

示例：

DEF BOOL RESULT

RESULT=ISFILE（"TESTFILE"）

IF（RESULT==FALSE）

MSG（"文件不存在"）

M0

ENDIF

3.5.5 文件功能总结

若将上述几个文件功能组合使用，就可以实现很多漂亮的功能，如实现示教程序功能，将运动部件开到一个确定的位置时，按下某一个按键，可将各个运动轴的当前位置写入到程序中，正如通用的机器人的示教功能一样。具体如何实现？

（1）考虑可将各个轴的运动逻辑变量化，例如，G01 x100 y200 f1000 变为 G01 x=x_pos1 y=y_pos1 f1000，

将 x_pos1,y_pos1 变量单独存入一个变量文件如 pos1.spf,每次在程序开头调用这个 pos1.spf 读取变量值。这样就完成了运动变量的参数化。Pos1.spf 内容可以如下：

X_pos1=100

Y_pos1=200

M2

（2）将各个轴开到恰当的实际位置，例如此时轴的位置变为 x=100.3，y=201.4

（3）按下一个按键，此按键调用一个示教程序如 update1.spf 来实现坐标的更新。示教程序中首先使用 isfile 函数查询是否存在 pos1.spf 文件，进而读取当前的 pos1.spf 的每一行（利用 read

函数），然后逐行 write 到一个文件 pos1_old.spf 中，这一步即是对原始文件的备份过程，然后利用 delete 删除 pos1.spf 文件，接着读取当前的各个轴的位置变量，再利用 write 函数写入到新的文件 pos1.spf 中，这样就完成了坐标更新的过程。Update1.spf 内容如图 3-15 所示。

```
DEF INT ERROR¶
DEF STRING[255] RESULT[5]¶
READ(ERROR,"/_N_SPF_DIR/_N_pos1_SPF",1,2,RESULT)¶
WRITE(ERROR,"pos1_old",RESULT[0])¶
WRITE(ERROR,"pos1_old",RESULT[1])¶
¶
delete(error,"pos1_spf")¶
¶
stopre¶
WRITE(ERROR,"pos1","x_pos1="<<$aa_iw[x])¶
WRITE(ERROR,"pos1","y_pos1="<<$aa_iw[y])¶
WRITE(ERROR,"pos1","M2")¶
¶
M0¶
m2¶
```

图 3-15　Update1.spf 坐标更新程序

3.6　主程序和子程序的调用

如果一个程序被认为是主程序，此程序就可以调用其他子程序，理论上，每个零件程序既可以作为主程序选择并启动；也可以作为子程序由另一个零件程序调用。如果说在 PLC 程序中我们将组织块 OB1 作为主程序调用其他的功能 FC 和功能块 FB（它们相当于子程序），则在 NC 程序中，不妨将主程序命名为 organization_application.mpf（即组织应用程序），可简写为 org_appli.mpf。这样做就规范了许多，只要看到 org 缩写即可判断出它是主程序用来调用其他子程序，类似于 PLC 的 OB1 组织块。

3.6.1　程序的命名和调用

1. 程序命名

原则上，在程序命名时也应注意以下规定：

（1）开始的两个字符必须是字母形式（A～Z，a～z）。

（2）后面的字符可以是字母、数字（0～9）和下划线（"_"）的任意组合。

（3）程序名称最多允许使用 31 个字符。

在控制系统内部会为创建程序时给定的名称添加前缀名和后缀名（这就好像 PLC 的绝对地址一样，是一种内部映射关系）：

（1）前缀名：_N_ 。

（2）后缀名有两种：若为主程序：_MPF；若为子程序：_SPF。

例如，程序 HA123.spf（类似符号地址）在控制系统内部绝对名称为_N_HA123_SPF。

如果在程序中调用 HA123.SPF 可以写成：

……

HA123

······

或者写成：

_N_HA123

或者写成：

HA123_SPF　　　；注意不能用点号".SPF"

或者

_N_HA123_SPF

如果文件系统同时存在 HA123.SPF 和 HA123.MPF 两个文件，则必须加上后缀名，不能只写名称来调用，这点要特别注意。

2. 程序调用路径

在调用没有指定路径的子程序时，控制系统会按照规定的顺序查找以下目录，所以默认都是从 wks 或者 mpf 文件夹编写入口主程序来搜索调用其他子程序，这样做最合理，如表 3-10 所示。

表 3-10　控制系统查找顺序

顺　序	目　录	描　述
1	当前目录	当前待调用程序的目录
2	/_N_SPF_DIR/	子程序目录
3	/_N_CUS_DIR/	用户循环
4	/_N_CMA_DIR/	机床制造商循环
5	/_N_CST_DIR/	西门子标准循环

3. 程序的相互嵌套

一个主程序可以调用子程序，而这个子程序又能继续调用一个子程序。因此，各个程序以相互嵌套的方式运行。

NC 语言目前提供 16 个程序级。主程序始终在最高的程序级上运行，即 0 级别。而子程序始终在下一个更低级别的程序级上运行。因此，程序级 1 是第一个子程序级。

程序级的划分如图 3-16 所示。程序级 0 表示主程序级；程序级 1~15 表示子程序级。

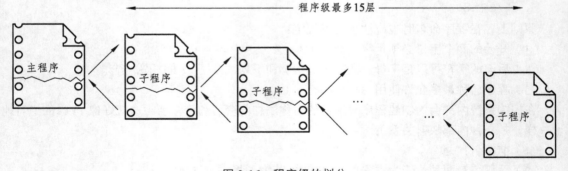

图 3-16　程序级的划分

3.6.2　程序调用和参数传递

子程序调用可分为带参数传递和不带参数传递两种。

1. 带参数传递的子程序

带参数传递的子程序调用可以类比于 PLC 中带有入口和出口参数的块调用，如图 3-17 所示。

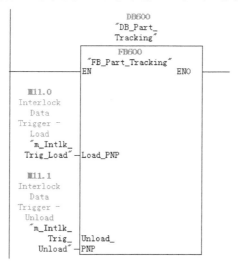

图 3-17　带参数的功能块调用

带参数的子程序必须使用 proc 声明入口函数，参数传送中的参数必须在子程序的开头进行说明。

语法如下：

PROC 子程序名称（变量类型 变量，变量类型 变量）

示例：

PROC Chk_Command（INT li_Reqrd_Cmd）

子程序有两种参数传递的方法：一种是数值传递；另一种是参考传递。其本质区别在于，如果使用数值传递方式，则子程序运行后，若参数的数值改变，结束返回到主程序后，主程序的参数值不会被改变。如图 3-18 所示为数值传递方式。

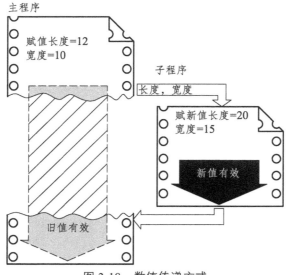

图 3-18　数值传递方式

如果使用参考传递方式，则子程序运行后，若参数的数值改变，结束返回到主程序后，主程序的参数值会被改变。如图 3-19 所示为参考传递方式。

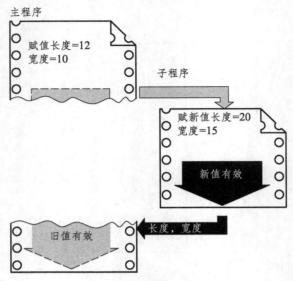

图 3-19　参数传递方式

举例说明：一个子程序名为 test1.spf，首先使用数值传递方式调用，子程序内容为：

proc test1（int x_pos1）

x_pos1=x_pos1+100

R1=x_pos1　　；将运行中的 x_pos1 的数值写入 R1

ret

endproc

主程序内容如下：

extern test1（int）；注意必须使用 extern 声明是外部带参数传递调用

def int x_pos

x_pos=300

R0=x_pos　　　；调用子程序之前将 X_pos 数值写入 R0

test1（x_pos）

R2=x_pos　　　；调用完毕后将当前的 X_pos 数值写入 R2

m0

m2

查看运行结果，如图 3-20 所示。可见 R0=R2=300，R1=400，因此，数值调用后不改变主程序的值。

若采用参考形式的调用，子程序内容为：

proc test1（var int x_pos1）

x_pos1=x_pos1+100

R1=x_pos1　　；将运行中的 x_pos1 的数值写入 R1

ret

endproc

CHAN1 R参数

R 0	300	R 20	0	R 40	0
R 1	400	R 21	0	R 41	0
R 2	300	R 22	0	R 42	0
R 3	0	R 23	0	R 43	0
R 4	0	R 24	0	R 44	0
R 5	0	R 25	0	R 45	0
R 6	0	R 26	0	R 46	0
R 7	0	R 27	0	R 47	0
R 8	0	R 28	0	R 48	0
R 9	0	R 29	0	R 49	0
R 10	0	R 30	0	R 50	0
R 11	0	R 31	0	R 51	0
R 12	0	R 32	0	R 52	0
R 13	0	R 33	0	R 53	0
R 14	0	R 34	0	R 54	0
R 15	0	R 35	0	R 55	0
R 16	0	R 36	0	R 56	0
R 17	0	R 37	0	R 57	0
R 18	0	R 38	0	R 58	0
R 19	0	R 39	0	R 59	0

图 3-20　运行结果

主程序内容为：

```
extern test1（var int）
def int x_pos
x_pos=300
R0=x_pos     ；调用子程序之前将 X_pos 数值写入 R0
test1（x_pos）
R2=x_pos     ；调用完毕后将当前的 X_pos 数值写入 R2
m0
m2
```

运行结果如图 3-21 所示，可以看出，x_pos 已被改变为 400。

CHAN1 R参数

R 0	300	R 20	0	R 40	0
R 1	400	R 21	0	R 41	0
R 2	400	R 22	0	R 42	0
R 3	0	R 23	0	R 43	0
R 4	0	R 24	0	R 44	0
R 5	0	R 25	0	R 45	0
R 6	0	R 26	0	R 46	0
R 7	0	R 27	0	R 47	0
R 8	0	R 28	0	R 48	0
R 9	0	R 29	0	R 49	0
R 10	0	R 30	0	R 50	0
R 11	0	R 31	0	R 51	0
R 12	0	R 32	0	R 52	0
R 13	0	R 33	0	R 53	0
R 14	0	R 34	0	R 54	0
R 15	0	R 35	0	R 55	0
R 16	0	R 36	0	R 56	0
R 17	0	R 37	0	R 57	0
R 18	0	R 38	0	R 58	0
R 19	0	R 39	0	R 59	0

图 3-21　参考调用运行结果

调用带参数传递的子程序时，可以直接传递变量或者数值。但是必须在调用之前在主程序中使用 EXTERN 声明带参数传递的子程序，如在程序开头。其中应给出子程序的名称以及传递顺序中的变量类型。

在声明子程序时，不管是变量类型还是传递的顺序，均必须和子程序中 PROC 所约定的定义相符。在主程序和子程序中的参数名称可以不一样。还需注意，extern 指令仅当子程序位于 WKS，MPF，SPF 中时有效，如果子程序在 CUS，CMA，CST 中则不必写 EXTERN 指令。在子程序调用时，可以删除自身规定的值或者参数。在这种情况下，相应的参数在主程序中被赋零。说明顺序时必须写入逗号。如果省略的参数位于结束处，则同样可以取消该逗号。

例如，子程序为 Wait_Time.spf，内容为：

PROC Wait_Time（ REAL lr_Seconds ）SBLOF DISPLOF

G4 F=lr_Seconds

STOPRE

RET

ENDPROC

主程序中调用 Wait_Time.spf，首先在程序开头声明：

EXTERN Wait_TIME（REAL）

然后调用时写：

Wait_Time（0.2）

如果一个子程序需要多次连续执行，则可以在该程序段中在地址 P 下编程重复调用的次数。如下例子：

HA123 P3；子程序"HA123"应被连续执行三次

或者：

WAIT_TIME（4）P3；子程序"wait_time"应被连续执行三次

调用带参数传递的程序时，参数仅在程序调用时或者第一次执行时传送。 在后续重复过程中，这些参数保持不变。

2. 不带参数的子程序

无参数调用不含入口参数，类似于图 3-22 所示的 PLC 功能块。

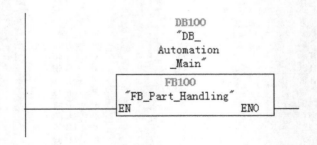

图 3-22　不带参数的功能块调用

调用无参数传递的子程序时，可以使用地址 L 加子程序号，或者直接使用程序名称。一个主程序也可以作为子程序被调用。此时，主程序中设置的程序结束指令 M2 或 M30 结束指令被当作 M17 子程序结束指令返回到主调程序继续处理。同样，一个子程序也可以作为主程序启动。

L 加子程序号的调用方式，笔者不建议采用，因为可读性变差，用户根本不知道调用的是何种功能的程序。而且，L123，L0123 和 L00123 表示 3 个不同的子程序，所以用标号来编排程序名称容易弄混。

3. 使用 CALL 指令变量化调用不带参数子程序

如果存在许多个不带参数的子程序需要被调用，且又想用一个变量实现多重调用这些子程序，比如这个变量=abc1 时，就调用 abc1.spf，当这个变量=abc2 时，就调用 abc2.spf 等，这时就可以使用 CALL 指令来实现这种功能。Call 指令的奥妙就在于可将程序名变量化调用。

例如存在一些名为 tool1.spf，tool2.spf，tool3.spf 的程序，用主程序来调用，例子如下：

```
loop; //控制程序变量的值等于 R0，改变 R0 的数值可以改变控制方向
call "tool"<<R0; R0 若为 1，调用 tool1.spf
                ; 若为 2，调用 tool2.spf
                ; 若为 3，调用 tool3.spf
endloop
m2
```

也可以写成：

```
def string[5] haha[3]  ; 定义不同的程序名
haha[0]="tool1"
haha[1]="tool2"
haha[2]="tool3"
loop
case r0 of 1 gotof pp1 2 gotof pp2 3 gotof pp3 default gotof end
pp1:
call haha[0]
gotof end
pp2:
call haha[1]
gotof end
pp3:
call haha[2]
end:
msg（"wait R0 changed"）
endloop
m2
```

再举一例：

使用字符串常量直接调用：

```
CALL "/_N_CST_DIR/_N_SAFE_SPF"
```

或使用变量间接调用：

```
DEF STRING[100] PROGNAME
PROGNAME="/_N_WKS_DIR/_N_SUBPROG_WPD/_N_SKS_SPF" ;
```

CALL PROGNAME

ret

4. 抑制当前的程序段显示（DISPLOF）

（1）功能。

使用 DISPLOF 可抑制子程序的当前程序段显示。DISPLOF 位于 PROC 指令的结束处。显示循环的调用或者子程序的调用，而不显示当前的程序段。

正常情况下打开程序段显示。用 DISPLOF 关闭程序段显示，直至从子程序返回或者程序结束。

编程语法：

PROC … DISPLOF

如果从带 DISPLOF 属性的子程序中调用其他的子程序，则在这个子程序中也抑制当前的程序段显示。如果一个子程序带抑制的程序段显示，由一个异步的子程序中断，则当前子程序的程序段被显示。

（2）参数。

DISPLOF 抑制当前的程序段显示在循环中抑制当前程序段显示，举例：

%_N_CYCLE_SPF

；$PATH=/_N_CUS_DIR

PROC CYCLE（AXIS TOMOV，REAL POSITION）SAVE DISPLOF

；抑制当前的程序段显示

；现在将循环的调用显示为当前程序段

；例如：CYCLE（X，100.0）

DEF REAL DIFF；循环内容

G01…

…

RET ；子程序返回，重新显示调用程序后面的程序段

5. 抑制单步程序段处理（SBLOF，SBLON）

带有 SBLOF 标记的程序，在有效单程序段处理时如同一个程序段一样进行完整处理，即对于整个程序，抑制单程序段处理。

SBLOF 位于 PROC 行，并且一直有效，直至子程序结束或者中断。

为何要抑制单步程序段？因为在执行异步子程序时，如果使用了单步调试模式，则异步子程序无法被正常执行。所以，如果这个程序是准备用作异步子程序，则必须使用 SBLOF 来抑制单步执行。

如果系统或用户 ASUP 异步子程序中的单程序段停止通过在机床数据 MD10702 $MN_IGNORE_SINGLEBLOCK_MASK 中设置进行抑制（Bit0 = 1 或 Bit1 = 1），则单程序段停止可以通过在 ASUP 中编程 SBLON 再次激活。

如果用户 ASUP 异步子程序中的单程序段停止通过在机床数据 MD20117 $MC_IGNORE_SINGLEBLOCK_ASUP 中设置进行抑制，则单程序段停止。通过在 ASUP 中编程 SBLON，无法再次激活。

一般来讲，凡是异步子程序都应该在开头加上单步抑制功能，prog_event 事件中断程序本质

上也是一种异步子程序，也需要加上。

3.6.3 子程序调用主程序

很多人没有规范和标准的程序训练，误认为把程序随便的放在 wks，spf，mpf 下面都可以，实则不然，当程序员建立一个 wks 工件目录后，默认的第一个程序永远是 mpf 也就是主程序，因此表示 wks 目录下只是各种主程序的集合，每个主程序代表一种加工的零件，而 mpf 文件夹中必定存放着主程序，spf 必定存放着子程序。因此，当在 mpf 和 wks 下建立的 mpf 主程序就可以任意调用那些 spf 子程序；反之，在 spf 文件夹下建立的永远是子程序，默认不能直接调用 mpf 下的程序。

如果想让 spf 文件夹下的某个程序作为主程序来调用 MPF 下的程序，则需使用 call 指令来调用子程序，而不能直接使用文件名的方法来调用子程序。

如图 3-23 所示，准备用 spf 下的 MAIN 来调用 MPF 下的 HEHE。

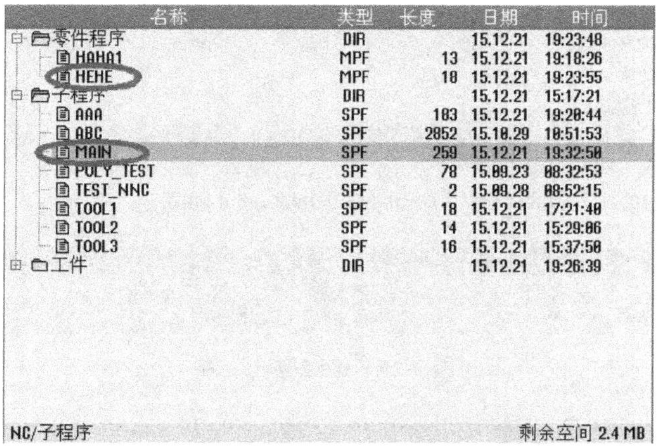

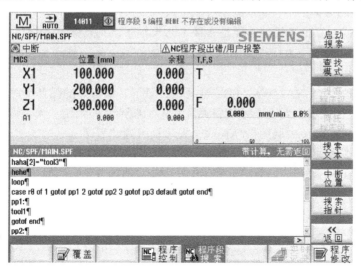

图 3-23　子程序调用主程序

如果直接写 hehe 欲调用主程序，如图 3-24 所示，则报警显示此文件不存在。

图 3-24　报警文件不存在

必须改成绝对地址调用，如图 3-25 所示，才能发现此文件。

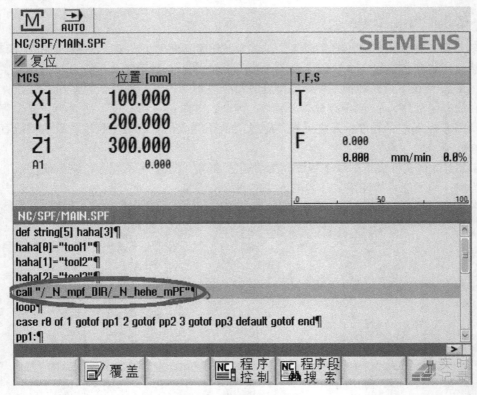

图 3-25　绝对地址调用

3.6.4　编写自己的循环子程序

对于框架结构程序员来讲，循环是组织块，循环也是处理一个特殊任务的子程序，循环或许也是一个经常调用的解码器程序，又或许循环是一个上电初始化的程序，类比于 PLC，这些循环类似于中断组织块或者一个基本的系统功能块。

对于工艺人员或程序员来讲，循环是一种工艺子程序，类似功能块 FC，FB。借助这些循环程序可有效实现特定的加工过程，如钻孔、铣面、螺纹攻丝等。通过所提供的参数可以使循环和具体的加工要求相符。

循环程序一般位于 CUS，CMA，CST 这几个目录下，编写好的循环程序放入这几个目录下之后，必须 NCK 复位或者重新上电才能将循环程序加载到文件系统从而被调用，这点需要特别注意，否则如果直接在程序中调用循环程序会提示找不到此程序。

循环程序的命名和写法和普通的子程序一样，只不过存放的路径不同，普通的子程序一般存放在 spf 文件路径下，而循环一般存放在 CST，CMA，CUS 下面。例如，编写一个 MYCYC.SPF 的循环子程序，如图 3-26 所示，放在 CUS 下面，程序内容如下：

```
PROC MYCYC（REAL X_pos，REAL Y_pos，REAL Z_pos）
G0 X=X_pos Y=Y_pos Z=Z_pos
M17
```

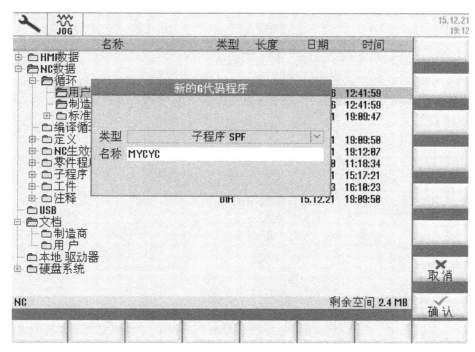

图 3-26　编写一个循环程序

装载该循环需要系统重新上电或者 NCK reset 才能生效。

生效后，在主程序中直接调用即可，不必写 extern 声明，如：

MYCYC（100，200，300）

最后指出，西门子还支持将自己编写的循环加密的功能，但也需要购买注册授权，此功能被称为 Lock MyCycles。数控系统中的循环在执行过程中不受限制，但是用户无法查看循环的内容。这样就能保护公司的知识产权。加密后的加工循环可以加密形式进行复制。因此，循环文件可在其他机床上使用。设计人员也可以选择将加密循环与特定的数控硬件永久链接，此时便不可被复制用于其他机床。

3.7　多通道程序间的协调运行

单通道之间的程序运行关系还算简单，主要考虑主程序和子程序的调用即可，以下讨论复杂一点的多通道程序间的协调同步关系。

3.7.1　利用 NCK 全局变量构建通道协调

首先我们考虑利用 NCK 全局变量灵活的实现通道协调效果，例如设定一组全局变量：

DEF NCK INT GCORES[8]

其中 GCORES[0]，GCORES[2]，GCORES[4]，GCORES[6]用于一通道标示变量；

GCORES[1]，GCORES[3]，GCORES[5]，GCORES[7]用于二通道标示变量。

而后一通道中程序为：

; start chan1

Step0：

```
G0 x1=30
stopre
GCORES[0]=1；声明工序 1 完成，传递给通道 2
Step1：
If GCORES[1]==2 gotof step2；等待通道 2 完成信号 2，否则一直等待
Gotob step1
Step2：
G1 x1=2313 y1=12312 f3000
Stopre
GCORES[0]=2；声明工序 2 完成，传递给通道 2
Step3：
……
```

通道 2 中程序如下：

```
；start chan2
Step0：
If GCORES[0]==1 gotof step1 ；等待通道 1 完成信号 1，否则一直等待
Gotob step0
Step1：
G0 x2=40
Stopre
GCORES[1]=1
Step2：
G1 x2=0 y2=2510 f980
Stopre
GCORES[1]=2
If GCORES[0]==2 gotof step3 ；等待通道 1 完成信号 2，否则一直等待
Gotob step2
Step3：
……
```

3.7.2　利用 init，wait 等指令实现通道协调

在一个通道中使用 init 和 start 来启动另一个通道的程序，语法如下（注意：路径说明最好为绝对路径，一般不要直接使用子程序名来调用）：

INIT（n，"路径说明"）；n 为所调用的通道号码。在通道 n 中选择程序
Start（n）；启动在通道 n 中选择的程序
例子：
准备从通道 1 中选择程序 SS1 启动，启动后运用 init 和 start 选择和启动通道 2 中的 AS2.spf
子程序，通道一程序 SS1.mpf 如下：

INIT（2，"/_N_SPF_DIR/_N_AS2_SPF"）
START（2）

```
g0 x=300
g4f1
g0 x=0
g4f2
m0
m2
```
通道 2 中 AS2.spf 如下：
```
G0 X2=900
g0 x2=400
M2
```
运行结果如图 3-27 所示。

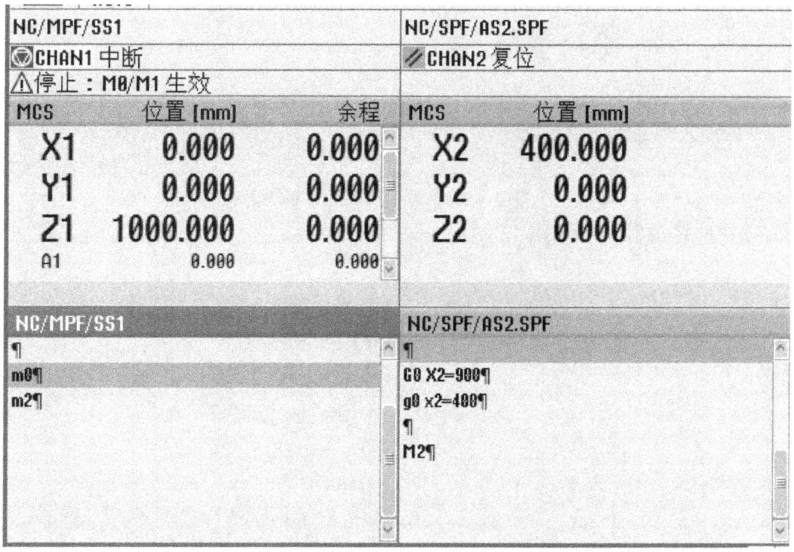

图 3-27　程序运行结果

使用 waitm，waite 等指令可以实现程序间的协调，它的原理如同前述的全局变量标识符，语法如下：

Waitm（标号，通道号 1，通道号 2）

其中，标号为数字，可以任意制定，通道号码为准备执行通道协调的通道号码。

举例说明，假如通道 1 选择了 SS1 程序来执行，内容如下：

```
g0 x=0 y0 z0
INIT（2，"/_N_SPF_DIR/_N_AS2_SPF"）
START（2）
waitm（1，1，2）
g0 x=300
waitm（2，1，2）
g0 y=300
waitm（3，1，2）
```

waite（2）

m0

m2

通道 2 中选择了程序 AS2，内容如下：

g0 x2=0 y2=0 z2=0

waitm（1，1，2）

g0 X2=900

waitm（2，1，2）

g1 y2=980 f2000

waitm（3，1，2）

g4f100

M2

对比这两个程序，如图 3-28 所示。

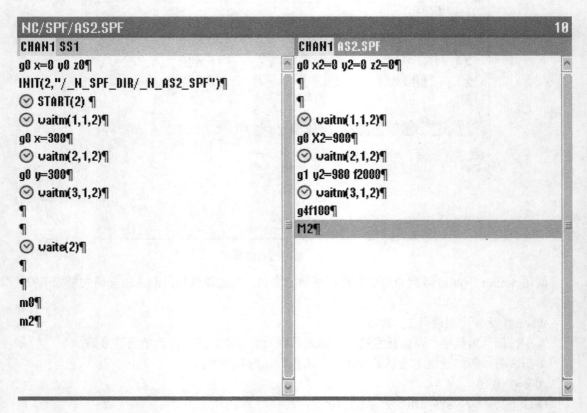

图 3-28　对比两通道程序

可知 waitm（1，1，2）的含义就是在通道 1 和通道 2 中等待标记 1，必须两个通道的程序都走到这一步后才能继续往下执行，waitm（2，1，2）表示第二个标记，必须等到通道 1 的 X 轴走到 300，通道 2 的 X2 轴走到 900 以后才能继续同时执行后面的程序，这样就实现了协调控制，运行结果如图 3-29 所示。

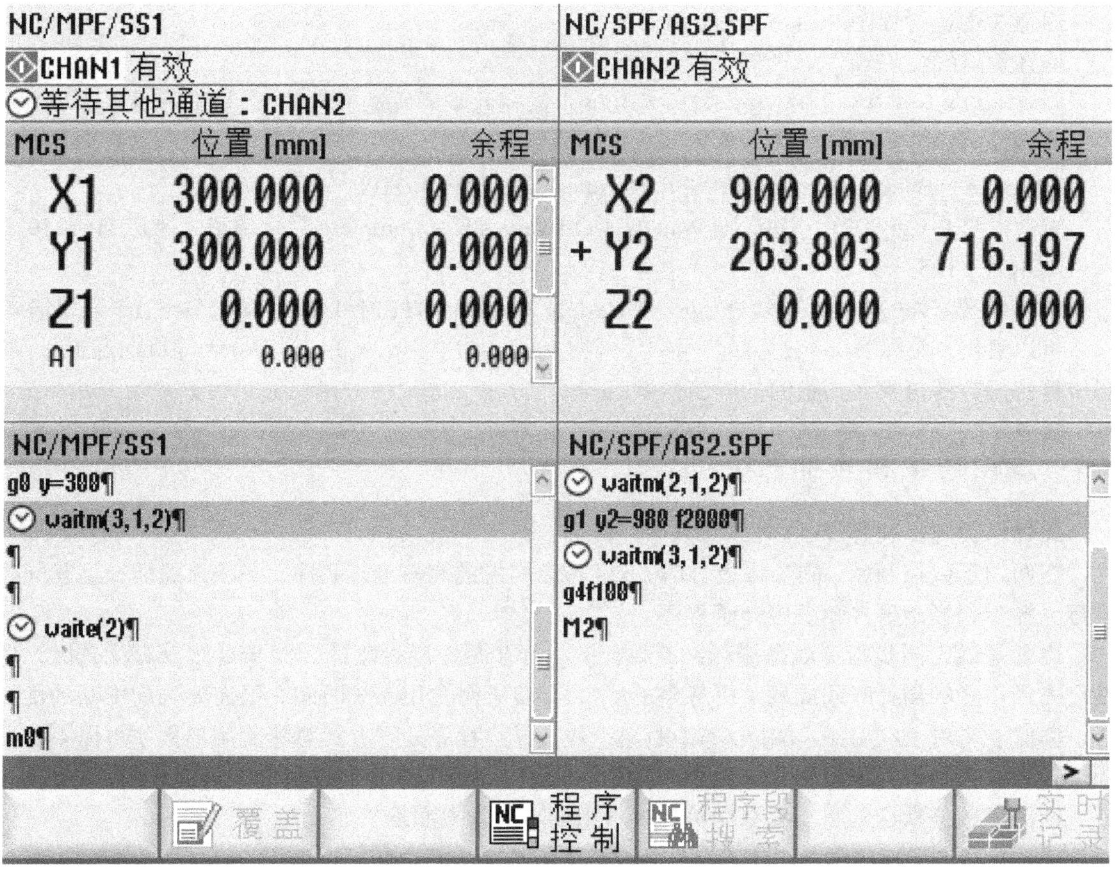

图 3-29　协调控制

3.7.3　利用 H 指令做通道协调

还有一种更加高级和灵活的做法，利用 H 扩展指令做通道工序之间的记忆和协调。在此处简单举一例子。

通道一中运行程序 TC1_normal.spf：

NORM_1000：

Y1=300　F=2000　gm_Chk_Tool_Off　H[gi_STEP]=1000；发送 H 指令=1000

NORM_1005：

Z1=500　F=500　H[gi_STEP]=1005 ；发送 H 指令=1005

Wait_STEP（ gi_PC3， 1000 ）； Wait PC3 Parts Loaded & Clamped 等待 PC3 装载完毕，同步指令 H=1000

NORM_1225：

gm_Prec_NORM　Z1=pr_Z1_Valve_Clr_Head　F=gr_Z_Spd_Norm　H[gi_STEP]=1225

； *** Install Valves I1A

NORM_1240：

pm_Valve_Vacuum_Off　pm_Chk_Valves_None　H[gi_STEP]=1240；发送 H=1240 完成信号

Wait_STEP（ gi_PC3， 1105 ）；Wait PC3 A1 At Install Valves I1A 等待通道 3 发送 H=1105

通道 3 中运行程序 PC3_normal.spf

NORM_1000:

X1=1600 A1=630 F=150 H[gi_STEP]=1000；做完此步后发送 H=1000，与第一通道同步

NORM_1100:

A1=pr_A1_Back_Inst F=gr_A1_Spd_Norm　H[gi_STEP]=1100

Wait_STEP（gi_TC1，1240）；Wait TC1 Oil Valves I1A Complete 等待通道 1 发送 H=1240

NORM_1105:

X1=pr_X1_Valve_Inst_I1A　F=gr_X1_Spd_Norm H[gi_STEP]=1105；发送 H=1105 完成信号

可以看出，使用 H=n（n 为同步号码）再加 Wait_STEP（m，n），其中 m 为等待的通道号码，同步等待函数即可实现通道间的同步协调。

3.8　浅谈同步和异步程序

此处略提同步和异步程序。

在西门子数控领域，同步特指 ID 和 IDS 指令引发的诸多处理程序，必须伴随插补运算同时进行。异步相当于事件触发中断子程序。

也就是说，同步指令就是循环判断执行的，异步是中断处理的，同步自然没有优先级，但是会占用一些的插补时间周期（可忽略不计），异步不需占用系统时间，但需要分配中断的优先级，类似 PLC 中的 OB30，OB40 等中断组织块。异步程序处理方式意味着用户程序可以不必做循环处理，它是一种触发形式，只是在需要的时候（满足某种条件）才进行处理。

西门子数控默认的将与安全相关的事件用同步功能来实现，即 safe.spf。

ASUP 异步子程序的 NC 实现是采用 setint 函数来分配中断号，采用 PRIO 来分配优先级，然后调用程序。但 setint 触发的原来自 PLC 或快速输入点。

而将 prog_event 这个特殊的事件触发子程序用异步功能来实现。触发的事件一般是上电启动、循环结束、急停等。

异步一般离不开 PLC 的逻辑处理，PLC 中使用 FB4 和 FC9 来与 NCK 一侧做关联。

3.9　浅谈工艺功能组——G 功能代码和辅助功能代码

功能组的事情放到此处略谈，与大部分别的数控书籍编排顺序方式不同，笔者认为只有在程序框架搭建完毕之后才可以谈工艺功能组，从程序总体框架角度来讲，工艺功能组并不十分重要，它只是被调用的一个个具体运动模块的算法而已。但是对于大部分生产厂家来讲，他们认为工艺是最重要的。大部分人认为数控编程人员就是懂得 G 代码的编程人员，而笔者认为不是，那还远远不够，数控的核心永远是框架，不是具体的工艺。编程人员针对的主要就是狭义的 G 代码，主运动功能组（G，S，T，D）+辅助功能组（M，H）=工艺运动过程，数控工艺就是利用插补算法，辅助设备算法来实现加工的具体实现过程。

这个 G 功能组正是一个 FB 功能块，完成一些既定任务而已。这个 M 功能，H 功能也只类似于 PLC 中一个个 FB，FC 功能块，来做辅助功能而已，故命之曰工艺功能组。

G 代码的可读性较差，大家都知道了 G01 是走直线，G02 走圆弧，却无人关心其内部的插

补机制，也无人关心它们的命名。笔者一直在想一个问题，如果数控指令将 G01 命名为 line 函数，G01 x100 y100 f1000 就会等价于 line（x，100，y，100，f，1000），这样一目了然。而对于 G 代码，程序人员还要花很多时间去死记硬背对应的含义，这是很无聊的事情。下面简要介绍从插补角度出发的基本 G 代码加工指令和基本辅助指令。辅助指令也是如此，如果能够明白这些功能的解释机制将会对理解指令内部的工作原理将会有帮助。G 代码的优势在于它能够大大减少程序存储空间，G1 只占用两个字符，G4F1 停止一秒，如果采用高级语言的方式那就应该是 delay（1000 ms）。

3.9.1 模式代码

1. 绝对相对模式 G90/G91

G90 与 G91 指令，G90 为绝对值模式，G91 为相对模式。

（1）绝对尺寸输入——G90。

绝对尺寸以当前有效的坐标系零点为基准。用绝对尺寸编程刀具应该往哪个方向运行，比如在工件坐标系中。

（2）相对尺寸输入——G91。

尺寸以当前最后所运行到的点为基准。相对尺寸编程刀具必须运行多少距离。

（3）绝对尺寸输入 AC 或者相对尺寸输入 IC。

使用 AC 可以把事先设定的 G91 按程序段方式针对具体的轴，转换为绝对尺寸输入方式。使用 IC 可以把事先设定的 G90 按程序段方式针对具体的轴，转换为相对尺寸输入方式，

示例：

G90 G01 X=300 F1000；//表示 X 轴移动到距离零点 300 的实际位置

而：

G91 G01 X=300 F1000；//表示 X 轴移动到距离当前点 300 的位置，假如当前点坐标为 100，则运行后 X 轴最终到 400

程序中一般不需要写 G90，因为参数组设定中已经默认初始设定为 G90，可通过查看 MD20150[13]来确认，如图 3-30 所示。

20150	GCODE_RESET_VALUES [n]: 0 … Max. No. G codes - 1
-	G 组的初始设定
	选择一些 G 组
	[0]　　　　1=G0, 2=G01(Std)
	[5]　　　　1=G17(Std), 2=G18, 3=G19
	[7]　　　　1=G500(Std), 2=G54, 3=G55, 4=G56, 5=G57
	[9]　　　　1=G60(Std), 2=G64, 3=G641
	[11]　　　1=G601(Std), 2=G602, 3=G603
	[12]　　　1=G70, 2=G71(Std)
	[13]　　　1=G90(Std), 2=G91
	[14]　　　1=G93, 2=G94(Std), 3=G95
	[20]　　　1=BRISK(Std), 2=SOFT
	[22]　　　1=CDOF(Std), 2=CDON
	[23]　　　1=FFWOF(Std), 2=FFWON
	[28]　　　1=DIAMOF(Std), 2=DIAMON 更详细的信息，见程序指南
	G 代码定义取决于 MD 20110 与 MD 20112。

图 3-30　G 功能组初始化设定

如果修改了 MD20150[13]=2，而不是用默认值 1，则默认的模式就是 G91 增量模式。

也可以查看加工概览页面下的 G 功能来确认实际生效的模式，如图 3-31 所示，注意其中的序号 14：G91 表示 MD20150[13]=2，因此，当运行 G0 x350 后，X 轴将在当前 650 的位置上走到 1000，而非走到 350。

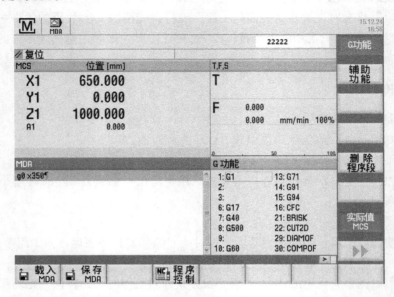

图 3-31　查看实际生效模式

2. 旋转轴运动模式 DC，ACP，CAN

（1）用 DC 可以进行绝对尺寸输入。

回转轴以直接的、最短的位移方式返回到用绝对坐标编程的位置。回转轴最多运行 180°。大部分情况下，都可以直接用 DC 指令控制回转轴，但有一种情况必须注意，那就是加工区域狭小而夹具体又很大时，主轴和刀具易和工作台夹具产生干涉，则在换刀过程中，由于二者的共同运动，此时如果用了不恰当的 DC 指令，让系统自己判断所走的路径则极易产生碰撞。因此，这种情况下需要进行仿真分析，然后用 ACP 或 CAN 来确定出回转轨迹。

（2）用 ACP 进行绝对尺寸输入。

回转轴以正向的轴旋转方向（逆时针方向）返回到用绝对坐标编程的位置。

（3）用 ACN 进行绝对尺寸输入。

回转轴以负向的轴旋转方向（顺时针方向）返回到用绝对坐标编程的位置。

3. 轨迹控制模式

G60，G601，G602 用来控制各种轨迹的生成。

用 G60 会产生尖角，用 G601\G602 产生粗准停和精准停，即可以在边缘处产生倒角，如图 3-32 所示。

4. BRISK 和 SOFT

使用 BRISK 指令，轴以最大加速度运行到达到最大进给速度可以最大限度地节省时间进行加工，当然加速度会发生突变。

使用 SOFT 指令，轴以稳定的加速度运行到达到最大进给速度时，相当于 S 曲线，无突变加速度运行，可以达到较高的轨迹精度和较小的机床负载。

如图 3-33 所示，比较两个特性，BRISK 以斜坡加速度运行，很快到最高速度，SOFT 依照钟形曲线缓慢加速。

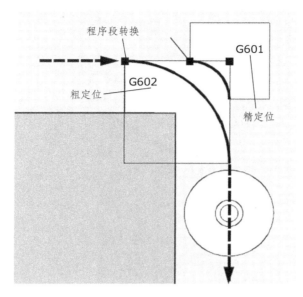

图 3-32　轨迹控制模式

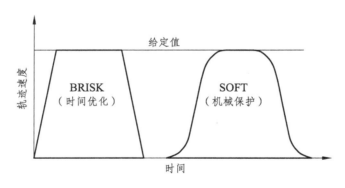

图 3-33　速度曲线对比

3.9.2　快速定位指令 G00

G00 指令并非插补，而是定位，一旦执行，轴变为定位轴。

G0 模态有效，用 G0 来编程的刀具运行将以可能的最快速度运行。在每个机床数据中，每个轴的快速运行速度都是单独定义的。如果同时在多个轴上执行快速运行，那么快速运行速度由对轨迹运行所需时间最长的轴来决定。快速运行的值参照最大速度 MD32000 的定义数值。

举例，执行如下程序，结果如图 3-34 所示。

G0 X30 Y100 Z20

一般将 G0 用作加工完成后的退出到安全区域或者加工开始时迅速移动到加工点附近。

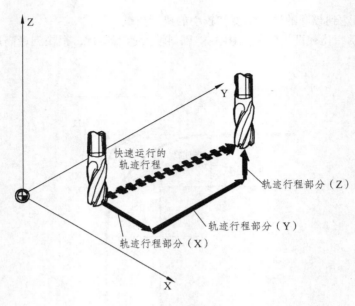

图 3-34　快速定位

3.9.3　插补功能代码

1. 直线插补

G01 编程语法：

G1 X⋯　Y⋯　Z ⋯　F⋯

G1 AP=⋯　RP=⋯　F⋯

参数说明如下：

X Y Z　直角坐标的终点

AP=　极坐标的终点，这里指极角

RP=　极坐标的终点，这里指极角

F　进给率，单位为 mm/min

示例：

G1 G94 X100 Y20 Z30 A40 F100

以进给 100 mm/min 的进给率逼近 X，Y，Z 上的目标点；回转轴 A 作为同步轴来处理，以便能同时完成 4 个运动。G01 是加工中最常见的主要运动方式。

编程速度 F 的确定：

举个例子，来实际确定速度参数 F 的范围，如图 3-35 所示，是一台实际机械手的 E_11 轴和 X_1 轴的最大速度值（即 G0 能达到的最大速度）。

编程速度的计算：

G0 速度就是电机的额定速度，即 MD32000 的值，但是在编程中常采用 F 进给率来控制和调节工艺要求的速度，电机不必经常工作于额定最大速度下，如果这样做对机械寿命也有影响，一般常取最大速度的 70%作为快速移动值，如图 3-36 所示。

轴机床数据		AX2:E_11_ DP3.SLAVE3:DRU_3	AX1:X_1_ DP3.SLAVE3:DRU_3.3
31080[1]	测量齿轮箱的分子	1	1
31090[0]	INC/手轮的增量评估	0.001 °	0.001 mm
31090[1]	INC/手轮的增量评估	0.00254 °	0.00254 mm
31122[0]	BERO正向延时	0.00011 s	0.00011 s
31122[1]	BERO正向延时	0.00011 s	0.00011 s
31123[0]	BERO负向延时	7.8e-05 s	7.8e-05 s
31123[1]	BERO负向延时	7.8e-05 s	7.8e-05 s
31200	G70/G71的换算系数	25.4	25.4
31600	轴的Udi-Signal 轨迹清单	0	0
32000	最大轴速度	23.5 rpm	360000 mm/min
32010	JOG快速移动速度	2 rpm	4000 mm/min
32020	JOG轴速度	1 rpm	2000 mm/min
32040	带快速移动倍率的JOG档转…	2.5 deg./rev…	2.5 mm/rev
32050	JOG方式下的旋转进给…	0.5 deg./rev	0.5 mm/rev
32060	缺省定位轴速度	23.5 rpm	360000 mm/min
32070	叠加运动中的轴速度	50 %	50 %
32074	激活框架或刀具长度补	0H	0H

图 3-35　最大轴速度

X: 360 000 mm/min
E: 23.5 rpm
(118 123 mm/min)　→　70%　→　X: 250 000 mm/min
E: 82 686 mm/min

图 3-36　编程速度计算

最后程序中就可做如下处理来写入编程速度 F 的倍率值。

DEF NCK INT　　FEED_FAST_X

DEF NCK INT　　FEED_FAST_Z

初始化：

FEED_FAST_X=250000

FEED_FAST_Z=83000

G1 F=FEED_FAST_X　　X_01=1000

G1 F=FEED_FAST_Z　　Z_11=20

2. 工作平面选择

调用 G17 或者 G18 或者 G19，根据图 3-37 所示规定的布局进行选择恰当的平面。

G17：工作平面 X/Y 进给方向 Z；

G18：工作平面 Z/X 进给方向 Y；

G19：工作平面 Y/Z 进给方向 X。

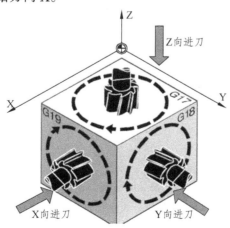

图 3-37　工作平面选择

工件进行轮廓加工，必须确定工作平面，与此同时下面的功能也一起确定：

（1）用于刀具半径补偿的平面；

（2）用于刀具长度补偿的进刀方向，与刀具类型相关；

（3）用于圆弧插补的平面。

示例：

G17 T5 D8 G17；调用工作平面 G17，即为在 X/Y 平面上用 T5 刀，D8 刀沿加工。因此在 Z 方向进行长度补偿。

G1 G41 X10 Y30 Z-5 F500；G41 在 X/Y 平面进行半径补偿。

G2 X22.5 Y40 I50 J40；在 X/Y 平面进行圆弧插补/刀具半径补偿。

3. 圆弧插补（圆心终点法、三点圆弧法、切线法）

圆弧插补可以使用切线功能和三点功能，灵活使用。

编程语法：

G2/G3 X··· Y··· Z··· I··· J··· K···

G2/G3 AP=··· RP=···

G2/G3 X··· Y··· Z··· CR=···

G2/G3 AR=··· I··· J··· K···

G2/G3 AR=··· X··· Y··· Z···

CIP X··· Y··· Z··· I1=··· J1=··· K1=···

CT X··· Y··· Z···

解释：

G2 顺时针方向沿圆弧轨迹运行

G3 逆时针方向沿圆弧轨迹运行

CIP 通过中间点进行圆弧插补

CT 切线过渡的圆弧

X Y Z 直角坐标系的终点

I J K 直角坐标系的圆弧圆心（在 X，Y，Z 方向）

AP=极坐标的终点，这里指极角

RP=极坐标的终点，这里指符合圆弧半径的极半径

CR=圆弧半径

AR=圆弧角

I1= J1= K1=直角坐标的中间点（在 X，Y，Z 方向）

如图 3-38 所示，控制系统需要工作平面参数以确定圆弧旋转方向（G17 至 G19），G2 顺时针方向或 G3 逆时针方向。

（1）圆心终点法。

圆弧运动通过以下几点来描述：

在直角坐标 X，Y，Z 中的终点和地址 I，J，K 上的圆弧圆心。分别表示：I：圆弧圆心在 X 方向的坐标；J：圆弧圆心在 Y 方向的坐标；K：圆弧圆心在 Z 方向的坐标。

如果圆弧以圆心编程，可以省略终点，仍产生一个整圆，如图 3-39 所示。

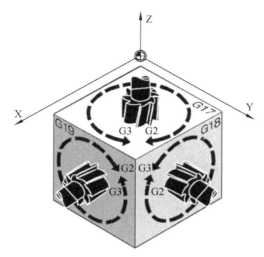

图 3-38　圆弧旋转方向的确定

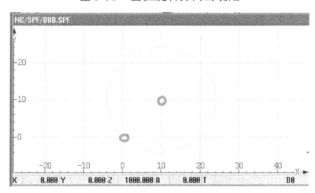

图 3-39　圆弧运行结果

加工一个完整的圆环示例程序如下：

g0 x0 y0 　;首先快速定位到 0，0

g03 x0 y0 i10 j10 f1000;终点仍为 0，0，圆心为 10，10 进行插补

m00

g02 i10 j10 f1000;终点仍为 0，0，可省略终点，圆心为 10，10 进行插补

m2

（2）用半径和终点进行圆弧编程。

圆弧运动通过以下几点来描述：① 圆弧半径 CR；② 在直角坐标 X，Y，Z 中的终点。

圆弧半径还必须用 + / − 符号表示运行角度是否应该大于或者小于 180°。正号可以不注明。

识别符表示：

CR=+…：角度小于或者等于 180°

CR=−…：角度大于 180°

举例，如图 3-40 所示。

G0 X67.5 Y80.511

G3 X17.203 Y38.029 CR=34.913 F500

若改为 G2 X17.203 Y38.029 CR=−34.913 F500，则是走虚线部分的大半个圆弧，如图 3-41 所示。

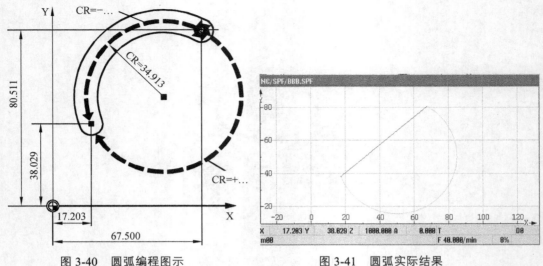

图 3-40 圆弧编程图示

图 3-41 圆弧实际结果

（3）三点圆弧法。

CIP 指令允许给出一个中间点和圆弧的终点，然后自动计算出从起点经过中间点到达终点的路径。

示例如图 3-42 所示。

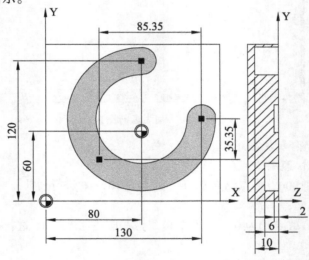

图 3-42 三点圆弧法

程序如下：

G0 G90 X130 Y60 S800 M3；回到起始点

G17 G1 Z-2 F100；刀具横向进给

CIP X80 Y120 Z-10 I1= IC（-85.35）J1=IC（-35.35）K1=-6 F1000；圆弧终点和中间点：所有三个几何轴的坐标

M30；程序结束

（4）用切线过渡指令 CT 进行圆弧编程。

切线过渡功能 CT 是圆弧编程的一个扩展。

如图 3-43 所示，圆弧通过以下几点来定义：起始点 1、直线段 1-2，终点 E。然后系统会自动计算出 SE 圆弧的切线方向，以及 S 到 E 之间的圆弧轨迹。

注意：切线的方向与由先前的 1，2 点形成的直线段的运行方向有关，如图 3-44 所示，不同的连接形成不同的圆弧轨迹。

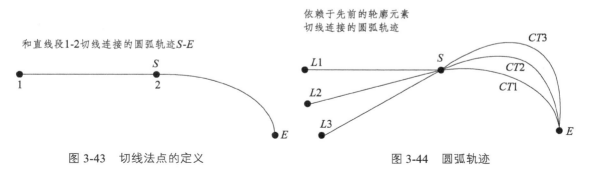

图 3-43 切线法点的定义

图 3-44 圆弧轨迹

示例：

G0 X0 Y0；第一个点

G1 X30 Y30 F2000；第二个点

CT X50 Y15；开始进行切线圆弧

CT X60 Y-5

G1 X70 F1000

m0

M30 ；程序结束

理论编程轨迹如图 3-45 所示。

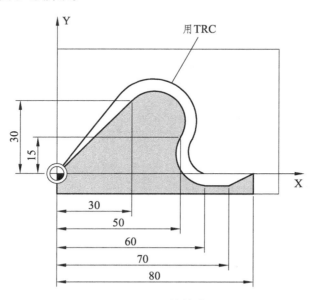

图 3-45 理论轨迹

实际运行结果如图 3-46 所示。

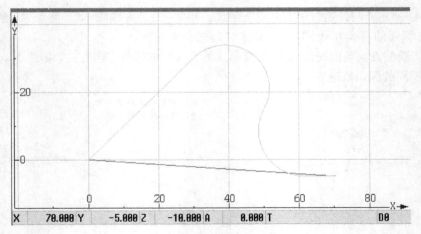

图 3-46　实际运行轨迹

3.9.4　标准的辅助功能

使用辅助功能可以通知 PLC 什么时候在机床上，须操作哪一个开关动作。辅助功能连同其参数一起传送到 PLC 接口。传送的指令和信号由 PLC 应用程序处理。西门子系统支持如下的辅助功能传送到控制系统：

（1）刀具选择 T；

（2）刀具补偿 D；

（3）进给 F/FA；

（4）主轴转速 S；

（5）H 功能；

（6）M 功能。

语法如下：

功能[地址扩展[ ] = 值

例如，平时常用的 M3 主轴正转指令其实应该是 M1=3，M0 暂停应该是 M0=0，常见的辅助功能如表 3-11 所示。

表 3-11　辅助功能一览表

功　能	地址扩展（整数）		值			说　明	每个程序段个数
	意　义	范　围	范　围	类型	意　义		
M	－	固有的 0	0～99	INT	功能	对于 00 和 99 之间的值，地址扩展为 0. M0，M1，M2，M17，M30 没有地址扩展	5
	主轴号	1～12	1～99		功能	M3，M4，M5，M19，M70 地址展主，比如 M5 用于主 2：M2=5，如果没有主轴说明，则使用的是主主轴	

功　能	地址扩展（整数）		值			说　明	每个程序段个数
	任意	0～99	100～（最大整数值）		功能	用户—M—功能	
S	主轴号	1～12	0～±3.4028ex38	REAL	转送	主主轴不带主轴号	3
H	任意	0～99	±（最大整值）±3.4028ex38	INT（SW5）REAL	任意	功能对 NCK 没有影响，只能通过 PLC 实现	3
T	主轴号（带有效的刀具管理）	1～12	0～3200（或者是刀具名，在有效的刀具管理）	INT	刀具选择	刀具名称不送到 PLC 接口	1
D			0～99	INT	刀具补偿选择	D0 撤销选择，D1 为缺省值	1
DL	位置相关的补偿	1～6	±3.4028ex38	REAL	参见刀具精确补偿选择/FBW/	与前面所选的 D 号相关	1
F	轨迹进给率	0	0.001～999 999, 999	REAL	轨迹		6
（FA）	轴号	1～31	0.001～999 999, 999		轴进给率		

在一个程序段中最多可以编程 10 个辅助功能输出。表中所列的每一种类型的辅助功能不得超出其最大个数，如每一程序段最多只能使用 3 个 H 功能。辅助功能也可以作为同步动作的动作分量输出。

1. 辅助功能的输出条件

G0 X1=30 Y1=20 H2=5；提问：此 H2=5 指令是在 X1，Y1 轴走之前执行呢？还是走的过程中执行？或者走完成后执行？

西门子规定，对于每个功能组或者单个功能，可以用机床数据确定其执行的条件：

（1）是否在位移运行之前输出。

（2）是否在运行过程中输出。

（3）是否在位移运行之后输出。

通过参数 MD11110 设定辅助指令输出的条件，辅助功能输出的定义如下：

MD11110：

位 5=1 表示移动前输出，即十六进制 21H；

位 6=1 表示移动时输出，即十六进制 41H；

位 7=1 表示移动后输出，即十六进制 81H。

缺省情况下，第一组设置为 81H，即移动后输出；第二组设置为 21H，即移动前输出；第 3～15 组设置为 41H，为移动时输出。然而很多人用了这么多年，总是误认为这些辅助指令都是移动后才输出的。

注意：

（1）运行之前的功能输出将中断连续轨迹方式（G64/G641）并且为前面的程序段产生一次准停。

（2）运行之后的功能输出将中断连续轨迹方式（G64/G641）并且为当前的程序段产生一次准停。

（3）等待 PLC 发出的确认信号也会中断连续轨迹方式，比如 M 命令利用很短的轨迹长度在程序段中排序。

2. M 功能举例

常用的 M 功能已经被系统定义好，如 M0 表示程序暂停，M2 程序结束，M3 主轴正转指令，M4 主轴反转指令，M5 主轴停止指令，M6 换刀指令，M7 冷却液开，M9 冷却液关，M17 子程序结束，M30 子程序结束返回主程序。

M 功能分为扩展 M 功能和动态 M 功能和静态 M 功能（自带读入禁止信号），常用的 M 功能都属于动态 M 功能，如 M0，M3 等，动态 M 功能范围一般是从 M0 到 M99，动态 M 功能关联通道内的数据信号来触发，如 M33 关联一通道的信号为 DB21.DBX198.1，关联的二通道的信号为 DB22.DBX198.1，当动态 M 功能大于 100 时，解码的方式多种多样，一般是使用默认的 DB76 来做，大于 100 的 M 指令自带读入禁止功能，例如，M100 一旦触发后将保持为 1，直到读入禁止信号被复位。

3. H 功能举例

H 功能与 M 功能类似，如果将 PLC 的模拟量信号关联到 H 指令的地址，此模拟量信号可以用来控制某根轴，就实现了模拟轴转速控制，例如，H3=520.5，G0 X=30 H3，就代表了模拟轴 3 正转，转速为 520.5。

也可将 H 指令用作工序号记忆过程，记录每一步的工序，如：

G1 x90 y100 f2000 H1=001；加工第一步

G1 x100 y120 f2000 H1=002；加工第 2 步

……

G0 x0 y0　　H1=100；加工第 100 步

3.10　浅谈坐标系指令——框架编程与坐标变换

如果说前面的那些逻辑指令、插补指令都是具体的招数，那么此处的坐标系指令就是实现的具体空间。空间不变，招数不变，效果不变，空间和招数任何一个改变，效果就可能改变。大家都知道"工件坐标系"和"机床坐标系"这两个名词，但是西门子拥有很多坐标系的变量和概念，有谁可以分得清中间的奥妙呢？

3.10.1　框架编程的理论介绍

概述中已谈过一点关于坐标系的问题，西门子数控中将坐标系的层级变换作为一个个框架变量来处理，就好像盖房子一样，先打地基，这个地基就是最初的框架，即是机床基本坐标系，然后下地脚桩，可比作夹具坐标系框架，然后按开始浇筑主体结构，比作在可编程的坐标系框架下的加工作业。每一步都是在前一步的基础上做文章，逐步累积上去。这种累积过程在 840D 数控中称为框架级联过程，用符号"："冒号表示，如将基本坐标系命作 BCS 框架变量，夹具坐标系命作 FCS 框架变量，可编程的坐标系命作 PCS 框架变量，则最终的实际坐标系为 BCS：FCS：PCS。一般人都将坐标系的偏置称为零偏，改动零偏又常常局限于修改参数 MD34090，这个参数主要用作一维的针对某根轴的编码器位置的偏移量修改，怎可用作整体框架的修改？且改变此一值，所有相关尺寸全被更改，如此，难怪有部分人认为零偏就是修改一个简单的一维零点，而上升不到三维的层次。有部分人常说的返回原点也是错误的，因为顾名思义，原点只是一个点，如果机床只有一根轴，那么我们可以说返回原点就是返回这根轴的一个安全位置点，但是绝大多数机床都是多根轴，返回原点意味着所有轴都回到一个点，这不太现实，应该称为回原位较为合适，原位意味着每根轴都回到本身规定的安全位置，是多维的概念。

工件坐标系就是最初的机床坐标系通过种种变换（基本坐标系、设定坐标系、可编程坐标系）之后的形式反映而已，而非有部分人误认为是一个简单的 G54，G55 指令定义好的坐标系。G54，G55 等只是可设定框架坐标系，是最简单的方便人为在画面上设定的坐标系而已，岂可将可设定误认为就是最终的坐标系，少数从业者存在很多类似概念和思维方式上的错误。

坐标系的变换手段主要是涉及几个方面：一是涉及直接对基本坐标系的修改，即对于系统框架变量$P_UBFR 的修改；二是直接对于工件坐标系的修改，即对于系统框架变量$P_UIFR 的修改；三是灵活的运用可编程坐标系，无论是用指令如 trans，rot 还是直接操作系统框架变量$P_PFRAME；四是附加的各种偏置，如预设定 preset，DRF 等。笔者认为：偏置即等于距离，但这个距离是多维变量，相当于一个 struct 结构体或数组，对应的英文：distance，因此可将其缩写词写为 DIS；对应的法文：decalage，因此可将其缩写词写为 DEC；对应的德文：Entfernung，因此可将其缩写词写为 ENT。

每一步变换都是对于框架变量的重新更新或累加（附加更新），可以写成一个通用的变换公式就是：

DIS1：DIS2：DIS3：DIS4：DIS5⋯⋯

这就是框架变换的一般理论。

3.10.2　西门子框架编程指令

框架编程指令主要分为两个内容：一个是基础编程中 trans，rot 等坐标变换指令，trans 这些指令只是针对可编程坐标系，当复位后便不会保存；另一个是直接对预定义好的框架变量进行变换或赋值。如果用 ctrans 等指令赋值给基本坐标系，可设定坐标系等，则系统复位后值也会继续保存，如果赋值给可编程框架，则与 trans 等效果一样，不被保存，如图 3-47 所示。

可见，最终的坐标系为$P_ACT 框架变量，也即当前所有激活的有效的坐标系的合成，一般涉及到的主要坐标系就是机床坐标系、基本坐标系、工件坐标系和可编程坐标系。机床坐标系是由编码器、机床的实际机械位置决定的。基本坐标系就是图中的$P_B 框架，可以通过$P_UBFR 偏移后用 G500 激活得到，也可以通过直接赋值给$P_BFRAME 得到。同理，可设定坐标系就是图中的$P_I 框架，可以通过$P_UIFR[n]偏移后用 G54 等激活得到，也可以通过直接赋值给$P_IFRAME 得到，这个 IFRAME 可设定坐标系就是俗称的 G54，G55 等工件坐标系。可编程坐标系就是图中的$P_P 框架，可通过 trans，rot 等指令赋值，或者通过直接赋值给$P_PFRAME 得到，可编程坐标系就相当于工艺图纸上给定的加工坐标系。除可编程坐标系在复位后不保持外，其余在复位后都会保持。

1. 平移变换

平移变换就是将原始坐标系的原点平移到一个新的坐标系下面，这种变换并不改变坐标轴的方向性，理解起来比较简单。如图 3-48 所示，将原点移到 W1 位置，W1 在原始的坐标系下面坐标为 x=200，y=100。因此，当原点从 M 点平移到 W1 后（注意，实际机械距离没有移动，只是坐标系发生平移），平移量即为 X200，Y100，则 MCS 下显示原点坐标仍旧为 0，0，但是

WCS 下显示的坐标为-200，-100。因此，可以得出，新的坐标系的值=原坐标系的值-平移量。

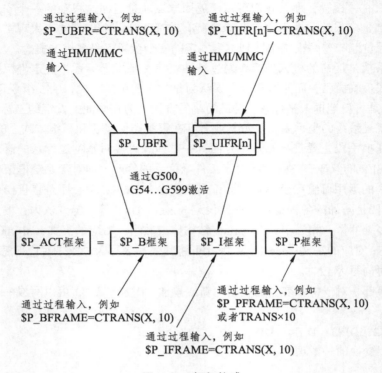

图 3-47　框架构成

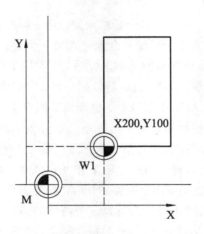

图 3-48　平移变换

采用 trans 指令可以完成平移过程，若写成：trans x 100，则 X 坐标值在 WCS 下立即发生变化，如图 3-49 所示。但要注意，此偏移量只是可编程坐标系下的平移，当程序复位后，所有可编程零偏全部失效。

而若使用 ctrans 针对 bframe 基本坐标系或 iframe 可设定坐标系进行平移，则可以在复位后依旧保存其数值，如下例子，结果如图 3-50 所示。$P_UIFR[5]=CTRANS（X，-4.5）是针对 G505 的平移，平移量为-4.5，故而工件坐标系下显示当前坐标为 4.5。

Workpiece	Position [mm]	Dist-to-go
X	−100.000	0.000
Y	0.000	0.000
Z	1000.000	0.000
A	0.000 °	0.000
C	0.000 °	0.000

MDI

¶
trans x 100¶

图 3-49   trans 变换

Workpiece	Position [mm]	Dist-to-go
X	4.500	0.000
Y	0.000	0.000
Z	1000.000	0.000
A	0.000 °	0.000
C	0.000 °	0.000
⊟⊕G505		

T,F,S		TC1
T		
F	0.000	
	0.000	mm/min 0.0%
S1	0	⫞⊐
Master	0	50%
	0 50	100

MDI

¶
$P_UIFR[5]=CTRANS (X, -4.5)¶
g505¶
m0¶

图 3-50   ctrans 变换

2. 旋转变换

旋转变换是针对整个坐标系沿某一根坐标轴的旋转过程，注意这根轴一定是三根直线几何轴之一（X，Y，Z），不可为旋转轴，初学者容易弄混，认为旋转可能是绕 A，B，C 这样的旋转轴实现的。

旋转顺序一定要是 Z—Y—X，先绕 Z 轴旋转，即 Z 轴不动，XY 平面绕 Z 轴旋转，方向都是按照右手坐标系。然后绕 Y 轴，最后绕 X 轴，一般的，加工过程中，每道工序都是绕一根轴做一次旋转即可，俗称转正坐标系的过程。如图 3-51 所示为旋转的顺序示意图，逆时针为正。

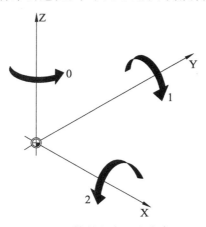

图 3-51   旋转顺序和方向定义

第一步，如图 3-52 所示，绕着 Z 轴旋转，Z 不变，XY 平面绕着 Z 轴逆时针旋转 90°。

Y
Z
X
AROT Z90
Y
X
Z

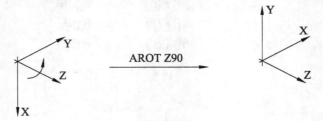

图 3-52　绕 Z 轴旋转

第二步，绕着 Y 轴旋转，Y 不变，如图 3-53 所示，XZ 平面顺时针绕着 Y 轴旋转 90°。根据右手坐标系，逆时针为正。

Z
Y
X
AROT Z90
Y
Z
X

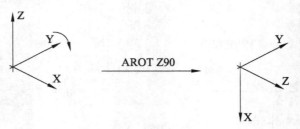

图 3-53　绕 Y 轴旋转

示例：比如绕 Z1 轴旋转 90° ，观察 X，Y 坐标值的变化。旋转变换为：$P_UIFR[1]=crot（z1，90）；绕 Z1 轴旋转 90°，运行结果如图 3-54 所示。

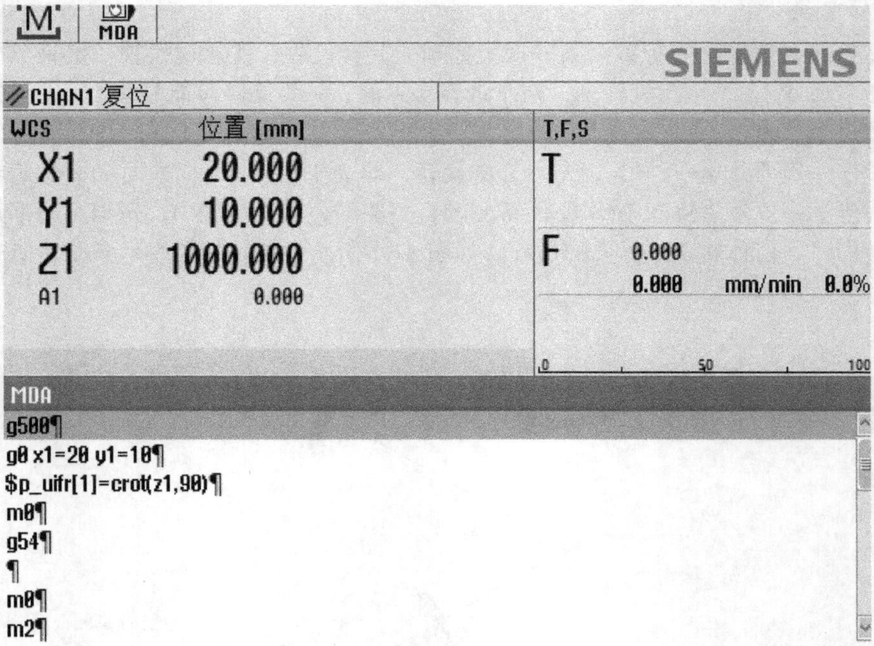

M
MDA
SIEMENS
CHAN1 复位
WCS
位置 [mm]
T,F,S
X1 20.000
Y1 10.000
Z1 1000.000
A1 0.000
T
F 0.000
0.000 mm/min 0.0%
0
50
100
MDA
g500¶
g0 x1=20 y1=10¶
$p_uifr[1]=crot(z1,90)¶
m0¶
g54¶
¶
m0¶
m2¶

图 3-54　旋转变换运行结果

G54 运行生效后，工件坐标由（20，10）变为（10，-20），如图 3-55 所示。

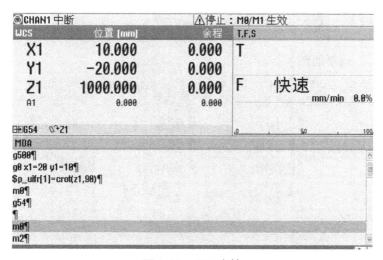

图 3-55　G54 生效

可从参数页面中的零偏子页面看到 G54 坐标系的变化，如图 3-56 所示。

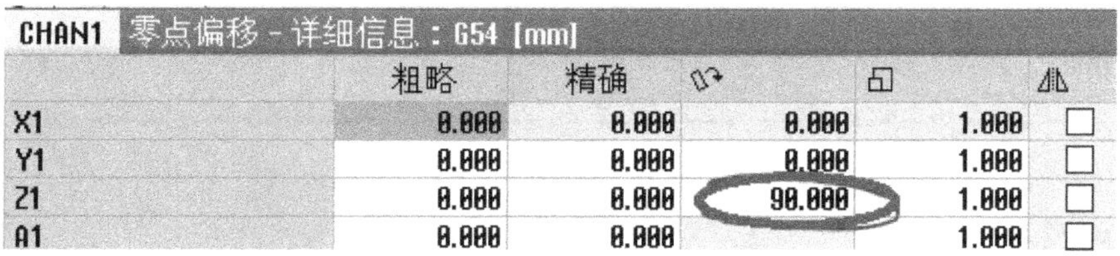

CHAN1	零点偏移 – 详细信息 : G54 [mm]				
	粗略	精确	↻	⊡	⚠
X1	0.000	0.000	0.000	1.000	☐
Y1	0.000	0.000	0.000	1.000	☐
Z1	0.000	0.000	90.000	1.000	☐
A1	0.000	0.000		1.000	☐

图 3-56　G54 坐标系的零偏

再如，运行如下程序：

X10 Y10 Z10 F2000

m0；

执行第一步程序，结果如图 3-57 所示。

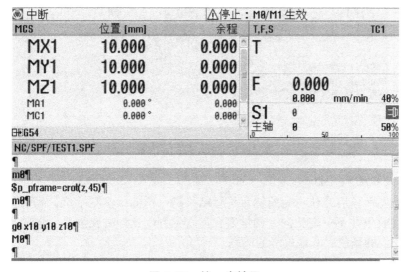

图 3-57　第一步结果

$p_pframe=crot（z，45）

m0；

第二步运行后，结果如图 3-58 所示。

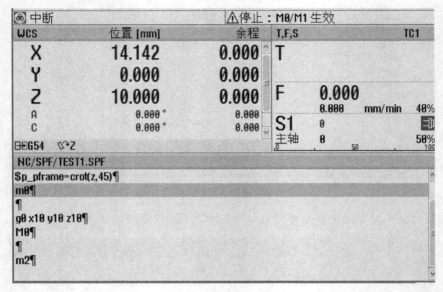

图 3-58　第二步结果

g0 x10 y10 z10

M0；

第三步结果如图 3-59 所示。

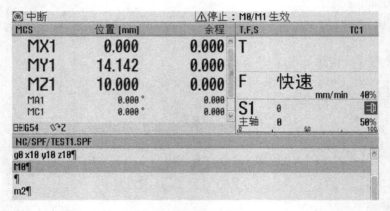

图 3-59　第三步运行结果

3. 平移和旋转的顺序性

许多人认为先平移后旋转与先旋转后平移结果是一样的，实则不然，先平移后旋转与先旋转后平移的最终效果并不一定相同，初学很容易直觉判断这两种变换是一样的。最好的办法就是可以从矩阵变换的角度去考虑这样的问题。

假设平移矩阵为 T，旋转矩阵为 R，原始机床坐标系为 M，则变换矩阵为：先平移后旋转为：T*R*M；先旋转后平移为：R*T*M。

由线性代数知识可知矩阵相乘不满足交换律，即 T*R 与 R*T 不一定相等。

举一例表示这两种的区别，原始图像如图 3-60 所示为一个正方形。

（1）假如先进行旋转45°操作，变为如图 3-61 所示图像。注意，当旋转时坐标系也跟着旋转。

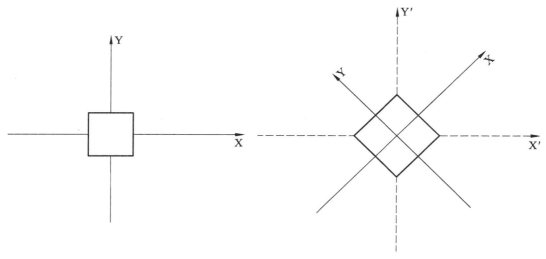

图 3-60　原始图像　　　　　　　　　　图 3-61　旋转后的图像

再沿 X 轴平移两个单位，变为如图 3-62 所示图形。

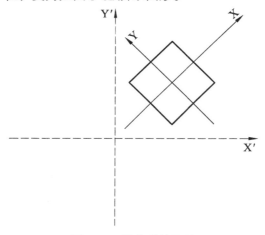

图 3-62　平移后的图形

（2）若先进行平移，则变为如图 3-63 所示图形。

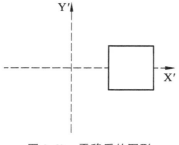

图 3-63　平移后的图形

然后进行旋转 45°操作，变为如图 3-64 所示图形。

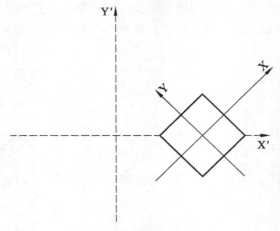

图 3-64　旋转后的图形

可见，改变后坐标系的原点发生了变化，故而两者顺序一般不可交换，且从工艺角度出发，先旋转后平移比较简单，符合最终工艺图纸要求的坐标系，反之则需要进行角度计算，比较麻烦，故规定一般进行坐标变换时都是先旋转后平移，此为框架编程坐标变换之第一决定要义：必先旋转再平移。

3.10.3　建立与实际加工对应的坐标系

在实际机床加工中，必须对坐标系进行整体规划，建立与实际加工相对应的坐标系。坐标系和数控轴的方向是核心中的核心，并非易事。必须理解后再依照国外标准来定义机床的加工坐标系和轴的方向。恰在此处举一例坐标系方向定义的问题以辨明其真相。

数控机床采用在坐标系中描述刀具与工件之间的相对运动轨迹，这个坐标系是依据空间右手直角笛卡尔坐标系的原则建立的。如图 3-65 所示。注意，相对运动这个词，这是建立坐标系方向的一个原则。

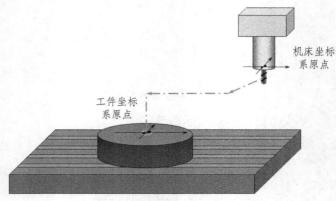

图 3-65　相对运动确认方向

大部分的坐标系都是根据右手规则制定的，如图 3-66 所示。

卧式机床坐标系方向如图 3-67 所示。这是一台简单的车床，工件位于卡盘上，没有 Y 方向运动轴。

244

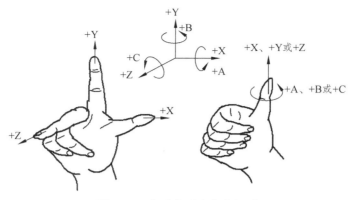

图 3-66 右手定则决定坐标系

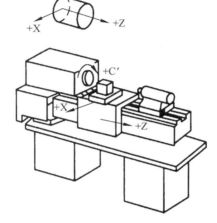

图 3-67 车床典型坐标系

立式机床坐标系如图 3-68 所示。可以看出，工件固定于工作台，Z′方向朝下，主轴相对运动，Z 方向因而朝上。

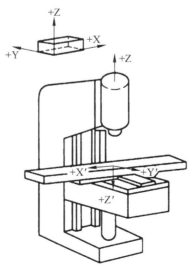

图 3-68 立式机床坐标系

比较立式和卧式两种坐标系，如图 3-69 所示，可见立式的垂直轴为 Z 轴，卧式的是 Y 轴。

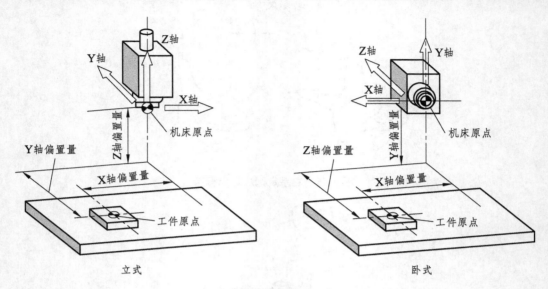

图 3-69　两种坐标系对比

龙门架和 Gantry 机床坐标系，如图 3-70 所示。可见，横梁轴定义为 Y 轴，而非 X 轴。

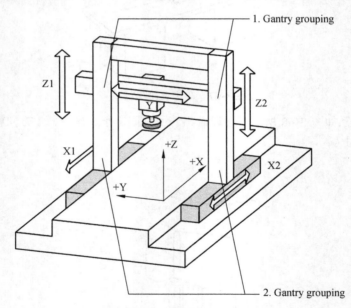

图 3-70　龙门式坐标系

运用到实际中，机床都是由各模块组成的，称为组合机床。上述的诸多示意图需要灵活变通和理解，没有一台机床是完全整体结构的，所有的机床都是各个机构部件的组合，因此一定会出现复杂多变的坐标系，大部分通用的加工中心都是工作台和核心几何轴运动模块分离的，例如，一台 B 轴转台作为工作台的卧式加工中心，如图 3-71 所示，XYZ 轴组成核心三轴运动模块。

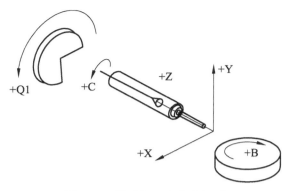

图 3-71　卧式加工中心坐标系

从图 3-71 可以看出，Y 方向明明朝上，如按右手坐标系，则 B 轴必定应该逆时针为正，但又根据相对运动和工作台和主轴完全独立原则，则 B 轴规定顺时针为正。此为框架变换第二决定要义。

再如图 3-72 所示，为更加复杂的一台加工中心的布局图。

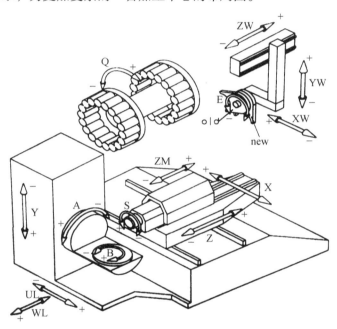

图 3-72　复杂的卧加

为便于理解，可转变为如图 3-73 所示坐标系。

从图 3-73 中可以看出，工作台区 Z、主轴区 Z′、刀库区 ZW 方向一致，为何？因为一切建立皆于工作台区为基本，先定工作台 Z 方向，假如 Z 为朝右正向，因主轴区与之独立，因而 Z′正向必须远离为正，因此必须更右，所以 Z′也为右正，同理，可定刀库区 ZW 的正向也为右正。

其次定 Y 向，回忆如前所述坐标系旋转规则必须是 ZYX 顺序，笔者总结出坐标系正方向也应按照 ZYX 顺序来定，天下道理皆通，根器不同，所悟有差，因此若工作台 Y 正向朝下，则主轴 Y′远离方向必为朝上，刀库 YW 本应朝下为正（根据相对运动），然规定为朝上，亦可。

Z 轴和 Y 轴都已定好，则 X 方向可以根据右手推出。

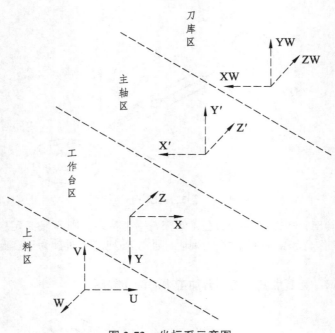

图 3-73　坐标系示意图

最后再定上料区方向，上料区 W 即是 Z 轴平行，因工作台朝右正向，则 W 朝左为远离，其次 V 轴如果存在则应与 Y 轴相反，因而朝上，最后可定 U 轴。

任何复杂机床均可根据第二决定奥义来定出本有之方向。重申第二决定要义：工作台为基，按序 ZYX，若为独立件，方向应远离。若无实际轴，假想虚拟轴。先定直线轴，再定旋转轴。

1. 机床坐标系的建立

方向确定后，开始来定最初各轴的机械原点。

机床坐标系的建立需要找寻一个机械零点，以 X-Y-Z-B 轴机床为例，X，Y，Z 轴位置可使用量块、定位销等工具测量，依照名义尺寸定出机械原点，一般通过 MD34210 进行设定（绝对编码器情况下），旋转轴要通过打表来确定位置。可以设想，主轴上的原点永远不可能达到，因为主轴有时不可能完全退回，还有 X，Y 轴也是，因而必须通过量块，特殊工装来拼凑出这个原点。这些工装必须非常精确。

桁架机械手中，主要是要找到 Z 轴的原点位置，一般使用销孔配合一根销子来实现，当运动轴上的销孔和静止部件上面的小孔重合时，可以顺利地插入销子，则认为这个点就是机械手臂的原点。这个过程完成后，机床就具有了最初的机床坐标系，各个轴的行程、软限位、凸轮开关等也在此时确定下来。

如图 3-74 所示，原始坐标系的原点或称真实零位一般在底座附近。

2. 基本坐标系及可设定坐标系的建立

基本坐标主要是将第一步生成的原始机床坐标系进一步优化，变成一个和机械图纸和工程习惯对应的基础坐标系。比如机械手在提升到一个安全位置后离开机床，这个点一般被认为是工位的原位。

实验：只用 $p_ubfr 来给基本坐标系赋值。注意，每个通道中 $p_ubfr 只有一个。

MDI 下编程：$p_ubfr=ctrans（x，10）。运行后可见，Base 下多了 X 轴一个偏移量 10，如

图 3-75 所示。

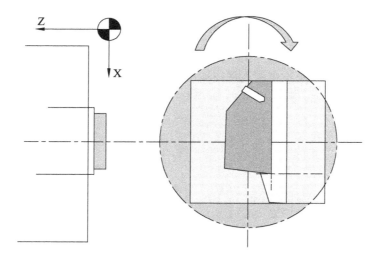

图 3-74　原始坐标系

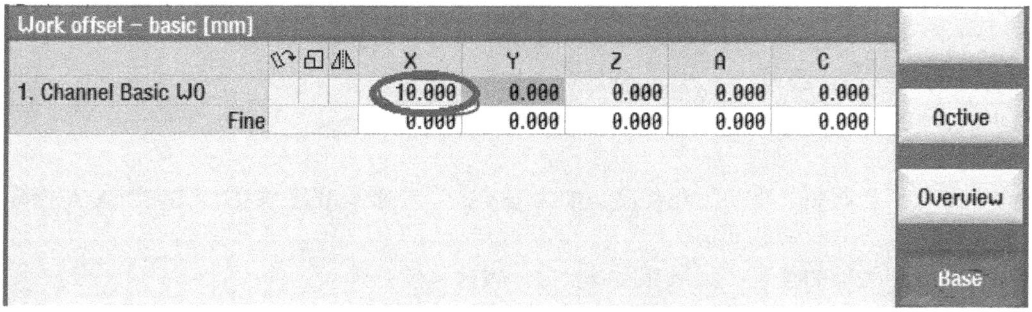

Work offset – basic [mm]				X	Y	Z	A	C
1. Channel Basic WO				10.000	0.000	0.000	0.000	0.000
Fine				0.000	0.000	0.000	0.000	0.000

Active

Overview

Base

图 3-75　基本坐标系下的偏置

但此时 WCS 下坐标并无变化，因其没有用 G500，G54 等指令激活，故尔结果如图 3-76 所示。

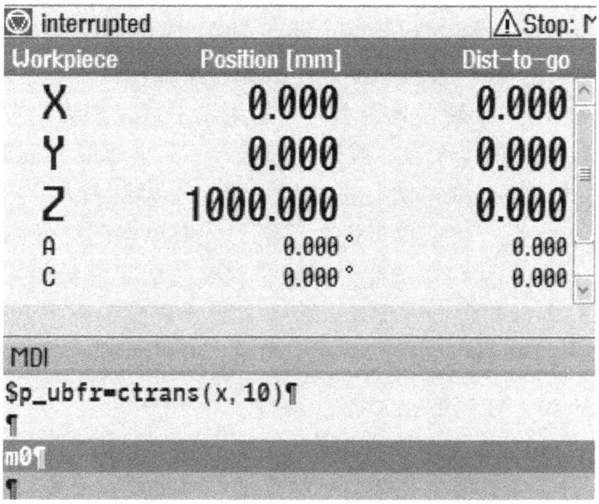

⊚ interrupted		⚠ Stop: M
Workpiece	Position [mm]	Dist–to–go
X	0.000	0.000
Y	0.000	0.000
Z	1000.000	0.000
A	0.000 °	0.000
C	0.000 °	0.000

MDI

$p_ubfr=ctrans(x,10)¶
¶
m0¶
¶

图 3-76　运行结果

待复位或在编程中加上 G500 等指令后即可立刻激活。而如果采用直接赋值框架的方法，如 $p_bframe=ctrans（x，10）或者用\$P_UBFR[x，TR]=10，则可以直接生效，不必写入 G500，G54 等激活指令。

实际应用中，常使用 PLC 功能 FB4+FC9 实现异步子程序调用，当机床开机后触发中断条件来调用一个初始化程序，初始化程序来进行基本坐标系的偏置。如图 3-77 所示，以机械手为例，两根轴，一根横梁为 Y1 轴，另一根为 Z1 轴手臂。

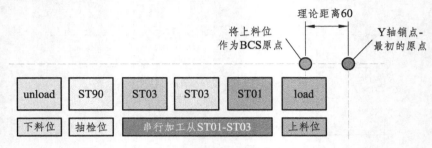

图 3-77　机械手原点定义

先在应用部分程序定义偏移的量，如程序 set_distance.spf 位于子程序文件夹下面，实测出偏移量为 59.8。程序如下：

DEC_BASE_Y1= 59.8　　　　　　; theoretic= 60
DEC_BASE_Z1= 10.0　　　　　　; theoretic= 10
M30

异步子程序会调用一个初始化程序，如为 init.spf，一般此程序放在 CUS 或 CMA 循环文件夹下面。

在其中做相关轴的偏置，如果存在 Y1，Z1 轴偏移量，则

$P_UBFR[Y1，TR]=DEC_BASE_Y1
$P_UBFR[Z1，TR]=DEC_BASE_Z1

这样就建立起来机械手的基本坐标系 G500。

机床的基本坐标系和机械手略有不同，主要是针对绕 Z 轴旋转的 XY 平面补偿，工件通过夹具放在工作台面上，台面可以绕 X 轴旋转（即 A 轴），或可绕 Y 轴旋转（即 B 轴），或可同时绕 A+B 旋转 3 种形式。因此，对于 A 轴机床，需要确定 A 轴转台的水平面和轴线的实际倾斜角。可通过探头或水平尺来确定 A 轴转台是否水平，采用水平尺来查看比较原始，采用探头来打就比较自动化，一般可取转台侧面 4 个点，成四边形分布，将上母线和下母线的 Z 轴数值作比较，其差值除以 Y 轴坐标的差值再反求正切 tang 角度，即为 A 轴倾斜角。然后再将轴线的中点位置计算出，即为机床基本坐标系，将偏移量进入系统，此时原点已从最原始的机床坐标系偏移到了 A 轴轴线处，同理，B 轴如法可以炮制。试想，只要 XY 平面针对加工主轴的水平和垂直关系固定下来，则基本坐标系就可以建立完毕。这个基本坐标系习惯上常建在 G54 里，而非 BCS 中，故对于加工中心，G54 设定坐标系如图 3-78 所示，由机床原位直接偏置到工作台轴线中心。

3. 夹具及加工坐标系（可编程坐标系）的建立

这一节涉及机械夹具的原理-定位点运用（夹具定位销、卡盘），貌似与控制理论貌似没有多大关系，实则不然，这也充分说明了只懂电气或机械对于机床制造来讲是不够的。若为机械手，则在 BCS 坐标系完成后，基本上不需要再建立复杂的坐标系了，但是针对机床，还需建立与工

艺图纸相关的其他编程坐标系，第一个就是建立夹具坐标系，但是有部分厂家，他们没有这些概念，他们将夹具坐标系和基本坐标系混为一谈，有些干脆将夹具工作台上面的一个加工孔当做原点来分析。这样有利也有弊，利在简单直观，弊端在于不能分清坐标系的层级叠加过程，如果出现问题，不能逐层排查根本原因，对于机械尺寸基准的建立比较模糊，甚至体现不出图纸的各级参数要求。

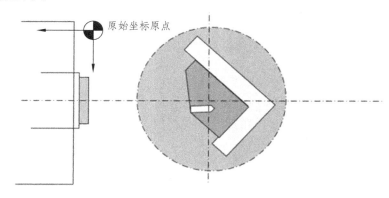

G54=$P_UIFR[1]=CTRANS(X, 400, Y, −150, Z, −500)

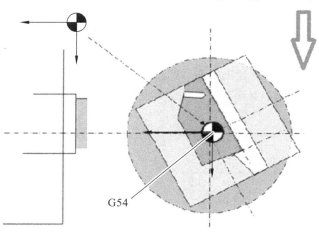

图 3-78　偏移到 G54

　　箱体类加工中常使用墓碑式夹具，常见形式可概括为一面两销。即在一个夹具定位基准面（D 基准）上作出 1 个圆销（E 基准），1 个菱形销（F 基准）作定位孔来固定位置，圆形销作基准点确定夹具坐标系的原点。本书以箱体类夹具坐标系为典型例子来讨论。夹具销孔带有中心气孔，可以做气密检测，当夹紧工件后，气密压力达到设定值以上认为夹紧正常，若小于设定气压值，则认为没有正常夹紧到位。插播一段：轴类夹具自然是常用三爪卡盘加顶尖的方式做夹具，小曲轴的定位可能用支撑机构加顶尖即可迅速完成，而大曲轴、大的轧辊、大的外圆轴等就不容易定位，必须采用辅助中心架来支撑，中心架也具有测量功能来补偿位置，有时当铝屑进入端面轴孔内时，则加工工件就会产生偏差，目前的解决办法大多是采用吹气方式吹掉这些铝屑，但是这是指被动的保证，目前有的采用接近开关和模拟量开关来检测，但效果不太理想。有个办法就是采用和箱体类夹具一样的方式，将顶尖做成中空，制作气检孔，当顶进时，运用气检方法即可判断是否存在铝屑。本节以箱体类夹具介绍为主，如图 3-79 所示，是一个典型的墓碑式箱体类夹具。

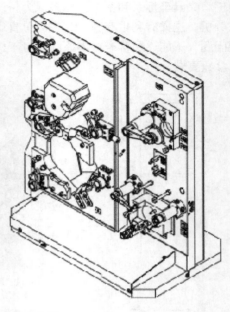

图 3-79　墓碑式夹具

　　标准的做法，应该是在上一步基本坐标系建立的基础上，使用仪器（一般是探头）来自动探测出中轴原点到销点的距离，这些距离就作为设定坐标系补偿到系统。如图 3-80 所示，夹具工程师已经给出了夹具设计图纸，接下来需要电气工程师将这些坐标映射到程序中，完成自动探测的程序，建立起夹具坐标系。

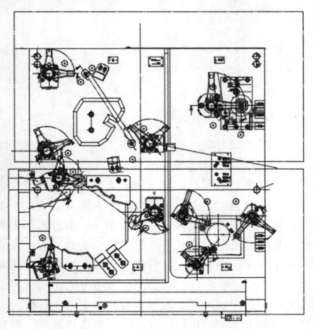

图 3-80　夹具设计图纸

可将夹具关键尺寸抽象为如图 3-81 所示偏置量示意图。

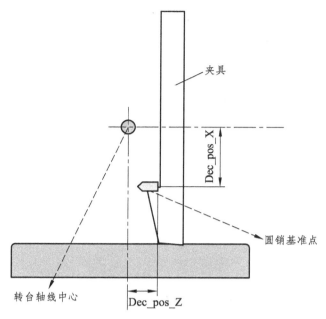

图 3-81　偏置量示意图

生产目的是加工如图 3-82 所示的孔，孔的关键尺寸都已标出，包括工艺图纸的基准点。

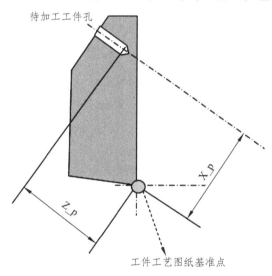

图 3-82　加工工艺特征孔

此工艺图纸的基准点实则位于夹具定位销孔上，如图 3-83 所示。

如果按照机床最原始的坐标系去分析，目标很简单，就是将转台旋转-b 角度，然后恰好孔和刀具平行，只要根据这个角度和工艺图纸通过手工计算，就可以得出 X，Z 坐标值，然后去定位加工。这个计算比较繁琐，因而，我们才使用坐标变换将坐标系整个平移和旋转。以下开始分步详解如何变换出夹具坐标系。

第一步，前述可知，我们已经将机床坐标系原位变换到了轴线中心，即 G54。根据第二决定要义，我们先进行旋转，然后进行平移，将 G54 旋转 b 角度，如图 3-84 所示。

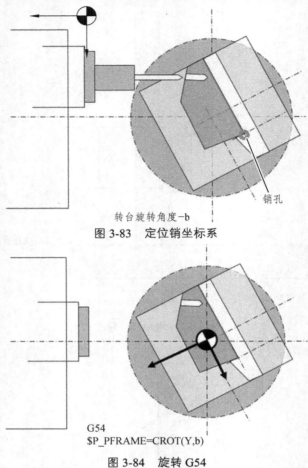

转台旋转角度−b

图 3-83　定位销坐标系

G54
$P_PFRAME=CROT(Y,b)

图 3-84　旋转 G54

G54 本身并没有变化，我们只是用可编程坐标系 $P_PFRAME =CROT（Y，b）来做处理，于是当前的有效坐标系实则变为 G54：CROT（Y，b）。

第二步，平移变换，如图 3-85 所示，根据图纸坐标将当前坐标系平移到夹具的圆销点。

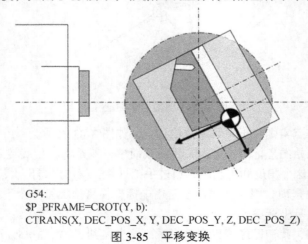

G54:
$P_PFRAME=CROT(Y, b):
CTRANS(X, DEC_POS_X, Y, DEC_POS_Y, Z, DEC_POS_Z)

图 3-85　平移变换

第三步，如果认为当前的坐标系就可以开始正常加工了，那就大错特错，因为在此情况下主轴会按照如图 3-86 所示的坐标系行走，如果走 X 或 Z，则必定走出斜线。

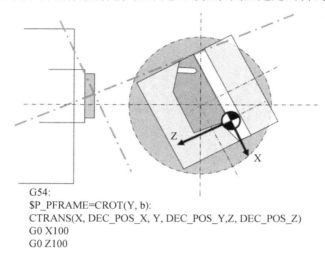

G54:
$P_PFRAME=CROT(Y, b):
CTRANS(X, DEC_POS_X, Y, DEC_POS_Y,Z, DEC_POS_Z)
G0 X100
G0 Z100

图 3-86　坐标系斜置

因而必须做一个反旋转变换处理，此为第三决定要义。如图 3-87 所示，将坐标系整体反向旋转。

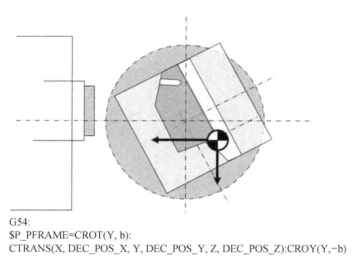

G54:
$P_PFRAME=CROT(Y, b):
CTRANS(X, DEC_POS_X, Y, DEC_POS_Y, Z, DEC_POS_Z):CROY(Y,−b)

图 3-87　反旋转变换

于是，最终的坐标系处理好了，如图 3-88 所示，也可在此基础上在进行一次可编程坐标系叠加，即将加工特征点入口处作为最终的坐标系原点，其偏置量来自于工艺尺寸，如图中的 X_p 和 Z_p+DP。

总结第三决定要义：当加工构件（主轴）和被加工构件（转台上的工件）完全独立时，若被加工构件所做旋转变换和平移变换后为保持加工构件坐标方向，必须再做一次反旋转变换。否则必须对加工构件刀头做一次真实旋转。

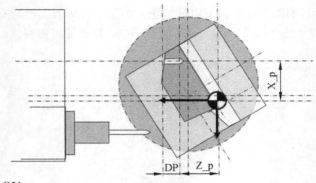

```
G54:
$P_PFRAME=CROT(Y, b):
CTRANS(X, DEC_POS_X, Y, DEC_POS_Y, Z, DEC_POS_Z):CROY(Y,−b)
```

图 3-88 最终坐标系

4. 结合图纸应用框架编程的实例

以下结合一个真实案例来分析应用如前所述的框架编程。

图 3-89 为一张变速箱壳体工艺图纸，其尺寸基准和特征值都已经定义完毕。

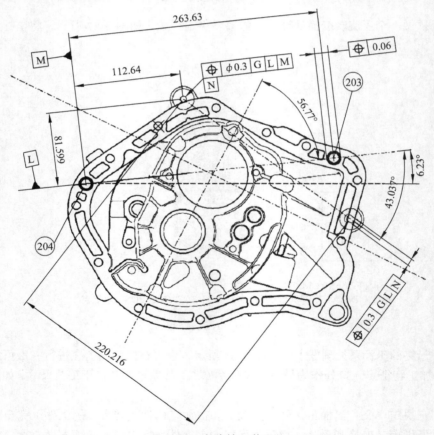

图 3-89 变速箱工艺图纸

编程基准点如图 3-90 所示，此为一圆销定位点，即夹具坐标系上的定位原点。

基准坐标系需经过旋转才能变为夹具销点坐标系，如图 3-91 所示。

加工孔 204，其特征值如图 3-92 所示。

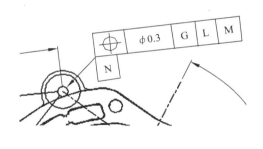

图 3-90　圆销点

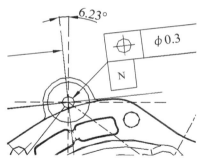

图 3-91　坐标系的旋转

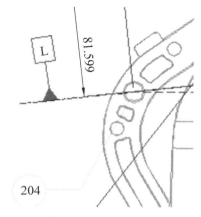

图 3-92　加工孔 204

程序编写如下：

G54

$P_PFRAME=DEC_POS[1]：CROT（Z，6.238）：DEC_PI[3]

T62

M6（1，3，10610）

MSG（"BORING 204 POS1"）

G0 X0 Y0 Z19 F2122 S10610 D1 M3 M7 M8 M106 H30=5

RFP=19

RTP=19

DP=-0.5

REPEAT US_1AV

DEC_PI[3]的定义：

DEC_PI_3：

dec_pi_x[3]=-112.64

dec_pi_y[3]=-81.599

dec_pi_z[3]=24

DEC_PI[idx]=ctrans（X，dec_pi_x[idx]，Y，dec_pi_y[idx]，Z，dec_pi_z[idx]）

加工孔 203：

MSG（"BORING 203 POS1"）

$P_PFRAME=DEC_POS[1]：CROT（Z，6.238）：DEC_PI[3]

G0 X263.63 Y0

REPEAT US_1AV

再举一例，刀具布置图如图 3-93 所示，加工孔冲程为 21 mm，与基准点偏置为 37.07 mm。

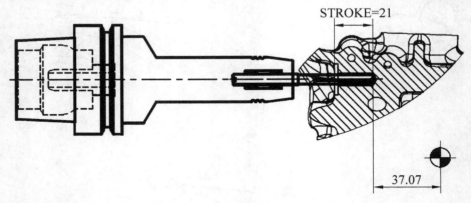

图 3-93　刀具布置图

分别从侧视图和正视图揣摩基准点坐标系，定出 3 个偏置量，如图 3-94 所示。

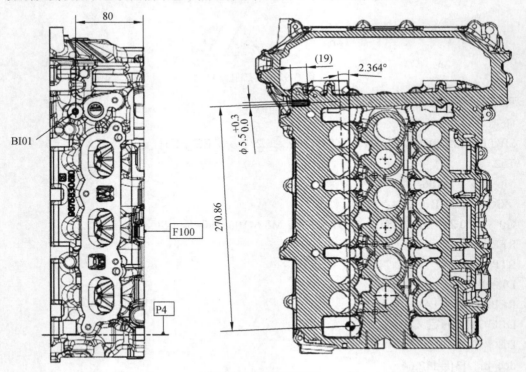

图 3-94　多视角看图

与实际机床布局联想，加工时如何旋转工作台 B 轴，使之对准特征点，而后制定坐标系的偏置方案，写出程序。

程序编写如下：

$P_PFRAME=CROT（Y，-0）：DEC_MACH_AXA：CROT（X，-267.636）：DEC_POS[1]：CROT（X，267.636）：CROT（Y，0）

B 轴转到面对工件位置 0°，然后将旋转中心移到零点。

T50

M6

MSG（"DRILLING BI01"）

G0 G60 G602 X80 Y-270.86 A=DC（267.636）

RTP=200

RFP=37.07+21

DP=37.07

REPEAT US_1AV

DEC_POS[1]:

DEC_POS_X[1]=129.958-0.15+0.3

DEC_POS_Y[1]=5.594-0.16+0.15

DEC_POS_Z[1]=-165

DEC_MACH_AXA:

DEC_MACH_AXA_X=0

DEC_MACH_AXA_Y=505

DEC_MACH_AXA_Z=0

再举一例，如加工 H611 孔，旋转 A 轴角度为 284°，则写出程序如下：

PH8:

$P_PFRAME=DEC_US[1]：CROT（X，-284）：DEC_POS[1]：DEC_US[2]：DEC_PI[1]：CROT（X，284）：DEC_US[5]

TEMP

T="CB10011"

M6（1，3.41，3820，256）

MSG（"DRILLING H611"）

G0 G53 D0 Z0

G0 G64 X30 Y232.547 F382 S3820 D1 M3 M41 M106 M7 M8 H30=8

3.10.4　DRF 偏置

最后再补充一个 DRF 偏置功能，通过手轮（DRF 偏移）可以叠加一个外部零点偏移。相当于使用手轮移动一个量来偏移目前有效的所有框架。DRF 全称就是 Differential Resolver Function，顾名思义，是差分旋变器功能（即手轮功能），即利用手轮进行框架变换的功能。因为使用手轮就意味着微小运动，雕虫小技。但此雕虫小技却会四两拨千斤，用得好，则锦上添花；用得不好，前功尽弃。

DRF 偏移的作用范围是在自动方式下利用电子手轮产生增量式零点偏移。相当于在自动模式下加入人为干涉，这点在箱体类加工中是不可能见到的，因为是全自动的，但是在半自动机床、特殊工件（如外圆磨床、大曲轴）等加工中则很常见。笔者不推荐使用 DRF，但是作为一种实现方式，有必要交代清楚。

具体实现：

可以先将信号 DB21.DBX0.3=1 激活，然后选择手轮、干预轴、INC、手轮对相应的轴，即可在自动方式下进行干预了。

NCK 给 PLC 的信号 DB21.DBX23.3 若为 1，则代表 DRF 已经选择。DRF 值：$AC_DRF[axis]，可以通过此系统变量读出 DRF 的偏移量。DRF 取消：DRFOF。这个指令非常关键，程序开头往往要先取消所有 DRF 偏置，否则易引发事故。

DRF 偏置在机床坐标系 MCS 下显示，在工件坐标 WCS 下不显示。因为 DRF 不属于前述的基本+设定+编程等框架之中，是在这些框架之外的又一次偏移，故工件坐标系下不显示，因此在 WCS 下看不到实际效果，也容易引发事故。

示例：通过计算得出工件的真实值 R310=当前工件值+DRF 偏移量。

loop
R310=$aa_iw[x]+ac_drf[x]
MSG（"X="<<R310）
endloop
M02

; 试验 DRF 程序，效果为 Z 轴来回摆动，DRF 手轮控制进刀。这个程序与摆动功能进行比较后发现，摆动功能更加适合，也更加安全。

SETINT（8）PRIO=1 GXDRF
ID=1 EVERY $AC_DRF[X]<>0 DO M99
LOOP
G90 G94 G01 Z=10 F2000
G4F1
G90 G94 G01 Z=200 F2000
G4F1
ENDLOOP
M02

3.11　某些特殊指令说明

最后介绍一些特殊的指令，这些指令对于参数化灵活编程大有益处。

3.11.1　EXECSTRING 间接编程

使用零件程序指令 EXECSTRING 可将之前生成的 String 变量作为零件程序行执行。

语法格式如下：

DEF 定义一个字符串变量

EXECSTRING（<字符串变量>）

其中<字符串变量>含义：包含了原本需要执行的零件程序的 STRING 变量。

示例：

DEF STRING[100] BLOCK1；定义包含需要执行的零件程序行的 String 变量

DEF STRING[10] speed1="F2000"

Block1="G1 X100"

block1 = block1 << speed1

EXECSTRING（BLOCK1）；执行零件程序行 "G1 x100 f2000"

M0

M2

在此顺便指出，此例来自于西门子的工作准备手册中，原本的例子中的变量为 block，这是错误的用法，因为 block 是关键字不能被使用，语法通不过，我在此处改成 block1。

3.11.2 STOPRE 程序段预读

STOPRE 指令——停止程序段预处理直到执行到这一句。往往用来更新坐标系，更新变量，如果不再需要更新变量的前面加上这一句，那么所预想的所有逻辑都会以最终结果为准，而没有任何变化。

这个指令是非常重要的，也许是这种边解释边执行的编译器系统的核心指令。可用来控制动态内存的释放。

示例如图 3-95 所示。

r1=400

m0

r1=600

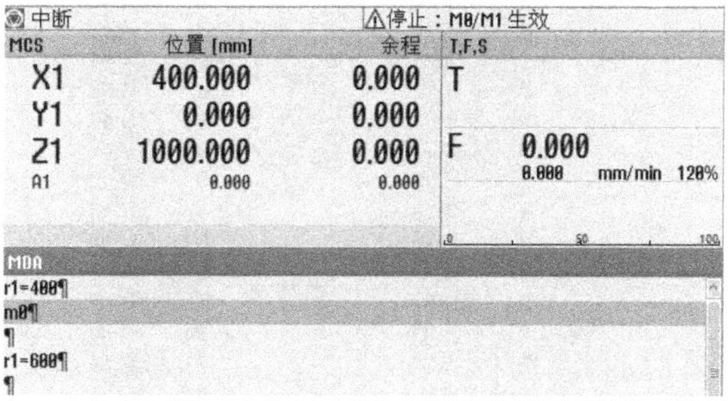

图 3-95　示例 r 参数赋值

当第一个暂停 M0 生效后，如图 3-96 所示，查看 R1 参数发现已经是 600 了。

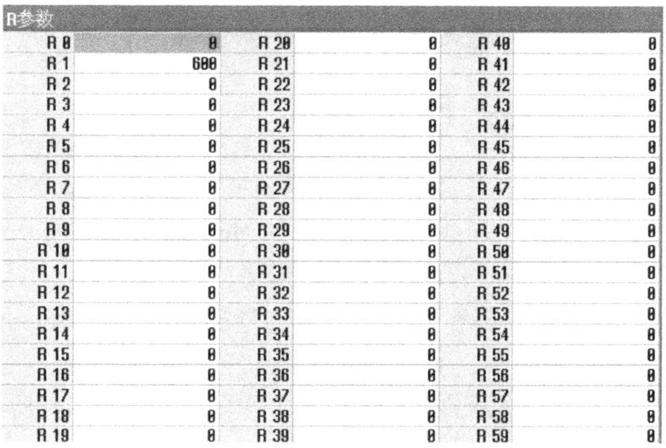

图 3-96　查看 R 参数

解决的办法就是加上 stopre 指令，如图 3-97 所示。

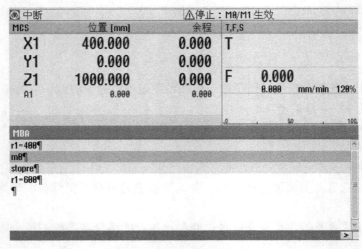

图 3-97　添加 stopre 指令

这样处理后 R1 参数变为 400，如图 3-98 所示。

R参数						
R 0	0	R 20	0	R 40		0
R 1	400	R 21	0	R 41		0
R 2	0	R 22	0	R 42		0
R 3	0	R 23	0	R 43		0
R 4	0	R 24	0	R 44		0
R 5	0	R 25	0	R 45		0
R 6	0	R 26	0	R 46		0
R 7	0	R 27	0	R 47		0
R 8	0	R 28	0	R 48		0
R 9	0	R 29	0	R 49		0
R 10	0	R 30	0	R 50		0
R 11	0	R 31	0	R 51		0
R 12	0	R 32	0	R 52		0
R 13	0	R 33	0	R 53		0
R 14	0	R 34	0	R 54		0
R 15	0	R 35	0	R 55		0
R 16	0	R 36	0	R 56		0
R 17	0	R 37	0	R 57		0
R 18	0	R 38	0	R 58		0
R 19	0	R 39	0	R 59		0

图 3-98　查看 R 参数的变化

3.12　利用 Notepad++来设计 NCK 程序

Notepad++是一套免费的文本编辑器，有完整的中文化接口及支持多国语言编写的功能（UTF8 字库）。Notepad++功能比 Windows 中自带的 Notepad（记事本）强大，除了可以用来制作一般的纯文字说明文件，也十分适合编写计算机程序代码。Notepad++不仅有语法高亮度显示，也有语法折叠功能，并且支持宏以及扩充基本功能的外挂模组。用 Notepad++打开一个程序，如US100_LDK.SPF，如图 3-99 所示。

交叉索引功能的使用，比如搜索 DEC_POS 这个变量，如图 3-100 所示，查看所有的文件夹中是哪里调用了这个变量。

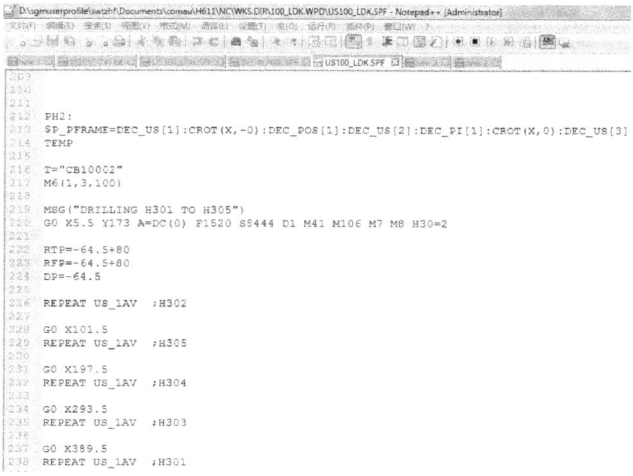

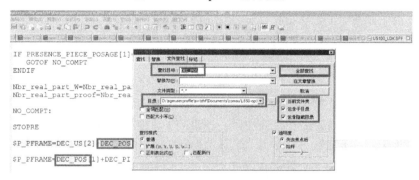

图 3-99　Notepad++打开程序

图 3-100　交叉查找所有相关变量

查找结果显示在下方窗口，如图 3-101 所示。

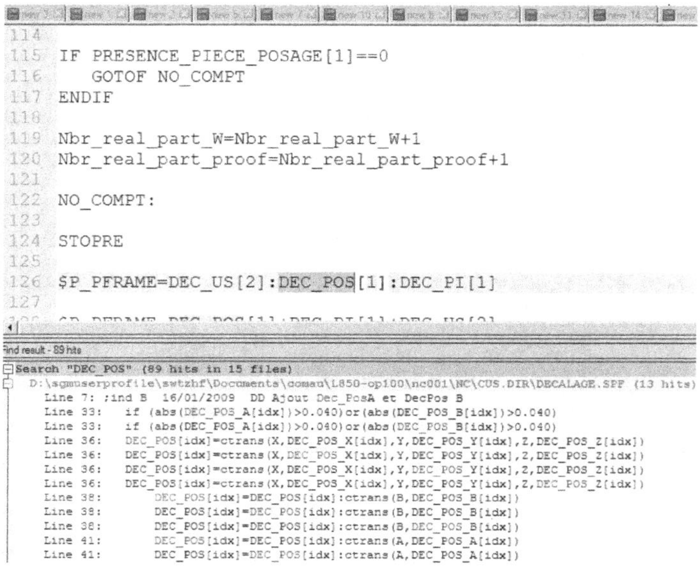

图 3-101　查找结果显示

双击其中的某一个调用位置就可以跳转到引用处，十分方便。

1. 自由转换格式功能

对于报警文本的制作，常需要在 ANSI 和 UTF-8 两种格式下转换，这可以利用格式菜单下的编码转换来实现。如图 3-102 所示，点击两个子菜单即可完成转换。

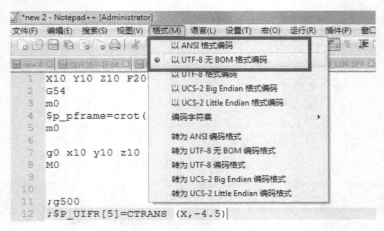

图 3-102　转换格式

2. 解决程序显示乱码的问题

有些字符（特别是欧洲的语言，如法语，德语等）常常在中文环境下显示乱码，就可以使用格式菜单下的编码字符集来进行转换，如图 3-103 所示。

图 3-103　解决乱码问题

还可利用其自带的宏命令来编辑属于自己的 Notepad++ 界面，如加入一些数控程序的指令说明，关键字颜色高亮显示，甚至文字输入联想功能等。

3.13 利用 RCS-commander（Access Mymachine）访问在线 NCK 文件数据

通过 SINUMERIK Integrate Access MyMachine /P2P（RCS-commander 的升级版本），可使用标准 Windows PC 来调试安装有 SINUMERIK Operate（V2.6 及更高版本）的机床。其功能范围包括在服务 PC 与控制器之间交换文件以及操作 HMI 用户界面。可方便地编辑 EasyScreen 文本、报警文本、刀具管理文本和其他文本。通过文件交换功能，可以从 NCU 访问存储在 CF 上的文件以及 NCK 中的文件。通过 RCS 远程在线访问到数控主机，可以看到详细的数控目录，类似 PLC 的在线监控功能，而且可以随时修改（注意：自动运行中最好不要修改那些正在运行的程序！）。如果结合 Notepad++来编辑打开的数控程序（类似 Step 7 的编辑器），就几乎实现了 Simatic Manager 的所有基本功能，如图 3-104 所示。

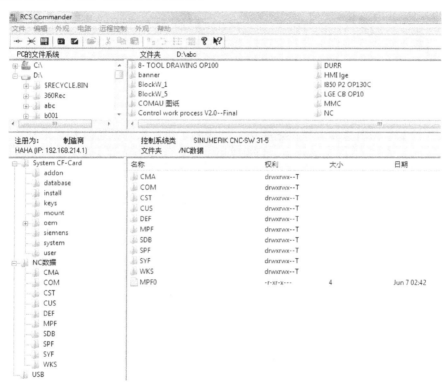

图 3-104　RCS-commander 界面

可以预见，未来可能会开发出一个 NCK 专用的编辑访问软件，类似强大的 Step7 和 Starter，将数控中的程序文件、系统变量、功能图和参数等糅合于一体，变成一个强大的设计调试软件。

3.14　一些现场调试技巧

程序设计完毕需要在现场调试，有些程序需经过逐步验证方可，需要做一些特殊处理。

3.14.1　采用注释方法

众所周知，将某些暂时不用的指令用";"分号暂时变为注释是个不错的方法。

3.14.2　采用跳转指令

程序段开头加入"/"字符，即可实现 Skip 跳转功能，运行程序碰到左斜杠会不执行此段程序。可用作调试使用。

而"\"字符可以作为注释分隔符来用，无实际意义，如写成：

G0　Z=2000

\\\\\\\\\\\\

G0　Y=1000

3.14.3　单步执行

按下单步执行按键或者在程序前写入 SBLON 指令就可以实现单步执行，渐进的调试。但是越是自动化的机床，单步执行效果越差，因为程序编写的非常复杂，异步子程序调用蕴含其中，其效果也不可能被单步捕捉到，而且程序嵌套很频繁，因此，调试高档机床还是先把程序通读然后控制倍率为好。

3.15　构建加工单元 NCK 程序模型

前述将各种基本的概念和流程讲述完毕，如今到了排兵布阵的阶段！要来制定具体的应用规范，先略说加工单元（Machine Cell）的程序模型。程序模型可分为核心架构、监视诊断、接口通信、轴容器、辅助系统、刀库管理、测量补偿、特殊功能等。机床程序模型的难点在于核心架构中的框架变换和测量补偿。前述各章已经将框架变换等知识说过，此处略。

3.15.1　核心架构

1. 巧妙利用数组来定义变量

具有共同属性的变量最好使用数组来定义出，如各种位置变量等。与逻辑相关的变量则最好单独列写，容易辨识和区分。

例如，我们定义一些关键的数据点：

; *** Main Part Locator Measurements

lr_Y1_Main_Meas = 1673.365；measured from TC1

lr_X1_Main_Meas_TC1 = 1999；measured from TC1

lr_Y2_Main_Meas = 2319.099；measured from TC2

lr_X1_Main_Meas_TC2 = 1997.842；measured from TC2

可以看出这些数据点具有一些共性，都用来描述 Y1 轴或 Y2 轴的位置值，或者 X1 的不同位置值，因此，可以归为两个大类数组。

原来的定义为：

DEF REAL lr_Y1_Main_Meas

DEF REAL lr_X1_Main_Meas_TC1

DEF REAL lr_Y2_Main_Meas

DEF REAL lr_X1_Main_Meas_TC2

改进后变为：

DEF REAL lr_Y_Main_Meas[4]；数组 0 代表 lr_Y1_Main_Meas，1 代表 lr_Y2_Main_Meas，

依次类推

DEF REAL lr_X1_Main_Meas_TC[4]；数组 0 代表 lr_X1_Main_Meas_TC1，1 代表 lr_X1_Main_Meas_TC2……

2. 将数据变量单独做成文件，以供局部程序调用

仿照西门子定义的 GUD 各种文件，我们也可以做程序数据的局部数据文件，供 NC 子程序在运行中调用，这样就实现了背景数据块或共享数据块的方式。如下：

假设在 WKS 目录下建一个 PID001 文件夹，其中建立一个 PID001_pos_data.spf 文件。存放与位置有关的各种局部数据。这样这些数据就可以被局部共享使用。

3. 指令、函数和宏（命令的实现）

光有数据（状态）只是静态的，还必须用命令来处理，命令有很多种表现形式，在 NCK 上就是简单的指令、宏、函数。

利用宏可以替代一大段指令数据，例如：

DEFINE pm_Chk_Seals_Dsab AS M21=19

DEFINE M6 AS Tool_Change

还可以用自定义的函数来实现命令操作。

例如，声明一个函数：EXTERN Chk_Chan_Index（INT，INT），组命令成命令组，这是一种高级的逻辑技巧。命令是散的，灵活的，但是将很多相关的常用命令再次进行整合加工成命令组，就成为更高级用法。

举个例子：7 个常用命令，分别为：检查通道索引号函数、检查程序 ID 号函数、检查命令函数、检查自命令函数、同步命令、程序错误函数和读取任务号。

EXTERN Chk_Chan_Index（INT，INT）

EXTERN Chk_Program_ID（INT）

EXTERN Chk_Command（INT）

EXTERN Chk_Sub_Cmd（INT，INT）

EXTERN Sync_Command（INT）

EXTERN Program_Error（INT）

READ_ALL_TASK_NUMS；不带参数，不必声明

目的是组一个编辑任务命令组，命名为 edit_task，任何任务的具体实现不外乎先预估状态，而后处理逻辑，循环判断，而后输出结果，在此过程中捕捉异常，处理错误。此为决定要义之一。同此论者视为标准，不同此论必为违规。

因此拿到这个任务，第一步，监察目前的状态、通道号、程序号和命令号，子命令执行号用了上述 4 个命令。

; *** Check valid Channel Index，Program ID，Command，and Sub-Command

Chk_Chan_Index（gi_PC3，gi_PC3）

Chk_Program_ID（001）

Chk_Command（gi_Cmd_Edit_Task）

Chk_Sub_Cmd（1，3）

第二步，同步当前的命令，开始处理过程。

; *** Sync "Edit Task" command with other channels in PLC

Sync_Command（gi_Cmd_Edit_Task ）

在此过程中捕捉异常，如有问题退出循环。

; *** If Sub-Command not intended for this channel，jump to finish sequence

IF（gi_Sub_Cmd[pi_ChI] <> （gi_PC3 + 1））

GOTOF FINISH_SEQ

ENDIF

如果同步没有问题，则进入下一个循环判断。

第三步，没问题则读取任务号。

; *** Read all Task Numbers from DPR（all channels）

Read_All_Task_Nums

在此过程捕捉异常，如果有问题则程序错误函数起作用，报警输出。

IF（（gi_Cmd_Data_Int[pi_ChI] < 0）OR（gi_Cmd_Data_Int[pi_ChI] > gi_Max_Task_Num [pi_ChI]））

Program_Error（ gi_Err_Edit_Task ）

ENDIF

第四步，如果都没问题，则输出结果。

; *** If "Requsted" and "Current" Task Nums are equal，jump to finish sequence

IF（gi_Cmd_Data_Int[pi_ChI] == gi_TASK_Fdbk[pi_ChI]）

GOTOF FINISH_SEQ

ENDIF

; *** Change "Current" Task Num and inform PLC it changed

gm_Edit_Task_Chgd   H[gi_TASK]=gi_Cmd_Data_Int[pi_ChI]

这就是程序循环的艺术，逻辑判断+命令组。

4. 循环目录下的应用

循环程序一般放于 CST，CMA，CUS 三个文件夹中。循环就是动作程序，就是功能块。三大要素中状态（变量）、动作（逻辑）、异常（报警）缺一不可，都体现在循环之中。

（1）西门子循环 CST。

CST 部分主要放置 safe.spf，用于安全集成，这 safe 程序就是 NCK 部分的 SPL 程序，有固定的格式，第一行必定是校验码，例如，; SAFE_CHECKSUM = 00083fb3H。

数控系统中，SPL（safe programmable logic）程序分两大部，一部含于 NCK，称为 NCK 安全逻辑，一部含于 PLC，称为 PLC 安全逻辑，所谓不二法门，两种表现形式在相上虽然不同，但在逻辑架构体性上则完全一致，同一组逻辑如在 PLC 中存在，则在 NCK 中必有一句对应。

① 定义上的对应。

在 NCK 中定义变量如图 3-105 所示。

```
;*** External Safe Inputs from Main Panel (iE_ = INSE)
DEFINE iE_Main_EStop_PB      AS $A_INSE[01]
DEFINE iE_Gate_Closd_Lockd   AS $A_INSE[02]
DEFINE iE_Pendant_EStop_PB   AS $A_INSE[03]
DEFINE iE_Loader_EStop_PBs   AS $A_INSE[04]
```

图 3-105　在 NCK 中定义变量

在 PLC 一侧关联变量如图 3-106 所示。

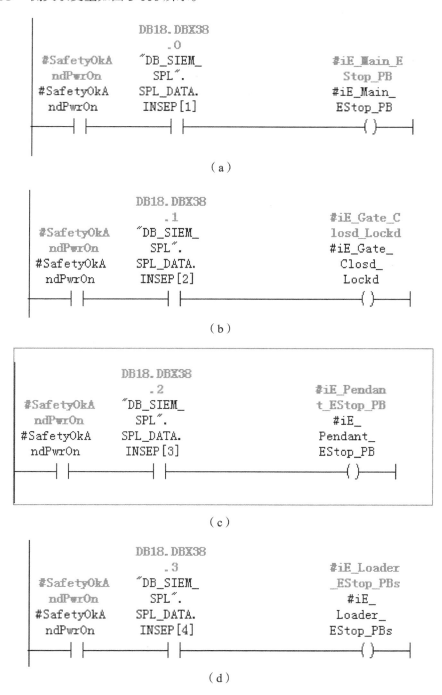

图 3-106　在 PLC 一侧关联变量

② 逻辑上的对应。

NCK 程序中关联逻辑如图 3-107 所示。

IDS=10 DO M_All_EStops_Ok = iP_SafeOk_PwrOn AND iE_Main_EStop_PB AND iE_

Pendant_EStop_PB AND iE_Loader_EStop_PBs

PLC 中编写对应的逻辑如下：

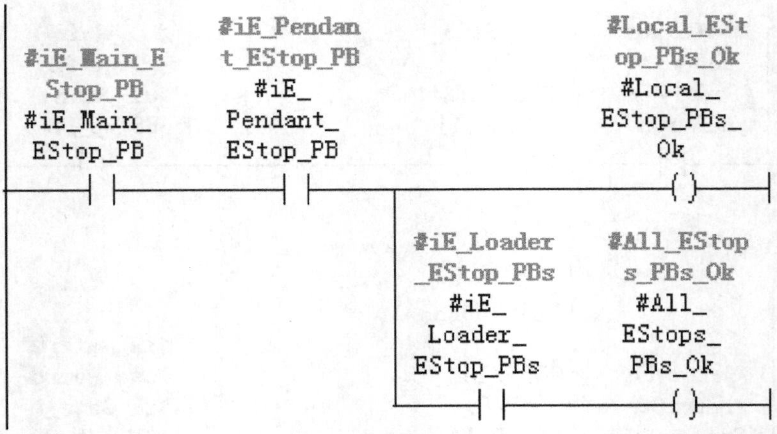

IDS=11 DO M_All_Gates_Ok = iP_SafeOk_PwrOn AND iE_Gate_Closd_Lockd AND iE_Loader_Gates_Ok

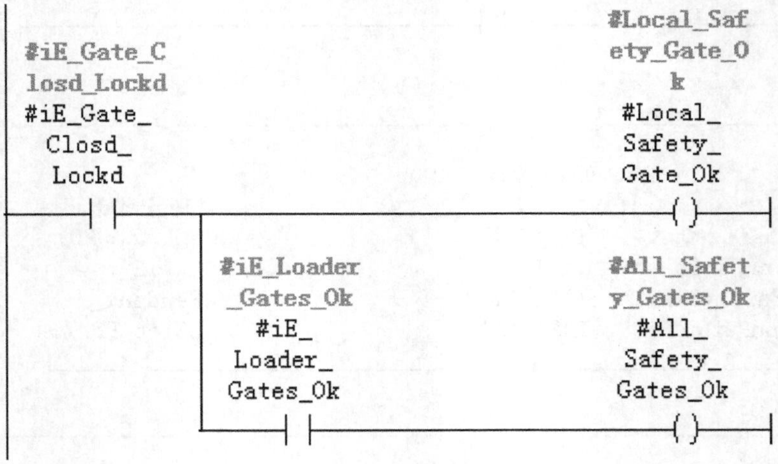

图 3-107　PLC 编写对应的逻辑

（2）制造商循环 CMA。

CMA 可以放置一个 prog_event 中断调用程序，用来开机时自动的选择工件加工程序以及初始化全局变量。

因此，CMA 中最好再放一些初始化变量的循环程序，可以用来初始化全局变量、凸轮开关、刀库数据等等。

以上都是异步的方式，根据触发条件来选择循环过程。

相应地，还可以包含一些同步的命令组处理，例如，利用 DPR 技术结合 IDS 来实时读取坐标数值，做成一个功能块，调用一次即可一直生效在后台传送数据，如下：

IDS=137　DO　$A_DBR[160]=$AA_IM[B1]　$A_DBR[164]=$AA_DTEB[B1]　$A_DBR[168]=$AA_IW[B1] $A_DBR[172]=$AA_DTEW[B1]

这些都可以做成单独的子循环程序来调用，利用初始化总程序配合判断来层层调用即可。

还可考虑做一些标准基本功能块，将常用的一些功能和命令组包含在这个文件夹中，如刀库换刀功能等。

（3）用户循环 CUS。

此部分可空出来不用供最终用户来自由发挥，但也可以用来做不同机型的应用扩展，比如带不带探头，带不带扩展刀库，一些特殊坐标系的转换等。

5. WKS 目录

WKS 目录下可按工件类型分为各个子加工目录，并可做相关的应用配置，初始化处理程序等。也可以由 PLC 结合 HMI 画面来生成程序号码，然后由 PLC 选择分别启动这些目录下的加工程序，或者由 MPF 目录下的主程序来判断调用 WKS 下的工件程序。

6. MPF 主程序

MPF 目录下可安排一个主程序，用来调用 WKS 下的各个工件程序，相当于 OB1 主组织块。然后在其中通过各种逻辑判断来调用相关的加工程序。这个 MPF 主程序一般是 PLC 通过 FB4 满足某些条件来调用的。

7. SPF 子程序

SPF 目录下可以空出不用，也可以做常用的函数库，类似一个子函数公共库，循环子程序也可以放于此处，这样修改起来比较方便。

8. 加工框架的设计

此处框架特指前述的坐标系建立的概念。不同人有不同的框架设计理念，简单来讲分为两种：一种是直接一步到位式，通过最终工件上面的加工点来凑出加工坐标，这个不推荐采用，这是本末倒置的做法，可用于校验最终的精度，但不适合框架设计；另一种是层级累加法。层级累加法中又可分为两种：一种是常见的以可设定坐标系为最终变化坐标系的方法；另一种是以可编程坐标系为最终变化坐标系的方法。

（1）可设定框架作为变化要素。

在保证机械夹具几何精度完全没问题情况下，将原位建立在 G500 基础上，然后采用简单的可设定框架坐标系进行加工，对于每把刀具或相似的几把刀具建立针对性的可设定坐标系，比如 T001 刀具坐标系对应 G54，T002 对应 G55。如果加工结果有误差直接在可设定坐标系补偿。好处是修改起来方便直观，局限性是假如坐标系数量庞大，比如有几千个坐标系，则无法实现，因为可设定坐标系数量有限。

（2）可编程框架作为变化要素。

将机械问题变为纯电气化处理，这个方法笔者比较赞同，在保证机械夹具精度一般的情况下用探头测量夹具的位置，然后直接建立复杂的框架坐标系，如前所述。这时坐标系已经从 G54（转台坐标系）偏移到了夹具坐标系（可编程框架）。然后针对每一把刀具或工艺，再建立一层可编程坐标系。就算工艺过程无穷无尽，只要不超出内存，可编程框架就无穷无尽。如果有误差直接在可编程坐标系中进行补偿。

唯一的缺点是不太直观，如果要修改坐标系必须进入程序对应地方修改，将来可以改进，做成画面，把这些变量引出到 HMI 中进行修改。

3.15.2 监视诊断

由 MD36100 和 MD36110 来设定第一软限位的正负范围。轴本身的速度位置监控等主要由参数来确定。另外涉及安全集成，需要考虑安全限位，是否需要安全回零功能等。

对于水平轴不需做过多考虑，但对于垂直轴要做外部抱闸设计，并且要随时监控垂直轴的状态，防止碰撞和跌落。对于有些特殊的离合器联轴器应用于水平轴则可，但最好不要用于垂直轴，否则易引起误报警和事故。如果用了，则必须做好实时监控。

NCK 触发的报警一般通过 setal 指令触发，如：

SETAL（66205）；Probed point out of tyolerance

还要说一些比较高端的监控方式，那就是利用外部工控机来监控数控系统的运行状态，包括伺服轴、程序的更改等。这里只是提一下，有待开发。

3.15.3 接口通信

常用 DPR 来实现 NCK 同 PLC 的接口通信，但需要事先做好定义，例子如下：

$A_DBR[356]=$MA_MAX_AX_VELO[X1]

然后将此$A_DBR[356]用 FC21 同 PLC 的数据关联，例如，关联 PLC 的 db100.dbd100。

还有一个用法常用宏定义将一个变量宏名称和一个 DPR 变量关联，作为一个逻辑判断信号，如下：

DEFINE Tool_OK AS（$A_DBB[22] B_AND 'h01'）

许多人可能不十分明白为何这样写，这里面的 h01 代表十六进制的 1，如果用二进制表示必须写成：'B01'，如果只写 '01' 表示十进制，B_AND 指令是按位与指令，这句话本身就代表将$A_DBB[22]这个字节中的每个位分别和 'B00000001' 这个字节作与运算，然后做或运算看结果是 1 还是 0，因为 h01 只有第 0 位是 1，所以表示只与$A_DBB[22]的第 0 位有关系，如果它的第 0 位为 1，结果就是 1，如果为 0，结果就是 0，这就变成一个 bool 量，因此程序中就可以用这个宏做标志位判断，如：

If tool_ok==true gotof AAA

再举一例：

DEFINE Presence_tag AS（$A_DBB[21] B_AND 'h40'）

这里面的 h40 相当于二进制的 '00000100'，就表示看变量（$A_DBB[21]的第 2 位是不是 true，

相当于写成：

DEFINE Presence_tag AS（$A_DBB[21] B_AND 'B00000100'）

也可以写成十进制：

DEFINE Presence_tag AS（$A_DBB[21] B_AND 64）

但有些国外机床设计人员居然写成这样，例如：

DEFINE DBI_FEEDBACK_ENABLE_GRIPPER_Z11 AS（$A_DBB[1018] B_AND 'B01000000'）/64

在笔者看来，有点愚蠢，既不是纯粹二进制引用也不是十进制引用，估计是这个设计人员基础不牢固造成的，所以国人也不要盲目跟从老外，明明可以用十六进制或十进制简短解决，非要用二进制，而且还除了一个十进制的数，有人说是注释，在笔者看来是没有意义。

最后还有个小技巧，如果想要实现一种或逻辑也可用按位与来实现，例如，假如安全门 1 或者安全门 2 打开，都触发报警，安全门 1 设为一个字节的位 2，安全门 2 假设为一个字节的位 3，这是一个或的运算，可以如下表示：

DEFINE Door_open AS（$A_DBB[20] B_AND 'h0C'）或者写成：DEFINE Door_open AS
（$A_DBB[20] B_AND 12）

接口还存在很多种，如 FB2，FB3 读写 NCK 变量等。

3.15.4　轴容器

轴容器在 NCK 中主要体现在参数设定上。参照配置调试一章，此处强调一些重点。

（1）对于旋转电机配置为直线轴，为间接驱动，其关注点在编码器配置，齿轮减速比，电机速度和实际速度设定上。

对于编码器配置，主要用 HMI_Advanced 来设置，注意拓扑结构，注意测量系统的问题，注意测量系统和编码器的对应关系，此点在驱动一章会分析。

对于齿轮减速比配置，举例说明：电机配减速箱，减速比为 1：9.8，如何设定减速比？

应设定 MD31050：MD31060 参数为 1：9.8，但要求二者必须为整数，于是设定为：
MD31050[0]=10，MD31060[0]=98

轴参数索引号 0 对应非攻丝且非螺纹切削时的有效参数。因此对于攻丝螺纹切削等场合应用，需要注意设定保持数组[0]和[1]的数值一致，不容易出错，故一般设定：

MD31050[0]= MD31050[1]=10，

MD31060[0]= MD31060[1]=98

对于速度设定，关注 MD32000 为轴能到达的最大速度，即编程 G0 指令的运行速度。

此参数对普通直线轴旋转有效，对于主轴，最大速度由 MD35100 决定。

在 JOG 模式下，还需设定 MD32010（JOG 下快速移动的速度）：

MD32020：JOG 下点动的速度

MD32040：JOG 下快速移动的倍率

MD32050：JOG 下点动的倍率

（2）对于旋转电机配置为旋转轴、主轴或直线电机，实则就是直接驱动，其关注点在转子定位，档位控制上。主轴是一个重点。

标准模型需要考虑最多的是系统的标准化，稳定性和可恢复性。一旦出了问题，如何尽快地恢复为正常状态。对于轴容器而言，一般问题最多的就是电机或编码器损坏或者光栅尺损坏。那么针对这类问题，最好总结出一套问题解决标准作业方案。大致概括如下：

先进行拓扑分析，确实是电机还是编码器损坏，是内部 SMI 还是外部光栅损坏。如果是电机编码器损坏和电机本身损坏归为一类，属于更换电机类，如果是光栅尺损坏则属于外部编码器损坏，归为更换外部编码器类。

对于更换电机，首先要分析这个轴的属性，如果这个轴属于高级一点的特殊功能轴，如 Gantry 龙门同步轴、主从驱动轴、转换轴如 PTP 等，则先进行解锁解掉高级属性的耦合连接，包括机械的连接。

然后拆下电机，安装电机，上电后确认硬件更换等工作，然后进行电机本身的回零，如果是直线电机或旋转同步电机则先进行转子定位。最后将耦合恢复正常。

对于外部编码器更换，更换后必须注意重新校准位置，需通过特殊工装或工具等。

3.15.5　刀库管理

刀库管理和机械设计有莫大关系，但总的来讲，必须使刀库信息合理、准确，设置方便。

和信息相关的处理过程反映在刀库搜刀策略上面。刀库的稳定性反映在故障恢复上，也就是刀库出了问题的故障策略上，比如信息混乱后如何删除数据，如何虚拟换刀，如何恢复刀库数据等。如何撞刀库后重新校准刀库位置？引入自动化理念后，可以将刀库设置变得简单科学，例如，将一把空刀柄放在装载点，运行刀库设置程序，主轴抓刀去各个刀位自动的寻找合适的抓刀换刀点，然后自动地将这些点数据分析处理保存在刀库位置变量中，这样就实现了刀库的自动配置。这个过程也类似于夹具的夹具坐标系建立过程，只不过将探头换成了刀柄，将探头反馈的位置值换成了刀柄反馈的位置值和扭矩电流值。

3.15.6 测量补偿

加工中心的测量补偿主要体现在各种量具的自动补偿上面，例如，使用探头探测工件尺寸，依照结果修正加工工艺变量。使用探头测量夹具建立坐标系的过程也属于测量补偿，前述的使用刀柄测量来建立刀库位置的过程也是测量补偿。

3.15.7 辅助系统

对内而言，解码辅助功能指令如 M 指令，H 指令等来控制辅助系统属于 NCK 对外的接口。

对于加工中心来讲，辅助系统主要是润滑、气动、液压、废液回收等辅助系统。这些系统的控制本质上都是由 PLC 来控制，但是为了方便，每个系统最好都对应一组 M 指令来进行灵活配置。

3.15.8 特殊功能

机床的特殊功能主要根据项目和工艺的不同，例如，加工缸体和加工曲轴是不同的，冲床需要冲床功能，磨床需要磨床功能。

3.16 构建机械手 NCK 程序模型

谈了加工单元后，再略谈机械手 NCK 程序的框架模型。机械手亦可分为核心架构、监视诊断、接口通信、轴容器、辅助系统、测量补偿和特殊功能。机械手模型的难点在于核心架构中的各站位逻辑处理。

3.16.1 核心架构

1. 机械手坐标系规定

（1）首先要明了 Gantry 机械手的坐标系规定，它与加工中心不同，如图 3-108 所示，一般横梁为 Y 轴，垂直为 Z 轴。

（2）具体定坐标系的原点，如图 3-109，最初的原点是在地平面上选取一个固定物体，与图纸对应，而后在上料区域位置对应的横梁上取一个点，此点与最初点的理论距离应相差不大，建立 BCS 坐标系后，此点的位置就固定下来，一般使用一个活动圆销来测量这个原点，令机械手臂基座与横梁上的一个加工孔重合来定出 Y 轴的 BCS 原点，当更换机械部件或编码器后，只需要对准这个点即可校准原点，而只有横梁相对于地基有了整体变化后才需要进行最初原点的校准。

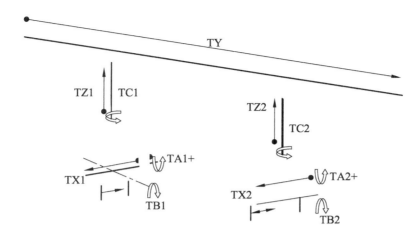

图 3-108　龙门式机械手坐标系

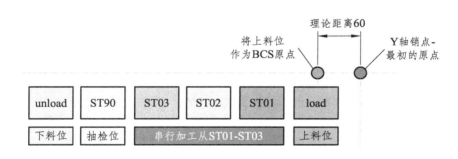

图 3-109　校准原点

2. 机械手的运行方式

其次，要明了机械手的运行方式。笔者在工作中发现，很多人大多数的经验都是关于一个个知识点的所谓经验，这些经验非常细碎，虽然很有用，但是对于全局性的深入理解，远远不够，我们更多的是需要宏观把握，组元成局，将一个个具体的点穿起来，因此，首要任务就是明确机械手的宏观工作方式。

3. 夹爪的状态

夹爪的状态可分为两种：夹紧和松开。夹紧的状态亦可分为几种：一是无工件夹紧，二是毛坯或粗加工件的夹紧，三是粗加工后的工件夹紧。松开状态则只有一种即完全松开。

因此，对应夹紧工件传感器应有三组，松开传感器应有一组，这点应该注意，但此法也只适用于缸体缸盖类端面加工的工件，如果对于轴类则不太适用。

4. 串行运行方式

依照工艺顺序串行排列工位，且必须按照既定顺序不可改变，所以也不允许 Bypass（屏蔽）串行工位。

以下分析具体循环的实现，如图 3-110 所示。

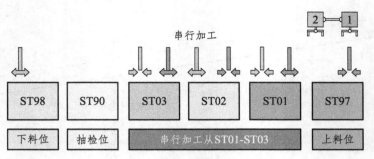

图 3-110　串行加工机械手布局

（1）首次循环启动开始，机械手停在 ST97，等待毛坯从辊道进入 ST97 上料站位。因为是首次循环，所以 ST01 站位会发送请求上料信号给机械手，机械手收到信号从 ST97 抓毛坯件，去 ST01。先判断 ST01 中没有加工好的工件，然后将此毛坯件用夹爪 1 加载到 ST01 站位，然后机械手返回到 ST97，等待 ST01 加工完成。

若完成，则 ST01 发送完成信号和请求上料信号，机械手收到信号后，夹爪 1 抓另一个毛坯，到 ST01，先用夹爪 2 从 St01 内卸载加工好的工件，而后用夹爪 1 加载毛坯件。然后在 ST01 上方等待。

因为首次循环，ST02 一直请求上料，此时夹爪 2 上存在了 ST01 的完成件，满足了 ST02 上料条件，所以此时机械手可以马上去 ST02，机械手先判断 ST02 中没有工件，然后使用夹爪 2 加载工件到 ST02，然后机械手回到 ST97，等待 ST01，ST02 加工完成。

若 ST01 加工完成，则夹爪 1 从 ST97 抓毛坯，去 ST01，先用夹爪 2 取出 ST01 完成件，而后用夹爪 1 装入毛坯件，然后在 ST01 上方等待；若此时 ST02 完成了加工，则 ST02 发送请求上料命令给机械手，机械手收到后去 ST02，先用夹爪 1 取出 ST02 完成件，然后用夹爪 2 装入 ST01 完成的件，机械手在 ST02 上方等待。因为首次循环，ST03 一直请求上料，此时夹爪 1 上存在了 ST02 的完成件，满足了 ST03 上料条件，所以此时机械手可以马上去 ST03，机械手先判断 ST03 中没有工件，然后使用夹爪 1 加载工件到 ST03，然后机械手又回到 ST97，等待 ST01，ST02，ST03 加工完成；若 ST01 加工完成，则夹爪 1 从 ST97 抓毛坯，去 ST01，先用夹爪 2 取出 ST01 完成件，而后用夹爪 1 装入毛坯件，机械手在 ST01 等待。

若此时 ST02 完成了加工，则 ST02 发送请求上料命令给机械手，机械手收到后去 ST02，先用夹爪 1 取出 ST02 完成件，然后用夹爪 2 装入 ST01 完成的件，机械手在 ST02 上方等待；若此时 ST03 完成了加工，则 ST03 发送请求上料命令给机械手，机械手收到后去 ST03，先用夹爪 2 取出 ST03 完成件，然后用夹爪 1 装入 ST02 完成的件，机械手在 ST03 上方等待。

首次循环则 ST98 下料站位正在发送请求下料命令，机械手收到 ST98 命令后去 ST98，先判断 ST98 是否区域空无工件，然后夹爪 2 装入 ST03 完成件。

最后 ST98 将此件运往下一段生产线，完成一个完整循环。

完成首次循环后，即开始随机的正常循环，一般而言，两个爪子同时有工件的情况越少越好，时间越短越好，因为这种情况意味着中间状态或者条件不满足的等待状态，极易出现问题。比如夹爪 1 上面有一个 ST02 完成件，而夹爪 2 上有一个 ST03 完成件，可以推测出下一个正常动作应该是夹爪 2 进入 ST03 上料，但是为何停止不动，可以推测应该是加工中心 ST03 出现了故障，如顶门开关不到位，夹具有问题等，造成上料安全信号没有到来，所以夹爪只能继续等待。如果此时设计人员的逻辑或信息编写的比较简单，没有明晰的对应关系，则如果别的工位存在请求上料信号，则也许机械手会直奔那个工位而去上下料，这些都是有可能发生的。总而言之，所谓的机械手故障大部分都是信息传递和程序逻辑的问题。

还有一个特殊站位 ST90，称为抽检站位即 SPC，这个站位是用作随机抽检的，属于大的正常循环中的异步中断过程，抽检程序是一个重中之重，抽检在程序设计中主要有这么几种情况：① 操作员触发的抽检；② 随机故障引发的可疑工件抽检；③ 批次抽检；④ 频率抽检；⑤ 换刀抽检。抽检的画面说明如图 3-111 所示。

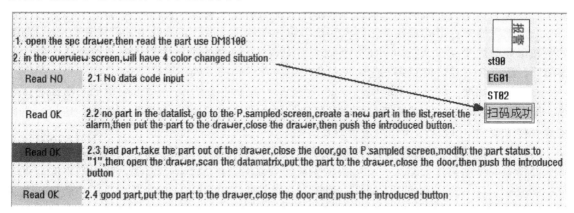

图 3-111　抽检工位说明

（1）操作员触发的抽检：一般情况，操作员允许在任何时刻对某一工位正在加工的工件做抽检，当操作员按下待抽检工位的抽检按键后，此按键闪烁，直到工件加工循环完成且被顺利由机械手拿出加工中心范围为之停止请求响应。然后机械手拿此件到 ST90 放下，放下的瞬间，所有此工件的信息应被记录在机械手定制的一个数据库中，一般是一个 DB 块，相应的有一个 HMI 数据库画面，用来记录此工件的序列号，目前的工位信息，如目前加工到了 ST02，是否是操作员抽检，是否是可疑工件（good 还是 bad），是否是批次抽检，是否是换刀抽检，频次抽检等。然后由操作工手动打开 St90 抽屉门或者辊道自动送出抽检。完成抽检后可将此工件返回继续加工，当操作工按下引入工件按钮，此时按钮闪烁请求返回工件，机械手程序自动判断是否会有冲突，若恰好此时存在另一个抽检工件要放入 ST90，则显示报警提示信息提示操作工不能引入，需等待抽检下料完成。若此时没有任何冲突，则抽检门锁会自动打开允许操作工拉开抽检抽屉，操作工首先拿扫描枪扫描工件二维码或者由辊道上固定相机扫描工件信息，匹配后提示操作工允许放入工件，如果不匹配例如数据库中没有此工件信息则弹出窗口允许操作工新建工件或者报警，或者好件坏件的修改，顺利放入后，关闭抽屉，按下引入确认按钮闪烁，此时机械手开始自动判断是否符合引入条件，同样的如果在放入抽屉的过程中机械手又抓了另外一个工件欲抽检下料，则到此一步又会冲突，此时屏幕会再次弹出提示信息，提示操作工打开抽屉取出工件，否则机械手始终拿料等待在 ST90 上方。当操作工拿出这个件后重新关闭抽屉，机械手则将带抽检工件放下，然后操作工再次打开抽屉拿出待抽检工件。而后放入引入工件，重新进行判断，如果一切没有问题，按下引入确认按钮闪烁灯变为常亮，此时机械手将此工件从 ST90 拿走放入下一个需加工的工位，在拿走的瞬间，此工件的所有信息又从数据库中传送到机械手相应的夹爪上，然后销毁数据库中的这条记录，引入灯灭掉后即完成整个抽检循环。这就是抽检的艺术，抽象而又具体。

（2）随机故障引发的可疑工件抽检，这个随机包含两层意思，随机器和各种随机原因引发的故障，例如，ST01冷却水压力不正常造成加工中循环结束停止引发的一个ST01可疑工件，或者有人拍了St02急停引发的一个ST02可疑工件等。因此这个随机故障必须记录工位号和故障信息两类内容，而且可疑工件未经抽检确认之前一定是bad（坏件）状态。因此在抽检数据库中保存的原始信息一定是坏件，其余处理同操作员抽检，当拿出去抽检后，如果判断下来这个是好件或者经过返修变为好件，然后引入工件，扫描信息后一定与数据库中的信息不同，此时应提示操作工或更高权限人员来修改此信息状态为好件。如果此工件确为报废件，则这条记录应在保养或手动状态下由操作员或更高权限人员手动删除（需要权限钥匙或密码）。

（3）批次抽检：指的是首次循环或换班时第一次加工产生的首件抽检，首件在HMI上选择然后加工完成后自动发送抽检请求并在数据库中做标记，而且有时要求首件不经确认不进行正常循环，所以会一直等待直到三坐标测量完成确认首件合格才能继续往下做。

（4）频率抽检：根据所谓的质量要求，每隔25个工件或者50工件会自动做一次抽检。当然，每次抽检后本工位自动恢复初始值又开始计数直到再加工过25件满足触发抽检信号，这个数量一般做成HMI画面由操作员进行设置。

（5）换刀抽检：当换新刀后，这把刀自动会有一个新刀标志位，加工完成后这个工件就会被自动设置一个新刀送检请求，然后机械手就回来拿料送检，不经新刀确认完成则不进行下一个正常循环。新刀确认信号相应的会分为新刀OK确认和新刀不成功确认。不成功后再次发送新刀抽检请求。

5. 并行运行方式

并行工位有一定的随机性，并行工位的加工单元功能完全一样。所以允许Bypass（屏蔽）并行工位，但不能全部屏蔽，必须保留至少一台。如图3-112所示，ST1A，ST1B，ST1C是三台一样的加工单元。

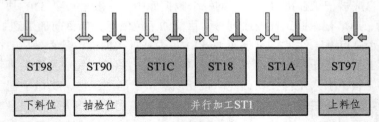

图3-112　并行加工

分析首次循环，机械手停在ST97，等待毛坯从辊道进入ST97上料站位，因为是首次循环，所以各站位会发送请求上料信号给机械手，机械手收到信号从ST97抓毛坯件，去ST1A。先判断ST1A中没有加工好的工件，然后将此毛坯件用夹爪1加载到ST1A站位，然后机械手返回到ST97。此时ST1B，1C有上料请求，因此夹爪1取ST97的毛坯件，运往ST1B，先判断ST1B中没有加工好的工件，然后将此毛坯件用夹爪1加载到ST1B站位，然后机械手返回到ST97。此时ST1C有上料请求，因此夹爪1取ST97的毛坯件，运往ST1C，先判断ST1C中没有加工好的工件，然后将此毛坯件用夹爪1加载到ST1C站位，然后机械手返回到ST97。等待ST1A，ST1B，ST1C完成加工。这是一个首次循环。可以看出并行和串行大不相同，串行夹爪利用符合奇数偶数原理，并行则是固定的，首次循环根本不需要夹爪2参与。而我们很多设计人员，只知静态布局，完全不知一步步动态分析之法，不知其中的逻辑实现。

正常循环情况下，ST1A必先完成加工，非正常情况下则不定，有可能ST1A出了报警停机，因此 ST1B 先完成，则 ST1B 发送上料请求信号，机械手收到信号后用夹爪 1 从 ST97 取一个毛坯，然后到 ST1B，此时先判断有无工件，若有则用夹爪 2 先取出 ST1B 完成的件，而后用夹爪 1 放入毛坯。因夹爪 2 有了一个完成件，故可响应 ST98 下料站位的上料信号，因此机械手到 ST98，用夹爪 2 下料。然后两手空空，因此返回 ST97 等待，这样就完成一个完成加工循环，然后有可能 ST1A 修好发出上料请求，ST1C 加工完成也同时发出，由于 if 判断语句的优先级顺序执行，先响应 ST1A，故夹爪 1 从 ST97 上料毛坯，然后往 ST1A，先用夹爪 2 取料，再用夹爪 1 上料，然后响应 ST98，然后两手空空，返回 ST97 等。

可以预知，并行工位有一个问题可能会出现，那就是如果工艺编排人员计算加工单元节拍失误，例如，本来原计划一台机床加工完需要 100S，实际用下来 50S 就完成了，那么也许会造成一种情况，就是 ST1A 一直处于全时工作状态，而其他几台工位闲置或工作负荷不满，因为当机械手将 ST1A 的工件送往 ST98 后，可能此时 ST1A 的工件又加工好了，然后机械手又给 ST1A 上料。或者当其他工位经常有问题例如冷却水压力不够，刀具故障等，则会令某一台机床负荷很大。

对于夹爪设计来说，可以看出，并行工位夹爪利用是固定的，总是夹爪 1 毛坯上料，夹爪 2 取完成料。因此，其夹爪设计比较简单，只需考虑一些固定特征点即可。

而对于并行抽检站位，逻辑又和串行不同，可以看出，主要区别在抽检完成后引入工件，这些工件不需要再返回加工中心，而是需要直接进入 ST98 流走，因此这里程序优先级就必须考虑清楚。引入工件时，是否必须保证两手空空，然后夹爪 2 从 ST90 抓料放到 ST98 呢？若如此，两手空空条件又不能作为返回 ST97 的唯一条件，若夹爪 1 有料也允许夹爪 2 从 ST90 抓料，则和加工中心的上料请求没有什么不同了。因此，这个时候 ST90 在并行工位中的作用就类似于一台加工中心。设计逻辑时，首先考虑机械手两手空空（这种情况一定发生在刚从 ST98 下料完成或首次循环中），若此时 ST90 发送引入请求，则相当于一台特殊的加工中心发送卸料请求（不需机械手给他再度上料，只需要卸料），机械手需要优先响应 ST90 来节省节拍，而不是像以前一样两手空空返回 ST97 再做处理。第二种情况，ST90 和某加工中心例如为 ST1A 同时发出请求，如何处理？应该从布局考虑，如果 ST90 站位靠近 ST97，则当然先响应 ST90，然后返回 ST97 上料再去 ST1A，这种情况 ST90 比加工中心优先级稍微高一点，如果 ST90 站位远离 ST97，则当然应该先从 ST97 上料响应加工中心 ST1A，然后再去 ST90 下料。分析特殊情况，如果夹爪 1 取了毛坯料赶往 ST1A，到了 ST1A 上方后种种原因 ST1A 出现故障，上料信号断掉（例如夹具出现故障），那么机械手既不能两手空空返回 ST97，又不能给 ST1A 上料，此时需要再次响应 ST90 的下料请求，进入 ST90 去取料然后放入 ST98。

6. 混合运行方式

混合运行顾名思义是既有串行工艺又有并行工位，如图 3-113 所示，ST1A，ST1B 两台并行，ST2A，ST2B 两台并行，中间隔了一块空白区域，实则中间的区域一般放辅助站位。ST1 和 ST2 又组成串行。此时必须注意信息传递问题如何连贯。

在布局上，必须在 ST1B 附近再加入一个下料站负责 ST1 区域的下料和辅机的对接信息传递，相当于辅机的上料站，在 ST2A 附近加入一个上料站负责 ST2 区域的上料和辅机的对接信息传递。改成图 3-114 所示的布局。

所考虑的信息传递应该是：当机械手将区域 ST1 的完成件放入 ST03 后，工件信息从夹爪传至 ST03 内，然后 ST03 将工件信息传给辅机，辅机经过加工完成后将更新过的工件信息传给 ST04，机械手从 ST04 取料，则信息又从 ST04 传给机械手夹爪。表面看没有问题，实则有大问题。

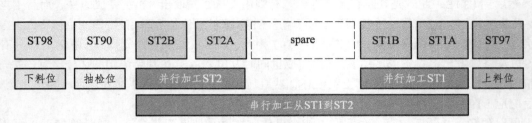

图 3-113　混合加工

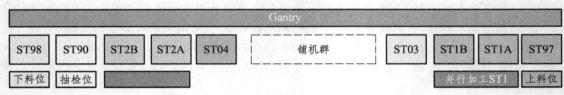

图 3-114　混合运行布局

一般在 ST97 装设一台相机扫描工件码,作用是提取二维码中的工件类型序列号等信息同所要加工的工件类型是否一致,然后创建工件信息,那么 ST04 是否需要一台相机来完成这个功能?如果有 ST04 有一台相机,则 ST04 站位就会创建一个工件信息出来,里面包含的工件信息必定是全新的,是和目前进入 ST04 的工件信息不一致的,因为进入 ST04 的工件意味着已经完成了 ST1 和辅机区域的所有加工过程。有人说可以辅机和 ST04 做通信把工件加工的信息传递过来而省去一个相机,对,这样做是最合理的,而且不会出错,属于辊道信号传递,但是这样做有个问题,影响灵活上料,有的工艺人员会考虑屏蔽辅机,只从 ST04 上料,所以还必须有个相机,这样一来问题就严重了,辅机的信息传过来也没用,因为相机一照,以前的信息也没了,所以我们要新建一个信息,前提是认为从 ST04 来的料都是对的,每当相机扫描过后,发现工件类型没问题,就建立一个工件信息,强制里面的工位信息已经完成 ST1 和辅机组所有的工艺,然后上料。也就是说实际上只要从 ST03 下料的那些信息都没有经过真实传递。完美的做法还是需要辅机和上料站位 ST04 进行直接通信连接,然后将数据传送过来,而那些由人工上料引入的工件必须手动的一个个建立信息或者强制批处理建立信息。

接下来再谈抽检问题,因为有了信息传递问题,抽检也随之而来,如果在工件信息中只包含了加工中心的加工信息,不包含辅机加工信息,则如果从 ST90 引入一个 ST1B 已经加工完成的工件,那么很可能这个工件会被直接放入 ST2A 或者 ST2B 中加工,因为工件中没有辅机完成信息。正确的做法是必须添加一个辅机完成信息,如果引入工件时发现此工件仅仅是 ST1B 加工完成而没有进入辅机加工完成的工件,则机械手把他放入 ST03 站位进入辅机加工。

7. 节拍预估计计算

确认了机械手的工作方式后,接下来是确定机械手的 Cycle Time,如图 3-115 所示,必须将每一步机械手动作所耗费的时间精确计算出来,然后才可以编写相应的程序。这个表格是每个制造商必须完成的表格,对于项目的前期方案和采购阶段也十分重要,此表格也是能力值的体现。

8. MPF 主程序

类似加工中心,MPF 文件夹下我们做一个主程序来调用所有子程序。这个主程序也应该是 PLC 满足安全条件后由 FB4 选择来启动的。一般将主程序放在 MPF 下,主程序结构图如图 3-116 所示。

Gantry CycleTime / 机械手节拍

Date / 日期 :
Name / 名字 :

Customer / 客户 :
Project / 项目 :

	Acceleration / 加速 [m/s2]	Pitch [mm]	teeth / 齿 Nb	ratio i / 比率
Y=	3,5	7,5	20	4
Z=	2,5	7,5	20	3

Speed / 速度 m/min
Y= 112,5
Z= 67,5
SD Z axis = 6,42
SD Z axis slow = 3,8

Opening trapp door / 打开隔离门   2,4 s
Closing trapp door / 关闭隔离门   2,4 s

impulse time control / 脉冲定时器   0,1
X-Y-Z Slow speed / X-Y-Z 慢速   5 m/min

Seq	Group	Machine interface / 机器接口	Stroke / 行程	Tps / 时间 [s]	Vmax / 最大速度 [m/mi]	Electrical motor / 电动机 Speed / 速度 [RPM]	Remarks / 通知
1		Machine interface / 机器接口		1,000			
2	7,64 sec. / ST97 / 输入辊道 — Unload 取料	Z11 go down - rapid / Z11抽快速下降	1,5550	1,93	67,50	1350	
3		Z11 go down - slow / Z11抽慢速下降	0,0500	0,73	5,00	100	
4		Clamping / 锁定		2,00			
5		Conveyor interface / 辊道接口		2,00			
6		Z11 go up-rapid / Z11抽快速上升	1,6050	1,98	67,50	1350	
8		Y direction + / Y抽万向	6,8230	4,27	112,50	3000	
9	OP130-1 — Unload 卸料	Opening trapp door / 打开隔离门		2,40			
11		Z12 go down - rapid / Z12抽快速下降	0,9560	1,40	67,50	1350	
12		Z12 go down - slow / Z12抽慢速下降	0,0500	0,73	5,00	100	
13		Clamping / 锁定 Gripper & Unclamping / 解前 SD		2,40			
		Machine interface		0,50			
		Z SD direction slow	0,0515	0,86	3,60		
14		Z SD direction	0,1000	0,93	6,42		
15		Z12 go up - slow / Z12抽慢速上升	0,0500	0,73	5,00	100	
17		Z12 go up - rapid / Z12抽快速上升	0,9560	1,40	67,50	1350	
		Y direction + / Y抽万向	1,0000	1,17	112,25	2993	
19	23,89 sec. — Load 取料	Z11 go down - rapid / Z11抽快速下降	0,9560	1,40	67,50	1350	
20		Z11 go down - slow / Z11抽慢速下降	0,0500	0,73	5,00	100	
		Z SD direction	0,0515	0,93	6,42		
		Z SD direction slow		0,86	3,60		
21		Clamping / 解前 SD & Unclamping / 解前 Gripper		2,40			
		Machine interface		0,50			
22	OP130-1 — Load 取料	Z11 go up - slow / Z11抽慢速上升	0,0600	0,73	5,00	100	
23		Z11 go up - rapid / Z11抽快速上升	0,9560	1,40	67,50	1350	
25		Closing trapp door / 关闭隔离门		2,40			
26		Y direction + / Y抽万向	15,6780	9,00	112,50	3000	
27	7,64 sec. / ST98 / 输出辊道 — Load 取料	Z12 go down - rapid / Z12抽快速下降	1,5550	1,93	67,50	1350	
29		Z12 go down - slow / Z12抽慢速下降	0,0500	0,73	5,00	100	
30		Unclamping / 解前 Gripper		2,00			
31		Conveyor interface / 辊道接口		1,00			
32		Z12 go up rapid / Z12抽快速上升	1,6050	1,98	67,50	1350	
34		Y direction + / Y抽万向	21,5000	12,10	112,50	3000	

GANTRY CYCLE TIME / 机械手节拍	OP150- URANE N°1			65,55 Sec.
CYCLE TIME LINE / 节拍线		1,3 min		
		78 s		
POUCENTAGE PAR RAPPORT AU TEMPS DE CYCLE		84,03346443 %		

图 3-115 机械手工艺节拍计算

其中，初始化程序主要是初始化全局变量、关键配置参数、关键接口参数等。

Recycle 循环实则是复位循环，万一机械手出现故障复位或者中断，判断目前所有的状态，然后使夹爪返回复位到可以执行任务的状态。

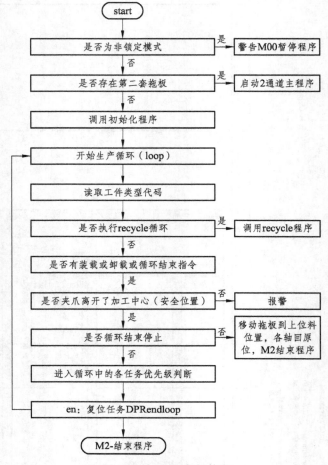

图 3-116　主程序架构图

9. 优先级判断举例

各个任务的优先级判断一般如下：先判断进行抽检的站位 ST90 是否有放料抽检命令，如有优先执行，接着判断下料站位 ST98 是否有下料命令，若有则执行，接着判断抽检站位是否有返料命令，如果存在则执行 ST90 上料返回，接着开始判断正常的加工过程。举几个例子：

（1）ST98 判断（见图 3-117）。

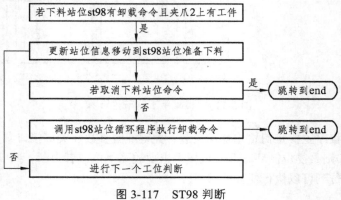

图 3-117　ST98 判断

（2）ST01 判断（见图 3-118）。

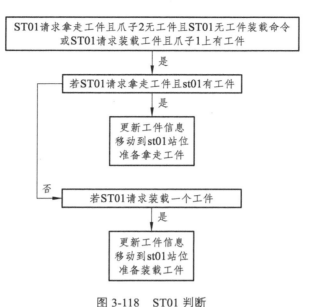

图 3-118　ST01 判断

装载或卸载工件子程序如下：

Unload_ST04_TZ12.SPF

```
M202 M175              ; Arm 2 compensation locking，Confirmation of gripper arm 2 closing
M146                   ; Rotation A12 at 180?
M165                   ; Rotation C12 at 0?

M7                     ; Washing part support，
RAP TZ2=TZ_inter1_pose_bras[2]
M203                   ; Arm 2 compensation unlocking
LENT TZ2=TZ_pose_bras[2]

M174                   ; Gripper arm 2 opening
M9                     ; Stop washing part support
M202                   ; Arm 2 compensation locking
RAP TZ2=TZ2_transport
Ret
```

10. WKS 目录

WKS 目录下一般放的是与工件类型有关的数据，而不是具体的传输工件程序。最好将动作循环做成变量化的，只在 WKS 下存放变量化的数据即可。

如下例子：ST1_ARM11.SPF，这就表示 ST1 加工中心上的机械手 11 的上下料位置信息。

```
; Placing point（SCP）
TY_pose_bras[1]=2955.09   ; Theoretic=2590 理论上的 Y 轴到达 ST1 的位置
```

TZ_pose_bras[1]=-1020.3　　　　　; Theoretic=-930 理论上 Z 轴放料的终点位置

if（$A_DBB[501] B_and 'h80'）　　; Cycle without part 空循环无工件终点位置

　　TZ_pose_bras[1]=TZ_pose_bras[1] + 100

endif

; Intermediate points relative to the placing point.

TZ_inter1_pose_bras[1] = TZ_pose_bras[1] + 30 ; 放料的中间点位置

RET

有了这些位置信息，调用相关的动作循环程序，就可以完成动作。

11. CST 循环

安全集成 spl 一般位于 CST 目录下，名字必须为 safe.spf，有两种调用 safe 程序的方式，一种是通过 prog_event 程序调用 safe.spf 启动安全，一种是直接通过参数启动 safe.spf。需要注意的是 safe.spf 的修改不太容易。

12. CMA 循环

制造商所涉及的基本循环，顾名思义，一般不会改变。里面存放的是多年来制造商编写的不易程序，不会随着项目更改而更改。只有发现重大问题需要更新后才由专人负责更改。

里面含有异步处理初始化程序这些核心程序，如寻找站位程序、监控变量程序、配置任务程序等。

13. CUS 循环

存放针对本次项目应用的具体动作循环，如 Place _ST1_ARM11.SPF 程序。

M173	; Arm 1 Confirmation of gripper arm 1 closing
M151	; Rotation B11 at 0 degree
M161	; Rotation C11 at 0 degree
M7	; Washing part support,
RAP TZ1=TZ_inter1_pose_bras[1]	; 快速移动到中间点
LENT TZ1=TZ_pose_bras[1]	; 慢速移动到最终点
M172	; Gripper arm 1 opening
M9	; Stop washing part support
RAP TZ1=TZ1_transport	; 快速返回到安全位置
Ret	

概括下来，上料逻辑 Load 动作框图如 3-119 所示。

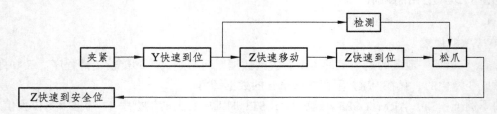

图 3-119　上料逻辑

下料 Unload 逻辑框图如 3-120 所示。

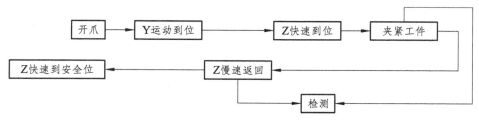

图 3-120 unload 逻辑

14. SPF 子程序

SPF 下可以存放前述的各个具体动作循环程序，也可以空出不用。

3.16.2 监视诊断

（1）利用 setal 指令实现内部的监视诊断，如对于一个任务号码的有效性的监控。

if（n_mission < 1）or（n_mission >2）

　　setal（66496）　　　　; Paramete invalid

endif

（2）利用 DPR 做信息传递和交换实现监控，如监控目前实际的位置变量，如图 3-121 所示，先进行定义变量和开启变量。

```
上电同时，开启监控和补偿
NCK一侧，如下处理（CMA/CYCPE1MA.SPF中）

;WKS Berechnung X-Achse im Satz N1410 anpassen. Beispiel: Eintauchrichtung - ([X_1]-(((SIN),
Eintauchrichtung + ([X_1]+(((SIN)
;Axis position ==> PLC: Software cams
;----------------------------------
IDS=91 WHENEVER TRUE DO
DBR_POS_AXIS_X1=$AA_IM[X_1] DBR_POS_AXIS_E11=$AA_IM[E_11]

IDS=92 WHENEVER TRUE DO DBR_POS_AXIS_X1_Z11_GEO=
($AA_IM[X_1]-(((SIN($AA_IM[E_11]))*$MC_TRAFO6_MAIN_LENGTH_AB[1])+0)

IDS=93 WHENEVER TRUE DO DBR_POS_AXIS_Z11_GEO=
((((COS($AA_IM[E_11]+180))*$MC_TRAFO6_MAIN_LENGTH_AB[1])+$MC_TRAFO6_MAIN_LENGTH_
AB[1])+$MC_TRAFO6_TFLWP_POS)
其中：
DEFINE DBR_POS_AXIS_X1 AS $A_DBR[600] ->db213.dbd6
DEFINE DBR_POS_AXIS_X1_Z11_GEO AS $A_DBR[708] ->db213.dbd114
DEFINE DBR_POS_AXIS_Z11_GEO AS $A_DBR[712]->db213.dbd118
```

（DBR_POS_AXIS X1_GEO）

图 3-121　定义变量

PLC 关联变量实现监控，如图 3-122 所示，关联声明的变量。

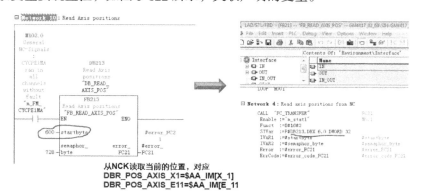

图 3-122　关联 PLC 变量

（3）用凸轮开关或变量记忆来做位置监控，如图 3-123 所示，凸轮开关用来监控特殊的重要位置。

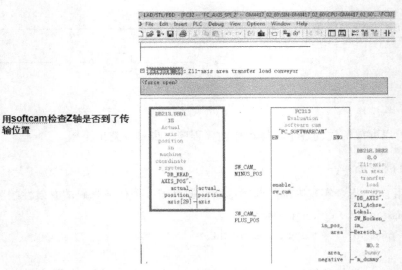

图 3-123　softcam 监控位置

3.16.3　接口通信

一般先实现 DPR 内部接口。如获取 NCK 的变量关联到 PLC 等。为了实现实时传输，一般将 NCK 侧的变量做成同步 IDS 模式，如：

IDS=13 DO $A_DBR[28]=$AA_IM[TY1] $A_DBR[56]=$AA_DTEW[TY1]

初始化调用一次后生效。利用 DPR 传到 PLC。

3.16.4　轴容器

机械手大略分为两种：一种是 H 型或 Gantry 型；另一种是 Robot 或 K 型。H 型的轴比较简单，都是直上直下的，可类比于机床轴 Y 和 Z 来分析，并且不需要符合几何关系，只是通道轴，因此建立坐标系也不需要调用复杂的 G54 等工件坐标系来处理，只需要 BCS 基本坐标系的偏移即可。编程时一律采用通道轴名来设计程序，也即是采用 N20080$MC_AXCONF_CHANAX_NAME_TAB 的轴名，这点需要注意。

K 型机械手需要用到特殊的 PTP 变换功能将旋转轴变为直线轴。

3.16.5　夹爪库管理

夹爪如果只有两个，则不需要建立夹爪库的概念。如果存在两个以上可更换的夹爪，则需要建立夹爪库的概念，将夹爪编号，最好在夹爪上安装 RFID 识别芯片。可更换夹爪的接口十分重要，既含有电气接口，也有气动接口，电气接口要注意通信的连接和传感器信号的对应。

3.16.6　测量补偿

机械手的测量补偿一般体现在温度或位置补偿上，由于横梁热变形和磨损，长期运行后位置会变化，所以需要对横梁上的 Y 轴位置做一定的微量补偿，如下例子，将 TY 轴补偿值命名为 TY_pose_dec。

TY_pose_bras[1]=2955.09 + TY_pose_dec

3.16.7 辅助系统

对于机械手本体系统，辅助机械手工作的系统主要是气动系统，因此对于本体来讲，主要是对于气动系统的管理。

对于机械手本体外部的控制，如辊道部分，一般只需要 PLC 来控制。

3.16.8 特殊功能

K 型机械手或 Robot 型机械手是机械手的特殊功能类。将工业机械手如 kuka 和 fanuc，直接集成于横梁上或地面导轨上构成机械手的方式有可能会是未来的主流。即使不直接集别的公司的机械手，各大制造商也会考虑提供更为复杂灵活的机械手来应对工件类型和工艺的频繁更改。

3.17 引申思考——将传统程序流程图转化为 NS 流程图甚至矩阵图

遥想当年一次大学电路设计制作实验，老师安排的任务是做一个印刷电路板，但是给我们的板子是单层铜皮板。我们需要用锯条、小刀、砂纸等工具去除多余的铜皮（导电介质），创造一个电路。电路的布线设计当然不是唯一的，虽然原理图十分简单，大多数人只是采用连线的方法把一个个元件连起来，但是这种方法需要去除很多铜皮，只保留那些需要的细铜线，在大的元件附近分配更多的铜皮。笔者不愿意浪费那些铜皮，而笔者又是一个懒惰的人，不愿意花费太多力气去除铜皮，突然想到，所有印刷电路可以尝试一种全新的设计方法，就是将整块铜皮划分成矩阵块，只需简单地刻出几条线，设计成母线排形式，就可以将电路做出来（这里举一个简单的例子，非当年的复杂例子），这样只需要用小刀划出分界线即可，基本上都是直来直去的线段，如图 3-124 所示。

笔者的设计方法成功了，同时也得到了老师的肯定。后来读了研究生，在此期间，了解到了晶圆芯片的制作工艺，先回想一下小时候在玩乐高积木时，如图 3-125 所示，积木的表面都会有一个一个小小圆形的凸出物，藉由这个构造，我们可将两块积木稳固的叠在一起，且不需使用胶水。晶片制造，也是以类似这样的方式，将后续添加的原子和基板固定在一起。晶圆就是将硅片（沙子）切割成表面整齐的基板（类似电路面包板，Shield），以满足后续制造所需的条件。

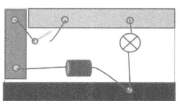

图 3-124　铜皮电路图

图 3-125　乐高积木

由 IC 芯片的三维设计图可见相似的构造，如图 3-126 所示。

从图 3-126 中 IC 晶片的 3D 剖面图来看，底部深蓝色的部分就是建筑的基板——晶圆，可以更明确地知道，晶圆基板在晶片中扮演的角色是何等重要。

至于红色以及土黄色的部分，则是于 IC 制作时要完成的地方。红色的部分逻辑闸层，它是整颗 IC 中最重要的部分，藉由将多种逻辑闸组合在一起，完成功能齐全的 IC 晶片。黄色的部分，则像是一般的功能楼层。黄色层的目的，是将红色部分的逻辑闸相连在一起。之所以需要这么多层，是因为有太多线路要连接在一起，在单层无法容纳所有的线路下，就要多叠几层来达成这个目标了。不同层的线路会上下相连以满足接线的需求。

图 3-126　IC 芯片的内部构造

然后分层施工，逐层架构，最终就完成了整个芯片，此所谓一颗沙里看出一个世界。经过如下 9 个过程，就完成了一颗芯片。

第 1~3 阶段，如图 3-127 所示，将硅变为晶圆。

图 3-127　硅变为晶圆

芯片的原料晶圆的成分是硅，硅是由石英沙所提炼出来的，晶圆便是硅元素加以纯化（99.999%），接着是将些纯硅制成硅晶棒，成为制造集成电路的石英半导体的材料，将其切片就是芯片制作具体需要的晶圆。晶圆越薄，成产的成本越低，但对工艺就要求的越高。

第 4~6 阶段，如图 3-128 所示，将晶圆变为晶片。

金属溅镀：将欲使用的金属材料均匀洒在晶圆片上，形成一薄膜。

制造光阻：先将光阻材料放在晶圆片上，透过光罩，将电子束打在不要的部分上，破坏光阻材料结构。接着，再以化学药剂将被破坏的材料洗去。

蚀刻技术：将没有受光阻保护的金属，以蚀刻液洗去。蚀刻液通常是具有高腐蚀性的强酸。

光阻去除：使用去光阻液皆剩下的光阻溶解掉，如此便完成一次流程。

最后便会在一整片晶圆上完成很多 IC 晶片，接下来只要将完成的方形 IC 晶片剪下，便可送到封装厂做封装。

图 3-128　晶圆变为晶片

第 7 ~ 9 阶段，如图 3-129，将晶片封装为芯片。

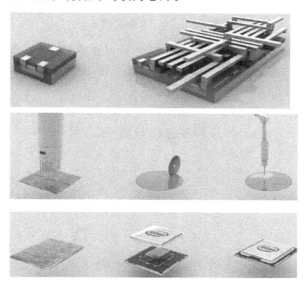

图 3-129　晶片封装为芯片

硅晶片在金刚石切割机床上被分切成单个的芯片，到此的单个芯片被称为"管芯"（DIE）。将每个管芯分隔放置在一个无静电的平板框中，并传送至下一步，管芯被插装进它的封装中。芯片封装保护管芯避免受环境因素影响，同时提供管芯和电路板通信所必需的电连接，完成封装后，便要进入测试阶段，在这个阶段便要确认封装完的芯片是否可以正常的运作，正确无误之后便可出货。

正所谓，九层之台，起于垒土。

毕业以后，笔者基本上忘记了这些故事，直到有一天，看到一台德国机床的设计文档，如

图 3-130 所示。这份文档是关于一种诊断数据库的，机床制造商将几乎所有动作逻辑图变为通用形式以数据库形式呈现，其逻辑条件、动作和执行的结果都可被可视化。

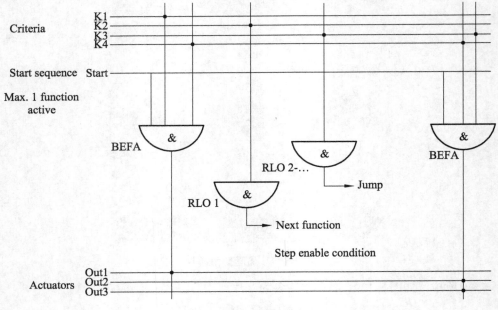

图 3-130　设计文档

在图 3-130 中，Criteria 表示条件母线排，将所有可能用到的逻辑条件都总结成母线排的形式，Start 为使能信号配合 Criteria 条件汇总到每一个与门变为逻辑条件，最终通过执行器产生输出。

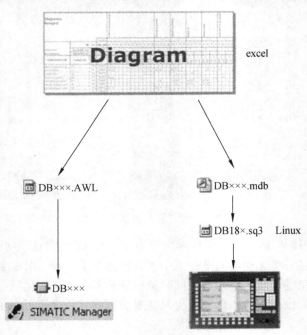

图 3-131　表格形式与数据库

这些功能元素和逻辑关系都可以用表格的形式来表现。如图 3-131 所示，这些 Excel 表格就成为它的体，而它的用体现在两个方面，将此 Excel 表格通过脚本程序生成相关的 MDB 数据库文件，再经转换就变为数控系统下可见的数据页面；将此 Excel 表格通过脚本程序生成 AWL 数据块文件就可以被 PLC 使用。因此，HMI 和 PLC 就有了同步关系，可以实时的完成一些监控和分析任务。

表格的形式可以很容易的转化为 N-S 流程图。图 3-132 是 N-S 结构化流程图，可以看出这种流程图很像表格，是紧凑的矩阵形式。

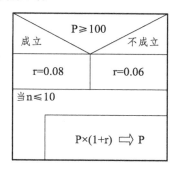

图 3-132　NS 流程图

如图 3-133 所示，是传统的流程图，它的流向比较随意，与传统的电路相似，不适合模块化的设计流程。

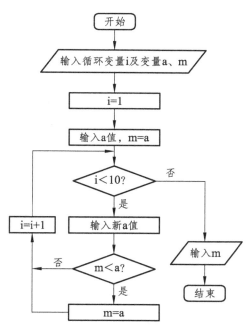

图 3-133　传统流程图

对于大数据的分析和复杂程序的架构，将来最好是都采用 N-S 的描述方法，这是一种技术的进步。N-S 描述就像将传统的电路分析集成为芯片一样。

4 四相之 DRV 驱动系统设计

驱动系统的目的是什么？

驱动的目的的实则就是让执行元件服从主人的命令，精准快速地达到预定的目标。类比于之前的 PLC 程序开发对应的开发软件为 Step7，NCK 程序开发对应的开发软件为文本编辑器 Notepad++，驱动 DRV 程序开发对应为 Scout，简化版为 Starter。还有两个软件 SinuCom NC 和 HMI Advanced 也经常被用作数控系统的驱动调试。从基本原理角度出发，多使用 Starter 软件来做相关的驱动设计，但从应用方便角度出发，多使用 HMI Advanced 来做数控的应用和优化。

4.1 驱动的基础

驱动隶属于 SINAMICS 系列，namics 就是动态驱动的意思，这一层只是涉及最基本的电机驱动，由变频器的原理进入基本的驱动器原理，再往上一层就是 simotion 解决方案，motion 这一层开始接触复杂的运动控制，涉及多轴的插补，但也是基本的插补控制，再往上一层就是 sinumerik，numerik 就是数字控制。

驱动已经是底层的东西了，所以需要一些底层的知识，但是西门子为了使底层和高层交融，将底层驱动也用高层的表示方法，在此介绍的就都是一些基本的概念和原理，笔者认为最重要的就属驱动的数据集或数据库原理了。

4.1.1 驱动对象-数据库原理

驱动设备分配识别符后就成为驱动对象，具有复杂的电气特性。驱动内部软件架构被描述为数据组形式，分为 CDS，DDS，EDS，MDS，PDS 等。

（1）CDS-指令数据组-P0170。

CDS 可以便于驱动预设多个信号源，不同驱动对象可以管理的指令数据组数量不同，最多 4 个。指令数据组的数量由 p0170 设置。

在矢量模式中，以下参数用于选择指令数据组和显示当前的指令数据组。

二进制互联输入 p0810 ~ p0811 用于选择指令数据组。这些输入以二进制形式（最高值位为 p0811）表示指令数据组的编号（0 ~ 3）。p0810 BI：指令数据组选择 CDS 位 0。p0811 BI：指令数据组选择 CDS 位 1。

如果选择了不存在的指令数据组，则当前的数据组保持生效。选中的数据组由参数 r0836 显示。

（2）DDS-驱动数据组-P0180。

DDS 包含用于切换驱动控制的设置参数，如安全测试使用较小的扭矩参数，一般加工过程使用正常参数等。

二进制互联输入 p0820 ~ p0824 用于选择驱动数据组。这些输入以二进制形式（最高值位为 p0824）表示驱动数据组的编号（0 ~ 31）。p0820 BI：驱动数据组选择 DDS 位 0。p0821 BI：驱动数据组选择 DDS 位 1。p0822 BI：驱动数据组选择 DDS 位 2。p0823 BI：驱动数据组选择 DDS

位 3。p0824 BI：驱动数据组选择 DDS 位 4。

（3）EDS-编码器数据组-P0140。

（4）MDS-电机数据组-P0130。

（5）PDS-功率单元数据组-P0120。

4.1.2　BICO 技术（内部软连接技术）

每个驱动设备中都包含大量可连接的输入/输出数据和内部控制数据。利用 BICO 互联技术（Binector Connector Technology），可以对驱动设备功能进行调整，以满足各种应用的要求。可通过 BICO 参数任意连接的数字和模拟信号，其参数名预设为 BI，BO，CI 或 CO。这些参数在参数列表或功能图中也具有相应的标记。

实则这些 BICO 数据就类似 PLC 中的中间变量和数据块，可供中间关联和运算使用。

二进制接口如表 4-1 所示。

二进制接口是没有单位的数字（二进制）信号，其值可以为 0 或 1。

二进制接口分为二进制互联输入（信号汇点）和二进制互联输出（信号源）。

表 4-1　二进制接口

缩　写	符　号	名　　称	描　　述
BI		二进制互联输入 Binector Input（信号汇点）	可与一个作为源的二进制互联输出连接。二进制互联输出的编号必须作为参数值输入
BO		二进制互联输出 Binector Output（信号源）	可用作二进制互联输入的信号源

模拟量变量定义如表 4-2 所示。

表 4-2　模拟量变量

缩　写	符　号	名　　称	描　　述
CI		模拟量互联输入 Connector Input（信号汇点）	可与一个作为源的模拟量互联输出连接。模拟量互联输出的编号必须作为参数值输入
CO		模拟量互联输出 Connector Output（信号源）	可用作模拟量互联输入的信号源

模拟量接口是数字信号，如以 32 位格式，可用于模拟字（16 位），双字（32 位）或者模拟信号。

模拟量接口分为模拟量互联输入（信号汇点）和模拟量互联输出（信号源）。

举例：互联数字信号如图 4-1 所示，假设驱动需要通过控制单元的端子 DI 0 和 DI 1，以 JOG 1 和 JOG 2 方式运行。

DI0 对应互联输出 r722.0，DI1 对应互联输出 r722.1，使用 Starter 将这两个输出分别连入 JOG1，JOG2 点，就可以实现功能，如图 4-2 所示。

NCU 上的数字输入信号 DI 变量 X122，X132 等在驱动系统一侧用 r0722 参数 CO 信号关联描述。组成一组 DI 与 CO 的变量连接，常用的 NCU 上的 BICO 信号如图 4-3 所示。

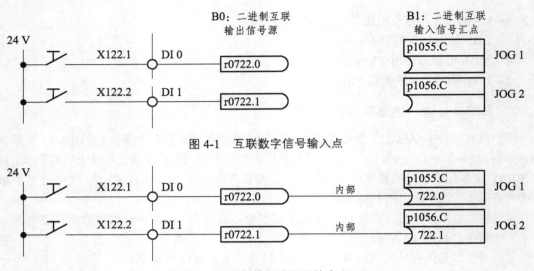

图 4-1　互联数字信号输入点

图 4-2　互联数字信号的输出点

信号	参数
X122.1~X122.4	r0722.0~r0722.3
X132.1~X132.4	r0722.4~r0722.7

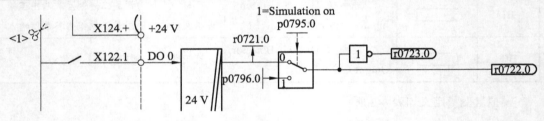

图 4-3　NCU 上的 r0722 信号

由于板载端子 X122，X132 等既可作 DI 输入，又可作 DO 输出，为实现灵活的切换，故设置了一组开关来切换输入输出功能，如图 4-4 所示。

X122.7, X122.8, X122.10, X122.11	输入：r0722.8~r0722.11
	输出：p0738~r0741
X132.7, X132.8, X132.10, X132.11	输入：r0722.12~r0722.15
	输出：p0742~r0745

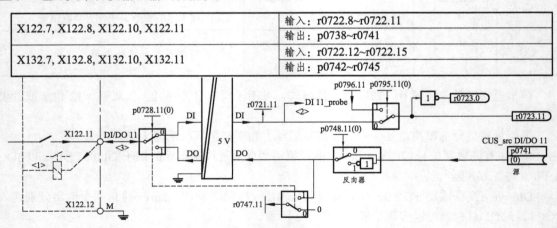

图 4-4　信号输入输出特性的双重切换

NX 信号与 NCU 信号类似，作了一些简化，常用的 NX 信号如表 4-3 所示。

表 4-3   常用的 NX 信号

信　号	参　数
X122.1～X122.4	r0722.0～r0722.3
X122.7，X122.8，X122.10，X122.11	输入：r0722.8～r0722.11
	输出：p0738～p0741
NCU X122 X132 的输入信号	r8511.0～r8511.15

ALM 模块上也有一些关键的 BICO 信号，如表 4-4 所示。

表 4-4   ALM 信号

EP 准备好	r0899.0
OFF1 控制	p0840
OFF1 准备好	r0863.0
进线接触器控制信号	p0860
进线接触器反馈信号	r0863.1

BICO 的内部链接逻辑，表现于 Starter 软件的 Interconnection 菜单选项下，可以查看并作相关的修改，如图 4-5 所示。

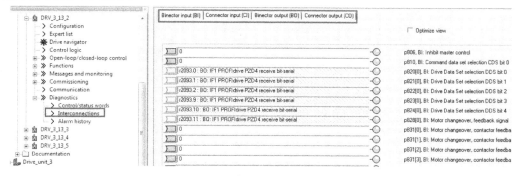

图 4-5   内部的 BICO 连接逻辑

4.1.3   驱动的象数系统（功能图和参数）

原始系统本无象数之分，前人为研究方便，故分为图形与参数，驱动系统也是如此。不少人接触数控驱动，总感觉是在和许多驱动参数打交道，不求甚解，以至于误认为只要熟记某些参数即可。仅是通过死记硬背和某些经验得来的知识，不知道参数间的关系又怎能理解数控的精髓呢？如果变了系统怎么办，如从西门子变成 Fanuc 怎么办？那又是一套全新的参数，难道还要从头学起？

有没有一种方法可以一劳永逸？答案是有。那就是把驱动原理演变为象（功能图形）数（参数）系统。类似理解了编程的逻辑和方法，那么既可以用 Step7 作西门子 PLC 编程，也可以用 Control Logix 做 AB 的编程。象数系统的显性表现软件就是 Starter/Scout。可以通过 Starter 来查看显性的功能图。

1. 速度环框图分析

分析典型功能图可以帮助理解象数系统，图 4-6 为速度环功能框图。

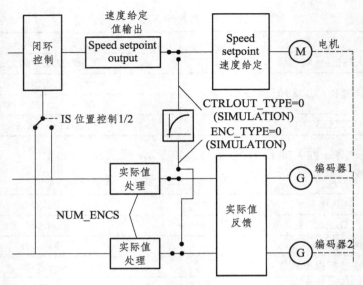

图 4-6　控制简图

在 Starter 软件中将速度环框图单独取出,如图 4-7 所示,速度环详细功能图主要有报文配置、设定、动态伺服控制器、点击、编码器等构成。

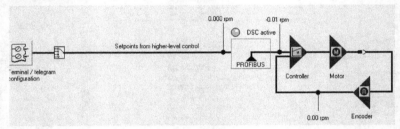

图 4-7　速度环框图

打开速度控制器,如图 4-8 所示,可以看出给定值是两部分构成:一个是设定值;另一个是有前馈给定的值。经过速度限制器作用后输出,其核心为 PI 控制算法,具有自适应参数。

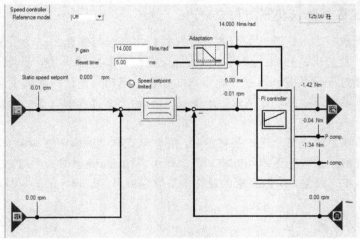

图 4-8　速度控制器框图

2. 测量系统框图分析

测量系统这个概念是站在 NCK 系统这一层来看底层的编码器（从高层看底层），如果测量系统为体，则具体的编码器、数据线、连接关系等就是用。体、用是相通的，但却是不尽相同的。因为体是不变的，而用是变的，目的只有一个，实现方法却多种多样。由底层来看，编码器主要和传动装置的设置有关，如图 4-9 所示。

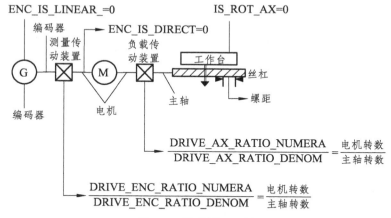

图 4-9　编码器配置图

从编码器一侧来看，参数主要和现场工艺有关，如减速比、丝杆螺距、编码器分辨率等。利用 Starter 软件也可看出一部分编码器的框图，如图 4-10 所示。

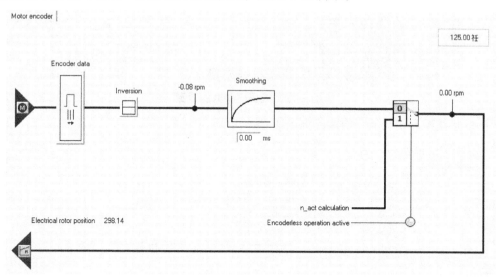

图 4-10　编码器框图

可以看出，编码器的信号经过了反转，即变为负反馈，而后经过平滑滤波，而后反馈到控制器。类似的问题可以通过 Starter 进行更细致分析。扩展开来谈，我们知道 NCK 一侧的象数系统不明显，一般只有数（参数）而无象（不公开），而驱动这边存在多种象数系统，611U 是 611U 的象数，611D 是 611D 的象数，MV440 是 440 的象数，S120 自然是 S120 的象数，而 NCK 参数绝大部分的作用就是将底层驱动系统和高层算法匹配连接起来，由于连接亦与项目具体的工艺运用有关，故因人而异，参数配置也不尽相同。举个例子，我们国内通常将第一测量系统默认关联电机本身的编码器（SMI 接口），对应 VDI 接口信号 DBX1.5；如果加个光栅，则光栅默认一定作为第二测量系统，对应 VDI 接口信号 DBX1.6。如是分配，则编码器 1 一定对应测量系统 1，编码器 2 一定对应测量系统 2。这种分配下，则位置环测量通过激活的第二测量系统 DBX1.6 来激活。

但是国外一般不这么做，他们恰好与此相反，他们把测量系统 1 匹配第 2 编码器也就是光栅，然后激活 DBx1.5 第 1 测量系统，就相当于位置环通过激活的第 1 测量系统来实现。匹配测量系统和编码器关系的参数就是 MD30230，国内默认一般都采用的设置为：MD30230[0]=1，MD30230[1]=2，而国外一般是用 MD30230[0]=2，MD30230[1]=1 较多，如图 4-11 所示。

轴机床数据		AX2:Y_1_ DP3.SLAVE3:DRU_3.3:5 (12)	
30110[0]	设定值传送：模块编号	2	po
30120[0]	设定值传送：驱动子模块/模块上的…	1	po
30130[0]	设定值的输出类型	1	po
30132[0]	轴为虚拟轴	0	po
30134[0]	设定输出不是单极	0	po
30200	编码器的数量	2	po
30220[0]	实际值传送：驱动器编号/测量回路…	2	po
30220[1]	实际值传送：驱动器编号/测量回路…	2	po
30230[0]	实际值传送：驱动器模块/测量回路…	2	po
30230[1]	实际值传送：驱动器模块/测量回路…	1	po
30240[0]	检测实际位置的编码器类型	4	po
30240[1]	检测实际位置的编码器类型	1	po
30242[0]	独立编码器	0	cf
30242[1]	独立编码器	0	cf
30244[0]	编码器测量类型	1	po
30244[1]	编码器测量类型	1	po
30250[0]	内部编码器位置	68789028	po
30250[1]	内部编码器位置	24764366	po
30260[0]	绝对编码器：绝对分辨率和增量分辨…	4	po

图 4-11　编码器参数的设置

实际的接线图和编码器参数匹配如图 4-12 所示。

1FK7105-2AF71-1QG0-ZV01
SYNCHRONOUS MOTOR 1FK7-CT 48 NM

Product details CAx data

SIMOTICS S SYNCHRONOUS MOTOR 1FK7-CT PN=8,2 KW; UZK=600V M0=48NM (100K); NN=3000RPM; NATURAL COOLING; FRAME SIZE IMB 5 (IM V1, IM V3) FLANGE 1 POWER CONNECTOR ROTATABLE ABSOLUTE ENCODER SINGLETURN 20 BIT WITH DRIVE-CLIQ INTERFACE (ENCODER AS20DQI) PLAIN SHAFT, TOLERANCE N; W/O HOLDING BRAKE PROTECTION CLASS IP64; V01: SPECIAL SHAFT END 38K6 X 120 CUSTOMER SPECIFIC MOTOR SMR-124-2013

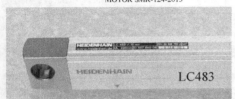

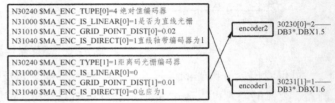

N30240 $MA_ENC_TUPE[0]=4 绝对值编码器
N31000 $MA_ENC_IS_LINEAR[0]=1是否为直线光栅
N31010 $MA_ENC_GRID_POINT_DIST[0]=0.02
N31040 $MA_ENC_IS_DIRECT[0]=1直线轴带编码器为1

encoder2　30230[0]=2←
　　　　　DB3*.DBX1.5

N30240 $MA_ENC_TYPE[1]=1距离码光栅编码器
N31000 $MA_ENC_IS_LINEAR[0]=0
N31010 $MA_ENC_GRID_POINT_DIST[1]=0.01
N31040 $MA_ENC_IS_DIRECT[0]=0也应为1

encoder1　30231[1]=1←
　　　　　DB3*.DBX1.6

图 4-12　测量系统与编码器配置图

为什么这样做呢？一定有其好处，笔者认为主要是做全闭环半闭环切换时，PLC 一端不必对 DBX1.6 做屏蔽处理，只需改动参数即可。但是这样做有个问题会暴露出来，那就是 NCK 系统报警会出现混乱，因为 NCK 报警和驱动报警不同，属于较高层面，NCK 只能读到测量系统的故障，而不可能再深入一层去读取驱动故障，因此，当光栅发生故障后，系统会报警如图 4-13 所示。

报警日志　当月

出现	清除	报警号	文本
16.11.16 00:18:00.167	---	700513	Error in reading data of tool (FB350, FB351)
16.11.16 00:16:58.413	---	25000	Axis Y_1_ hardware fault of active encoder
16.11.16 00:16:17.599	---	27097	SPL start not executed
16.11.16 00:15:28.733	---	26106	Encoder 1 of axis Y_1_ not found
16.11.16 00:15:28.427	---	27040	Axis ZM2_ waiting for motor module.
16.11.16 00:15:28.427	---	27040	Axis ZM1_ waiting for motor module.

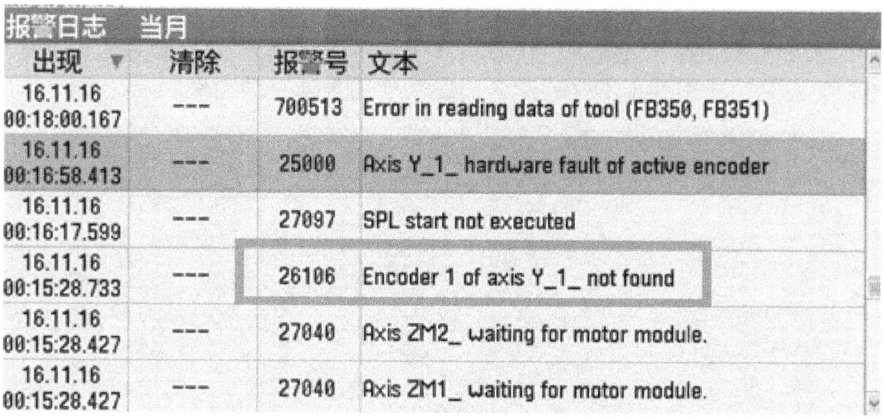

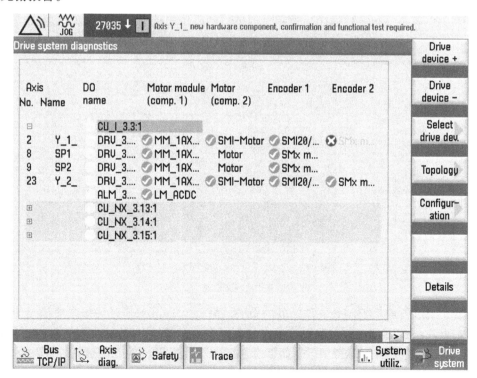

图 4-13　光栅故障

注意 26106 报警编码器 1 错误，实际上这个应该是测量系统层面的报警，也就是测量系统 1 发生了故障，实际接入的是编码器 2，所以如果维修人员按照这个报警去修，就会错将电机内部编码器 1 拆下换掉。

如果此时通过底层驱动层面去分析，则会得出真正的状态，如图 4-14 所示，看出确实是编码器 2 光栅报警。

图 4-14　topo 故障诊断

这说明西门子报警系统并不是万能的，该系统本身也会有一些 Bug，因此，我们必须修改掉这个 26106 报警。

4.1.4 驱动控制的逻辑和通信

驱动的控制逻辑主要通过命令字和状态字来实现，类似 PLC 的控制是通过指令和数据块来实现的。PLC 中控制逻辑用梯形图来表示，而驱动中用逻辑原理图来表示，如图 4-15 所示。

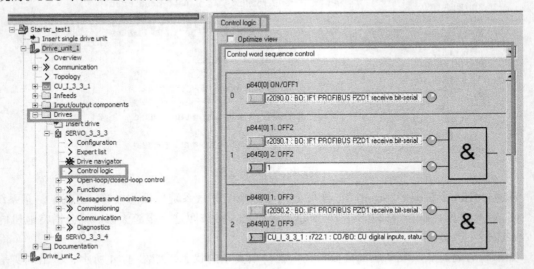

图 4-15　控制逻辑

驱动的命令字和状态字被描述为过程量数据，然后用来传输和通信，称为报文协议，如图 4-16 所示。

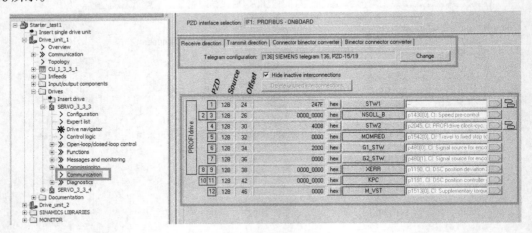

图 4-16　报文协议

利用报文来进行通信控制是一种标准的做法，报文（Message）是网络中交换与传输的数据单元，即站点一次性要发送的数据块。报文包含了将要发送的完整的数据信息，其长短很不一致，长度不限且可变。我们思考一下，如果说 PLC 一般是关注一些点的运算过程，NCK 则是关注指令的作用，那么驱动系统关注的是更加复杂的具体实现，我们发送命令给电机，如果都采用点到点方式，比如启动电机，停止，切换高速，切换低速，是一种简单易行的方案，但不可实现复杂的控制，如果做出一个数据块，里面包含诸如速度、扭矩、命令、状态、报警灯等一些必要的信息，并做成标准协议，那就形成了报文。就可以实现复杂的控制。然后，我们对于驱动系统的研究就可以演变为对数据对象的研究过程，它的核心就是数据库的管理和通信、报文的理解和应用。

4.1.5 驱动分析的相关基本概念

驱动分析可分为定性分析和定量分析，定性分析是对概念的宏观和直观把握。侧重于对理论的深刻形象理解。驱动控制的基本概念必须要进行直观的定性分析，然后再结合定量分析才能整体把握。定量分析主要就是选型计算和调试过程。驱动设计应基于基本的纯物理定律，并且避免复杂的数学计算，参照一个性能优越的成熟产品，分析其背后蕴含的每一个定律对设计会大有益处。设计机器的最基本的目标就是把能量传递到多个可控的机械运动环节，以便提高过去由人力操作所不能达到的效率。工程师关注的就是如何将力变换传导到生产中的各个机械部件。

1. 旋转和平移运动

机械结构设计的要点依旧是如何在旋转运动，直线运动或其他形式的运动之间寻求最优转化。机械结构并不是简单地将物理学和数学概念堆砌起来的综合体，更多的是要注重实践。旋转运动和直线运动就是一切时空运动问题的最基本表象，旋转可以引申为摆动，摆动引申为周期，周期就是时间，因此旋转运动可以类比于时间概念。而直线运动侧重分析位移变化，类比于频率的概念。将时域分析想象为圆周运动，将频率想象为直线运动，就可进一步理解正弦图像和 Bode 图的直观关系。

2. 加速度概念—— 以 S 曲线为例

根据牛顿的研究成果，力与加速度一致，而速度的变化产生加速度，加速度变化就产生冲力，冲力是对生产和安全影响最大的因素之一，如同开车，在启动和刹车时感受的力很明显。如果速度按照斜坡曲线加速，如图 4-17 所示，则其加速度在启动的瞬间有一个冲激函数突变，然后趋于一个恒定值，速度恒定时，加速度消失，这两个不连续的点是产生冲力的因素，对于工件的加工的影响是明显的。

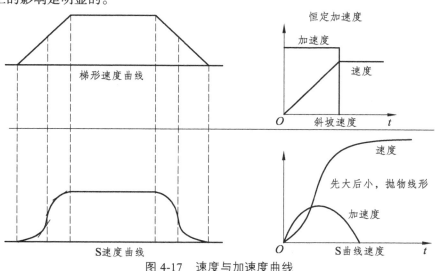

图 4-17　速度与加速度曲线

为了减弱和消除冲力的影响，可以使用 S 型速度曲线。当选择了 S 曲线后，可以从图上看出，冲力被平滑掉，数控中，可使用程序使用 SOFT 来选择 S 曲线。但需要特别注意，S 曲线运动中要求的最大峰值加速度要比梯形加速度要大，这意味着选型时电机输出的峰值转矩和电流要更大。因此 SOFT 模式和 BRISK 模式切换并不是无代价的。S 曲线对硬件要求更高了。S 曲线优点是启动时，加速度为 0，当速度以最大变化率增加时，加速度也为最大。伺服选型必须满足两个要求：能够提供足够的推动力，能够提供满足电机加速要求的转矩。此转矩是电机设定的加速度和折合到电机轴上的惯量的乘积。

3. 共振分析

共振的引起是由于不同物体之间的杨氏弹性模量不同，也就是刚度不同，一旦达到共振的频率，就会引发共振。伺服驱动在低频工作时，指令和响应都比较慢，因而没有误差，一旦转入高频，惯性系统的输出会随频率升高而减小。因此，发生振动传递环节越多，越容易引起共振，例如，一个使用旋转电机、联轴器、齿轮箱、丝杆和导轨的机构必然比使用直线电机、导轨的系统更容易引起共振，联轴器、齿轮箱、丝杆都可以看作是一个个惯性传递环节，每个环节的固有频率都不同，因此运动时响应并不一致，一旦达到适当的频率，就会发生共振。也必须关注装配的质量，如随便地将联轴器或轴承装配上，则电机和联轴器之间就相当于多了一个振动极点（从开环增益来看），等价于使用编码器后的闭环系统多了一个零点，因此，当达到这个振动频率时，如果系统处于开环控制状态则输出会非常大不受控制，直观表现就是大幅摆动，如果是闭环控制，则变为阻止输出，引发停止。

4. 可控性概念

伺服的目的是使状态可控（联系指令、状态、对象之间的关系），驱动设计和调试就是通过指令（命令源）来控制对象产生目标路径，获取并分析其状态的过程。

完全的可控性等同于绝对的安全（可联系安全集成概念），但稳定性不一定意味着安全，稳定只是一种状态，如反应堆处于稳定发电状态，但进入反应堆不做防护一定会受到辐射伤害，只有配合完全可控才能达到安全，这点必须特别注意。

可控性是一个过程量，如果物体的运动在整个过程中都处于命令发送者可控和认可范围内，则被称为完全可控。因此，可控意味着安全。但需要注意命令源如果有多个，例如，机床要求打开安全门，机械手却认为不可打开安全门，此时就必须关注可控性的交叉解耦和互锁概念。因此，在多变量控制中，存在可控性和安全性的矛盾，重申此概念：为保证绝对安全的情况下必须对可控性提出解耦和互锁的要求。

可控性主要反映在程序设计者的逻辑上，特别是安全逻辑、循环动作逻辑上。

理想的伺服系统的指标，应该是完全可控的，处于临界阻尼状态的，可以快速地、平稳地修正误差，并具有较宽的响应范围。

5. 稳定性概念

稳定是一个注重结果的指标，关注的是最终的运动结果，一般需要长时间的衡量。稳定的系统本身可能并不安全。造成危险的因素被隐藏在稳定的外表之下，在系统从一个突然变化到逐渐稳定的过程中，可能会产生人身、机器的伤害，例如，一个砂轮自由的停车趋于稳定，在这个趋于稳定的过程中，接近砂轮的人和物都是高度危险的。稳定性是一个驱动系统正常工作的前提，设备完全稳定后，再去关注可控性，以便达到设备的绝对安全，这样便成就一台完美机器。

稳定的伺服系统表现在可以平滑地修正误差（在一个方向上平滑的快速消除速度或位移的误差）。不稳定的伺服系统表现在修正误差的速度太快或太慢，于两个不同方向修正误差。欠阻尼下系统很难修正误差，过阻尼下系统无法尽力修正误差并出现延时，能尽快适当地修正误差的系统处于临界阻尼状态。

稳定性调整的手段主要有：速度增益用来修正速度误差，积分增益用来修正位移误差。可见，稳定性的调整主要是考验设计人员的控制算法和硬件水平。

稳定性本来是衡量长期时间内系统不随时间变化的指标。但是检验稳定性最好的方法却是在系统上加一个突变信号，观察系统的响应。冲激函数反映在时域就是一个突变，但在频域却是一个常量。因此，稳定性可在频域内方便地分析和处理。

带宽可以用来衡量系统稳定性的指标，理想的系统是当命令输出 100%时，立刻输出 100%，这种状态称作不失真，但这种理想系统在自然界是不存在的，如果系统输出降到 70%以下，则认为系统已经不能稳定地跟随命令了，因此幅度的关键值是 70%，为了方便在频域内分析，用 20log（70%）变换为-3.09 dB，四舍五入为-3 dB 作为幅值稳定的考核指标。

如果系统幅度失真，则对各个分量的放大衰减幅度不同。如果系统相位失真，则出现延迟。理想的相位为过原点的一条直线 phi=w*t0，t0 为常量，W 为变量。

对于低通频率响应，随着信号的频率增加到一定的程度信号幅度会开始衰减。当信号的功率衰减到原有的一半时候有：

$$10\log_{10}\left(\frac{p_1}{p_2}\right)=10\log_{10}\left(\frac{1}{2}\right)=-3\mathrm{dB}$$

在坐标轴上对应的-3dB 位置称为半功率点，通常以-3dB 位置为通带的截止频率。

6. 驱动的内部和外部算法

驱动控制算法分为内部和外部两种，对内而言，特指驱动内部的插补算法实现，闭环控制实现等等。对外而言，特指针对不同工艺过程而产生的相关应用程序。驱动内部的算法比较复杂，涉及电子技术，特别是 DSP，FPGA 的算法实现过程，数控一般是将算法固化在这些器件之中完成复杂的控制计算。对于应用工程师来讲，我们不必关心内部的实现过程，应用中一般只需关注外部算法实现，主要可以归为两类算法：一类是针对位置的计算过程；另一类是针对速度的计算。对于位置的计算并不复杂，主要是多轴运动中各轴的坐标关系，当计算出位置后，速度的计算成为重点。

应用中需要确定给定速度，这个一般由工艺决定，然后由 F 代码倍率控制给定速度值。

内部算法根据给定的速度，根据实时的位置变化，计算速度脉冲量实现速度计算过程。

速度是对位置的求导过程，加速度是对速度再次求导，加加速度是对加速度的求导。而最终速度环的指令由电流环实现，电流环通过 PWM 波控制晶闸管的导通关断来实现转矩电流的控制，驱动电机工作。

4.2 驱动的拓扑

西门子将驱动系统彻底模块化了。模块化的真正含义，即在全局意义上建立一个离线的系统模型，此模型高度模块化，包含所有可能的未来运行状态，然后应用到实际比较，实际中存在的模块被激活，实际中不存在的则不予激活。驱动对象变量称为 DO（Drive object），对象这个概念是个核心概念，将可见实体变为实体对象来分解研究，亦将实体对象抽象为数学模型的软件对象来研究，因而形成两个空间，一个物理实体空间，一个虚拟数字空间，类似 PLC 和 NCK 之间的协调，物理和虚拟空间之间也有类似的匹配和融合概念，只有两个空间基本一致，就证明系统配置完毕，可以正常工作。

驱动的拓扑实则还可以如是理解，一个完整的电路不仅要有元件描述，更要有几何描述，元件描述就是用代数方程和微分方程等来描述元件本身的属性，也就是数的关系表达式，几何描述就是描述元件的逻辑流向，也就是拓扑结构，在现代控制工程领域，拓扑可用多变量关系矩阵来描述。

4.2.1 驱动和拓扑结构配置

驱动设备（带节点编号）通常由一个控制单元及连接的一定数量的驱动对象（DO）组成。对象间的连接必须遵循规律。如图 4-18 所示，驱动之间的通信利用报文和同步时钟来具体实现。

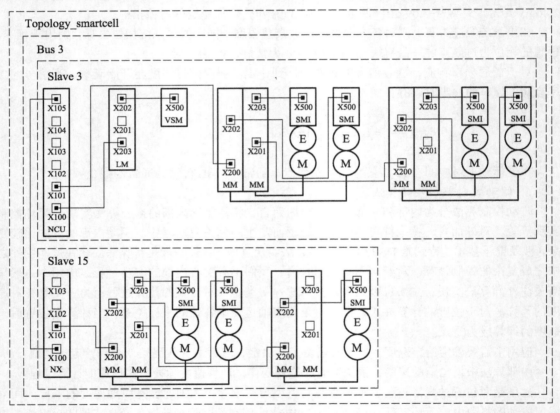

图 4-18　驱动系统 topo 结构

再将具体的驱动部件细化为各个数据集合，就形成了如图 4-19 所示的驱动对象分类，驱动对象以变量形式存储在驱动内存中，一般可用 DO（Driver Object）来描述。

4.2.2 案例——分析拓扑传输路线

拓扑结构和对象之间的软连接和比较运算等应是西门子的核心机密，笔者也无法得知其完整的驱动协议。就 Drive-Cliq 而言，也绝不是完美的，我们现场曾发生过一个故障，当编码器发生故障后，由于编码器连接到了 NX15 模块，NX15 模块连到 NCU，如图 4-20 所示。

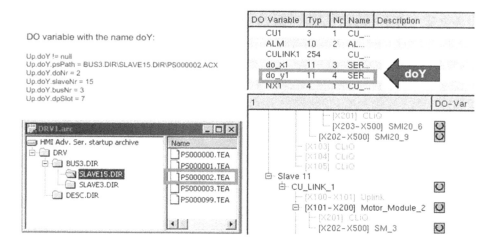

图 4-19　驱动对象

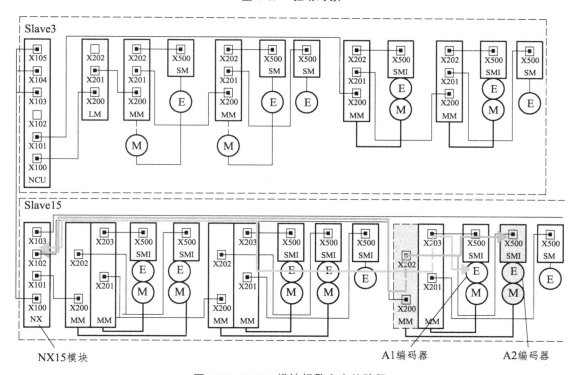

图 4-20　NX15 模块报警产生的路径

　　本应报警编码器故障的，结果却报警 NX15 模块故障，并且编码器没有被识别却不报警。证明一点，数控系统数据集过分庞大，在同时处理这些全局矛盾和局部细节的时候有些力不从心。如图 4-21 所示，只能手动摄入进行分析。

　　本应由系统自己进行自动比较和判断的过程，最终只需提示用户检查 A1 或 A2 编码器，却变为整个 NX15 模块变红报警，因此常使一般的用户和维修人员误入歧途。不过，就算将来彻底解决了这个问题，我们作为用户也只能是"后知后觉"，查看资料后发现如图 4-22 所示的图纸。

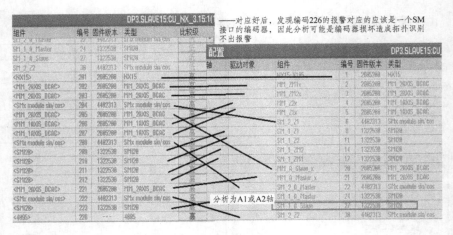

图 4-21　采用划线比较法分析

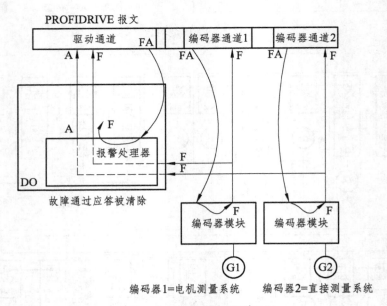

图 4-22　报文处理报警的机制

如果此原理图正确的话，编码器的故障响应应该是一直存在的，除非编码器损坏到已经无法将故障数据传到报文中去。如果我们自己有一套报文诊断设备可以分析出所有的报文传输路径，那么故障就可以一路了然了。

4.2.3　应用案例——使用 DMC20 改变拓扑结构

传统的编码器都和本身的电机组成一组成对接入系统，这种布局对于集中控制系统比较合适，因为电缆比较集中距离也比较短，但是对于分散系统或者距离比较长的系统，则并不适用，设想执行部件和电机距离主控制柜很远，如果采用传统布局，则所有的编码器 Drive-Cliq 线都需要接入柜内，而且不便于管理，那么是否可用一根总线替代接入系统，然后另一端接入类似集线器 Hub 的部件，再由 Hub 分散到各处，这样必将可以省去很多电缆。这个 Hub 就是 DMC20，典型布局如图 4-23 所示。

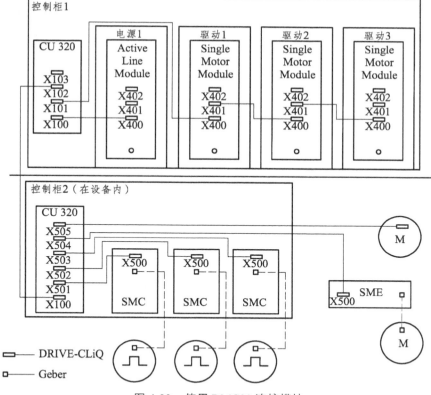

图 4-23　使用 DMC20 连接模块

　　这样做好处多多，用户可自行体会。还有另一套思路，如果未来驱动模块母线采用断路器和放电电阻，就可以实现驱动故障完全切除功能，当断开故障模块母线断路器后，自动接通相关的放电电阻进行放电。驱动总线采用冗余化设计，采用设定点切换功能和屏蔽功能等当出现故障后自动切除有故障的驱动模块，然后使用另一套驱动参数立刻投入运行，这样就可以做到完全切除驱动模块。这种方案特别适用于多主轴并行工位，例如，假如主轴 1 故障，迅速切除主轴 1，不影响主轴 2 工作，原理如图 4-24 所示。

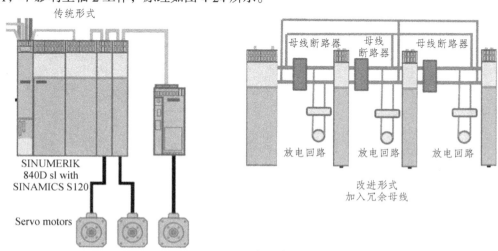

图 4-24　冗余母线原理

4.3 驱动的配置

驱动的配置可以简单分几个阶段，每个阶段参与的人员有着不同的工作范围。

（1）选型阶段，可以采用 Sizer，这个阶段主要是机械工程师提出参数要求。

（2）设计阶段，可以采用 HMI-Advanced 和 Starter，电气工程师根据 Sizer 软件的选型进一步写出详细配置。

（3）集成阶段，可以采用 CMC，集成工程师根据设计软件生成的参数做进一步集成。

（4）调试阶段，Starter，HMI-Advanced，调试工程师参与进行现场项目的调试，并反馈结果给设计人员。

（5）验收阶段，可以采用 SinuCom NC，调试人员和验收人员配合进行项目的验收和最终测试。

4.3.1 常用模块的选型配置

常用的选型配置如图 4-25 所示，首先进行控制器的选择，由于我们设计的是数控系统，订货号一定是 6FC5372-0AA00 系列，即为 840D sl 的 NCU，相当于 CU320。

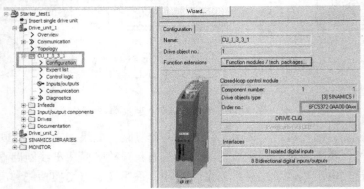

图 4-25　NCU 的选型

接下来选择 NX10 或 NX15 扩展模块，一般订货号为 6SL3040-0NC00，相当于 CU320 简化版，如图 4-26 所示。

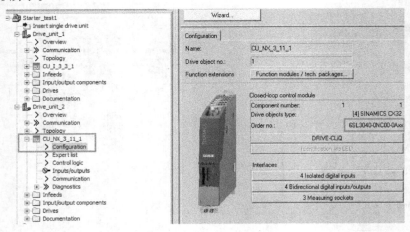

图 4-26　选择 NX 扩展模块

然后选择电机驱动模块，配置出整套伺服系统，如图 4-27 所示。

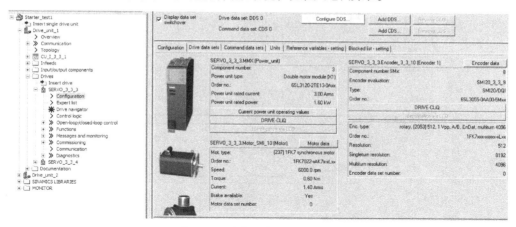

图 4-27　选择电机的伺服系统

4.3.2　电机的选择和计算

对于电机的具体选择，绝对不是仅凭经验，而是必须按照力学原理和随动设计理论来确定。首先需提出宏观设计参数，这些参数是由机械工程师依照现有的设计方案计算得出。

宏观设计参数一般由速度、位置、加速度这些构成，由机械工程师根据工艺需求提出，如图 4-28 所示。

INITIAL PERFORMANCE PARAMETERS			
MAXIMUM SPEED	1.50	m/sec	最大速度
MAXIMUM ACCELERATION / DECELERATION	4.00	[m/sec²]	最大加速度
MAXIMUM PAYLOAD	300	kg	最大负载
MAXIMUM LINEAR FORCE	3,200	newtons	最大力
POSITIONAL REPEATABILITY	0.04	+/- mm	定位重复误差
MAXIMUM STROKE PER CARRIAGE	2000	mm	最大冲程

图 4-28　宏观设计参数

对于电气工程师，将之转变为电气方程如下：

负载 Load：2 500 kg；

移动范围 Move Range（vertical）：1.5 m；

位移方程（m）：$h = 0.5\sin(1.6\pi t)$；

速度（m/s）：$v = 0.8\pi\cos(1.6\pi t)$，$v_{\max}$=2.513 m/s；

加速度（m/s²）：$a = -1.28\pi^2 \sin(1.6\pi t)$，$a_{\max}$=12.633 m/s²。

进而根据这些方程手动计算或利用软件估计出项目中所使用的电气参数。

1. 时域分析

宏观参数需要在时域中分析其响应过程，如图 4-29 所示，电机的关键参数就是推力和速度，要根据需求做出推力曲线，然后来选择电机的型号。

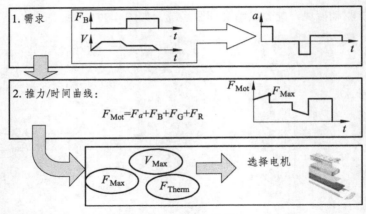

图 4-29　推力曲线

V_{Max}—最大速度，应小于电机最大速度；

F_{Max}—最大推力，应小于电机最大推力；

F_{Therm}—推力有效值，$F_{Therm} = \sqrt{\dfrac{1}{T}(F_1^2 t_1 + F_2^2 t_2 + ... + F_n^2 t_n)}$，应小于电机额定推力。

以上都属于电机和负载的稳态计算，这些都可以很方便地实现。

举一个选直线电机的例子如下：

一台机床 600 kg 在滚动导轨（摩擦系数选为 0.007）平面上移动，速度为 200 m/min，试着计算电机部分的总静态负载力。

对于稳态计算来讲，我们需要知道加工力、摩擦力，对于垂直轴还需要知道重力。

首先针对滚动导轨的摩擦分力为 F=60 N，这个可凭样本估算钢罩壳的移位阻力为 F_{abd}=200 N，根据表 4-5 可以估算出（大概 2 m 左右钢护板）。

表 4-5　移位力

空气静力导轨	≈0 N/m
流体静力导轨： 这些力取决于导轨的宽度和速度 这些数据是相对于导轨的长度而言的	≤3 m/min≈（60～200）N/m ≤15 m/min≈（300～1000）N/m ≤30 m/min≈（600～2000）N/m
钢护板： 这些数据是相对于护板的长度而言的	宽度：1 m：≈180 N/m 2 m：≈220 N/m 3 m：≈250 N/m

引入一个重要概念为 F_A：定义为直线电机初级部件温度为 70 ℃ 且空隙为额定值时，初级部件和次级部件之间的吸引力。通常高于电机额定推力一个数量级，大概为电机动力峰值的 2～2.5 倍，一般而言是 10 kN 左右，直接决定采用直线电机的直线运动轴的支撑导轨的承载能力和选型。在此我们假定 F_A=15 000 N。

由公式得出摩擦力 F_{rf}=60 N+0.007（600 kg*9.8 m/s^2+15 000 N）=206 N，再根据公式算 F_L（静态负载力）

$$F_L = F_{VL} + \sum F_R + F_G$$

第一项加工力我们暂时忽略 F_{VL} 为 0，第二项 $F_R=F_{rf}+F_{abd}=206+200=406$ N，第三项重力 F_G 也忽略为 0，因此 $F_L=406$N，可以看出，经过静态计算，这个静态负载力非常小，如果作为选型依据则很不合适。

因此，我们必须继续进行动态计算，我们假定一个期望的加速度为 15 m/s²，因为一般的直线电机都可以达到 1 个重力加速度以上，加速度参数为动态设计所必要的期望参数。

因此，加速度力 $F_b=ma=600*15=9\ 000$ N。

9 000 N 的力很大，超出了大多数电机的数据选型范围，因此要考虑使用两台电机并联工作，这也就是 Gantry 同步电机带动工作台运行的原因。考虑之前的静态力为 406 N，将之与目前的加速度力（动态力）叠加，此为动静一体化分析，得出两台电机必须至少提供 406+9 000=9 406 N 的力。因而每台电机需要提供 9 406/2=4703 N，参考西门子直线电机 1FN3 系列选型手册，得出大致一个选型如：1FN3600-4NB80-xxxx，我们分析其力-速度曲线，如图 4-30 所示。

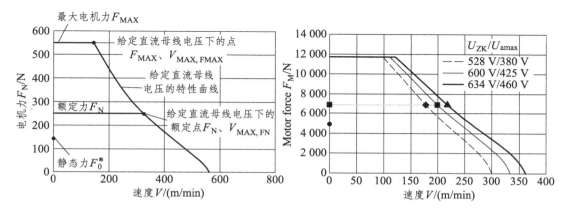

图 4-30   力-速度曲线

可以看出，当 v=200 m/min 时，对应力大约为 5 000 N>4 703 N，再看此电机对应的数据表，查出其电机吸引力 F_A 为 23 100 N。我们再次反过头来推算静态摩擦力 F_{rf}，因为前述的那个 F_A 是我们假定的，查数据表，两台电机本身的质量加电缆此时亦可得出为 2*65 kg=130 kg。

得出 F_{rf}=60 N+0.007（（600+130）*9.8+2*23100）=433.5 N（注意是两台电机），总的摩擦力加损耗力 F_{abd} 为 433.5+200=633.5 N。最终可用的动态加速度力 Fb=2*5000N−633.5N=9366.5N≈9367 N。

根据 $Ft=mv$，得出启动加速时间 $t=mv/F$=600*200/（60*9367）=0.2135s=213.5 ms。

而根据方程算理论匀加速时间 t=200/（60*15）=222 ms，因此符合。

实际的加速度为 a=9367/730=12.83 m/s²，比要求的 15 小一点。最终理论计算验证选型是正确的。

两台直线电机并联图如图 4-31 所示，与两台旋转电机组成 Gantry 轴不同，直线电机可将动力线直接并联，并且温度传感器也可以只接入一路，但是我们在应用中发现，这个温度传感器 T-F 有时会产生误报警，因此更好而解决办法是，不用 T-F 接入回路，而用第三方传感器直接检测冷却水温度，一旦报警，循环停止电机工作。

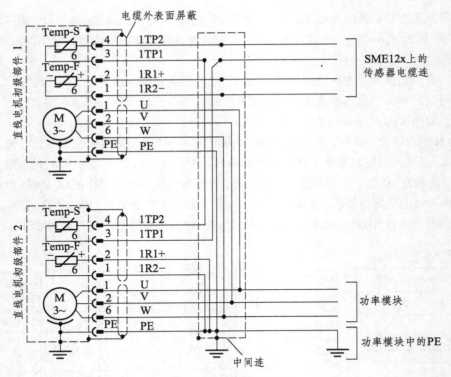

图 4-31 直线电机并联

2. 频域分析

对电机的选择一方面要考虑负载重量及峰值惯性力，另一方面也要保证动态响应特性。要获得满意的动态特性。良好的动态性能应该是机械机构具有一个很高的加速与制动转矩。根据控制理论，这就需要事先确定一个特征频率。动态性能的调节主要在速度环中实现。

以选直线电机为例说明：

获得基本满意的动态特性时其开环截止频率 ω_c 应不小于 20 rad/s；并且要求电机在线性范围内（非饱和工作区）的极限响应频率 $\omega_k \geq 1.2\omega_c = 24$ rad/s。

根据随动系统设计理论，$\omega_k = \sqrt{\dfrac{F_{\max} - F_c - (m_d + m_{fz})g}{\Delta\theta_m(m_d + m_{fz})}}$。

式中 ω_k——选定的电机对应的系统极限角频率；

$F_{\max}$——电机瞬时最大输出推力；

F_c——摩擦阻力（用前述的 633.5 N≈634 N）；

m_d——电机次级总质量；

m_{fz}——负载质量（依照前述的例子，取 $m_d + m_{fz}$=730 kg）；

g ——重力加速度，9.8 m/s²；

$\Delta\theta_m$——允许的最大跟踪误差，为 30 mm=0.03 m。

根据上式可以得出 $\sqrt{\dfrac{F_{\max} - (m_d + m_{fz})g}{\Delta\theta_m(m_d + m_{fz})}} \geq 24$ rad/s，对峰值推力的要求，即 $F_{\max} \geq 20\ 402$ N。

如果用两台电机并联驱动，单台电机的最大推力不小于 10 201 N。查数据表 4-6，选择电机型号为 1FN3600-4NB80-0BA1，额定推力 6915 N，最大推力 11 740 N>10 201 N，并保持额定推力时的最大速度 199 m/min 近似要求的 200 m/min，电机额定电流 56.7 A，峰值电流 119.3 A。符合在时域推论的结果。

表 4-6　电机数据表

Article No. Primary Section	F_N [N]	F_{MAX} [N]	I_N [A]	I_{MAX} [A]	$V_{MAX, FN}$ [m/min]	$V_{MAX, FMAX}$ [m/min]	$P_{V, N}$ [kW]
1FN3600-4NB80-0BA1	6 915	11 740	56.7	119.3	199	111	3.800

电机相关附件选型：选定电机后，也需要选定电机的相关附件，如选制动电阻。

当电机驱动系统将要出现危险状况时，如驱动失去使能自由停车时，可以通过一个短路制动电阻对电机进行制动。电枢短路制动应该在进给轴的运行范围中最晚通过限位开关来触发，如图 4-32 所示。

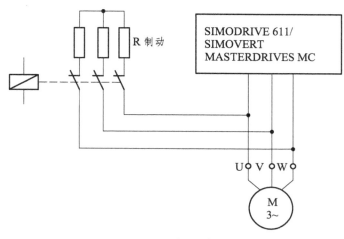

图 4-32　电枢短路制动

制动电阻用来消耗多余的能量依靠热量散发，因此需通过能量计算来选型。

运动过程的能量 $W = \frac{1}{2} \cdot J \cdot \omega_2$。

制动时间公式：

$$t_B = \frac{J_{ges} \cdot n_N}{9.55 \cdot M_B}$$

式中　t_B——制动时间，s；

n_N——额定转速，r/min。

制动行程计算：

$$s = \frac{1}{2} V_{max} \cdot t_B$$

具体案例分析，表 4-7 所示为选定的一台伺服轴参数。

表 4-7　伺服轴参数

Motor：1FK7063-5AF71-1FB5 Compact；3000.00 rpm；7.30Nm；5.60A；（M0=11.00 Nm；I0=8.00 A）

Peak values	Required	Available	Utilization	Motor current
Maximum speed	3012.00 rpm	6000.00 rpm	50.2%	
with max. torque	13.50 Nm	25.74 Nm	52.5%	10.34 A
Maximum torque	13.50 Nm	25.74 Nm	52.5%	10.34 A
at speed	3012.00 rpm			
Torque at max. load	13.50 Nm	25.74 Nm	52.5%	
Speed at max. load	3012.00 rpm			
Effective values	Required	Available	Utilization	Motor current
Effective torque	2.26 Nm	9.27 Nm	24.8%	1.66A
at speed	684.55 rpm			
Motoring power	0.03kW			
Generating power	0.03kW			

	External	Motor	External/motor ratio	
Moments of inertia	0.002386kg/m^2	0.001730kg/m^2	1.38	
Attained values	Max.velocity	mm/s　251	251	
	Max.acceleration	m/s^2　2.51000	2.51000	
	Max.deceleration	m/s^2　2.51000	2.51000	

其中，角速度：ω=2pi*n/60=2*3.14*3012/60=315.4 rad/s。

能量：W=0.5*（0.002386+0.001730）*315.4*315.4=204.7 J。

根据能量计算选择相应的制动电阻，查相关参数表得出如表 4-8 的制动电阻。

表 4-8　制动电阻选型

电机类型	外部制动电阻 R 工作/Ω	平均制动力矩 M 有效制动/（N·m）		最大制动力矩 M 最大制动/（N·m）
		不带外部制动电阻	带外部制动电阻	
1FK7063-5AF71	4，8	3，3	8，2	10，2

若无抱闸自由停车则计算：

滑行时间：t=0.004116*3012/9.55/3.3=0.393 s。

滑行距离：s=0.5vt=0.5*251*0.393=49.3 mm。

若自由停车加制动电阻制动：

滑行时间：t=0.004116*3012/9.55/8.2=0.158 s。

滑行距离：s=0.5vt=0.5*251*0.158=19.8 mm。

可见滑行距离大大缩短可以起到保护作用。

4.4　驱动的诊断

驱动的故障和诊断方式有多种，一般的当驱动系统放生故障时，相关的驱动部件 LED 灯会变红，这是一个直观的信息。而后面板上会出现相关的报警信息，这些信息是驱动系统自身的报警服务器中产生的。进一步地处理，必须使用 Starter 等软件进行测试和诊断。

4.4.1　驱动报警分析

试举一个例子，通过 Starter 一步步分析扭矩极限值报警，并制作相关扭矩限制的报警。

首先分析扭矩极限值对应的驱动参数：p2194[0...n]。这个参数用来设定扭矩或力的数值，关联到变量信号 "Torque utilization < torque threshold value 2"（对应 BO 变量：r2199.11）。"扭矩设定值小于 p2174"（BO：r2198.10）和"扭矩利用率小于 p2194"（BO：r2199.11）的提示信息只在准备阶段后并超出延迟时间进行评估，查看对应的扭矩限制功能图 8012，可以看到相关的逻辑处理方式，如图 4-33 所示。

单独取出 r2098.10 这个信号进行分析，首先考虑状态字，现代多变量驱动控制系统一般都是使用状态字（数）来描述驱动的象。如图 4-34 所示，为对应的 r2098 状态字，它的触发逻辑来自前述的功能图像 8012 的第 3 列逻辑图。

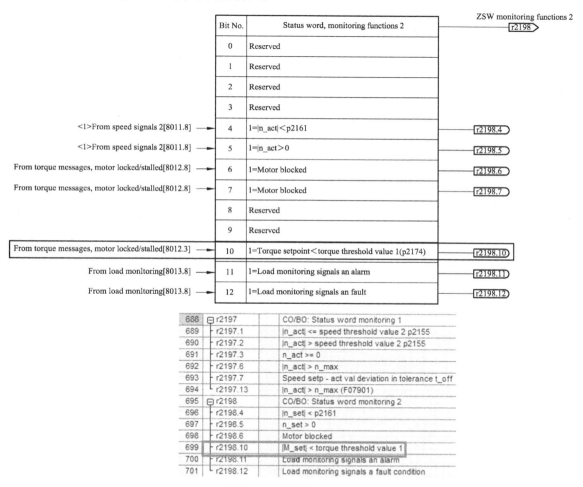

图 4-34　状态字 r2098

相应的 r2099 的状态字如图 4-35 所示，其触发逻辑来自功能图像 8012 的第 5 列。

产生报警是因为超出了扭矩设置的范围，从功能图上可知，扭矩设置由参数控制，以 r2099.11 扭矩信号为例，当超出了上下限 r1533 或 r1544 范围后，就会产生报警，相关的参数如图 4-36 所示。

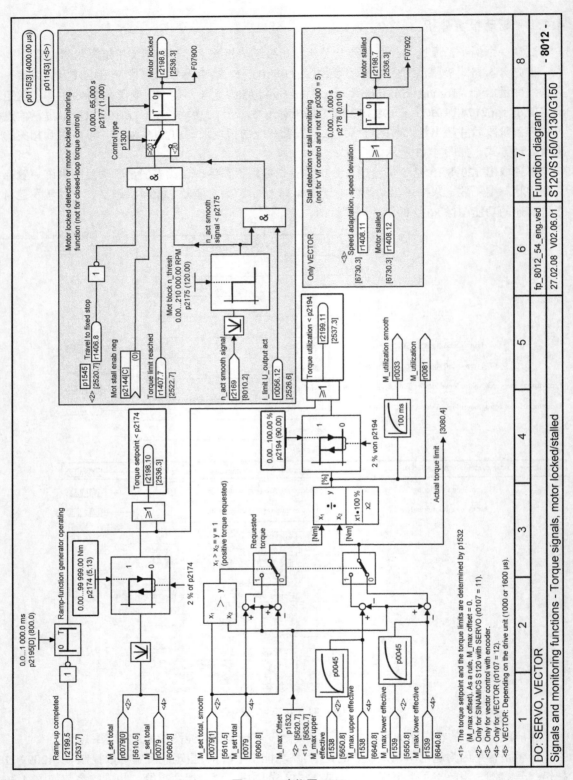

图 4-33　功能图 8012

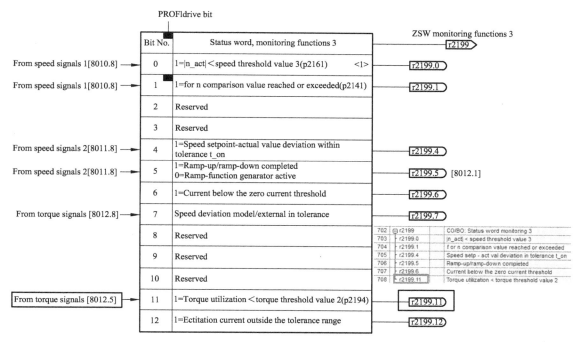

图 4-35　状态字 r2099

478	⊟ p1520		CO: Torque limit upper/motoring		
479	├ p1520[0]	D	CO: Torque limit upper/motoring	85.32	Nm
480	├ p1520[1]	D	CO: Torque limit upper/motoring	34.13	Nm
481	└ p1520[2]	D	CO: Torque limit upper/motoring	85.32	Nm
482	⊟ p1521		CO: Torque limit lower/regenerative		
483	├ p1521[0]	D	CO: Torque limit lower/regenerative	-85.32	Nm
484	├ p1521[1]	D	CO: Torque limit lower/regenerative	-34.13	Nm
485	└ p1521[2]	D	CO: Torque limit lower/regenerative	-85.32	Nm
486	p1522[0]	C	CI: Torque limit upper/motoring	DRV_3_15_4 : r2902[5]	
487	p1523[0]	C	CI: Torque limit lower/regenerative	DRV_3_15_4 : r2902[12]	
488	⊞ p1524[0]	D	CO: Torque limit upper/motoring scaling	100.0	%
489	⊞ p1525[0]	D	CO: Torque limit lower/regenerative scaling	100.0	%
490	r1526		CO: Torque limit upper/motoring without offset	34.13	Nm
491	r1527		CO: Torque limit lower/regenerative without offset	-34.13	Nm
492	p1528[0]	C	CI: Torque limit upper/motoring scaling	DRV_3_15_4 : r1543	
493	p1529[0]	C	CI: Torque limit lower/regenerative scaling	DRV_3_15_4 : r1543	
494	⊞ p1530[0]	D	Power limit motoring	35.24	kW
495	⊞ p1531[0]	D	Power limit regenerative	-35.24	kW
496	⊞ p1532[0]	D	CO: Torque limit offset	0.00	Nm
497	r1533		Current limit torque-generating total	36.00	Arms
498	r1534		CO: Torque limit upper total	34.13	Nm
499	r1535		CO: Torque limit lower total	-34.13	Nm
500	r1538		CO: Upper effective torque limit	34.13	Nm
501	r1539		CO: Lower effective torque limit	-34.13	Nm
502	p1542[0]	C	CI: Travel to fixed stop torque reduction	DRV_3_15_4 : r2050[4]	

图 4-36　扭矩限制参数

通过查看 Starter 界面对应的功能图，进一步分析报警的产生机制，首先查看速度控制器的输出 r1480，如图 4-37 所示。

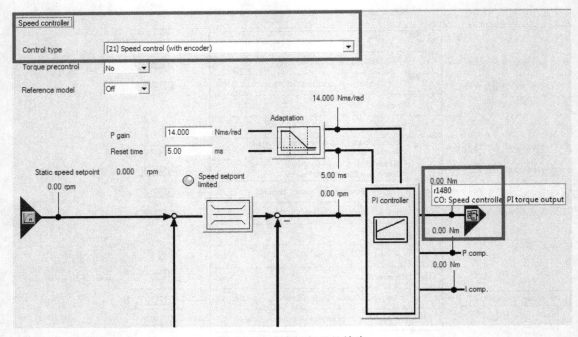

图 4-37　速度控制器的输出

速度控制器的输出恰好就是电流环或转矩环的输入，r1480 转矩输出进入转矩限幅器，如图 4-38 所示。

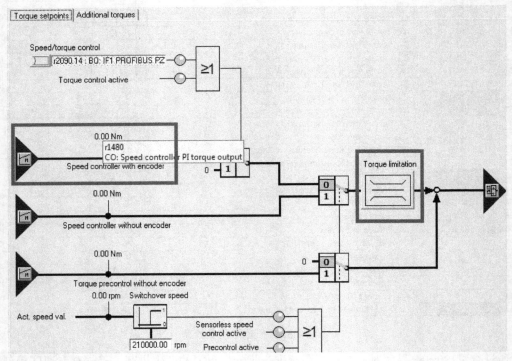

图 4-38　转矩控制器的输入

展开转矩限幅器，如图 4-39 所示，分析其关键参数为上下限 r1538，r1549。

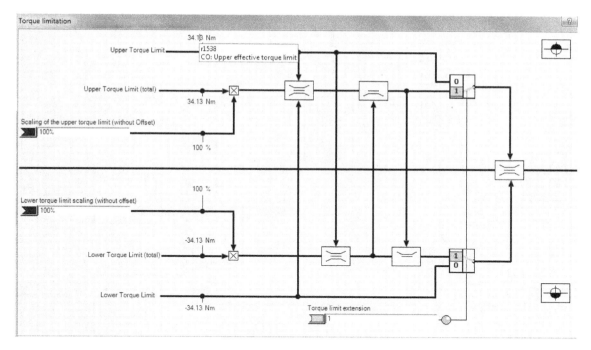

图 4-39　上下限参数

r1538 恰好就是前述产生报警的上限值，参照功能如图 4-40 所示。

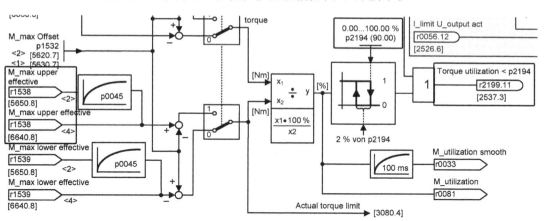

<1> The torque setpoint and the torque limits are determined by p1532

图 4-40　转矩极限报警功能图

进而分析出转矩极限产生报警的根本原因是速度控制器转矩的输出 r1480 超出转矩限幅 r1538 或 r1539 设定的值，如图 4-41 所示。

驱动系统结合 PLC 回路可以直接将转矩报警引出分析，需要用到相关的 VDI 信号，如 DB34.DBX94.3 信号，这个信号就是检测当前的扭矩是否超出极限扭矩。如图 4-42 所示，正常情况下，DB34.DBX94.3 信号为 1，当转矩超过极限值一定时间后，变为 0，此时接通报警 DB2.DBX622.3 产生 NCK 一侧的报警信号，提示用户转矩已经超过限定值。

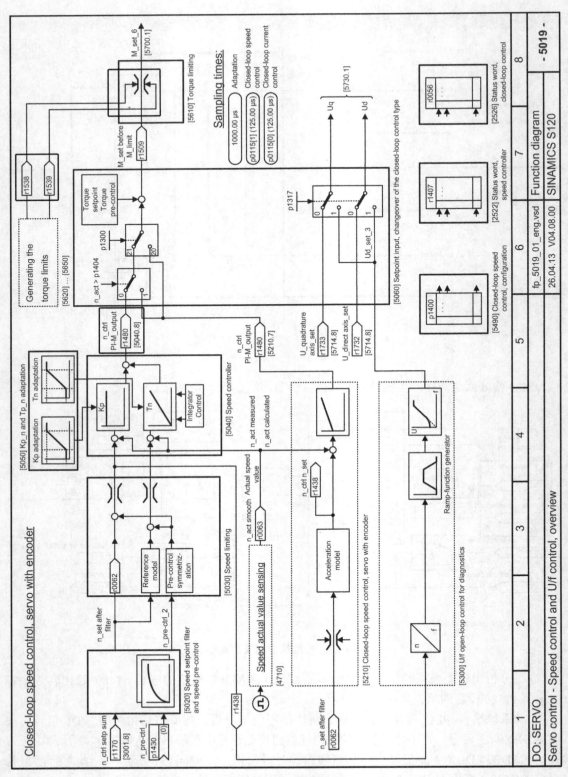

图 4-41　转矩阈值比较

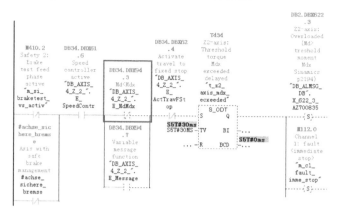

图 4-42 结合 VDI 信号处理驱动报警

驱动系统也支持使用变量化报警，使用信息字 Message word（MELDW）来实现变量信息报告功能。这是 SINAMICS 驱动特有的功能，适用于 PROFIdrive 报文或与之兼容的协议，如 SIMODRIVE 611U，报文 102，103，105，106，110，111，116，118，125，126，136，138，139 等。对应的 VDI 信号为 DB3*.DBX94.7，一旦出现相关的变量化报警，此位为 1。因此，可将变量化信息字关联转矩极限信号，然后利用 VDI 信号关联上层报警 DB2 产生 PLC 一侧的报警，如图 4-43 所示。

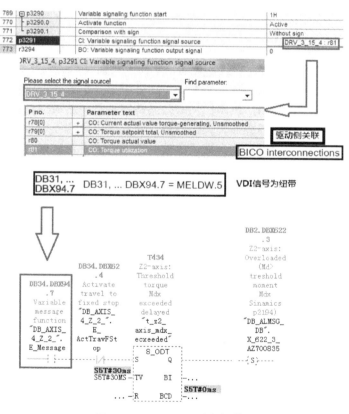

图 4-43 MELDW 引出报警

4.4.2 跟踪驱动变量

跟踪变量使用的是 trace 功能，需要注意的是，Drive-trace 和 NC/PLC trace 跟踪功能是相互独立的，具有不同的采样周期，驱动跟踪的采样要比 NCK/PLC 短得多，如图 4-44 所示，建立跟踪时，需要分清楚所监控的变量到底属于哪个领域。

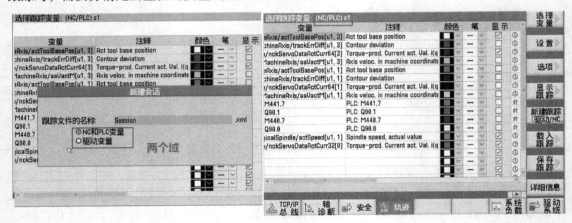

图 4-44　跟踪功能

同一个变量在不同域下表现形式不同，选择恰当的采样变量需要掌握一些技巧，最好对变量手册十分熟悉。

4.5　驱动的调试和优化

调试驱动不单指将驱动配置完毕让轴运动，还在于让轴发挥最大效能，尽力满足设计目标。如果是同一种机型的机床，机械一致性非常好，则可对第一台机床进行仔细地优化，总结出一个范例，其他台优化时可做参照。机床优化的必要性体现于高速运动过程中，为了满足动态性和准确性的要求，必须要调整伺服系统关键参数以便实现机床的稳定运行。一般情况下，机床轴配置完毕后，系统默认会给出一整套默认参数，保证电机正常运行，但是这组参数是比较保守的，大部分情况下不适用于高速加工过程，因此，机床的优化势在必然。

机床的优化前提在于必须保证机械部件的动态性能和稳态性能良好，否则是无法进行优化的。千万不要以为电机上的优化会彻底解决某些机械问题，就好像有人认为装了光栅尺变成全闭环系统那么机床精度就会提高一样，事实恰好相反，有些本身机械工况差的机床在半闭环情况下反而比全闭环要稳定，因为全闭环下测量出的误差很大，反映了整体机械问题，造成系统实时去跟踪矫正，而引发大量的机械振动，反而不如以前的半闭环结构。类似的情况发生在应用直线电机的情况，有人认为使用直线电机后机械设计简单了，实际上这只说对了一半：机械结构的设计确实简化了，但是并不简单，因为现在需要考虑机床在高速、极高加速度下机床的特性了，即机床的强度、刚度、稳定性、抗振性等是否能满足高速加工的需要，对电气设计和调试人员的要求更高了，类比于机械设计领域，现在除了使用普通 autoCAD, Solidworks 制图进行静态分析外，更重要的是必须引入有限元分析、动态模型分析、结构模拟等一些新的动态机械设计方法。

影响系统动态特性的主要因素有：轴是直线运动则考虑运动构件的整体质量，轴是旋转运动则考虑运动构件的整体惯量，以及摩擦力、润滑效果、安装偏差、传动环节的变形或运动过程中的磨损等。

以前国产的机床往往不去做优化，只是根据经验来设计和调试，老师傅们说这是根据经验，我们不需要优化，经验是什么？经验的本意是指从多次实践中得到的知识或技能，而不是道听途说，盲目跟从的侥幸做法，更不是有心无力下地针对复杂事物的简化过程。笔者不同意这些做法，一台机床性能究竟如何，要测试了才知道，而不是根据经验来设计，根据经验来调试，那样定会误入歧途，闭门造车，以致会发生临阵断枪的情况。

4.5.1 驱动系统的特性（静态和动态）

驱动器的内部从状态空间法出发，建立起整套数学模型，所以首先需要进行系统辨识，建立静态数学模型。然后进行动态优化，作为一个合格的调试工程师，应该懂得伺服轴的优化过程。伺服轴是驱动系统控制的，其本质是一台高级的变频器。数控的核心在于对伺服电机的控制，优化针对的就是电机的控制策略和响应状态。

系统的传递特性分为静态和动态两个方面：

（1）静态传递特性的观察和讨论的前提是被控系统是稳定的，那么在时间 t 趋于无穷大时动态特性的极限状态就是其静态特性。此时几乎所有的过渡状态都已经衰减完毕。如果一个系统的输入量和输出量之间可用一个连续函数来描述，则此系统被认为是连续的，如果存在不连续关系，则此系统是不连续的。

（2）动态传递特性主要用来描述输出信号随时间对输入信号的体现过程。一般可用两种方法来进行描述：时间域描述法和复变量频域描述法。时间域可对线性和非线性（如不连续系统）进行描述，利用微分方程（数）或阶跃响应曲线（象）。复频域只能对线性系统进行描述，利用传递函数特性方程（数）或伯德图（象）来分析和描述。

840D 主要通过在复频域通过实验测定法建立滤波器的数学模型，分析和调试系统的 PID 参数。数控系统运动控制的核心是经典的三环控制，如图 4-45 所示。

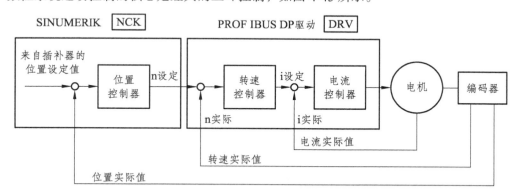

图 4-45　三环控制图

从外向内为位置环、速度环、电流环。其中位置环只存在 P 比例控制环节，所以不是我们重点关注的目标，速度环具有比例积分调节，此环是我们优化的核心环节，电流环优化比较危险，在垂直重力中必须加外部抱闸和机械工装防止坠落才可以进行试验，且西门子不建议我们过多的参与电流环优化，因此，对于最核心的电流环一般只进行频率响应的观测，而不进行调节。

4.5.2 在时域中分析和调整电机状态

时域中的分析主要基于微分方程。求解一个微分方程涉及许多知识，此处不赘述，一般而言，对于工程应用，我们只关心其静止状态和起始特性。阶跃响应是系统对于阶跃信号的输出变化，它可作为微分方程的一个特解，也即零状态响应。众所周知，微分方程的全解是通解+特解，阶跃响应就可以用来描述系统的稳态响应特性。我们常用图 4-46 来直观描述一个系统的阶跃响应传递特性。

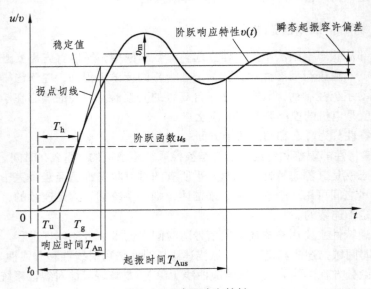

图 4-46　阶跃响应特性

一般而言，微分方程的齐次解描述系统的动态部分，而特解则描述系统的静止状态。阶跃响应图主要有如下一些特征值：

T_u：滞后时间；

T_g：平衡时间；

T_h：半值时间；

V_m：超调宽度；

T_{an}：响应时间；

T_{aus}：起振时间。

对于系统控制要求来讲，主要关注的重要参数是超调量、上升时间、静差等。对于西门子数控系统而言，我们对于时域的分析是直观的，比如是否感受到系统振动，是否系统的速度位置达到要求等，直接求解微分方程来分析的方法在此并不适用，因为我们缺少建立西门子数学模型各种部件的背景信息。

但是西门子提供了多种测量工具供我们对于时间域响应进行直观的分析和调整，可通过Trace 功能（实则就是信号发生器和示波器）监控电机的一些重要参数，Trace 功能不能同时监控 NCK 变量和驱动变量，需要归纳起来分析，在 NCK 一侧主要是如下一些参数：

轴的速度：

/Channel/MachineAxis/aaVactM[u1，1]　　　　此参数代表在机床坐标系下的速度值

/Channel/GeometricAxis/aaVactW[u1，1]　　　　此参数代表在工件坐标系下的速度值

轴的电流：

/Nck/ServoData/nckServoDataActCurr64[1]它的趋势和扭矩差不多一致

轴的位置：

/Channel/MachineAxis/actToolBasePos[u1，1]由于某些轴无有几何轴属性，故统一在机床轴下讨论分析

轴的轮廓监控误差：

/Channel/MachineAxis/track trackErrDiff [u1，1]在 DRV 侧可供监控的变量从 r35 开始

r35　CO：Motor temperature　电机的温度

r63　CO：Actual speed smoothed　电机的实际速度

r70　CO：Actual DC link voltage　电机的实际母线电压

r80　CO：Torque actual value　电机的实际扭矩

结合前述的同步 IDS 功能，我们可以挑选出与过程相关的关键特征参数，长期的监控他们然后辅助分析，比如挑选出扭矩参数，当扭矩超过设定的阈值时，产生报警并可将此报警号码通过网络邮件服务器传给高级管理人员，实现驱动的远程监控。

以下结合具体例子看在时域如何分析：

（1）首先我们来分析时域的阶跃响应。

在速度环测试中也可选择阶跃响应来分析，我们常用它来分析系统的恰当滤波时间，如图 4-47 所示。

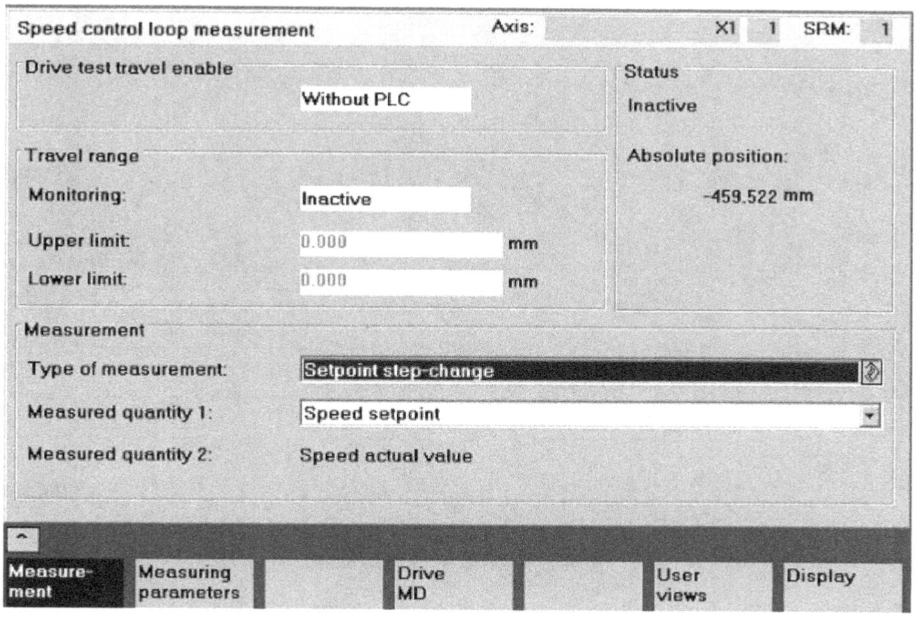

图 4-47　速度环阶跃测试

任何一个有效测试都需要进行恰当的参数设定，如图 4-48 所示，根据需要设定幅值、测量时间、偏移量等。

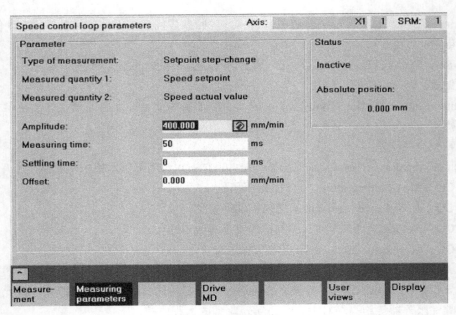

图 4-48　测试设定

测试结果如图 4-49 所示，可以观察阶跃响应的各种指标，如上升时间、实际稳态速度值等。

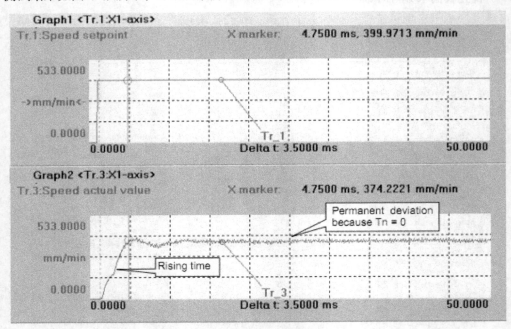

图 4-49　阶跃响应测试结果

（2）我们在时域调整加速度和加加速度来节省 Cycle Time 循环加工时间，加加速度对时间影响巨大。通过加速度限制和冲击限制，可以使轴在运动方向改变时能够平滑过渡，因而使动态轨迹偏差减小。同时，具有振荡环节的激励也可通过这种限制在容许偏差内。

首先确保对要调试的每根轴，去掉 JERK 的使能和设定极限值。必须保证 MD32400=0，MD32420=0，MD32430=MD32431=MD32432=1000，如图 4-50 所示。

32400	$MA_AX_JERK_ENABLE	0		cf
32402	$MA_AX_JERK_MODE	1		po
32410	$MA_AX_JERK_TIME	0.001	s	cf
32412	$MA_AX_JERK_FREQ	10	Hz	cf
32414	$MA_AX_JERK_DAMP	0		cf
32415	$MA_EQUIV_CPREC_TIME	0	s	cf
32420	$MA_JOG_AND_POS_JERK_ENABLE	0		re
32430	$MA_JOG_AND_POS_MAX_JERK	1000	m/s3	cf
32431[0]	$MA_MAX_AX_JERK	1000	m/s3	cf
32431[1]	$MA_MAX_AX_JERK	1000	m/s3	cf
32431[2]	$MA_MAX_AX_JERK	1000	m/s3	cf
32431[3]	$MA_MAX_AX_JERK	1000	m/s3	cf
32431[4]	$MA_MAX_AX_JERK	1000	m/s3	cf
32432[0]	$MA_PATH_TRANS_JERK_LIM	1000	m/s3	cf

图 4-50　设定加加速度

我们一般做几个运动周期来观看响应，MDA 下程序编写几个循环来回运动，然后进入 OptimiSation→Trace→Trace servo 页面来设定具体的测量参数，如图 4-51 所示。

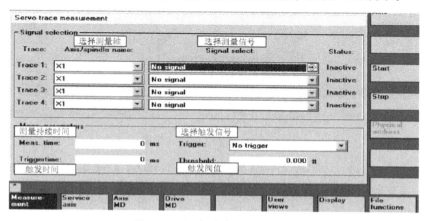

图 4-51　设定速度测试的参数

如图 4-52 所示，分别测量 TZ12 轴的实际速度、负载、系统实际位置和轮廓误差。

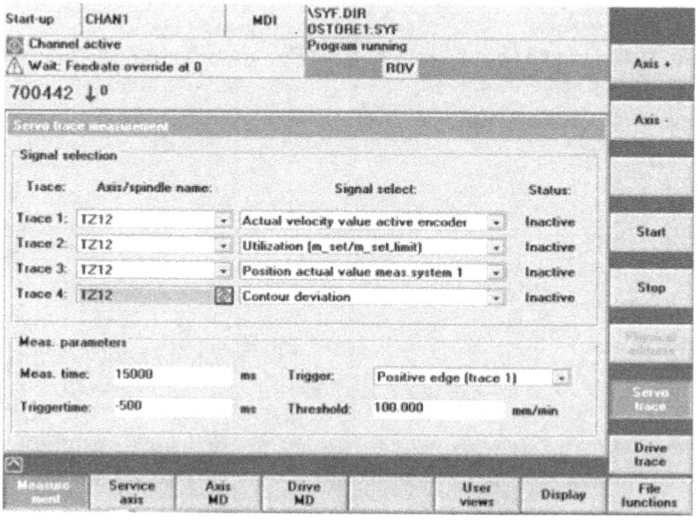

图 4-52　测试 TZ12 轴

测量结果如图 4-53 所示。

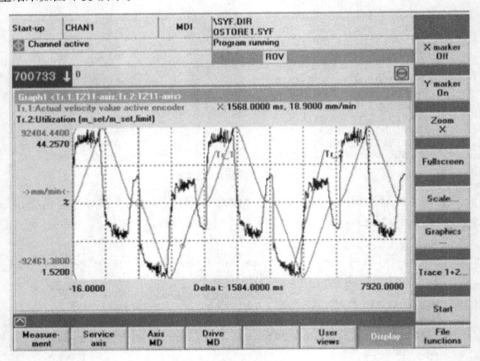

图 4-53　TZ12 轴测试结果

设定两组光标移动来查看一个运动循环的完整时间，从图 4-53 上可以看出为 1.58 s。然后放大一个运动循环过程如图 4-54 所示。

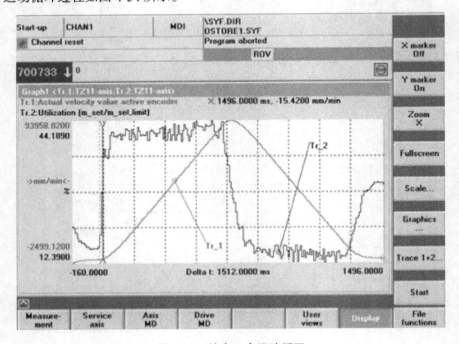

图 4-54　放大一个运动循环

从图 4-54 可看出最大的负载电流为 44.18%，负载电流不高，符合要求。再对比一个例子，MDA 下先走一个运动循环，测试图形如 4-55 所示。

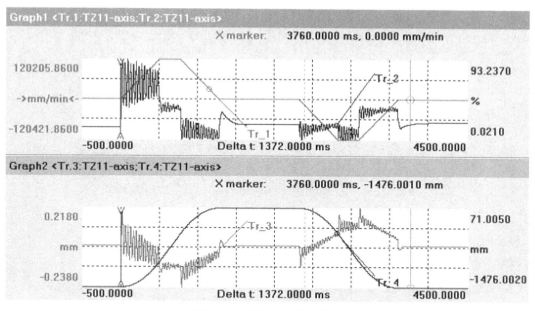

图 4-55　测试一个运动循环

从图 4-55 中可以看出，一个周期时间为 1.37 s，负载为 93.237%。

如果取消 Jerk 限制后，再走 5 个循环的结果如图 4-56 所示。

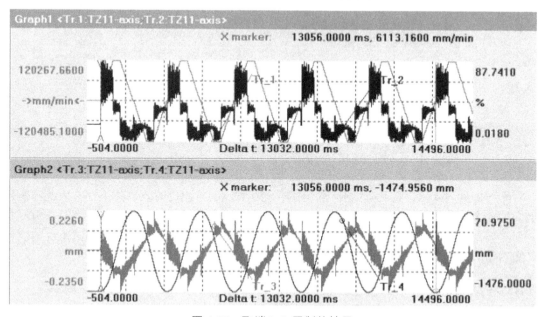

图 4-56　取消 jerk 限制的结果

可见，时间变为 1.3 s，负载为 87.74%。然后，将 Jerk 时间参数 MD32410 设为 0.03，激活 MD32400=1，减少负载电流，同时保持时间周期。重做 5 个循环来查看测试结果，如图 4-57 所示。

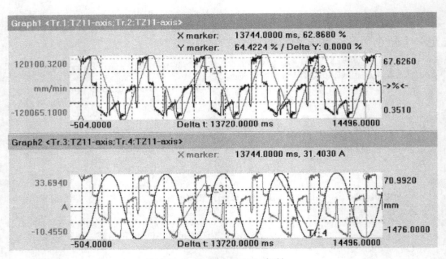

图 4-57 调节 Jerk 参数

循环时间为 1.37 s，负载从 87.74%降到了 67.62%，设置是正确的。

进一步调整，增加 MD32410=0.06，做 5 个循环看结果，如图 4-58 所示。

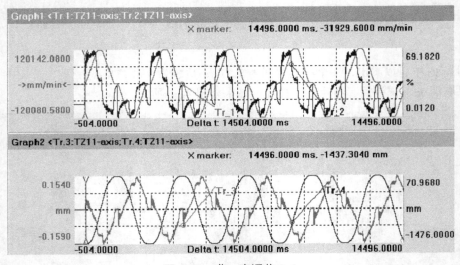

图 4-58 进一步调节 Jerk

时间增加到 1.45 s，负载降低到 69.18%，与参数 0.03 相比的效果并不好，因此还是采用 MD32400=0.03 的值。调整完以后，必须在 G0 速度下来回测试跑上很多遍，检查是否有异常振动，如有振动，检查机械，检查润滑等，机械性能对运动影响也很大，Jerk 测试每次的测量结果可能不同。

4.5.3 在频域中分析和调整电机状态

前述是于时间域中分析运动模型，但是对于二阶以上的高阶系统，其时间域的微分方程描述已经十分困难而且混乱了。如将高阶系统映射到复变量域（频域）中，可使用线性传递环节进行简单的描述分析和计算。根据控制理论，我们还可以从一个系统的开环回路的频率响应特性判断出其闭环回路的稳定性。

这样，为了确定一个系统的频率响应特性，可把不同频率的谐波振荡信号作为输入量加载到一个线性系统，线性系统的输出信号在稳定状态同样也是一个谐波振荡，因此，其频率响应特性可看作是正弦响应特性。可利用伯德图来分别描述系统的幅频特性和相频特性。

对于具体的频率响应的测量实现，可以考虑使用示波器，但更加实用且方便的做法是采用信号分析仪，信号分析仪基于快速傅里叶（FFT）算法来工作的。不要认为这个信号分析仪是一个独立的仪器，实际上，信号分析仪可以只用一块 DSP 芯片来实现，并集成在数控系统内部，通过对研究对象施加一个宽频谱的电信号（有限带宽的白噪声），采集其所产生的输出量进行变换和分析，FFT 就可将这些特性转换描述为伯德图形式，信号分析仪还可在开环和闭环回路中进行转换，并从中读出其稳定性判据，也可直接确定系统的零极点。这也就是驱动优化的最终原理。

实验测定法建立系统状态模型，通过系统辨识的方法来获取系统的大致信息。西门子依照控制规律制定了如下一些软件工具来分析系统的状态。

针对电流环可使用工具如表 4-9 所示。

表 4-9　电流环测试工具

电流环测试工具	描　述	测试时工作方式
Ref. Frequency response 参考频率响应	用于优化电流环控制器的比例增益	Jog

针对速度环可使用工具如表 4-10 所示。

表 4-10　速度环测试工具

速度环测试工具	描述	测试时工作方式
Ref. Frequency response 参考频率响应	用于优化速度环控制器的比例增益和积分时间和电流设定点滤波器	Jog
Setpoint step change 设定点阶跃响应	用于分析速度控制器对阶跃的响应	Jog
Disturbance step change 干扰阶跃响应	用于测量速度控制器对"负载"突变的响应	Jog
Speed control system 速度控制系统	用于测量机械的开环频率响应，确定共振频率	Jog
Mechanical Frequency 机械频率	测量机械的固有频率（只适用于直接测量系统）	Jog
Auto control setting 自动优化	自动设置速度环比例增益和积分时间和电流设定点滤波器	

针对位置环可使用工具如表 4-11 所示。

表 4-11　位置环测试工具

位置环测试工具	描述	测试时工作方式
Ref. Frequency response 参考频率响应	用于优化位置控制器比例增益 Kv	Jog
Circularity Test 圆测试	检查两轴的插补特性	MDA / Auto
Servo Trace 伺服跟踪	借助系统内部四通道"示波器"测量选择的信号	Jog / MDA / Auto

因此也可以看出，除伺服跟踪在时域分析，其他基本都是针对频域。

示例：如何在频域中优化一根轴。

如果是 Operate 系统 TCU，需要使用一台装有 HMI-Advanced 的电脑外接数控来实现测量和优化，此时这台电脑相当于一台数字示波器。整个测量和优化过程俗称手动优化数控伺服系统。

最终的测量结果最好放在 CF 卡中，可通过 WinSCP 软件把这些关键结果的图像存放在数控新建的一些目录下，供后人参考。

在电脑中的路径如下：

C：\Siemens\Sinumerik\HMI-Advanced\dh\dg.dir

相关的子目录 BITMAP.DIR，MPC.DIR，MSC.DIR，SVTRC.DIR 中可在 CF 卡下建立路径来对应，如：

Card\OEM\Optimize\Measure

电脑一侧的 HMI-Advanced 优化界面如图 4-59 所示。

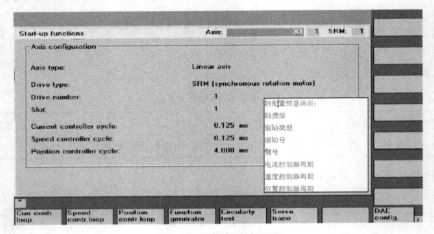

图 4-59 优化测试界面

1. 测量电流环

对于电流环，一般仅仅是测量，看其曲线是否无异常，即是否存在超调，测量出的电流环一般来讲都是好的，因为西门子已经做过电流环的优化。需要注意的是对于垂直重力轴，在做测量的时候，必须有一个外部抱闸机构，如果没有则不可以做电流环测量，如果有这个外部抱闸机构，则必须提前断开外部抱闸机构的动力线，使其处于抱闸状态，保证安全的情况下然后才可以进行电流环测量。必要情况下还要做一个特殊的工装来固定那些重力轴防止掉落。如图4-60 所示打开电流环测试界面。

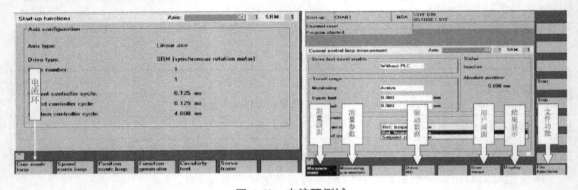

图 4-60 电流环测试

测量的第一步是配置合适的测量参数，如图 4-61 所示。按下电流环测量按键，进入测量界面开始配置参数。

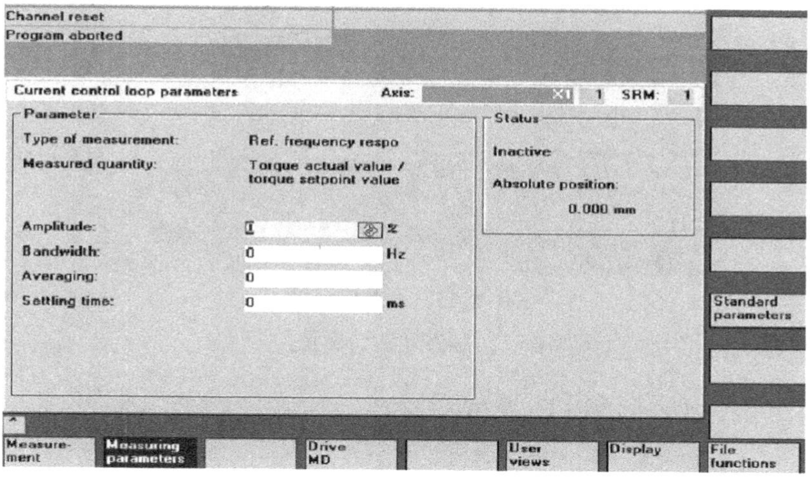

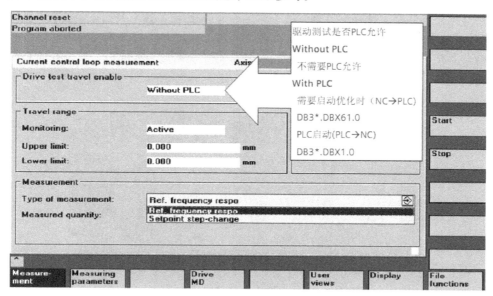

图 4-61　测量参数配置

其中，第一项 Amplitude 代表幅值，表示峰值力矩的百分比，通常设为 1% ~ 5%。
Bandwidth 代表测量带宽，是一个示波器指标参数，对于 840D，可以测最高 4000Hz。
Averaging 表示测量的平均次数，次数越多，越精确，时间越长。通常设 20 次。
Settling time 代表建立时间，表示输入测量信号和偏移量到开始记录测量数据间隔的时间。
一项项设定固然可以，不过我们通常按下右端的 Standard parameters 按键来加载一组西门子标准测量参数来测量系统的谐波响应。

如图 4-62 所示，首先选择测试时是否允许 PLC 参与。

图 4-62　设置不需要 PLC 允许

然后选择是否监控轴的行程，由于电流环测试并不移动轴，所以此项可以不监控行程，如图 4-63 所示。

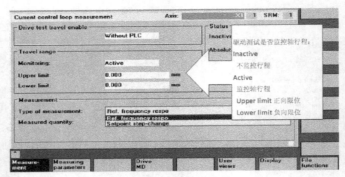

图 4-63　不监控行程

选择测量类型，设为参考频率响应，如图 4-64 所示。

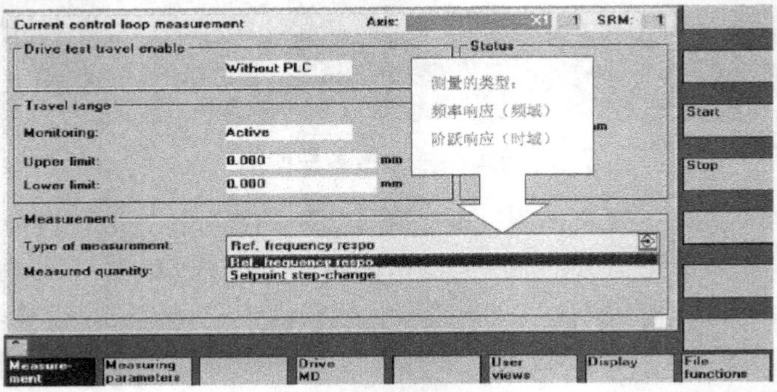

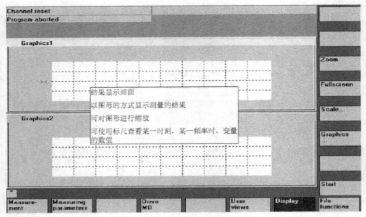

图 4-64　选择频率响应测试

最后一个测量设定值 Measured quantity，由于是电流环，所以选择为 Torque actual value/ torque setpoint value。也就是实际转矩值（输出）/转矩设定值（输入）。

然后开始启动测量，选择一根轴，按下右侧的 Start 按钮，表示开启了示波器，此时下方会提示按下 NC start 按钮。

注意：必须是 JOG 模式下，按下 NC start 按钮后，会听到一些噪声，系统开始测量。

测量完成后，可在 Display 页面中观看结果，如图 4-65 所示，也可直接在这个页面下启动 Start 测量。

图 4-65　结果显示画面

一张合格的电流环测试图如 4-66 所示。

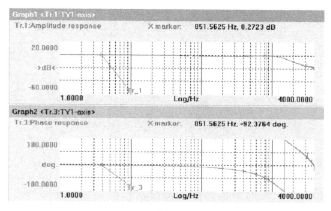

图 4-66　合格的电流环响应

由图 4-66 中可以看出，相频曲线-90°左右对应的频率为 851.56 Hz，这个频率即为带宽，对应幅频曲线的赋值为 0.27 dB。

根据理论，二阶环节阻尼系数可以表征系统是否稳定，如图 4-67 所示，阻尼系数 D 必须大于等于 1 系统才不会超调，$D=0$ 系统持续振荡，$0<D<1$ 时系统存在一次或多次超调。

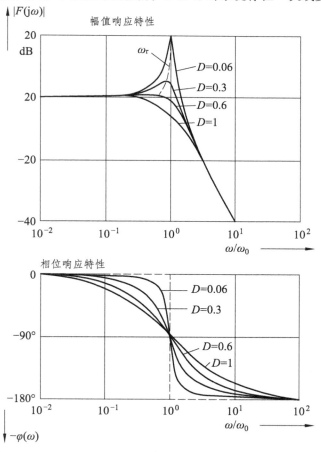

图 4-67　二阶环节阻尼系数

对于二阶环节，其特征频率 ω_0 和阻尼系数之间的关系如式（5-1），在频率恰好为 ω_0 时，系统的幅值为 1/2D。

$$|F(j\omega)|_{\omega_0} = \frac{1}{2D} \qquad (5\text{-}1)$$

二阶环节系统方程如式子 5-2 所示。

$$F(j\omega) = \frac{1}{1 + j\omega \dfrac{2D}{\omega_0} + (j\omega)^2 \omega_0^2} \qquad (5\text{-}2)$$

$$\varphi(\omega) = \text{arc tan}(-\omega T) = \text{arc tan}\,\frac{-\omega}{\omega_0}$$

因此，当相位角恰好为-90°时，频率恰好为特征频率 ω_0。

$$\varphi(\omega) = -90° \qquad (\omega = \omega_0 \text{时})$$

也因此，我们从图 4-66 上通过坐标线得出开环相频曲线在-90°的频率为 851Hz，这个值就是 ω_0，进而读出对应的幅值为 0.27 dB。

由此，我们也可以求出阻尼系数为 0.27=1/2D，推出 D=1.85，所以不会有超调，更遑论振荡。

反推，当 D=1 时，幅值为 0.5 dB，因此只要特征频率（-90°时对应的频率处）对应的幅值不超过 0.5，就不会出现超调。

当 0<D<1 存在超调振荡，但最终会稳定，称为谐振，我们需要了解谐振发生的最大幅值，对于二阶环节，谐振频率 ω_r 与 ω_0，D 关系如下：

$$\omega_r = \omega_0 \sqrt{1 - 2D^2}$$

当 $D \geqslant 1/\sqrt{2} =0.707$ 时，系统便不再有谐波激增值，因为此时 ω_r 不是实数了，当 D<0.707 时，便存在一个谐振频率。

当 $\omega = \omega_r$ 时，系统振幅最大。

$$|F(j\omega)|_{\omega_r} = \frac{1}{2D\sqrt{1 - D^2}}$$

通过实测曲线，就可以得出最大谐振赋值和频率，反推出 D 和 ω_0。

谐振一般在速度环才会发生，因此，接下来我们进入速度环测试，在此之前，请将电流环的曲线结果保存，如图 4-68 所示，我们进入文件功能菜单，然后做相应的 Save，这些测试文件将来可以作为模板供周期性的测试比较之用。

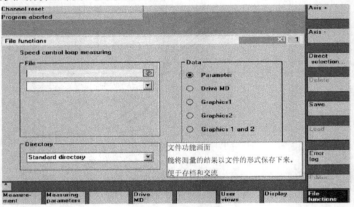

图 4-68　保存测试文件

2. 测试速度环

速度环测试的目的是尽力提高速度环增益 P1460 参数，并且保持系统稳定，不产生超调。

首先进行参数配置，进入速度环测量画面，类似前述的电流环配置，选择为参考频率响应，加载标准测量参数后得出图形如图 4-69 所示。

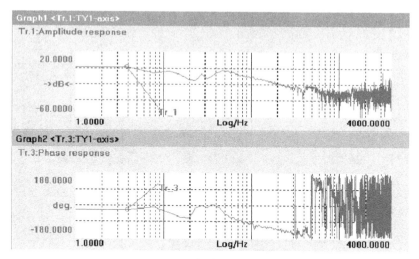

图 4-69 标准测试图形

测量是错误的，因为曲线是不切实际的（幅频曲线出现破裂，相频曲线出现多次穿越-90°，不够平滑），证明测量不符合实际，我们需要修改测量参数。经过试验，第一次我们选用测量幅值为 20 mm/min，其他参数如测量周期等不变，不断加大到 1 500 mm/min 后，得出正确图像，如图 4-70 所示。

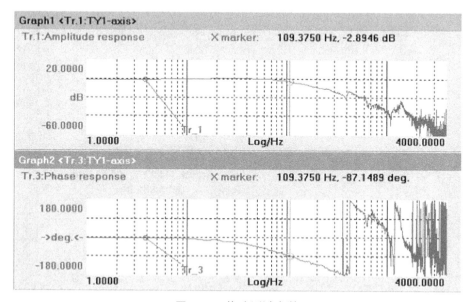

图 4-70　修改测试参数

现在的测量结果可以判断出，-90°处对应的特征频率为 109.37 Hz，即带宽。幅度为-2.89 dB。D=0.17 时，也没有出现谐振，并且 > -3 dB。

可以看出并不需要调整什么，速度环已经非常好，如果想要提高响应速度，那么此时就可以通过增加 P1460 的值来继续跟踪曲线。

再举一例，如图 4-71，可以看出测量结果是准确的，但是调整的参数值不恰当。

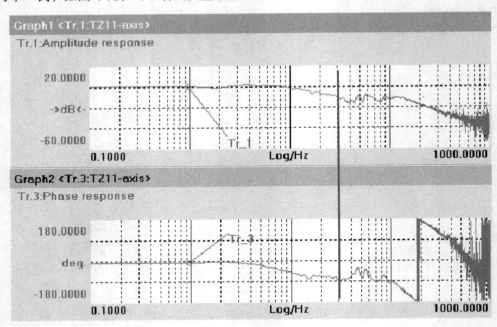

图 4-71　测试结果

尝试将增益 P1460 从 0.4 提高到 0.8 后，重测曲线得出如图 4-72 所示结果。

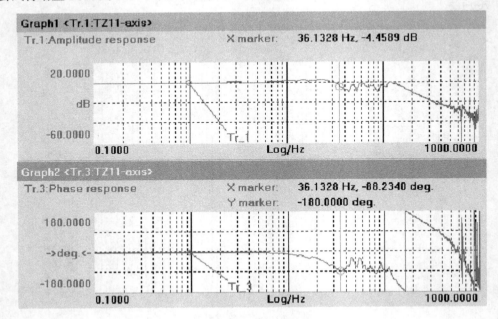

图 4-72　修改速度环增益

此时特征频率为 36 Hz，幅值-4.4 dB，因此可以进一步提高增益，P1460 从 0.8 继续增加到

338

1.5，测试结果如图 4-73 所示。

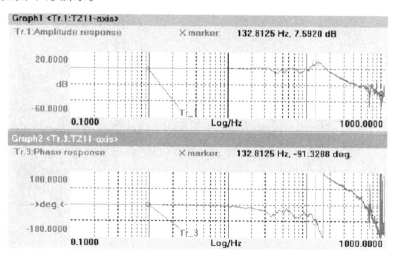

图 4-73　进一步提高增益

通过图像可以看出-90°对应的特征频率为 132 Hz，通过前述的公式计算可以得出 $D=0.065$，计算出的谐振频率也恰好是 132 Hz，并且此时赋值为 7.5dB，远大于 3dB，超调量为 237%，可以看出已经出现了谐振，这是因为速度环增益增加的缘故，此时就必须通过增加一个带阻滤波器来过滤这个谐振频率，此处不作简介，因为增加滤波器需要一些经验。

接下来调整位置环，如前所述原理调整测量参数，然后开始测量。

对应位置环增益 MD32200=5 时的结果如图 4-74 所示。

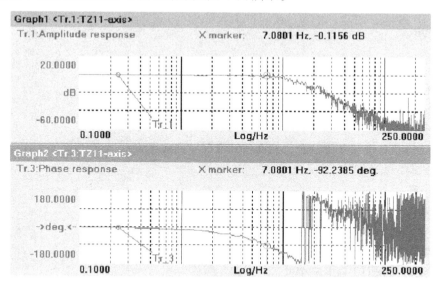

图 4-74　增益为 5 时图形

可见特征频率对应幅值仅为-0.11 dB，有很大上升空间，应加大位置环增益，不断增加，修改到 32200=9，如图 4-75 所示。

可见幅值-2.94 dB 大于-3 dB，调试结果已经很好。

当然，双轴的情况最好再进行一些必要的圆度测试，不过最好利用球杆仪，此处不作介绍了。

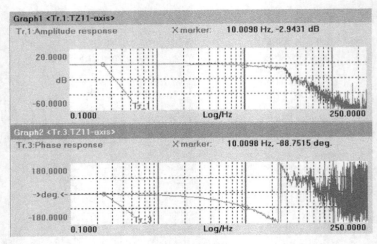

图 4-75　修改增益

4.5.4　优化完成后的测试程序

1. 单轴测试程序

例如，针对 X 轴，通常选用很高的速度来测试，此处用 F5000，若有信心则可以直接用 G0 来做。

```
DEF REAL X_MIN，X_MAX
X_MIN=$MA_POS_LIMIT_MINUS[AX1]+1
X_MAX=$MA_POS_LIMIT_PLUS[AX1]-1
G500
G01 F5000
LOOP
X=X_MIN
X=X_MAX
ENDLOOP
M30
```

在轴来回运动时观察并听声音，遇到异常情况立即停止。

2. 多轴圆弧运动

```
G54
FFWON
SOFT
G01 X0Y0Z0 F5000
XY10：G17 G02 I10 TURN=100
XY50：G17 G02 I50 TURN=100

XZ10：G02 G18 I10 TURN=100
XZ50：G02 G18 I50 TURN=100
YZ10：G02 G19 J10 TURN=100
```

YZ50： G02 G19 J50 TURN=100

M30

4.6　引申思考——探讨 ALM 模块与电机节能

此节讨论由 PAC 电表引发的一些案例。

我们离开了学校，走入了社会，大部分人误以为所学的知识是无用的，实则不然，比如笔者遇到的这个问题，电表的有功功率出现了瞬时负值。

功率出现负值对于大多数人而言可能是一种明显的错误，这种直觉可能会引发错误的判断。应该理智地思考和分析，才得出正确结论。经笔者分析，电表功率出现负值有几种情况：① 如果是发电厂，他们是生产电能不做有功，自然永远是负值（但很显然，我们是耗电单位，这点可以排除）；② 现场发现有几台国产的辅机设备功率始终显示负值，很显然，这个是接线错误，电流互感器的极性接反所致；③ 国外的数控机床很多出现了有功功率瞬间变为负值，然后马上数值恢复正常，这种情况是现场所具有的，我们主要关注这第三个情况，但是疑问随之而来。

如果一台国产的辅机出现了功率为负值，这有可能是粗心接线以致错误，但是一台国外的数控设备出了问题，从经验来判断，应该不是设备接线或其他问题。如果多台同类型设备中的其中一台出现负值，则可能是异常情况，但是如果多台设备中很多都有同样的现象，则可能瞬时的功率确实可能为负值。伺服电机可以工作于四象限模式，如果在 1，3 象限，则功率为正；如果是 2，4 象限，则功率为负，2，4 恰好是正向减速制动和反向减速制动状态。

理论上有了支持，便去做实验来验证说法，选择数控的主轴（功率消耗最大）来做实验，可考虑采用的软件有数控本身自带的跟踪画面，HMI-Advnced，Starter。排除 HMI-Advanced，因为我们监控的对象为伺服的参数，HMI-Advnced 用来监控电流功率，需要开通参数 36730 且连接缓慢并不适合。

1. 使用自带的跟踪功能

位于诊断界面下的 Trace 是笔者的最爱，如图 4-76 所示，插入 3 个变量，分别为主轴的电流（Curr）、主轴的速度（Speed）和主轴的功率（Power）。

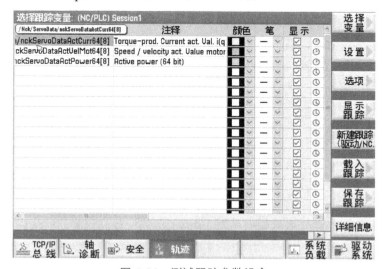

图 4-76　测试跟踪参数设定

点击显示跟踪，启动跟踪后绘出图像如图 4-77 所示。

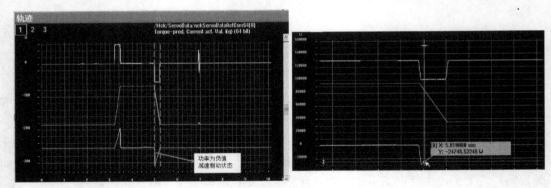

图 4-77　跟踪结果

可见，减速制动情况下，功率确实为负值，因为理论上 $P=Tn$，制动情况下 T 转矩（电流的正比例）与转速值相反，因此功率为负，向电网回馈电能。此图监控的电流为平滑电流，不能直接反映转矩，这是自带的跟踪功能的局限性，考虑使用 Starter 来监控更多的详细参数。

2. 使用 Starter 来监控（见图 4-78）

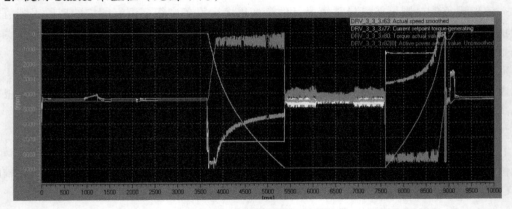

图 4-78　使用 Starter 监控

可以看出，在正向加速阶段，转矩和速度均为负值，相乘为正功率，即为反向旋转加速阶段在第 3 象限，而后稳定旋转，进而减速制动，此时速度从 -9 000 变为 0，转矩和电流却为正值，因此出现负功，回馈能量。

伺服跟踪画面只是对于"象"的直观把握，如果想进一步了解其深层原理，需要对"数"进行计算分析。象数理论之精髓就在于象数理的结合。这里的目的是精确计算反馈的电能，再同实际图像进行比较。

实现能量回馈必须有 3 个条件：

（1）必须使用可控变流器，即 IGBT 电路（sinumerik 使用 ALM 主动模块来实现）。

（2）直流母线电压要高于回馈阈值（此点是关键）。

（3）回馈电压频率必须和电网频率相同（由 ALM 模块和其他驱动模块精确控制）。

4.6.1　回馈能量的过程分析

通常，在交流电机和负载的减速阶段，储存的大部分能量将被电机转化为电能反馈到变频器。当一个高惯性负载（通常是主轴或者大型工作台）突然减速时，会有过大的反馈能量产生。在变频调速系统中，电动机的降速和停车是通过逐渐减小频率来实现的，在频率减小的瞬间，电动机的同步转速随之下降，而由于机械惯性的原因，电动机的转子转速未变，它的转速变化是有一定时间滞后的，这时会出现实际转速大于给定转速，从而产生电动机反电动势 e 高于变频器直流端电压 u 的情况，即 $e>u$。这时电动机就变成发电机，非但不要电网供电，反而能向电网送电，这样既有良好的制动效果，又将动能转变化为电能，向电网送电而达到回收能量的效果，一举两得。当然必须有一套能量回馈装置单元（此处为 ALM），进行自动控制，才能做到。能量回馈制动装置特别适用于电动机功率较大，设备的转动惯量较大，反复短时连续工作，从高速到低速的减速降幅较大，制动时间又短，又要强力制动的场合。为了提高节电效果，减少制动过程的能量损耗，将减速能量回收反馈到电网去，达到节能功效时，它也是必须采用的。

4.6.2 节能界面

在 V2.7 版本以上，西门子开发了一个 Ctrl-Energy 节能页面，专门用来监视电能。以便分析节能应用。它需要配合使用 PAC 系列的智能电表，如 PAC4200。此页面位于参数扩展页面中，如图 4-79 所示。

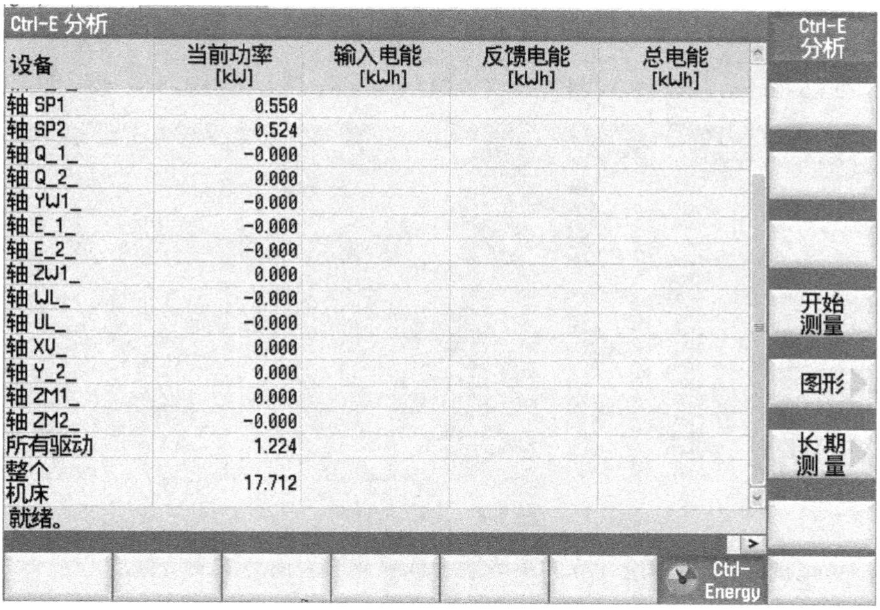

图 4-79　西门子 Ctrl-Energy 界面

启动开始测量后，系统通过 PLC 收集 PAC 电表的数值和通过 NCK+DRV 收集伺服的数值进行综合分析，得出反馈电能、总的电能等。

每当电机轴减速时，理论上就会出现"发电状态"，试计算一台主轴减速过程发出的电能，查到的参数有主轴转动惯量 J=0.13 kg·m²，由 10 000 rpm 减速到静止。

计算：

10 000 rpm 对应角速度为 ω=2πn/60=1047 rad/s

动能转换为电能 E=0.5J×ω^2=0.5*0.13*1047*1047=71253.585 J。换算成 kW·h，关系为 1 kW·h=3.6×10⁶ J，因此发出的电能为 0.019 7 kW·h。

监控发现发出电能 0.019 kW·h，如图 4-80 所示，理论完全符合实际情况。

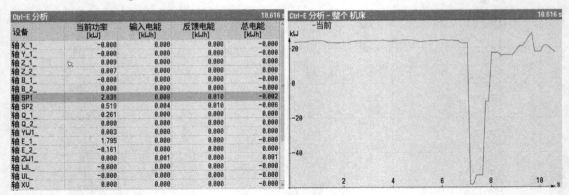

设备	当前功率 [kW]	输入电能 [kWh]	反馈电能 [kWh]	总电能 [kWh]
轴 X_1_	-0.000	0.002	0.000	0.001
轴 Y_1_	0.000	0.001	0.001	-0.001
轴 Z_1_	0.013	0.009	0.007	0.002
轴 Z_2_	0.012	0.008	0.005	0.003
轴 B_1_	-0.000	0.001	0.000	0.001
轴 B_2_	0.000	0.001	0.000	0.001
轴 SP1	4.562	0.051	0.020	0.031
轴 SP2	1.454	0.061	0.019	0.042
轴 Q_1_	-0.000	0.000	0.000	-0.000
轴 Q_2_	-0.000	0.000	0.000	0.000
轴 YW1_	0.000	0.002	0.000	0.001
轴 E_1_	-0.000	0.004	0.002	0.002
轴 E_2_	-0.000	0.005	0.001	0.003
轴 ZW1_	-0.000	0.002	0.000	0.002
轴 WL_	0.000	0.000	0.000	0.000
轴 UL_	0.000	0.000	0.000	0.000
轴 XU_	0.000	0.000	0.000	0.000

图 4-80　实际电能

当主轴从 7 500 rpm 减速到 0，计算出为 0.011 kW·h，实际为 0.01 kW·h，如图 4-81 所示。

图 4-81　实际电能

最终监控的结果验证了理论计算的正确性，也解释了为何会出现负值。

4.6.3　ALM 实现无功补偿

前述只是 ALM 的其中一个应用层面，ALM 还有一个重要的无功补偿功能。其实 ALM 不仅可以用作反馈电能，还可以对电网模拟容性负载、感性负载或阻性负载。进行无功功率补偿（Reactive power compensation），其原理图如 4-82 所示。

由框图（象）可见，补偿（数）不是自动的，若对某根轴（电机）进行无功补偿，需要将 PLC，axis，ALM，PAC4200 组成一个闭环，智者将思，组环成局，数将何出？

答曰：经典控制 PID 调节（当然实际只需要用 PI）即可。原理图中用了 SFB41（连续 PID 算法）或 FB41 来实现。然后使用 BICO 软连接把这个值写入 ALM 参数即可，此参数为 P3611 CI：Infeed reactive current supplementary setpoint，是一个百分比，因此需要换算。

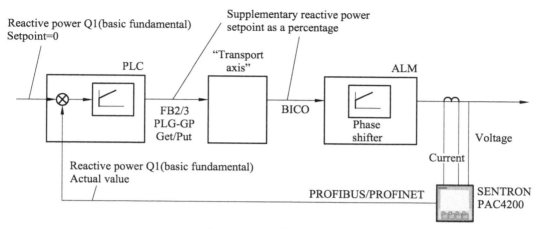

图 4-82　无功补偿原理

P3611 可以设置一个无功电流设定值，用于补偿无功功率或稳定供电运行中的电源电压。总设定值是固定设定值 p3610（一般是 0，就是框图中的基本值）和经过二进制互联输入的动态设定值 p3611（无功补偿值，我们重点关注的）之和。

电源的相序会在无功电流控制中自动补偿：① 无功电流设定值为负时，会产生电感性无功电流（过励运行）；② 无功电流设定值为正时，会产生电容性无功电流（欠励运行）。

具体做法如图 4-83 所示。

（1）实际无功功率值（来自 PAC4200）通过 PI 控制器计算得出补偿值。

（2）归一化处理，将此补偿值除以 P2002 参考电流再乘 100 得出补偿百分比。

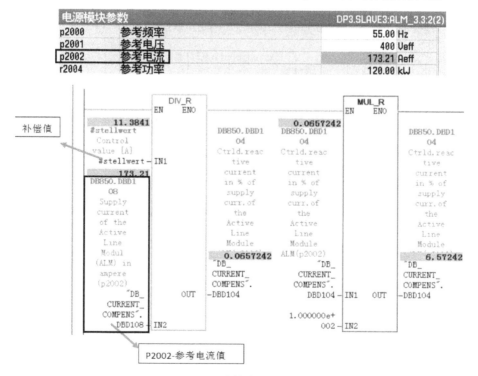

图 4-83　无功补偿的 PLC 实现

（3）将得出的百分比通过 FB3 写入 P2900 固定百分比数值中，补偿值（DB 数据）传入 P2900。

（4）将 P2900 关联 P3611 无功补偿值实现补偿，如图 4-84 所示。

电源模块参数		DP3.SLAVE3:ALM_3.3:2
p3560	整流单元Vdc控制器比例增益	100.00 %
p3562	整流单元Vdc控制器积分时间	100.00 %
p3564	整流单元Vdc控制器时间常数	0.2 ms
p3566	整流单元Vdc斜坡持续时间	100 ms
r3602	整流单元控制状态	[6] 运行
p3603	整流单元电流前馈系数D分量	100.00 %
r3606	整流单元，有功电流控制器的调节差	3.99 Aeff
r3608	整流单元，无功电流控制器调节差	1.40 Aeff
p3610	整流单元，无功电流固定设定值	0.0 Aeff
p3611	整流单元,无功电流附加设定值	BICO 12:2900.0
p3614[0]	整流单元，电流实际值滤波器滤波时间:...	0.000 ms
p3614[1]	整流单元，电流实际值滤波器滤波时间:...	0.000 ms
p3615	整流单元，电流控制器P增益	100.00 %
p3617	整流单元，电流控制器积分时间	100.00 %
r3618	整流单元，有功电流控制器积分分量	−40.3 Ueff
r3619	整流单元，无功电流控制器积分分量	−18.6 Ueff
p3620	整流单元，电流控制器适配，动作下限	24.00 %
p3622	整流单元，电流控制器适配，降低系数	59.63 %
p3624[0]	整流单元:谐波滤波器，谐波次数	5

图 4-84　P3611 补偿值

从 S120 功能图 1744 可以看出 P3611 其详细的作用原理，如图 4-85 所示。

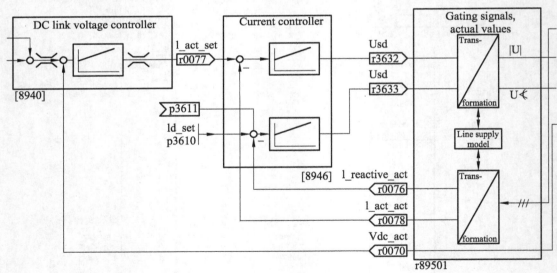

图 4-85　P3611 补偿值的详细作用原理

假设给定的无功功率 Q1，这个 Q1 值必须通过仪器测定出来，PAC4200 可以完成这个测量，而 PAC3200 不行，最终的补偿为一个百分比，写在 P2900 中，如图 4-86 所示。

驱动参数	DP3.SLAVE3:DRV_3.3:5(12) AX2:Y_1_	
r2724[0]	负载变速箱位置差值	0
r2724[1]	负载变速箱位置差值	0
r2724[2]	负载变速箱位置差值	0
p2810[0]	“与”连接输入端	0-BICO
p2810[1]	“与”连接输入端	0-BICO
r2811	“与”连接结果	0H
p2816[0]	“或”连接输入端	0-BICO
p2816[1]	“或”连接输入端	0-BICO
r2817	“或”连接结果	0H
p2900[0]	固定值 1 [%]	6.33 %
p2900[1]	固定值 1 [%]	6.33 %
p2900[2]	固定值 1 [%]	6.33 %
p2901[0]	固定值 2 [%]	0.00 %
p2901[1]	固定值 2 [%]	0.00 %
p2901[2]	固定值 2 [%]	0.00 %
r2902[0]	固定值[%]:固定值 +0 %	0 %
r2902[1]	固定值[%]:固定值 +5 %	5 %
r2902[2]	固定值[%]:固定值 +10 %	10 %
r2902[3]	固定值[%]:固定值 +20 %	20 %

图 4-86 P2900 产生补偿百分比

通过这些算法进行补偿，ALM 装置就可实时跟踪测量负荷的电压、电流、无功功率和功率因数，通过内置芯片进行分析，计算出无功功率并与预先设定的数值进行比较，自动选择能达到最佳补偿效果的补偿容量并发出指令，由过零触发模块判断双向可控硅的导通时刻，实现快速、无冲击地投入并联电容器组。

5 四相之 HMI 程序设计

本章主讲西门子数控 HMI 的设计开发，HMI 通过一层又一层的外在表象，来表达这个数控存在的意义。我们一般俗称的 HMI（人机对话接口）其实是界面开发的一部分，界面实际上总分为两个部分：GUI（图形化界面接口）和 H2M（人机接口）。机床的操作单元与底层控制器以及控制器和底层执行器之间当然是采用 M2M（机机接口）。如果只是设计和编程 M2M 接口，则只需满足简单、实用、通信准确快捷即可，但是如果设计 H2M 接口，则还要加入许多元素，满足不同人的审美需求，满足人类对于机器的可操控性。因此必须要设计漂亮的 GUI 界面。

西门子 840D sl 的软件系统架构如图 5-1 所示，包含两个部分，一个是基于实时系统的 PLC，NCK，DRV 的部分，另一部分是基于 Linux 操作系统的 HMI 软件界面部分，如果是 PCU50 系统，则还是基于 Windows XP 系统。

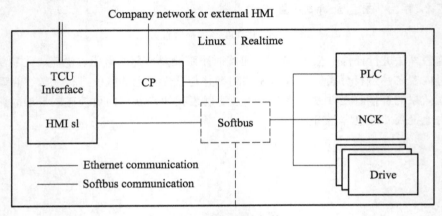

图 5-1　软件系统架构

对于 Linux 或者 Windows 的 HMI 软件架构来讲，分为两个大的部分，GUI 部件和 HMI 服务。GUI 即图形用户接口程序，典型的 GUI 界面包含加工区（Machine）、参数区（Parameter）、程序区（Program）、程序管理区（Program management）、诊断区（Diagnostics）和设置区（Setup）。HMI 服务功能提供诸如语言选择和切换，参数读取，报警和事件管理等功能。文件服务功能可提供诸如网络驱动，硬盘管理，USB 磁盘管理等功能。

本章我们先介绍西门子标准界面的操作，在此基础上再详解二次开发西门子人机界面的各种方法，这样从简单到复杂，逐步深入。HMI 常用的软件设计方法有扩展接口方法（sl 中称为 easyscreen），HMI Pro（transline）软件方法和 OA 编程包二次开发方法，其中，扩展接口对编程人员要求最低，它可以完成简单的画面布置任务，还提供 PI service 等功能，并且不受版本限制，比较实用，但灵活性差，功能有局限性。HMI Pro 为汽车行业 Powertrain 动力总成常用的开发软件，非常方便，控件丰富，标准统一，开发周期很短，适用性强，但受版本限制，不同版本生成的画面和数据文件不同，不可仿真和逆向上传画面来分析。OA 编程包最为灵活，在前述两种方法不能胜任的情况下，诸如网络的高级通信，数据实时读写和显示作图，数据实时跟踪，专机页面开发等应用领域可以发挥其优势，但开发周期长，且需要编程人员较高的技术素养。

5.1 840D sl 系统的 HMI 界面和操作简要介绍

对于设计人员来讲，不仅要掌握设计的方法，还要熟练现场的设备操作，特别是数控界面的操作。人机关系图如图 5-2 所示。

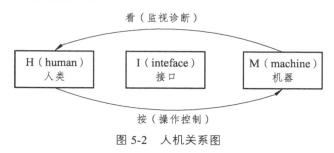

图 5-2 人机关系图

操作员日常打交道的主要是操作单元和面板，简称为 OP 和 MCP 或 MPP。常见的各种操作单元如图 5-3 所示。

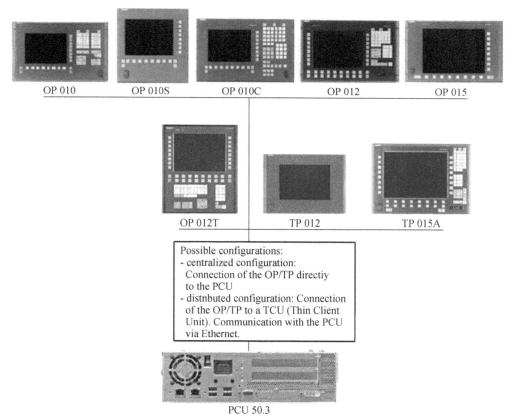

图 5-3 各种操作单元

OP 可大致分成 PCU 和 TCU 面板，PCU 就是带硬盘的系统，核心依旧是 WinXP 系统，但是与数控 NCU 本有的 Linux 系统通信，渐渐地，这种方式会逐渐淘汰，目前流行的是 TCU 瘦客户端，这是一种不带硬盘的显示部件系统，此种系统的操作界面一般为操作界面，区别于之前的 HMI-Advanced 界面。

首次打开 TCU 界面后，需要调整屏幕，可按下 △ 🔳 两个按键，弹出调整画面如图 5-4 所示。

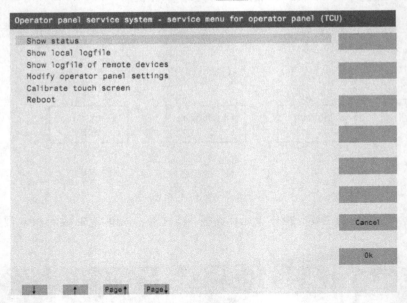

图 5-4 服务画面

选中各个子菜单可以查看或修改相应的 TCU 的信息，例如，如果使用触摸屏或 HT8，选中校准屏幕后会自动出现校准指示如图 5-5 所示。

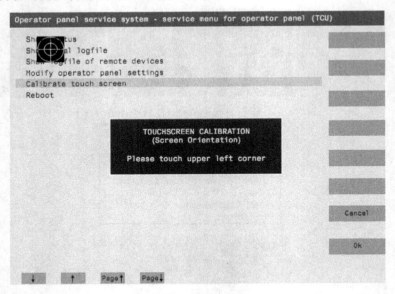

图 5-5 校准屏幕

也可从此页面中获知分辨率、网络连接等重要信息。

5.1.1 西门子 840D sl 标准 HMI 界面介绍

四相生出八卦，界面可以衍生出八个子画面按钮，分别代表八种功能。这八组界面下亦可分别衍生出更小的子页面，蕴含多种变化，如图 5-6 所示。

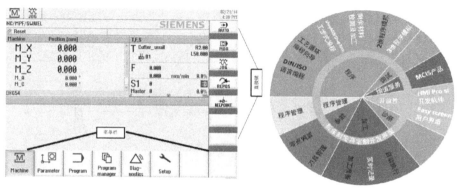

图 5-6　八组画面

其中，增值服务页面不常见，需要购买相应的软件才能够实现，主要针对信息系统如 MCIS 等，开放性页面主要是用户自定义界面，也是我们本章所研究的主要内容。其余六个页面就是最常见的标准数控页面。实则程序和程序管理页面可归为一类，则有用的标准页面只有五种，这五种就自然蕴含了五行生克的道理，加工页面是供操作工看的，调试是供设计和调试员看的，参数和程序一般是供操作工和程序员看的，诊断是给维修人员看的，这几类人员对立统一构成了一个基本生产组，对应数控专业术语就是方式组。刚接触到一个新的人机界面，对其页面的直观感觉称作 SA，即状态意识的缩写，界面反映了设计者的巧思，如果一个页面设计得很随意，操作人员就不可能方便地寻找到有价值的信息以便完成任务。不同专业背景和文化素养的设计者设计出的界面自然不同。对于常见操作系统的画面，如 Windows 操作系统，初始状态只有一个开始按键，点击后展开各种程序组，将常用程序加入快捷任务栏，就完成自定义界面。点击每个应用程序弹出对应的画面，数控程序也是其中一个应用而已。而命令行界面，如 DOS 系统则适合设计和调试人员，熟记各种命令和脚本就可以迅速获取当前状态信息，与命令行界面交互的过程就类似于监视诊断数控程序的过程。一个成功的界面必然应该既提供命令行界面也提供图形化界面。

1．八组界面

三元八类这条主线路已经阐述到了具体的 HMI 一章，有了四相生八类划分的指导思想，作为数控系统显式存在的操作界面也可以相应划分为几种标准模型，也可称之为界面区域（Area），试举一例：

标准 840D 界面亦可分为八个，分别为加工、参数、程序、程序管理器、诊断、调试、增值服务（一般闲置）、开放型画面。

其中，程序和程序管理器其实是一个重复的界面，功能差不多，所以实际只有 5 个重要界面。

标准的 HMI Pro 子界面亦可概括为：机床设置、概览（状态）、操作、手动（Manual）、生产（产品数据）、维修、诊断、文档等八个界面。当然，不同的厂家安排的略有不同，但是基本内容都差不多，如图 5-7 所示。

概览，为整体机器工况的总体情况。

设置，为初始化如机床数据、语言、口令等的设置，和标准界面基本一致。

操作，主要用于对一些关键部件的动作进行方便操作，如安全门锁、循环模式的选择等。

手动，为非自动加工模式下的各种机构的控制和运动。

生产，为自动加工模式下的状态，工件的质量控制。

维修和诊断，为维修部门对出现问题后的反应和诊断依据，和标准界面一致。

文档，为概览整个程序结构和版本管理。

这八组界面的核心在于手动和生产（自动），也就是关注模式组的扩展和应用，关注生产效率的提高。

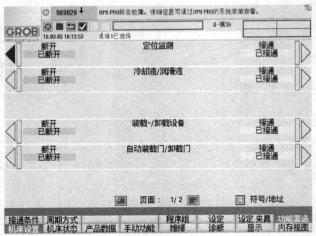

图 5-7　HMI PRO 界面

2. 界面组成

在此介绍以 Solutionline Operator 为主，PCU（HMI-Advanced）与此界面类似但有些操作界面不同，总之基本构成一致。如图 5-8 所示，最下方是菜单栏，共有八个键位，分别是机床（Machine）、参数（Parameter）、程序（Program）、程序管理（Program manager）、诊断（Diagnostics）、设置（Setup）和两个空键位，每个键位按下后都可以进入相应的画面，左右两侧为直接键（Direct keys），每侧共 8 个，右侧直接键最后一个有时用作扩展按键。

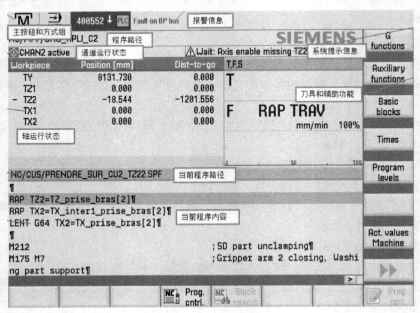

图 5-8　Operate 界面

若机床制造商制作了二级菜单，如设置了 Custom 界面，则按下扩展按键后会进入新的键位配置，如图 5-9 所示。

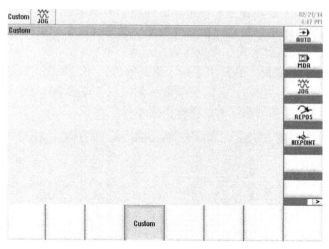

图 5-9　特殊定制页面

机床菜单下，针对不同的操作方式，会有相应的内容显示，以下分别介绍。

3. 方式组界面

每种方式组下显示的画面内容都不尽相同，方式组界面主要包含 Jog 下的显示界面，MDA 下的显示界面以及 Auto 下的显示界面。以 Jog 方式和 MDI 方式为例，如图 5-10 所示，Jog 下主要包含 Jog 下的操作，如急停、进给倍率、按键等，回参考点模式包含在 Jog 方式下，而 MDI 方式下则包含程序编辑功能。

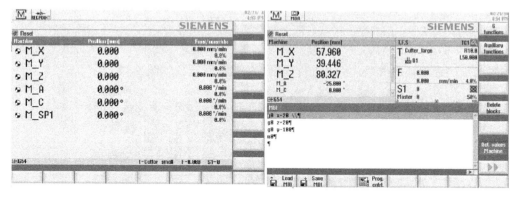

图 5-10　回参模式和 MDI 模式

4. 参数界面

参数界面包含六种常用画面，刀具管理、R 参数等全局变量，空间框架零偏，设定参数等蕴含于中。

以 R 参数页面为例，如图 5-11 所示，R 参数可在 NC 程序中使用，有人认为 R 参数是 NCK 全局变量，这是不对的，R 参数的局限性在于不可跨通道读取，不是 NCK 全局的，只是通道全局变量，普通机床只分配了单一通道，因此很多人误以为 R 参数是 NCK 全局的。每一个通道都有相应独立的一套 R 参数，并且名称几乎一样，例如，在第一通道的 R1 和第二通道的 R1 是完全不同的，处于不同的内存区域，但是名称却一样都是 R1，所以很容易弄混，并且 R 参数没有注释，因而不如使用 DEF 定义的变量来得更加确切，所以适合调试而非成熟应用，但不知为何很多人喜欢使用 R 参数作为最终程序来使用。也许与 R 参数有此单独界面容易修改，容易使用有关，也可能与 R 参数可以用于某些同步功能有关。在海德汉数控系统中同样的功能用 Q 参数实现，在 Fanuc 系统中用#参数实现，可见各数控厂家都有共性。

R 参数是实数（Real）变量，一般用于输入工艺数值，如刀具长度、进给率、速度等。R 参数默认为 300 个，即从 R0 ~ R299，若需扩展数量则可以修改参数 MD28050，此参数修改后会引起内存重新分配，因而需要做系统 NC 备份回读才可。

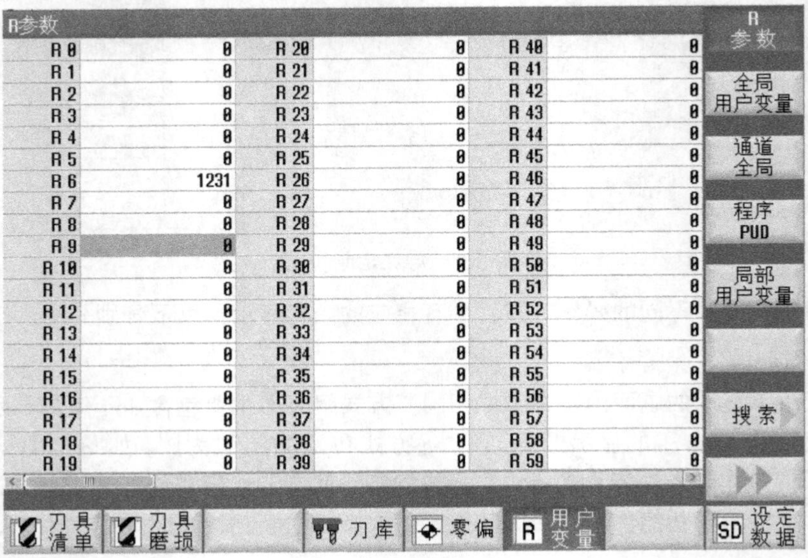

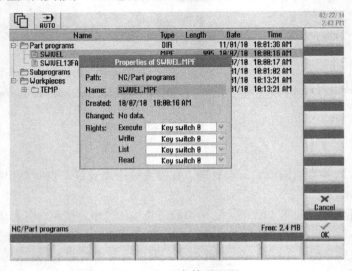

图 5-11　R 参数页面

5. 程序界面

程序和程序管理页面类似，可以进行程序的编辑和管理，如图 5-12 所示。

图 5-12　程序管理页面

程序页面中只有一个特殊子页面需要关心，即程序列表页面，如图 5-13 所示。

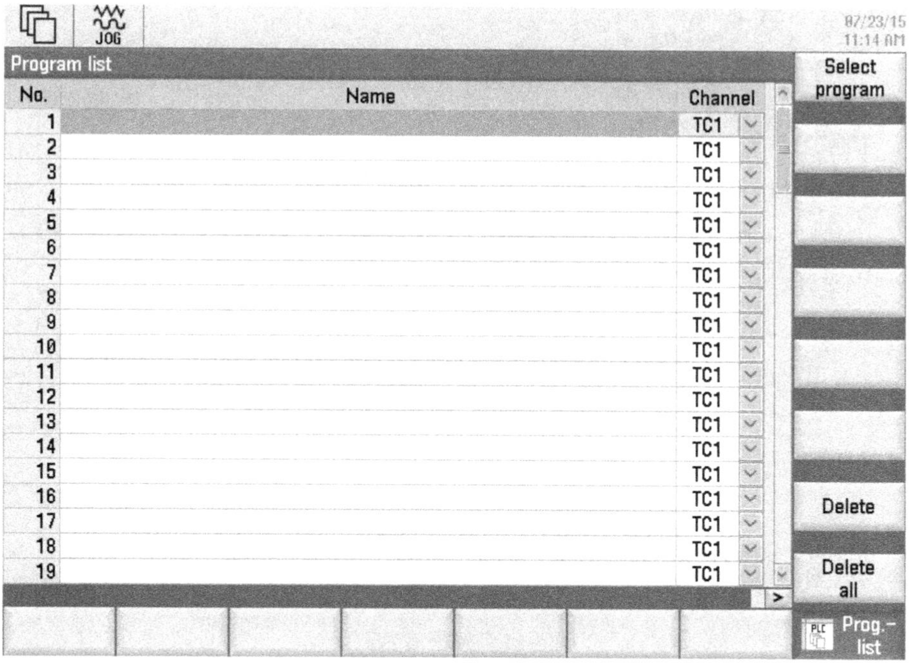

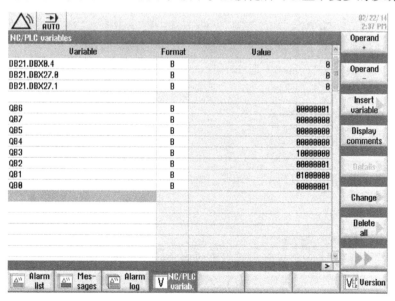

图 5-13　程序列表页面

此页面可以用来设定自动执行的程序。

6. 诊断区域

诊断页面也十分重要，如图 5-14 所示，按下扩展按键后可以显示更多的诊断功能。

图 5-14　诊断页面

常用的诊断页面是报警管理页面，如图 5-15 所示，其中 Alarm list 中显示了所有当前的报警，

Messages 中显示了所有的提示信息。

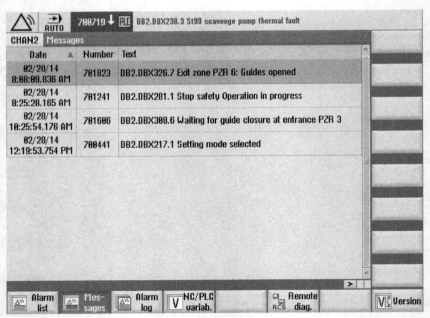

图 5-15　报警信息页面

Version 页面需要关注，有些时候需要查找 version 来确认所装的系统是否正确，如循环、HMI 等。

7. 设置区域

设置页面是最关键的页面，内含数控参数的配置，调试，默认开机后权限等级为 0，如图 5-16 所示，此时设置页面功能有限，只能进行简单的概览。

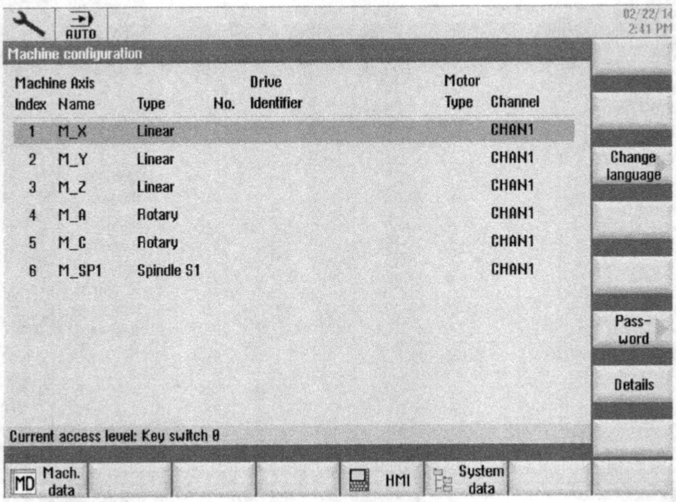

图 5-16　设置页面

输入密码 SUNRISE 后变为 manufacturer 制造商权限，则可对参数进行修改，对于权限的管理需要引起重视，最好使用西门子提供的钥匙开关和密码来配合调试和日常的操作维修，针对不同的操作人员设定不同的管理权限。

5.1.2 OP 小键盘区操作介绍

OP 操作屏右端的部分就是小键盘区,如图 5-17 所示,这个区域包含了许多特殊的用途按键。

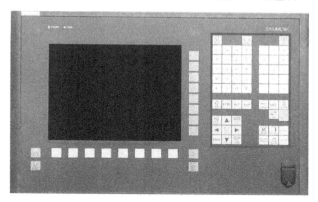

图 5-17　小键盘区

1. 帮助按键

按下这个按键可以迅速调出对应的帮助文档,如碰到某个报警号需要获得帮助的时候就可以按下这个按键。

2. 通道切换

按下这个按键可以切换显示的当前通道。

3. 报警消除

按下这个按键可以消除一些报警。

4. 快捷键

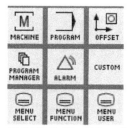

根据操作屏不同,有的有,有的没有,这几个按键具有快捷方式的作用,可以迅速转到相应的画面,比如按下 MACHINE 按键,就会跳转到加工页面下。

5. 大小写切换

加工程序中如果需要输入小写字符,可以通过按下 Ctrl+Shift 来切换大小写。

调用计算器功能,在某些输入栏中按下"="等号按键,如图 5-18 所示,就会调出一个计算器。

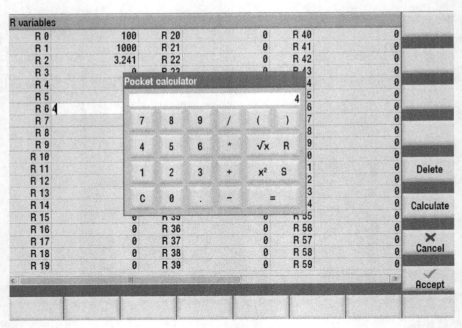

图 5-18　计算器功能

6. 截图功能

在调试的过程中我们经常需要将 HMI 的屏幕保存下来，为故障的查找与分析带来方便。

（1）对于 TCU 系列，通过按键组合 Ctrl+ P 建立一个屏幕截图。整个数控的当前屏幕复制到一个文件中，带有自动生成的文件名称，如图 5-19 所示，图片存于如下目录Card/User/Sinumerik/HMI/log/Screenshot。

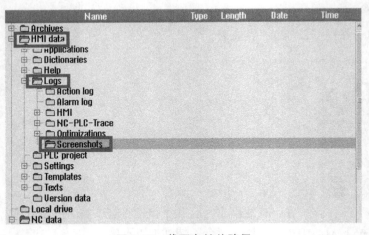

图 5-19　截图存放的路径

名称一般为 SCR_SAVE_0001 等，如图 5-20 所示。

PCU 系统中，文件的标题如 scf00001.bmp 等。最多可以保存 99 个截图。之后文件再次以scf00001.bmp 开始覆盖以前的文件。

截图作为 BMP 文件保存在 PCU 目录 F：\ALTMP 下。此设定保存在 F：\mmc2\mmc.ini 中，通过修改下列路径可以改变存放的目录。

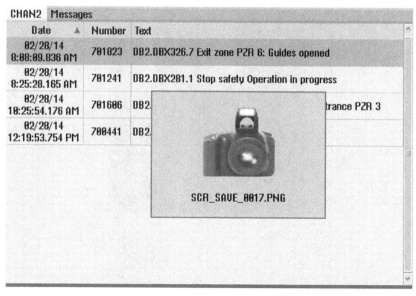

图 5-20　截图名称

[DIRECTORIES]
    TempDir=F：\TMP
    AlDir=F：\ALTMP

如果将此设定修改为 AlDir=G：，则在需要的时候可以截屏自动保存到 U 盘的根目录下。

如果早期系统软件版本不支持按键组合 Ctrl+ P，则可以外接一个 USB 键盘，采用 Windows 提供的截屏按键 Print Screen 来截取，进入 Windows，开始（Start）→程序→附件→画图→按组合键 Ctrl+V 将图片复制到画图中，保存至磁盘中。对于 TCU 系列，直接使用按键组合 Ctrl+ P 即可截图，

讲到这里，对于 PCU 系列带硬盘的系统，我们实则可以把它看做是一台普通电脑，于是可以设置一些漂亮的屏幕保护程序，如动态的时钟等来保护数控显示器。具体设置如下，我们下载一些屏保程序，如 shiny_clock.scr，进入 WinXP 系统，方法是在数控启动到出现版本号的时候输入 3，然后输入密码 SUNRISE，进入到 C：\WINDOWS\system32 目录下，然后在桌面点击右键，打开"显示"属性，在屏幕保护程序中选择 shiny_clock 即可。屏保启动时间很长之后，需要使用鼠标点击恢复到数控系统。

5.1.3　机床控制面板（MCP，MPP）——标准面板

机床控制面板广义来讲是任何可以控制机床的操作面板，包括按钮盒、操作台、急停盒等。狭义来讲只是西门子的 MCP 或 MPP 机床控制板，如图 5-21 所示。有些机床厂商由于自动化程度很高，采用自己设计的小型面板，也许上面只含有若干按钮即可完成所有功能。汽车行业越来越喜欢统一采用 MPP483 面板。笔者建议将 MPP483 用作输送单元的控制面板，对于加工单元还是采用 MCP 面板较好。因为 MCP 控制轴十分方便，按键也比较多，可扩展性较强。

西门子机床控制面板 MCP（Machine Control Panel）分为车床和铣床两种版本，外形基本一致，如图 5-22 所示，只不过坐标轴数不同，MCP 板按键可由机床制造商自由定义，以前的 MCP 是按键式，现在的是薄膜式。

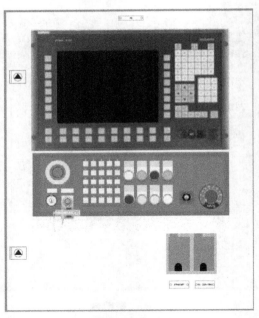

图 5-21　操作面板

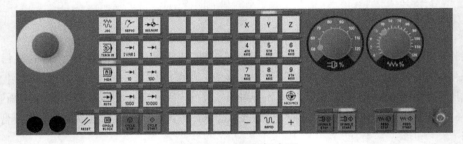

图 5-22　MCP 面板布局

MPP483 面板比较简略，按钮布局很大，如图 5-23 所示，被装配线和传输线广泛采用。

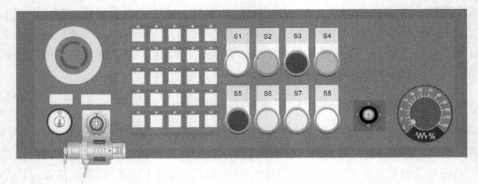

图 5-23　MPP483 操作面板

　　标有"*"号的为反信号，即常闭信号。F*这些信号为自定义用户按键，可以自由分配。840D 最多支持 31 个轴，而面板上共有 15 个默认的轴选信号，且有些轴选信号和某些机床功能是公用的，如果要扩展轴功能按键，可以将自定义按键也全部用上，这样正好是 30 个轴选信号，剩余一根可以在不常用的机床功能中任选一个代替。若采用 FC19 程序来配置，则需要修改其中的程序。

以铣床 MCP 面板为例，如图 5-24 所示。

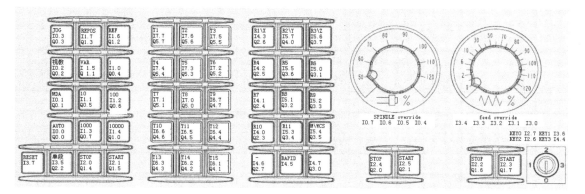

图 5-24　MCP 面板信号布局

MCP 面板输入信号对应如图 5-25 所示。

字节	第7位	第6位	第5位	第4位	第3位	第2位	第1位	第0位
	来自MCP机床控制面板的信号							
IB/DBB n+0	主轴倍率修调				运行方式			
	D	C	B	A	JOG	TEACH IN	MDA	AUTO
IB/DBB n+1	机床功能							
	REPOS	REF	Var.INC	10000INC	1000INC	100INC	10INC	1INC
IB/DBB n+2	钥匙开关位0	钥匙开关位2	主轴启动	*主轴停止	开始进给	停止进给	循环启动	循环停止
IB/DBB n+3	复位	按键开关位1	程序单段	进给倍率修调				
				E	D	C	B	A
IB/DBB n+4	方向键+ 轴15	方向键- 轴13	快速进给 轴14	钥匙开关位3	轴1	轴4	轴7	轴10
IB/DBB n+5	轴2	轴3	轴5	MCS/WCS 轴12	轴11	轴9	轴8	轴6
IB/DBB n+6	F9	F10	F11	F12	F13	F14	F15	
IB/DBB n+7	F1	F2	F3	F4	F5	F6	F7	F8

图 5-25　MCP 面板输入信号

MCP 输出信号对应如图 5-26 所示。

字节	第7位	第6位	第5位	第4位	第3位	第2位	第1位	第0位
	到达MCP机床控制面板的信号（LED）							
QB/DBB n+0	1000 INC	100 INC	10 INC	1 INC	JOG	TEACH IN	MDA	AUTO
QB/DBB n+1	开始进给	*停止进给	循环启动	*循环停止	REPOS	REF	VAR.INC	10000INC
QB/DBB n+2	方向键- 轴13	轴1	轴4	轴7	轴10	SBL	主轴启动	*主轴停止
QB/DBB n+3	轴3	轴5	MCS/WCS 轴12	轴11	轴9	轴8	轴6	方向键+ 轴15
QB/DBB n+4	F9	F10	F11	F12	F13	F14	F15	
QB/DBB n+5	F1	F2	F3	F4	F5	F6	F7	F8

图 5-26　MCP 面板输出信号

为方便设计调试，现将地址映射表直接列出（按照最简单的配置）如表 5-1 所示。

表 5-1　MCP 地址对应表

	I0.3	I1.7	I1.6	I7.7	I7.6	I7.5	I4.3	I5.7	I5.6					
	Q0.3	Q1.3	Q1.2	Q5.7	Q5.6	Q5.5	Q2.6	Q4.0	Q3.7					
	I0.2	I1.5	I1.0	I7.4	I7.3	I7.2	I4.2	I5.5	I5.0					
	Q0.2	Q1.1	Q0.4	Q5.4	Q5.3	Q5.2	Q2.5	Q3.6	Q3.1					
	I0.1	I1.1	I1.2	I7.1	I7.0	I6.7	I4.1	I5.1	I5.2					
	Q0.1	Q0.5	Q0.6	Q5.1	Q5.0	Q4.7	Q2.4	Q3.2	Q3.3					
	I0.0	I1.3	I1.4	I6.6	I6.5	I6.4	I4.0	I5.3	I5.2					
	Q0.0	Q0.7	Q1.0	Q4.6	Q4.5	Q4.4	Q2.3	Q3.4	Q3.5					12.7
														13.6
I3.7	I3.5	I2.0	I2.1	I6.3	I6.2	I6.1	I4.6	I4.5	I4.7	I2.4	I2.5	I2.2	I2.3	I2.6
	Q2.2	Q1.4	Q1.5	Q4.3	Q4.2	Q4.1	Q2.7	Q6.0	Q3.0	Q2.0	Q2.1	Q1.6	Q1.7	Q4.4

5.1.4　HT8 操作不当引发的故障处理方案

有时因为误操作，如切换 HT8 时未完成便急着拔掉了 HT8 的接头，会引起屏幕分辨率混乱，屏幕会变得十分的小。即使重启也无法解决。此时须采用如下手段恢复：

打开文件/card/user/system/etc/tcu.ini 或/card/oem/system/etc/tcu.ini，查看如下的内容（若存在的话），将其中的 AdaptResolution=1 修改为 0 后重启，再改回来。若不存在则新建一个 TCU 配置文件写入如下内容。

```
[VNCViewer]
ExternalViewerSecurityPolicy=2
ExternalViewerRequestTimeout=1
[VNCServer]
VetoMode=0
FocusTimeout=10
AlarmBoxTimeOut=5
AdaptResolution=1
Resolution=1
ColorDepth=1
PCUStartupTimeout=90
TCUStartupStepTime=30
InitTimeout=300
[TCU_HWSService]
TCUConnectTimeout=30
HeadlessTCUConnectTimeout=60
```

5.1.5　通过 VNC-Viewer 远程操作机床

远程连接 VNC-Viewer 后，可以通过 PC 键盘来操作机床，对应的按键列表如表 5-2 所示。

表 5-2　按键列表

键	对应于 PC 键功能：	键	对应于 PC 键功能：
ALARM CANCEL	Esc	END	End 键
CHANNEL	F11	TAB	backspace 键
HELP	F12	TAB	TAB
⎵	空格键	∧	F9
NEXT WINDOW	Home 键	MENU SELECT	F10
PAGE UP	上页键	SELECT	5（在数字键区）
PAGE DOWN	下页键	DEL	删除键

通过鼠标直接单击特殊的图标也会有相应的效果，如通道切换、切换主菜单等，但是鼠标点击对于 manual 组动作画面的左右按键无效（只对触屏有效），对于动作组页面的控制，必须使用 Shift+F 按键，如图 5-27 所示对应关系。

图 5-27　Setup 页面直接按键对应关系

5.1.6 查看 X130 外网的地址

有时需要查看 X130 外网的地址，然后决定硬件匹配，如图 5-28 所示，可通过网络页面查询（2.7 以上版本）。

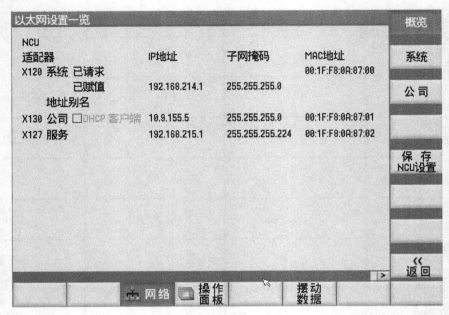

图 5-28　网络页面查询

也可查看通过诊断→TCP/IP 总线来查看，如图 5-29 所示。

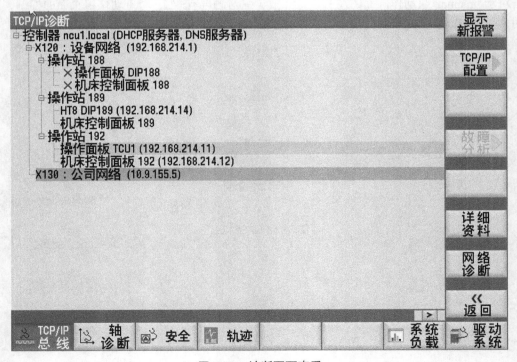

图 5-29　诊断页面查看

或者通过配置文件查询，如图 5-30 所示，此配置文件位于/system/etc 文件夹中，名为 basesys.ini。

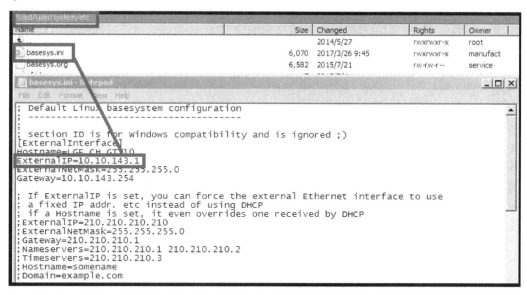

图 5-30　配置文件查看 IP 地址

5.1.7　注意系统的版本和软件版本的一致性

如果 NCU 系统版本与所使用的软件版本不一致，则所编写的程序不会正确地运行。因为他们根本没有被正确的加载到系统中去。版本查看位于诊断页面下的版本中，如图 5-31 所示，务必保证一致性。

CH1 版本数据 /系统软件 NCU		
SINUMERIK CNC-SW 31-5		
版本 : U04.05 + SP 01 + HF 03		
内部版本 : 04.05.01.03.006		
名称	实际版本	设定版本
PLC	04.05.01.10	✓
CYCLES	04.05.30.00	✓
NCK	87.04.06	✓
SNCK	02.06.00.00	✓
CP	02.22.00	✓
MCP_CLIENT	01.06.01	✓
SDB	02.00.00	✓
SNC	01.05.00.00	✓
NCKFSDRU	04.04.00.00	✓
PROFINET	04.01.33.52	✓
Sinamics (NCU7XXI)	04.50.30.09	✓
LinuxBase (NCU)	04.50.25.00	✓
SINUMERIK Operate	04.05.01.03	✓
Compile Cycles	@NCKOPI=002.000@Interfaces=008.005@TChain=003.00...	✓

图 5-31　版本一致性

5.2　界面编程旨归——大话面向对象的编程理念

思入极深行渐远，佳境同来胜从前，回首往事谈笑间，殊途同归可通天。两句三年得，一吟双泪流。知音如不赏，归卧故山秋。笔者发现数控 HMI 编程和面向对象的高级语言的诸多类同之处，而前述的 PLC，NCK 编程方法亦同此理。

所写的程序并不是简单地完成某种功能就结束了，它应该是对真实事物的完全模拟和再现，可称作是"状态重构"。将经典控制和现代控制做一下类比，一个人写出的面向过程的程序可以看做是"经典控制理论中的传递函数法"，而另一个人写出的面向对象的程序可看作是"现代控制理论中的状态空间方法"。两种本身并无高下之分，但随着应用对象日趋复杂，现代控制理论就越来越展示出她的魅力，面向对象的编程亦是如此。所谓面向对象就是基于对象概念，以对象为中心，以类和继承为构造机制，来认识、理解、刻画客观世界和设计、构建相应的软件系统。最终建立的系统能够映射问题域，也就是说，系统中的对象以及对象之间的关系能够如实地反映问题域中固有事物及其关系。为何穿插此节进来，因为接下来就进入具体的编程环节，如果不懂面向对象的概念，则无法知其真相。

5.2.1　面向对象编程的基本概念

1. 类的概念

类是对一组有相同数据和相同操作的对象的定义，一个类所包含的方法和数据描述一组对象的共同行为和属性。类是对象的模板。类是在对象之上的抽象，对象则是类的具体化，是类的实例。类可有其子类，也可有其他类，形成类层次结构。

类的实质是一种数据类型，类似于 Int，Char 等基本类型，不同的是它是一种复杂的数据类型。因为它的本质是类型，而不是数据，所以不存在于内存中，不能被直接操作，只有被实例化为对象时，才会变得可操作。类似于我们使用 NC 变量选择器来选择各种变量，开始的时候只是各种类，知道我们一层层具体化了变量对象之后，最终生成的才是可用的具体对象（此时才可被 PLC 引用）。日常所写的 FB，FC 都是一个个对象，一个类，当他们被具体调用时，关联了实际的信号，抽象类就变成了实际的事物。FB 多重背景数据块就是类的其中一种表现形式。类比刀库的系统变量：Tool.tool_length=3，刀长、刀沿、刀具磨损量、刀具号等都属于刀具这个类。如果说将 DB 块视作一个个具体对象，那么 UDT 数据类型就可以被看作是类。

2. 对象的概念

对象是类具体化的产物。从一本书到一家图书馆，单的整数到整数列庞大的数据库，从一个零件到极其复杂的自动化工厂，从航天飞机到航空母舰都可看作对象，它不仅能表示有形的实体，也能表示无形的（抽象的）规则、计划或事件。对象由数据（描述事物的属性）和作用于数据的操作（体现事物的行为）构成一独立整体。从程序设计者来看，对象是一个程序模块，从用户来看，对象为他们提供所希望的行为。在对内的操作通常称为方法。一个对象请求另一对象为其服务的方式是通过发送消息。对 PLC 编程来讲，DB 数据块可被看作是一个个对象，FB，FC 也是如此。

面向对象的一个突出特征就是对象能够对消息做出适当的反应，然后调用相应的方法。如图 5-32 所示简要说明了对象、消息、方法三者之间的关系，消息的英文为 Message，对象为 Object，方法为 Method。这种命名当然也不是随便的，其词法分析很有意思。

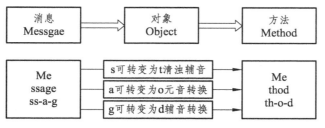

图 5-32　词法和语法分析

3. 对象的状态和行为（属性、方法、事件）

对一个类或一个具体的对象，我们关注的主要是其状态和行为，从现代控制论角度出发，我们关注被控对象的可观和可控性。因此，我们研究对象的 3 个要素：属性、方法、事件。

（1）属性：对象的性质（状态）。

一般语法为：对象名.属性=属性值，示例：car.color=256。

（2）方法：对象的动作（行为）。

指的是一个类、对象的一些操作，对象的行为一般会导致属性的改变，表示本身所固有的方法和动作，比如一个 Car（汽车）类他有一个 Move 的移动方法，表示这个车子可以执行移动的操作（Operation），此时车子的属性就从静止变为运动状态。

示例：car.move（x，1000，y，2000）。

（3）事件：对象的响应（行为）。

事件是对预定义的某些外部事件的响应。类比 NCK 中的事件触发程序 PROG_event，也可以类比 PLC 中的某些中断程序，例如：MP3 对于电量不足事件的响应是声音变小，对停电的响应是停止播放音乐；单击鼠标会触发一个打开窗口的响应事件。

事件的语法如下：

Private sub　对象事件名称（）

…（事件的代码）

End sub

4. 抽象

抽象（Abstraction）是简化复杂的现实问题的途径，抽象类往往用来表征对问题领域进行分析、设计中得出的抽象概念，是对一系列看上去不同，但是本质上相同的具体概念的抽象。抽象类是不完整的，它只能用作基类。在面向对象方法中，抽象类主要用来进行类型隐藏和充当全局变量的角色。

抽象的理念，体现在数控，可以举例说明：我们有很多种模式，Auto，Jog，Manual 等，可以把这些方式抽象出一个概念，就叫做方式组；我们有各种轴，比如通道轴、几何轴、定位轴、分度轴、机床轴，我们抽象出一个共同的变量，叫做轴变量。

5. 消息

消息是对象之间进行通信的一种规格说明。一般它由三部分组成：接收消息的对象、消息名及实际变元。消息是对象之间的交互和通信的载体。

消息提供了两个重要的好处：

（1）对象的行为是通过它的方法来表达的，因此消息传递支持所有在对象之间的可能的交互。

（2）对象不需要在相同的进程或者相同的机器上来发送和接收消息给其他的对象。

6. 数据的动静隐显

静态数据成员和普通数据成员（动态数据）概念：

（1）普通数据成员是类中的一个具体对象，但只有对象被创建了，普通数据才被分配内存。

（2）静态数据属于整个类，即使没有任何对象创建，静态数据也存在。

西门子的学者一定完全理解了面向对象的编程方法，并且把这些方法运用到了软件平台设计中，移植到了 Simatic Manager 中，Static 数据就是静态变量，Temp 就是普通变量。

（3）数据的类型转换可分为隐性转换和显性转换，例如，Byte 字节类型可以转换为 short 类型，Short 又可以转换为 Int，Int 又可以转换为 Long，Long 可以转换为 Float，Float 可以转换为 Double，这种隐性转换数据的范围不断增大，但是信息并没有丢失。

（4）显性转换与之相反，就是将范围大的数据强制变为范围小的数据，例如，将一个 Int 型数据转换为 Byte，可以写成 a=Byte（i），在这个过程中，需要关注的问题很多，如数据格式（自高到低排列或自低到高排列），数据的换算等。

7. 封装

该公开的公开，该私有的私有。封装就是把私有的东西保护起来，封装了数据和方法，封装了实现的过程，只保留接口（参数和返回值）。这种特性不正是 Block Lock/Unlock 的深层体现吗？有些数据块，只是私有的，有些块是共享的。对数据块中的某些数据属性设为私有，并在接口处只提供 Get 方法去读，而不提供 Set 方法去写，不就变成了只读属性吗？将对象封装起来，那么接口的设计和实现就成了一种关键艺术。看看驱动参数里面的 r 类型参数，不就是只具备 Get 属性吗？再看看 P 参数，它就同时具备 Get/Set 两种属性。所以我们可以用 FB2/FB3 进行读写操作。

8. 继承

类似子承父业，父亲具有的方法属性，儿子便通过继承也具有了。父亲就是一种模板，儿子根据这个模板创建，然后在赋给具体的数值成为一个具体的人，最终儿子像父亲但却不是父亲，儿子集成了"父亲"的特征但又进行了扩展。举个例子，UDT 数据类型这样的模板，我们创建一个"父亲"为 UDT100，然后我们创建一个数据块为 DB101，我们在 DB101 中加入 UDT100，并给它确定一些初始值，于是乎 DB101 中具备了"父亲"UDT100 的属性，然后我们在 DB101 中再添加一些数据，这就算是对"父亲"的扩展和补充了，也可以说是 DB101 自身的一些属性。这就是继承，当然我们还可以创建一个 UDT200（"母亲"），然后加入到 DB101 中，这样，DB101 便同时继承了 UDT100 和 UDT200 的属性。

9. 多态

从一定角度来看，封装和继承几乎都是为多态而准备的。多态（Polymorphism）按字面的意思就是"多种状态"。在面向对象语言中，接口的多种不同的实现方式即为多态。多态性是将接口与具体实现进行分离；用形象的语言来解释就是依照共同的方法来产生具体实现，但因个体差异，而采用不同的策略。

多态的定义：指允许不同类的对象对同一消息做出响应，即同一消息可以根据发送对象的不同而采用多种不同的行为方式（发送消息就是函数调用）。也就是说同一种动作作用在不同对象下会产生不同的行为效果，这点在自然界中也很容易理解。

现实中，关于多态的例子不胜枚举。比方说按下 F1 键这个动作，如果当前在 Step 7 界面下弹出的就是 PLC 的帮助文档；如果当前在 Word 下弹出的就是 Word 帮助；在 Windows 下弹出的就是 Windows 帮助和支持。同一个事件发生在不同的对象上会产生不同的结果。

我们的数控报警机制也是多态的体现，一个报警事件，有可能来自 PLC，有可能来自 NCK，也有可能来自 DRV，按下帮助按键时，看到的就是对应的不同报警帮助。

10. 接口

接口就是功能，就是之前 PLC 中的 FC 功能块。接口内只能定义方法，而不能写出方法的具体实现。这句话比较难理解，具体来讲就是接口是抽象的，并非具体的，但是当引用这个接口时就必须指定一个显性或隐形的方法给这个接口来完成具体的任务。

5.2.2 面向对象编程的基本设计原则

面向对象编程确实比面向过程编程来得更加深刻直接，可惜我们一般不习惯于面向对象的思维模式。面向对象有 7 个基本设计原则。

1. 单一职责原则（Single-Resposibility Principle）

其核心思想为：一个类，最好只做一件事，只有一个引起它的变化。单一职责原则可以看作是低耦合、高内聚在面向对象原则上的引申，将职责定义为引起变化的原因，以提高内聚性来减少引起变化的原因。职责过多，可能引起它变化的原因就越多，这将导致职责依赖，相互之间就产生影响，从而大大损伤其内聚性和耦合度。通常意义下的单一职责，就是指只有一种单一功能，不要为类实现过多的功能点，以保证实体只有一个引起它变化的原因。

专注，是一个人优良的品质；同样的，单一也是一个类的优良设计。交杂不清的职责将使得代码看起来特别别扭，牵一发而动全身，有失美感并必然导致丑陋的系统错误风险。应用到 PLC 编程中，给我们的警示就是将功能块分离，而不是把所有功能实现到一个 OB1 中，应该各人自扫门前雪，休管他人瓦上霜。

2. 开放封闭原则（Open-Closed principle）

其核心思想是：软件实体应该是可扩展的，而且不可修改的。也就是，对扩展开放，对修改封闭的。开放封闭原则主要体现在两个方面：① 对扩展开放，意味着有新的需求或变化时，可以对现有代码进行扩展，以适应新的情况；② 对修改封闭，意味着类一旦设计完成，就可以独立完成其工作，而不要对其进行任何尝试地修改。

实现开放封闭原则的核心思想就是对抽象编程，而不对具体编程，因为抽象相对稳定。让类依赖于固定的抽象，所以修改就是封闭的；而通过面向对象的继承和多态机制，又可以实现对抽象类的继承，通过覆写其方法来改变固有行为，实现新的拓展方法，所以就是开放的。"需求总是不断变化"，没有不变的软件，所以就需要用封闭开放原则来封闭变化满足需求，同时还能保持软件内部的封装体系稳定，不被需求的变化影响。

对于数控编程，为何将程序框架分为 Base 和 Application 两部分，原因就基于此。

3. 里氏替换原则（Liskov-Substituion Principle）

其核心思想是：子类必须能够替换其基类。这一思想体现为对继承机制的约束规范，只有子类能够替换基类时，才能保证系统在运行期内识别子类，这是保证继承复用的基础。在父类和子类的具体行为中，必须严格把握继承层次中的关系和特征，将基类替换为子类，程序的行为不会发生任何变化。同时，这一约束反过来则是不成立的，子类可以替换基类，但是基类不一定能替换子类。企鹅属于鸟类，但是企鹅不会飞，自然界中的例子不一定符合里氏替换原则。

里氏替换原则，主要着眼于对抽象和多态建立在继承的基础上，因此只有遵循了里氏替换原则，才能保证继承复用是可靠的。实现的方法是面向接口编程：将公共部分抽象为基类接口或抽象类，通过 Extract Abstract Class，在子类中通过覆写父类的方法实现新的方式支持同样的职责。

里氏替换原则是关于继承机制的设计原则，违反了里氏替换原则就必然导致违反开放封闭原则。

里氏替换原则能够保证系统具有良好的拓展性，同时实现基于多态的抽象机制，能够减少代码冗余，避免运行期的类型判别。

4. 依赖倒置原则（Dependecy-Inversion Principle）

其核心思想是：依赖于抽象。具体而言就是高层模块不依赖于底层模块；抽象不依赖于具体细节，具体实现依赖于抽象。要针对接口编程，不针对实现编程。

我们知道，依赖一定会存在于类与类、模块与模块之间。当两个模块之间存在紧密的耦合关系时，最好的方法就是分离接口和实现：在依赖之间定义一个抽象的接口使得高层模块调用接口，而底层模块实现接口的定义，以此来有效控制耦合关系，达到依赖于抽象的设计目标。

抽象的稳定性决定了系统的稳定性，因为抽象是不变的，依赖于抽象是面向对象设计的精髓，也是依赖倒置原则的核心。

依赖于抽象是一个通用的原则，而某些时候依赖于细节则是在所难免的，必须权衡在抽象和具体之间的取舍，方法不是一成不变的。

5. 接口隔离原则（Interface-Segregation Principle）

其核心思想是：使用多个专一功能的接口比使用一个的总接口总要好。一个类对另外一个类的依赖应该建立在最小的接口上，不要强迫依赖不用的方法，这是一种接口污染。

接口有效地将细节和抽象隔离，体现了对抽象编程的好处，接口隔离强调接口的单一性。而过多的接口存在明显的弊端，会导致实现的类型必须完全实现接口的所有方法、属性等；而某些时候，实现类型并非需要所有的接口定义，在设计上这是"浪费"，而且在实施上这会带来潜在的问题，对胖接口的修改将导致一连串的客户端程序需要修改，有时候这是一种灾难。在这种情况下，将胖接口分解为多个特点的定制化方法，使得客户端仅仅依赖于它们的实际调用的方法，从而解除了客户端不会依赖于它们不用的方法。

分离的手段主要有以下两种：① 委托分离，通过增加一个新的类型来委托客户的请求，隔离客户和接口的直接依赖，但是会增加系统的开销；② 多重继承分离，通过接口多重继承来实现客户的需求。

6. 迪米特法则（最少知道原则）

一个实体应当尽量少地与其他实体之间发生相互作用，使得系统功能模块相对独立。类似我们前述，将软件 Blocks 和硬件的配置完全剥离开，使得软件完全独立，如此解耦使得系统更加方便扩展，修改时也更加方便。

7. 合成复用原则（CARP or CRP，Composite/Aggregate Reuse Principle）

说明：如果新对象的某些功能在别的已经创建好的对象里面已经实现，那么尽量使用别的对象提供的功能，使之成为新对象的一部分，而不要自己再重新创建。新对象通过向这些对象的委派达到复用已有功能的目的。

简而言之，原则上要尽量使用合成/聚合，不要使用继承。

以上就是几个（7个）基本的面向对象设计原则，它们就像面向对象程序设计中的金科玉律，遵守它们可以使我们的代码更加鲜活，易于复用，易于拓展，灵活优雅。不同的设计模式对应不同的需求，而设计原则则代表永恒的灵魂，需要在实践中时时刻刻地遵守。就如 ARTHUR J.RIEL 在《OOD 启示录》中所说的："你并不必严格遵守这些原则，违背它们也不会被处以宗教刑罚。但你应当把这些原则看做警铃，若违背了其中的一条，那么警铃就会响起。"

回想第 2 章所说的 FC 国际标准编写规范，更加体现了这些法则：

（1）FC 内部不允许读写全局变量（私有，开放封闭原则、迪米特法则）；

（2）FC 内部不允许读写绝对地址（要足够的抽象，里氏替换原则、依赖倒置原则）；

（3）FC 内部不允许调用别的功能块（单一原则）。

如果把这些规则，甚至更多类似的规则编写成报警程序载入 Step 7 和 NCK 程序编译器中，是否可以实现智能的"布线检查"？当不满足这些规则时，即使程序能够正常执行，也被认为是不完美的，符合这些规则认证的将有可能称为完美程序。

5.2.3 窗体概念

窗体必由菜单栏、工具栏、状态栏构成，如图 5-33 所示，以 SIMATIC Manager 窗体为例。

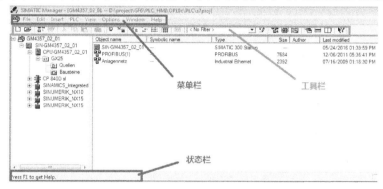

图 5-33 三分窗体概念图

回归数控界面，如图 5-34 所示，标题栏、状态栏二合一，菜单栏位于下方，工具栏变为操作栏隐藏在按钮之中。

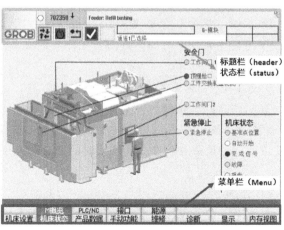

图 5-34 数控页面三分概念图

操作栏位于右侧，如图 5-35 所示。

HMI Pro 的手动功能操作栏位于两侧，如图 5-36 所示。

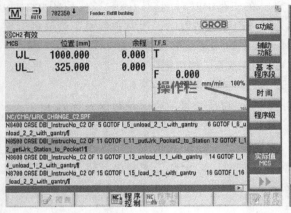

图 5-35　操作栏位于右侧

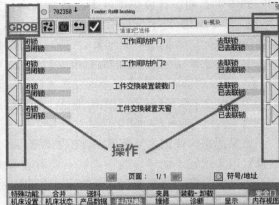

图 5-36　setup 操作栏布局

以上就是所有软件界面的共性。

接下来，就开始正式探讨界面的编程设计。

5.3　常见的人机界面二次开发手段

二次开发广义上主要指 HMI 人机界面的各种编程设计方法，包括扩展接口 Easyscreen 方法，HMI Pro 编程以及 HMI-OA 编程包方法，狭义上特指 OA Programming package 编程包方法，也就是利用编程包脱离传统数控加工界面而使用自己定义的界面的方法。

1. 使用扩展接口编写的界面

在 Powerline 时代被称为扩展接口（Expand Interface），在 Solutionline 时代被称为简易界面（Easyscreen），本书统一称为扩展接口方法，通过扩展接口方法，用户可以编写配置自己需要的简单对话应答窗口、配置按键、显示文本等，这些画面程序完全以文本的格式编写（可用最简单的记事本等文本编辑器书写），存储在规定好的目录下，即可实现用户需要的某些简单功能。例如，可以在执行加工程序时使用指令调用这个界面，显示出对话框，输入或修改加工需要的工艺参数完成响应，或者读写 NC，PLC 的某些变量，进行算术逻辑运算，通过软按键或者 PLC 来调用界面，后台执行程序等。界面可以在加工页面下显示，也可以在其他页面下显示，默认是在 Custom 用户自定义下显示。

2. 使用 Programming package 开发界面

此方法可以实现任何界面所需的各种功能，是一种核心 OEM 开发方法，必须掌握 VB，VC++，QT 等高级语言编程才可实现。Solutionline 中使用编程包主要针对 Operate 界面的开发，它可以编辑工位动画，生成复杂的页面和功能，实现实时的 NC/PLC 数据交换，甚至完全替代西门子原有的标准界面。

3. 使用 Transline 2000 方法

Transline 如前所述，是汽车生产线多年来形成的成熟理念，成熟操作习惯，根据这些标准，理念，组织了一些专家编写出了特别适合于汽车制造行业的标准界面，这就是 HMI Pro 软件，也称为 Transline 传输线方法，内含各种成熟的标准的画面控件，可以随时拿来使用，简单方便可靠。它是日常设计最常用的界面设计首选解决方案。

5.4 扩展接口做画面的方法

5.4.1 扩展接口优缺点概述

扩展接口可实现的功能很多，且不受版本限制，功能较全面，可以满足大多数用户的需求。缺点是语法比较繁琐，功能分散，保密性差，所生成的 com 主程序文件用记事本即可打开来分析。

5.4.2 扩展接口所需文件和画面入口配置

完成扩展接口的画面主文件都是 com 文件，将这些 com 文件对应界面的空白软键，当这些软键按下时，系统编译器就会自动搜索对应的 com 文件和其他相关的调用文件，如图片等，组合成为扩展接口界面，显示在屏幕上，当触发某些定义好的按键时，根据 com 文件中定义的逻辑功能，执行相应的功能。

扩展接口依据 PCU 和 TCU 而有所不同，PCU 是带硬盘的系统，它的分区依据 Windows 一般所做的扩展接口都放在用户目录下，即 F 盘，而 TCU 一般放在 Oem 目录或者 User 下面。

Powerline 和 Solutionline 下扩展接口方法简要对比：图 5-37 所示是比较 PCU_Advanced 和 TCU_Operator 两种界面的相关的文件配置。

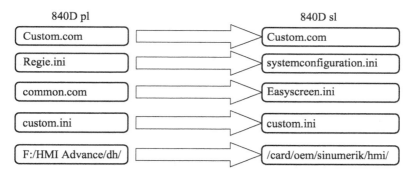

图 5-37　配置文件比较图

以 SL 为例，我们准备一个主画面文件 custom.com（注意文件名的大小写，大小写对应不同的画面文件）。将这个主画面文件放入 card/oem/sinumerik/hmi/proj 中，三个配置文件 systemconfiguration.ini，easyscreen.ini，custom.ini 放入 card/oem/sinumerik/hmi/cfg 中。

1. 基于 PCU50 系统（powerline）HMI_advanced 的扩展接口

准备一些图片作为素材，图片保存在各个循环目录下的帮助文件内（HLP）。一般将这些图片文件存放在 \dh\cus.dir\hlp.dir 中。

com 文件是界面的主文件，com 文件不是随便命名的，遵循如下规则：

MA_JOG.COM—— 对应 Jog 方式下画面，水平软键 1，但是也不一定，有时会被占用，画面出现的软键会按顺序后移。

MA_MDA.COM—— 对应 MDA 方式下画面，水平软键 1，即按下 MDA 方式下的第一个按键，调用此画面。

MA_AUTO.COM——对应 Auto 方式下画面，水平软键 2。

PARAM.COM——对应参数下画面，水平软键 7。

PROG.COM——对应程序下画面，水平软键 8。

SERVICE.COM——对应服务画面，水平软键 7。

DIAG.COM——对应诊断画面，水平软键 7。

STARTUP.COM——对应启动画面，水平软键 7。

AEDITOR.COM——对应程序编辑器画面。

CUSTOM.COM——对应 CUSTOM 画面（自定义的用户界面）。

一般选用 CUSTOM.COM，它比较方便，可通过快捷键 CUSTOM 直接呼出，但是必须首先激活这个操作区域，修改如下文件：

REGIE.INI

在 F：\MMC2\language\re-**.ini 中，定义了 HMI 界面的菜单。在 F：\一般会有 3 种目录，MMC2 下的是西门子标准文件。OEM 为设备制造商定义的文件。USER 下为最终用户定义的文件。ADD ON 下是附加的西门子标准文件。当几个目录中的内容相互重叠的时候，系统会按优先级高的文件来确定配置。

优先级的顺序如下：USER 最高 – OEM 次高 – ADD ON – MMC2 等目录。

HMI 软键定义在 F：\MMC2\language\re_uk.ini 中。其他的可以定义在 USER\language\re_uk.ini，或者 OEM 目录，再或者 ADD ON 目录。这里定义了开机后 MENU 画面的 16 个水平软键 HSK0 ~ HSK15 和 8 个垂直软键 VSK0 ~ VSK7。而具体每个软键执行的功能是在文件 regie.ini 中。

在 MMC2 中找到 regie.ini 文件。能看到：

找到这一行，将 PreLoad 属性改为 true，激活 custom 界面：

Task11 = name：= custom，Timeout：= 30000，PreLoad：= true

触类旁通，调用一个外部的 exe 程序可以这样写：

Task8 = name：= oemframe，cmdline：="E：\\Program Files\\Marposs\\MHIS\\MarCont.exe"，Timeout：= 40000，HeaderOnTop：= False，PreLoad：= False

Task 号码是按照顺序——对应空白软键的，即 Task0 对应第一个水平软键，Task7 对应第 8 个水平软键，Task8 对应扩展后的第一个水平软键，Task11 对应扩展后的第 4 个水平软键。

软键号=Task 号 mod8+1，如 Task 号=14，则 14 除以 8 余数为 6，加 1 为 7，对应第 7 个软键。该类配置都位于 Task Configuration 子项下面，很容易发现。

KEYS.INI 定义快捷方式。

CUSTOM.INI 若不存在则新建一个文件为 custom.ini，内容为：

[Header]

Text="数控万能磨床 MK2110"

// [HEADER]表示窗体左上角定义的标题，其中文本可以直接写入，如"数控万能磨床 MK2110"，也可以写成$8****，代表的是报警号代表的文本。这个报警文本的内容可以自定义，一般这些报警号位于文件 aluc_XX 中，XX 代表语言，CH，GR，UK，FR，SP，IT 等，这样就可以实现一个号码对应多种语言，实现多语言项目转换。自定义的文件名设置在 MBDDE.INI 中，内容如下：

[Alarm]

RotationCycle=3000

[TextFiles]

USER_CYCLES=f: \dh\mb.dir\aluc_

如果改成 f: \dh\mb.dir\AID_，则相应的文件为 AID_CH 等。

[Picture]

Picture=\cus\cn2.bmp

//这个是调用画面的启动图片，位于 cus 目录下

扩展接口可以实现如下功能：

（1）将空白软键全部用上（HSK 和 VSK）。

（2）读写变量、表格。

（3）显示文本，帮助文本。

（4）显示图片。

（5）读写 NC—PLC 变量。

（6）选择程序，加载程序，执行程序，删除程序。

（7）PI 服务。

（8）Exe 外部执行功能。

（9）GC 生成代码功能。

（10）AP 主动程序，PP 被动程序。

（11）通过 PLC 调用画面。

常用的参考画面位于如下路径，可以打开后参阅：

F: \dh\cst.dir 中 ADITOR.COM

F: \USER\ADITOR.INI

F: \HMI_ADV 中 AEDITOR.COM

F: \HMI_ADV 中 AEDITOR.INI

2. 基于 TCU 系统（solutionline）的 HMI-operater 的扩展接口

Powerline 升级为 Solutionline 之后，扩展接口被称为 Easyscreen，和之前 Powerline 下的语法类似，其主程序文件仍为 com 文件格式，但其配置文件有所不同，配置文件须存放于各个等级下的 cfg 文件夹中，例如，制造商级别的存放于：/oem/sinumerik/hmi/cfg/。系统级别的存放于 /siemens/sinumerik/hmi/cfg/，最好不要修改系统级别下的文件，系统级别一般没有权限进行修改。用户级的存放于/user/sinumerik/hmi/cfg/，用户级别搜索的优先级最高。一般制造商可将配置文件放于 oem 相应的目录下。原始的两个重要文件存放在如下两个目录，可用 WinSCP 打开：

/card/siemens/sinumerik/hmi/base/ln/dir1/easyscreen.ini

/card/siemens/sinumerik/hmi/appl/ln/dir1/custom.ini

配置文件共有 4 个，第一个是 systemconfiguration.ini。通常关于用户界面定义默认情况下系统中已经描述，不需要另行添加此文件，但是如果默认没有，则可以在 oem 或者 user 目录下 cfg 文件夹中新建一个 systemconfiguration.ini 文件，并添加如下代码：

[areas]

AREA011=name: =custom, dialog: =SlEsCustomDialog, panel: =SlHdStdHeaderPanel

第二个是 Easyscreen.ini。这个文件默认情况下是没有的，必须自行添加到 cfg 文件夹中，并在其中添加如下代码：

[STARTFILES]

StartFile02 = area：= Custom，dialog：= SlEsCustomDialog，startfile：=custom.com

第三个文件是 custom.ini。这个文件也需要自行添加到 cfg 文件夹中，它主要用来描述在用户界面起始画面中相关显示，如标题的文字和起始画面的图片，可以选择性添加该文件。内容如下：

[Header]

Text=Custom

[Picture]

Picture=logo.png

第四个文件是 slamconfig.ini。也需要添加到 cfg 文件夹中，它用来描述 Custom 界面入口按钮是否显示，通常需要添加代码：

[Custom]

Visible=true

图片文件一般放在 card/siemens/sinumerik/hmi/ico 或 oem\sinumerik\hmi\ico 等文件夹中，注意图片的分辨率一定要符合相应的大小。帮助文件一般存放在\oem\sinumerik\hmi\hlp 下。语言文件一般放在 oem\sinumerik\hmi\lng 下。

快捷键盘配置：有块小键盘位于操作面板右方，其 custom 按键经过配置可以直接呼出 custom 用户界面，非常方便，建议如图 5-38 所示配置，配置文件位于 keys.ini 中。

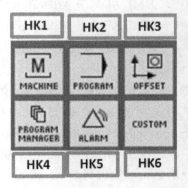

图 5-38　小键盘映射图

空白按键和入口按键的配置，不同于 PCU50 的设置，很多按键的具体配置和 HMI_Advanced 不同，且面板分为铣床板、车床板、通用板、不同版本按键布局不同。

（1）铣床面板。

Jog 下的界面：6，9，10，11，12，13，14 这几个按键均可使用。

Auto 下的界面：1，6，7，9，10，11，12，13，14 这几个按键可使用。

Mda 下的界面：5，6，7，8，9，10，11，12，13，14 这几个按键可使用。

Param 下的界面：3，7 这两个按键可以使用。

（2）通用版本。

Jog 下的界面：3，4，6，7，8，9，10，11，12，13，14 这几个按键可使用。

Auto 下的界面：1，6，7，9，10，11，12，13，14 这几个按键可使用。

Mda 下的界面：5，6，7，8，9，10，11，12，13，14 这几个按键可使用。

Param 下的界面：1，2，3，4，7 这两个按键可使用。

主程序一般名字为 custom.com，一定要注意文件名的大小写，例如，custom.com 和 CUSTOM.COM 是不同的文件。ha.png 和 ha.PNG 也是不同的。

5.4.3 程序和配置文件之间的调用关系与灵活配置

初学 Easyscreen 关注的只是一般的配置方式（西门子推荐的方式），但是这些只能满足一些基本要求，如果要灵活的应用，必须搞清楚背后的机制和调用关系。重点关注如下环节：

① 标题的改变；② 名称的改变；③ 快捷键的配置；④ 语言转换。

相关的配置文件和程序一般存在如图 5-39 所示目录。

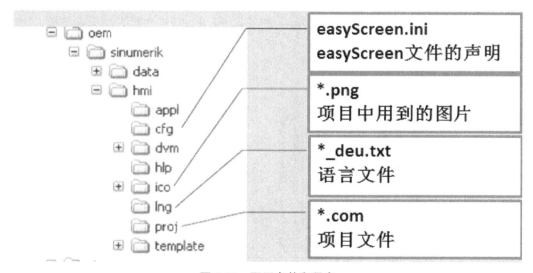

图 5-39　配置文件和程序

配置文件和主程序的详细逻辑关联如图 5-40 所示。

举个例子说明我们要完成某项任务，为了这个任务我们要做一个程序界面，图 5-41 所示为主界面 Torque。

需在 easyscreen .ini 中加入如下内容：

[STARTFILES]

StartFile02 = area：= Torque，dialog ：= SlEsCustomDialog，startfile ：= custom.com

这样就定义了入口和主程序的关联，对话框的框架已经确定为 SlEsCustomDialog，area 表示入口的项名称此例为 Torque，调用的主程序为 custom.com，这个可以修改，比如改为 torque.com，相应的文件也要改成 torque.com。

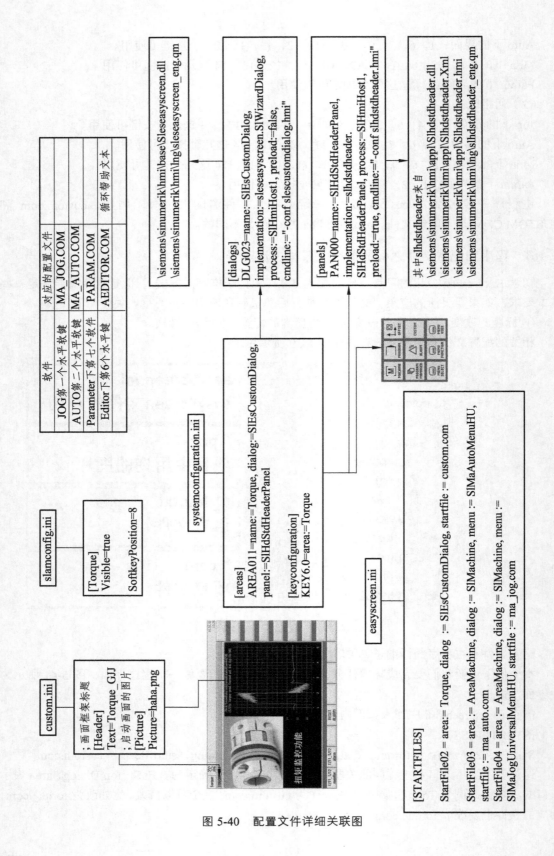

图 5-40　配置文件详细关联图

378

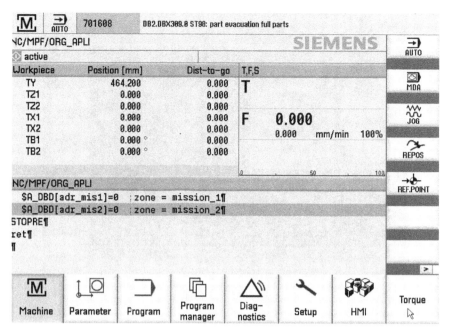

图 5-41　主页面入口

入口的按键和画面能够显示这些配置在 slamconfig.ini 中，这个文件如果不存在就自己建立，内容如下：

[Torque]

Visible=true

SoftkeyPosition=8

这样第 8 个按键就显示了这个界面。

灵活修改 slamconfig 可以实现按键的修改，如图 5-42 所示。

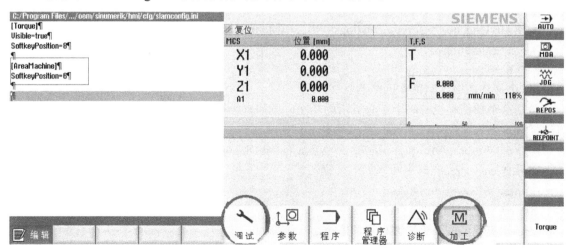

图 5-42　按键修改

当按下这个按键后进入自定义界面，如图 5-43 所示，左上角就是区域名称，标题和界面初始图片的定义在 custom.ini 中。

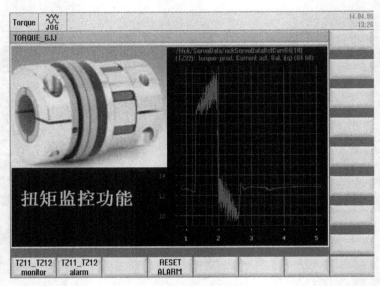

图 5-43　主画面

内容如下：

; Text on the caption bar of the form in the start screen

[Header]

Text=Torque_GJJ

; Picture shown on the form in the start screen

[Picture]

Picture=haha.png

然后还需在 systemconfig.ini 这个文件中申明自定义界面的各种菜单和对话框的配置关系，如下：

[areas]

AREA011=name：=Torque，dialog：=SlEsCustomDialog，panel：=SlHdStdHeaderPanel

[keyconfiguration]

KEY6.0=area：=Torque

//这个是快捷键的配置，可以不要

但是这个快捷键也有一个十分灵活的功能，比如直接按下快捷键就进入第 2 个子页面，可以这样设置：

KEY6.0 = area：=Torque，dialog：= SlEsCustomDialog，action：= 101

然后在 easyscreen.ini 中写入如下设置：

[Torque_SlEsCustomDialog]

101 = LM（"DIAG12"，"tor.com"）

这样就实现了按下快捷键直接调用第 2 个子页面。

上述 4 个配置文件均放在/card/oem/sinumerik/hmi/cfg。custom.com 文件放在/card/oem/sinumerik/hmi/proj。图片文件 haha.png 放在/card/oem/sinumerik/hmi/ico 各个文件夹中。

重新启动 HMI，即可显示画面。注意，重启 NCK 不能使 HMI 生效，必须重新启动 HMI 或者断电重启。

语言问题：为什么有时软键显示"???"字符？问题原因在于 easyscreen.ini 文件注释显示文本出了问题。easyscreen.ini 保存在 /oem/sinumerik/hmi/cfg 目录下。修改文件中以下 3 行：

LngFile01：= alsc.txt

LngFile02：= alsc.txt

LngFile03：= alsc.txt

删除冒号"："

LngFile01 = alsc.txt

LngFile02 = alsc.txt

LngFile03 = alsc.txt

这是其中一种情况，冒号的错误用法，还有一种常见的问题就是文本格式的问题，在编辑主程序的时候，最好采用 Notepad++这些软件，可以快速转换文本的格式，默认的格式一律用 UTF8 无 BOM 格式编码。如果采用了 ANSI，则会显示乱码。

如何使用多语言？

建立一些文件如下：

英文文本：

Aluc_eng.txt

85000 0 0   "test1"

M30

中文文本：

Aluc_chs.txt

85000 0 0   "测试 1"

M30

将 Aluc_eng.txt，Aluc_chs.txt 复制到报警文本目录下\oem\sinumerik\hmi\lng。

在配置文件 easyscreen.ini 中增加对 aluc 的引用，注意，这里只需要写 aluc.txt 即可，并不是 aluc_chs.txt 或者 aluc_eng.txt，如下方式引用：

[LANGUAGEFILES]

LngFile03=Aluc.txt

主项目文件中可以这样调用$85000：

//S（Start）

HS2=（$85000，ac7，se1） ；定义软键

PRESS（HS2）

LM（"Mask1"）

END_PRESS

//END

这样即可实现多语言切换问题。

笔者曾经遇到过比较奇怪的问题，那就是法语的字符在汉语环境下显示乱码，当执行这个 NC 程序时，屏幕直接死掉，所以千万不可小看语言转换的问题。

5.4.4 com 主程序软件基本框架

主程序软件基本框架如下：

//S（start）

定义用户界面入口。

//End

//M（screen1）　　　//screen 为显示在画面左上方的文字，任意取最好为英文，方便查找

对页面 1 的描述。

//M（screen2）

对页面 2 的描述。

//End

定义启动画面，如下例：

//S（START）

HS1=（"TZ11_TZ12 monitor"）；水平按键 1

HS2=（"TZ11_TZ12 alarm"）；水平按键 2

VS1=（"TZ11_TZ12 reset"）；垂直按键 1

PRESS（HS1）

LM（"DIAG11"）；当按下水平按键 1，触发页面 DIAG11

END_PRESS

PRESS（HS2）

LM（"DIAG12"）；当按下水平按键 1，触发页面 DIAG12

END_PRESS

//END

定义页面内容：

//M（DIAG13/"远程复位报警"/）

; —— reset alarm

DEF SC100=（B///""，"Alarm signal"，""，""/wr1，ac7//"M801.6"/0，80/200，80，120/7，0/）

VS1=（"RESET Alarm"）

VS8=（"Exit"）

PRESS（VS1）

WNP（"m2000.0"，1）

END_PRESS

PRESS（VS8）

WNP（"m2000.0"，0）

EXIT

END_PRESS

PRESS（RECALL）

WNP（"m2000.0"，0）

EXIT

END_PRESS

//END

5.4.5 程序的变量声明

由上述可见，变量的定义和属性极为重要，画面的核心控件就是变量的定义和使用。

举一例说明：

在变量定义中，"/"用来定义组，","隔开变量，";"作为注释，回车是换行。

例如，定义 DEF VAR_A=（R3/0.0，20.0/0/"Please input R parameter"，"Diameter（R0）"，"，"mm"/wr2，ac7//"$R[0]"/10，70，150/120，70//）

这样就声明了一个变量 VAR_A，它的值等于 R0 参数，具体语法解释如下：

DEF VAR_A=（R3 ；实数，小数点后 3 位

/0.0，20.0 ；上，下限

/0 ；默认值

/"Please input R parameter"，"Diameter（R0）"，"，"mm"；提示文本（长文本，短文本，图形，单位

/wr2，ac7；级别

/；帮助显示

/"$R[0]"；变量

/10，70，150；文本位置（left，top，hight）

/120，70；变量位置（left，top，width，hight）

/；颜色

/）；帮助

注意：级别的定义如下所示。

Wr0：输入/输出是不可见，但短文本可见

Wr1：只读

Wr2：可读可写（缺省值）

Wr3：光标可见

Wr4：变量不可见

Wr5：按退出键保存

Ac0：siemens

Ac1：manufacture

Ac2：service

Ac3：user

Ac4：programer

Ac5：qualified operater

Ac6：Trained operator

Ac7：semi skilled operator（缺省值）

其他类型的定义和使用方式详见扩展接口手册，在此不一一详述。

访问 PLC 变量必须遵循 PLC 变量的命名规则，如表 5-3 所示。

表 5-3　PLC 变量命名规则

PLC data	
Byte y bit z of data block x	DBx. DBXy.z
Byte y of data block x	DBx. DBBy
Word y of data block x	DBx. DBWy
Double word y v. of data block x	DBx. DBDy
Real y of data block x	DBx. DBRy
Flag byte x bit y	Mx. y
Flag byte x	MBx
Flag word x	MWx
Flag double word x	MDx
Input byte x bit y	Ix. y or Ex. y
Input byte x	IBx or EBx
Input word x	IWx or EWx
Input double word x	IDx or EDx
Output byte x bit y	Qx. y or Qx. y
Output byte x	QBx or ABx
Output word x	QWx or AWx
Output double word x	QDx or ADx
String y with length z from data block x	DBx. DBSy. z

5.4.6　方法和功能

简单理解"方法"就是通过页面上的软键或者变量或各种事件来触发执行各种编好的动作，而动作的内容就是"功能"。方法就是条件和框架架构，功能就是内容。

1. 方法

（1）*CHANGE*。

程序中应用了 CHANGE 这种方法时，当括号中的变量发生改变时，会自动执行 CHANGE 中的功能，比如：

CHANGE（SC11）

EXIT；当 SC11 变量值改变，则退出对话框。

END_CHANGE

特例：

CHANGE（）

LM（"SCREEN2"）；如果任何一个变量值改变，则打开画面 2。

END_CHANGE

（2）LOAD/UNLOAD。

对于定义好的变量，紧跟其后加入 LOAD 这种方法，可以对其进行简单的初始化，例如，定义变量的最大值、最小值、改变数值等，这个初始化的装载过程在对话框显示之前运行，可以看作是预处理过程。

例如，定义了一个变量名为 VAR1 的变量：

LOAD；开始装载

VAR1.Min = 0；分配变量的最小极限值

VAR1.Max = 1000；分配变量的最大极限值

END_LOAD；结束标记

反之，在退出这个画面的时候，UNLOAD 方法会随之执行，如果退出了这个画面，此时需要保存某个变量值然后传递到下一个画面，那就需要用到这个方法，例如：

UNLOAD

REG[1] = VAR1；保存寄存器的变量

END_UNLOAD

（3）OUTPUT。

这个方法主要用作为 GC 生成代码功能提供源代码，凡在 OUTPUT 框架内的内容均转换为 NC 程序代码，OUTPUT（XXX），括号中的即为代码的名称，可作为 GC 功能的源变量，举例说明：

OUTPUT（CODE1）；使用 output 把所要的代码转换到变量 CODE1 中供 GC 调用

"G01 x=301 y=526"

"M30"

END_OUTPUT

（4）GC（生成代码）。

目的：生成 NC 程序代码。

语法：

GC（"Identifier"[，"Target file"][，Opt]，[Append]）

示例：

PRESS（VS1）

D_NAME ="C：\TMP\TEST1.MPF"

GC（"CODE1"，D_NAME）；使用 GC 功能生成子程序

EXIT

END_PRESS

（5）PRESS。

当按下相应的软键时，运行 PRESS 方法。

软键主要有：

① HS1-HS8 这 8 个水平按键。

② VS1-VS8 这 8 个垂直按键。

③ RECALL（返回上一级按键）。

④ PU 向前翻页按键。

⑤ PD 向后翻页按键。

⑥ SL 光标向左按键。

⑦ SR 光标向右按键。

⑧ SU 光标向上按键。

⑨ SD 光标向下按键。

示例：

PRESS（RECALL）；当按下返回上一级按键时

LM（"SCREEN1"）；打开画面 1

END_PRESS

PRESS（PU）；当按下向前翻页按键时

LM（"SCREEN2"）；打开画面 2

END_PRESS

2. 功能

（1）SP（选择程序）。

示例：

SP（"\MPF.DIR\MESSEN.MPF "，VAR1）

VAR1 为返回值，可以不写，为 0 代表文件已被装载，为 1 表示文件没有被装载。

（2）AP（装载程序）。

只在 PCU 中有效，TCU 只要 SP 选择就把程序装载到了内存中，用法同 SP。

（3）CP（复制程序）。

语法：

CP（"Source file"，"Target file"）

可将源文件复制到目标文件。

示例：

CP（"\MPF.DIR\CF1.MPF"，"\WKS.DIR\123.WPD\CF2.MPF"，VAR1）

VAR1 为返回值可省略。此例将 CF1 文件复制到 CF2 文件。

（4）DP（删除程序）。

示例：

DP（"\MPF.DIR\CFI.MPF"，VAR1）

VAR1 为返回值，可省略不写，为 0 代表文件已被删除，为 1 表示文件没有被删除。

（5）//B（块定义）。

语法如下：

//B（Block name）

SUB（Identifier）

END_SUB

[SUB（Identifier）

...

END_SUB]

...

//END

利用//B 和 SUB 关键字可以定义一段程序和子程序。

示例：

//B（PROG1）；开始定义程序块，命名为 PROG1

SUB（UP1）；定义子程序 up1

...

REG[0] = 5；寄存器 0 分配值为 5

...

END_SUB；结束子程序

SUB（UP2）；定义子程序 up2

  IF VAR1.val=="Otto"

    VAR1.val="Hans"

    RETURN

  ENDIF

  VAR1.val="Otto"

END_SUB ;

//END ;   结束定义

（6）LB（装载块）。

定义好的程序块必须先装载才能调用。

语法：

LB（"Block name"[，"File"]）

其中文件参数是选项，可以省略不写，如果不写代表在当前文件中查找。

示例：

LB（"PROG2"，"XY.COM"）；从文件 XY.com 中搜索并加载块 PROG2

（7）CALL（程序调用）。

此指令可用来调用已装载好的块中的子程序，语法如下：

CALL（"Identifier"）

示例：

//M（SCREEN FORM1）

VAR1 =123 ...

LOAD

...

LB（"PROG1"）；先装载块

...

END_LOAD

CHANGE（）

...

CALL（"UP1"）；调用子程序并执行

...

END_CHANGE

（8）LM（装载对话）。

LM 指令可以用来装载一个对话框或画面。

语法：

LM（"Identifier"[，"File"][，MSx [，VARx]]）

Identifier：要装载的对话名称。

File：文件路径名称，缺省代表当前文件。

MSx：对话框模式的改变，0（缺省）表示当前对话框消失，新的对话框被加载和显示，1表示当前对话框被中断处理。

VARx：当 MS=1 时有效，将需要的变量从主对话框传递到子对话框。

示例：

PRESS（HS1）

LM（"SCREEN FORM2"，"CFI.COM"，1，POSX，POSY，DIAMETER）；中断当前的屏幕并打开新的屏幕 SCREEN FORM2，此时将变量 POSX，POSY and DIAMETER 传递到 form2 中

END_PRESS

（9）DLGL（对话框文本提示）。

在下方的对话框中显示一串文本，类似 msg 指令。

示例：

DLGL（"Value too large!"）

对话框最下方将显示"Value too large!"。

（10）EXIT（退出当前对话框）。

示例：

PRESS（HS1）；当按下 HS1 按键时，退出当 Ian 对话卡 UN 个

  EXIT

END_PRESS

（11）RNP/WNP（读写 NCK-PLC 变量）。

示例：

读取当前 X 轴的值：

RNP（"$AA_IM[X]"）

又如，读取 R20 的值：

GZ11 = RNP（"$R[20]"）

示例：

写入 PLC 数据块值：

WNP（"DB20.DBB1"，1）

又如，令 M600.0=1：

WNP（"M600.0"，1）

（12）PI SERVICE（Program Invocation Services 程序实例服务）。

语法：

PI_SERVICE（service，n parameters）

其中，Service：PI service 名称。

n parameters：n 个 PI 服务参数组成的参数列表。参数用逗号隔开。

可用的服务如表 5-4 所示。

表 5-4　PI 服务列表

PI service	Function
ASUB	Assign interrupt
CANCEL	Execute cancel
CONFIG	Reconfiguration of tagged machine data
DIGION	Digitizing on
DIGIOF	Digitizing off
FINDBL	Activate block search
LOGIN	Activate password
LOGOUT	Reset password
NCRES	Trigger NC-RESET
SELECT	Select program for processing for one channel
SETUDT	Sets the current user data to active
SETUFR	Activate user frame
RETRAC	Retraction of the tool in the tool direction

与刀具管理相关的服务如表 5-5 所示。

表 5-5　刀具管理列表

PI service	Function
CRCEDN	Create a tool cutting edge with specification of the T number
CREACE	Create a tool cutting edge with the next higher/free D number
CREATO	Create a tool with specification of a T number
DELECT	Delete tool
DELETO	Delete a tool cutting edge
MMCSEM	Semaphores for various PI services
TMCRTO	Create a tool with specification of a name, a duplo number
TMFDPL	Empty location search for loading
TMFPBP	Empty location search
TMGETT	T number for the specified tool name with duplo number
TMMVTL	Prepare magazine location for loading, unload tool
TMPOSM	Position magazine location or tool
TMPCIT	Set increment value for workpiece counter
TMRASS	Reset active status
TRESMO	Reset monitoring values
TSEARC	Complex search using search screen forms
TMCRMT	Create multitool
TMDLMT	Delete multitool
POSMT	Position multitool
FDPLMT	Search/check an empty location within the multitool

示例：

创建一个特殊的刀

PRESS （HS2）

  PI_SERVICE（"_N_CREATO"，55）

END_PRESS

又如，使用一个异步子程序服务：

PI_SERVICE（"_N_ASUP_"，5，3，0，0，"_N_CUS_DIR_N_GRINDZERO_SPF"）

5.4.6 应用实例

1. 在自动模式界面下制作一个显示功率的画面

经常需要在加工过程中查看主轴的功率和电流等参数，可以加入这样一个小的 Power 功率画面，如图 5-44 所示。

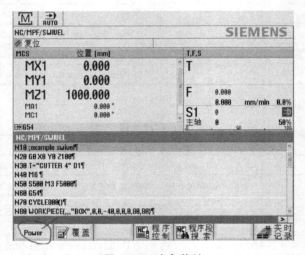

图 5-44　功率菜单

当按下 Power 这个按钮时，显示一个功率画面，如图 5-45 所示。

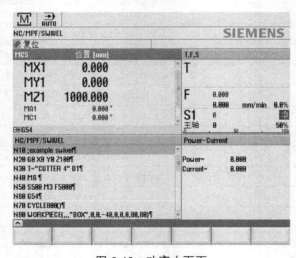

图 5-45　功率小页面

可以显示电流、功率的数值。当然，我们还可以修改显示别的内容，比如工序号、速度等。

实现方法如下：

建立文件 MA_AUTO.com，内容如下：

```
//S（Start）
HS1=（"Power"，，se1）
PRESS（HS1）
LM（"Mask1"）
END_PRESS
//END
//M（Mask1/"Power-Current"//341，220，218，174//0，20）
DEF
ID1=（s//"Power="//wr1////0，20，80，15//），DD1=（R0////wr1//"$AA_POWER[x]"//80，20，
50，15//）
DEF
ID2=（S//"Current="//wr1////0，40，80，15//），DD2=（R0////wr1//"$AA_CURR[x]"//80，40，
50，15//）
//END
```

Easyscreen.ini 加入如下内容：

```
[STARTFILES]
StartFile03 = area：= AreaMachine，dialog：= SlMachine，menu：= SlMaAutoMenuHU，startfile：
= ma_auto.com
```

加入相应文件夹即可。

2. 使用 MMC 指令调用对话框

在加工程序中，可以直接调用弹出一个对话框，供用户进行操作和选择，这种功能是通过 MMC 指令来实现的。

MMC 指令调用用户制作的对话框的应用只在 4.4 版本之后 840D sl 系统中才完全实现，之前的版本，如 2.6 版本中的实现功能并不完善，所以需要注意，并且其语法 Operate 版本和 HMI-Advanced 下并不完全相同，特举例说明。

在 4.4 sp2 之前的版本中，MMC 调用画面的对话框还未完全实现，因此其中的按钮确认、BTSS 变量和标题栏等均无法显示。4.4 sp2 之前的扩展接口称为 Easy screen，之后统称为 Run My-screen。DocOnCD 中亦做了相应的补充和修改。而且，不再采用 HMI_Advanced 界面下的语法//C 来调用界面，而是采用与//M 一致的语法描述，语法更加的统一方便。

错误的作法：

之前的采用//C 调用画面的方法已经不可再正常使用，如下所示：

```
//C（CSL1）
（R///—— modify or not---/W/KK1///）
[BTSSVAR]
$R[1]=/Channel/Parameter/rpa[u1，1]
```

[TEXTVARIABLEN]

A1=head---for modify

正确的做法：

（1）定义 MMC：

systemconfiguration.ini 文件中

address：=MCYCLES -→ command：=LM

address：=CYCLES -→ command：=PICTURE_ON

（2）激活选项：

Run MyScreens – license，如图 5-46 所示，需激活 0AP64 选项。

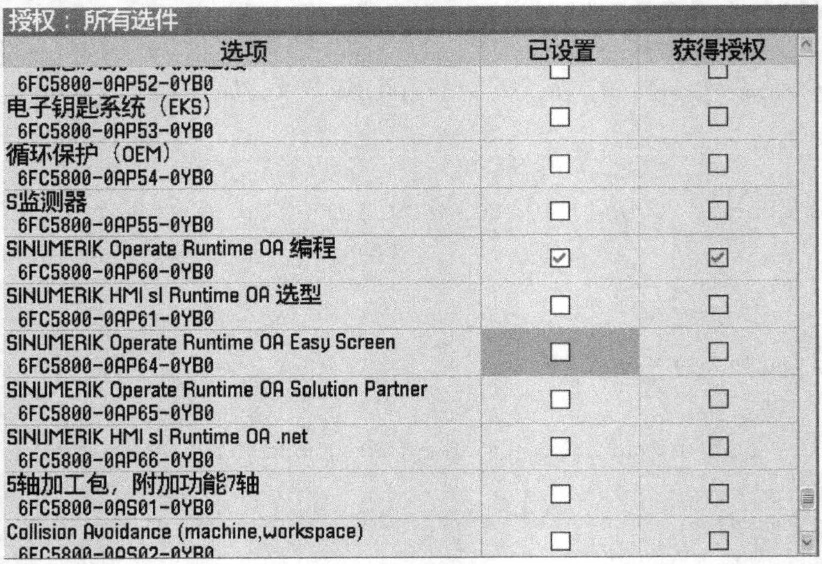

图 5-46　激活选项功能

示例：

加工程序中如下调用：

MMC（"CYCLES，PICTURE_ON，aaa.com，TEST1"，"S"）

G1 X=905 F100

M2

画面文件中内容：aaa.com。

//M（TEST1/"HAHAHAH1"//）

DEF SC1=（R4///""，"channel1

R1："，""，"mm"/wr1，ac7//"/Channel/PARAMETER/R[u1，1]"/10，70，150/120，70//）

DEF SC2=（R4///""，"channel2

R2："，""，"kg"/wr1，ac7//"/Channel/PARAMETER/R[u1，2]"/10，100，150/120，100//）

DEF SC3=（R4///""，"X axis value"，""，"mm"/wr1，ac7//"$AA_IW[X]"/10，130，150/120，130//）

HS1=（""）

HS2=（""）

```
HS8=（""）
VS1=（""）
VS6=（""）
VS7=（"OK"）
VS8=（""）
PRESS（VS7）
EXIT
END_PRESS
//END
```

程序执行如图 5-47 所示。

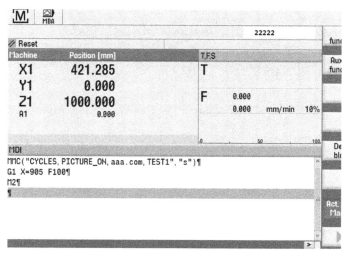

图 5-47　执行指令调用

执行效果如图 5-48 所示。

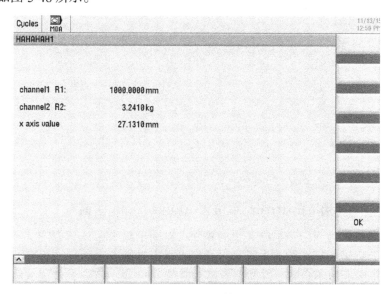

图 5-48　执行效果

若 MMC 采用同步方式启动，如 MMC（"CYCLES，PICTURE_ON，aaa.com，TEST1"，"S"），则画面调出以后必须经过确认键确认，才可继续执行程序，否则一直在画面中等待。若 MMC 采用异步方式启动，如 MMC（"CYCLES，PICTURE_ON，aaa.com，TEST1"，"A"），则画面调出以后程序会继续执行，因为是异步模式，不干涉目前的插补运算。

因此，若需要判断画面中的变量的改变再决定下一步的运算一定要用同步模式或者用异步模式加暂停指令 M00，即

MMC（"CYCLES，PICTURE_ON，aaa.com，TEST1"，"A"）

M00

示例：

; Example call with test.com （Run MyScreen）:

```
g0 x500 f500
MMC（"CYCLES，PICTURE_ON，test.com，maske1"，"A"）
m0
MMC（"CYCLES，PICTURE_OFF"，"N"）
IF KK2==1
STOPRE
L005
ELSE
ENDIF
STOPRE
KK2=0
M30
```

或者

```
MMC（"CYCLES，PICTURE_ON，CYSL.COM，CSL2，GUD4.DEF,,, A1"，"S"）
MMC（"CYCLES，PICTURE_OFF"，"N"）
STOPRE
IF KK2==1
STOPRE
L005
ELSE
ENDIF
STOPRE
KK2=0
M17
```

5.4.7　先天功——利用 Sinutrain 来仿真 Easyscreen 画面

先天功，顾名思义为西门子早已有之的软件，借助于此 Sinutrain 软件，来达成仿真界面的目的，先天为体，后天为用，故名先天功。此技术本来鲜有人知（西门子表示若用 Sinutrain 进行界面仿真，出了问题概不负责，以前无人愿意冒险），突然一天，笔者想到既然 Sinutrain 可以仿真数控的程序，说不定可以仿真界面，于是尝试做了一下实验，没想到成功了。当然目前已

经被很多人采用，此方法不仅可用于扩展接口仿真，还可以用于二次开发页面，以及 HMI Pro 页面的仿真，真乃神技也！

在此介绍如何利用 Sinutrain 调试扩展接口制作的画面，Sinutrain 的相关配置过程如下：

（1）首先，开放 Custom 界面，找到安装路径。注意，不同操作系统下安装的路径是不同的，WinXP 系统下默认在如下路径

C：\Program Files\Siemens\SinutrainOperate\02.06.01.00\hmi\user\sinumerik\hmi\cfg 或 C：\Program Files\Siemens\SinutrainOperate\02.06.01.00\hmi\siemens\sinumerik\hmi\cfg 或 C：\Program Files\Siemens\SinutrainOperate\02.06.01.00\hmi\oem\sinumerik\hmi\cfg，

而 Win7 系统下默认在如下路径 C：\ProgramData\Siemens\SinutrainOperate\04.04.01\hmi\oem\sinumerik\hmi。

找到 slamconfig.ini 文件，修改其中的内容，变 Custom 项为可见，即可开通 Custom 界面。

[Custom]

Visible=true

[ExitSoftkey]

Visible=true

修改后关闭文件，重启 HMI，出现如 5-49 所示界面后表示成功。

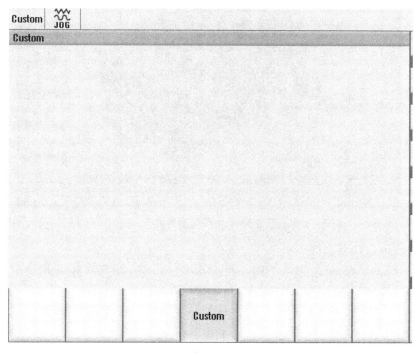

图 5-49　出现 custom 页面

（2）建立 easyscreen.ini 文件。

此文件默认没有，必须建立，添加如下代码：

[STARTFILES]

StartFile02 = area：= Custom，dialog：= SlEsCustomDialog，startfile：= custom.com

将此文件复制到路径下，如：

C：\Program Files\Siemens\SinutrainOperate\02.06.01.00\hmi\user\sinumerik\hmi\cfg

（3）添加描述 custom 起始界面的配置文件，此文件可有可无。

建立文件 custom.ini，在其中添加如下代码：

；起始界面的标题

[Header]

Text=JasonGuo's custom screen；输入你想要的标题

；起始界面的图片

[Picture]

Picture=MOTOR1.png ；输入你的图片名称

完毕后同样保存到 cfg 路径下，图片选择合适大小的，然后保存到 C：\Program Files\Siemens\SinutrainOperate\02.06.01.00\hmi\user\sinumerik\hmi\ico\ico640 等相应目录下，成功后重启 HMI 即可看到如图 5-50 所示界面。

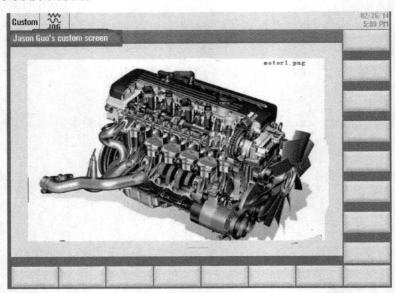

图 5-50　主页面图片显示

（4）建立 custom.com 文件。

首先创建 custom.com 文件，例如，将 custom.com 文件放入如下路径中 C：\Program Files\Siemens\SinutrainOperate\02.06.01.00\hmi\user\sinumerik\hmi\proj。

重启界面，即可看到画面结果，如图 5-51 所示，至此，完成了界面仿真过程。

配置过程应注意以下问题：

（1）大小写问题。

一定要注意定义文件的大小写，例如，custom 和 CUSTOM 是不一样的，所以有时候画面无法调出来显示。

（2）汉字显示乱码问题。

先依照 UTF8 格式下写入汉字，然后再转为 ANSI，就可以显示正常的汉字了。

（3）文件优先级问题。

首先，系统从 easyscreen.ini 文件读出解释文件。然后按以下顺序搜索文件：

/user/sinumerik/hmi/proj/

/oem/sinumerik/hmi/proj/

/addon/sinumerik/hmi/proj/

/siemens/sinumerik/hmi/proj/

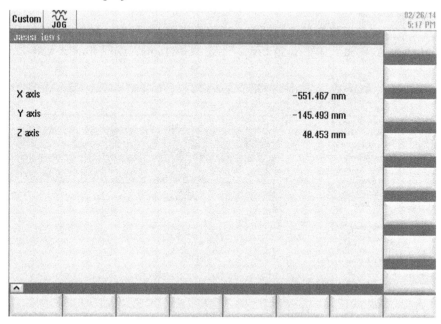

图 5-51　完成界面

5.5　Operate programming package 制作画面

SINUMERIK Operate 可支持操作系统平台 Windows 和嵌入式 Linux，也就是说：SINUMERIK Operate 源文件是平台通用的，源文件编写完成后借助 Windows 和 Linux 专用的编译程序与链接程序分别转化为各系统可执行的文件。SINUMERIK Operate 源文件的这种平台通用性是通过工具套件"Qt"实现的。Qt 是一个专用于开发简易 GUI 应用程序的工具套件。Qt 的核心是一个 C++类库，它将 Windows 和 Linux 专用的 API 压缩在一起，替换为平台通用的接口。Qt 为每个支持的操作系统提供了一个单独的平台通用接口：Qt/Windows 和 Qt/Embedded（Qtopia）。

Qt/Windows 主要基于 Windows 窗口系统以及 Windows GDI 以输出图形基元。

使用 Operate programming package 开发界面程序简称为 OA 方式。

5.5.1　优缺点分析

OA 方式开发界面程序的优点是可加密，且生成的动态链接库或 so 文件本身即具备反编译特点。其缺点是开发流程长，工作量大。

5.5.2　创建项目

本书采用简略的方法，只叙述一个大概建立 Qt 项目的流程，结合一个编程包自带的例子说明一些 Qt 编程的基本原理。若欲详知 OA 二次开发，烦请参阅相关的编程文档。

打开程序编辑器：Windows 开始→SINUMERIK→840D SINUMERIK→Operate→Programming→Package→Tools→Visual Studio。

总的来说，OA 方法可分为两种，一种是基于 VC++和 Qt 模板生成的应用程序，可以直接嵌入数控界面，一种是使用 C#或 VB.net 生成的应用程序，配合 Operate 界面运行在本机电脑，可以远程访问数控系统。

因此，需要对程序的环境变量进行设置，当需要使用 VC++时，转换为 VC++环境界面，当使用 C#时，转换为 C#界面。如图 5-52 所示，点击菜单 Tools，选择 Import and Export settings 选项。

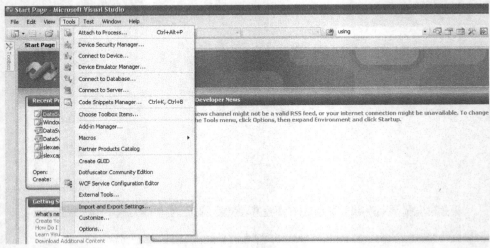

图 5-52　配置环境

如图 5-53 所示，点击 Reset all setting，然后点击 Next 进入下一步。

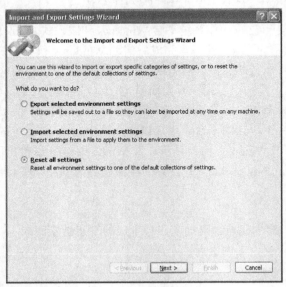

图 5-53　复位设置

点击 No，just reset settings……只覆盖当前的配置，如图 5-54 所示。

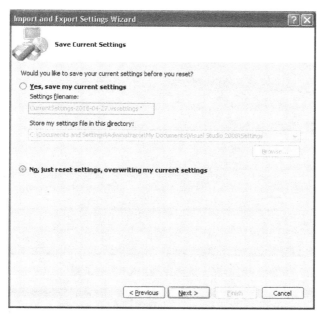

图 5-54　覆盖当前配置

选择所需要的工作环境，如图 5-55 所示，在此我们选择 C#类型，点击 Finish 完成基本的环境配置。

图 5-55　选择类型

建立第一个项目文件，如图 5-56 所示，打开 Visual Studio 2008，打开菜单菜单 File→ New Project，选择"Project Types"为 HMI Project 类型，点击 OK 生成工程。

而后进行项目的设置，示例将配置一个含窗体的项目，如图 5-57 所示，点击 User Interface Features 配置用户接口，单击按钮 Add Form 添加一个新的窗体。

在 class name 条目中添加一个类名称，并点击 OK 确认，如图 5-58 所示。

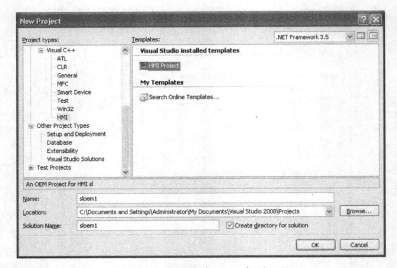

图 5-56　选择生成 HMI 类型工程

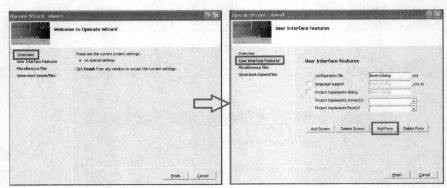

图 5-57　添加一个新的窗体

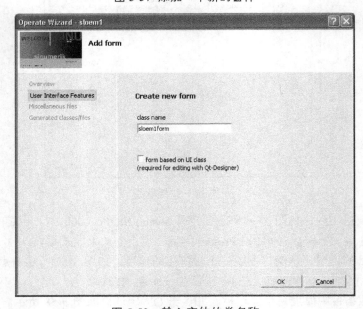

图 5-58　输入窗体的类名称

点击 Miscellaneous files 来配置其他设置文件，如图 5-59 所示，此处选择 Qt project file 和 systemconfiguration.ini，这两个文件将来运行程序时会用到。

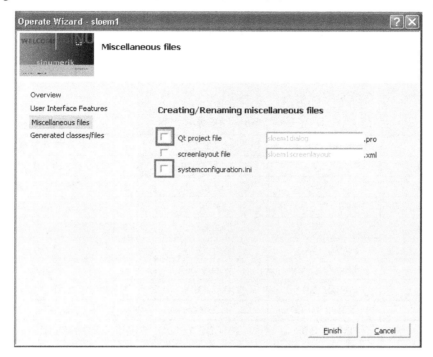

图 5-59   配置 Miscellaneous files

这样就建立了一个简单的工程文件。

5.5.3   类模型与变量声明

回忆之前的 CAP 服务的接口。我们将之应用在应用程序与 NCK/PLC 之间的通信中。CAP 服务的类模型主要由三个类组成：SlQCap，SlQCapHandle，SlQCapNamespace。

1. SlQCap 类

访问 NCK 和 PLC 上的数据是通过 SlQCap 对象实现的。特别是该对象可以读/写变量，在值有变化时发出通知。另外对象还可以传送文件，启动 PI 服务。

几乎所有的调用既可以采取同步方式，也可以采取异步方式。其中，同步调用会阻塞调用所在的线程，直到任务完成。而在异步调用中，SlQCap 对象会在任务完成后利用"Qt 的信号与槽机制"发送信号。

SlQCap 类只有默认构造函数。无法复制 SlQCap 对象或对其赋值。

一般我们常用 SlQCap 类来访问各种 NCU 内的数据。

2. SlQCapHandle 类

在所有异步调用或触发 Qt 信号的调用中，都会返回 SlQCapHandle 类的一个对象。该类的各个对象可以标识出对应的任务。

删除 SlQCapHandle 的对象会取消对应的任务。

可以复制并赋值该类的对象以及检查对象是否相等。

3. SlQCapNamespace 类

SlQCapNamespace 类的对象可以向 CAP 服务声明机床专用的数据访问（诸如机床数据、全局用户数据 GUD 等）。这些声明在 SlQCapNamespace 对象的整个寿命内都可用。

常用 SlQCapNamespace 类来访问机床数据。

通过创建对象，关联变量，执行任务，接受状态这几步就可以实现一个读写的过程。可被访问的变量必须遵照规定好的格式进行，关注的重点是 PLC 变量，因为 NCK 变量可通过变量选择器进行查找，PLC 变量语法解释如表 5-6 所示。

表 5-6　PLC 变量列表

范围	地址（Simatic）	地址（IEC）	允许的数据类型
输出映像	Ax.y	Qx.y	<u>BOOL</u>
输出映像	ABx	QBx	<u>BYTE</u>、CHAR、STRING、DT
输出映像	AWx	QWx	<u>WORD</u>、INT、DATE、S5TIME、CHAR
输出映像	ADx	QDx	<u>DWORD</u>、DINT、REAL、TIME、TOD
数据块	DBz.DBx.y	DBz.DBx.y	<u>BOOL</u>
数据块	DBz.DBXx.y	DBz.DBXx.y	<u>BOOL</u>
数据块	DBz.DBBx	DBz.DBBx	<u>BYTE</u>、CHAR、STRING、DT
数据块	DBz.DBWx	DBz.DBWx	<u>WORD</u>、INT、DATE、S5TIME、CHAR
数据块	DBz.DBDx	DBz.DBDx	<u>DWORD</u>、DINT、REAL、TIME、TOD
输入映像	Ex.y	Ix.y	<u>BOOL</u>
输入映像	EBx	IBx	<u>BYTE</u>、CHAR、STRING、DT
输入映像	EWx	IWx	<u>WORD</u>、INT、DATE、S5TIME、CHAR
输入映像	EDx	IDx	<u>DWORD</u>、DINT、REAL、TIME、TOD
存储器	Mx.y	Mx.y	<u>BOOL</u>
存储器	MBx	MBx	<u>BYTE</u>、CHAR、STRING、DT
存储器	MWx	MWx	<u>WORD</u>、INT、DATE、S5TIME、CHAR
存储器	MDx	MDx	<u>DWORD</u>、DINT、REAL、TIME、TOD
计时器	Tx	Tx	<u>S5TIME</u>
计数器	Zx	Cx	<u>WORD</u>

注：（1）表中的"x"指数据区中的字节偏移，"y"指字节中的位编号，"z"指数据块；

（2）带有下划线的数据类型是各自的默认数据类型，在寻址时无需说明。因此，如这两种写 DB2.DBB5：BYTE 和 DB2.DBB5 是相同的；

（3）在访问数组时会使用方括号，如 DB5.DBW2：[10]（长度为 10 的字数组）

举例，表 5-7 为常见的访问 PLC 变量的语法。

表 5-7　常见的变量写法

变量路径	描　述
M5.0	从字节偏移 5 开始的标记位 0。
DB5.DW2	数据块 5 中从字节偏移 2 开始的字（16 位）
DB5.DW2：S5TIME	数据块 5 中从字节偏移 2 开始的字（16 位），作为 S5 时间

变量路径	描述
DB8.DBB2：STRING	数据块 8 中从字节偏移 2 开始的 UTF8 字符串。
DB8.DBW2：[10]	数据块 8 中从字节偏移 2 开始的长度为 10 个字的数组。
DB100.DBB1	数据块 100 中从字节偏移 1 开始的字节。
DB100.DBW7：[5]	数据块 100 中从字节偏移 7 开始的长度为 5 个字的数组。
DB100.DBD10：REAL[4]	数据块 100 中实数类型的长度为 4 个双字的数组。

注意：STRING 型变量的首个字节/字中为最大长度，第二个字节/字中为实际长度。在写入字符串时，不会修改最大长度。

示例说明如何创建对象并访问一个 NCK 变量。

第一步，必须创建一个对象，如创建一个名为 m_capServerRead 的 SlQCap 类对象：

SlQCap m_capServerRead；

第二步，声明变量读取的信道：

private slots：   void readDataSlot（SlCapErrorEnum，const QVariant&，const slCapSupplementInfoType&）；

第三步，将此信道与 CAP 服务关联：

QObject：：connect（&m_capServerRead，SIGNAL（readData（SlCapErrorEnum，const QVariant&，const SlCapSupplementInfoType&）），this，SLOT（readDataSlot（SlCapErrorEnum，const QVariant&，const SlCapSupplementInfoType&）））；

第四步，向 CAP 服务传送读取任务：（例如，读出第一通道中的 R 参数 R[1]）：

QString szItem = "/channel/parameter/r[u1, 1]"；SlCapErrorEnum eError = m_capServerRead. readAsync（szItem，&m_capHandleRead）；

第五步，异步调用立即返回，任务的执行结果位于信道 readDataSlot 中：

void SlExCapAsyncReadWriteForm：：readDataSlot（SlCapErrorEnum eError，const QVariant& rvData，const SlCapSupplementInfoType&）

{

if（SL_CAP_OK != eError）

{

// 插入故障处理代码

}

else

{

// rvData 包含了读出的值，用于后续处理

}

}

这样就完成了一个简单的读取变量过程，写入过程与此类似。

5.5.4 应用实例

测试开发 Net 程序的方法，需要准备一个 Operate 程序开发安装包，其实只要安装好开发包，

就会跟着自动安装好一个 Colinux 系统，如图 5-60 所示，这个虚拟系统主要用来在 Windows 环境下模拟 Linux 环境，多出来的虚拟盘内就含有一个 hmisl 文件夹。

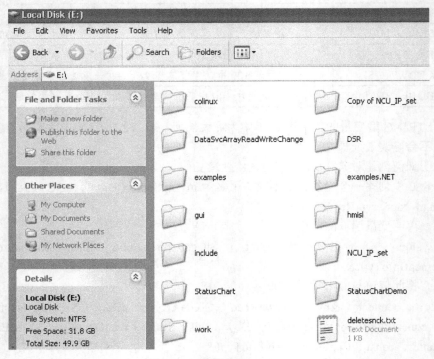

图 5-60　虚拟分区 Colinux

Examples 和 examples.net 中分别包含了很多例子程序，完全可以在这些例子的基础上开发自己的界面工程。

1. 读写 NCK 变量

首先用一个例子程序来看画面中如何读写 NCK 变量。

第一步，声明 sinumerik 服务的命名空间。

// declaring namespace for SINUMERIK Interface

using Siemens.Sinumerik.Operate.Services；

C#中的命名空间就像是集合了类的一个容器，但不是简单的集合，含有逻辑关系。声明后就可以查找其中的某个类。

初始化主程序必须创建一个 NCK 数据集对象。

// set new DataSvc

m_DataSvcReadWrite = new DataSvc（）；

组态一个读取数据按钮，双击按钮 read data 在单击事件中写入读取函数，如图 5-61 所示。代码如下：

private void cmdReadData_Click（object sender，EventArgs e）

```
        {
            try
            {
```

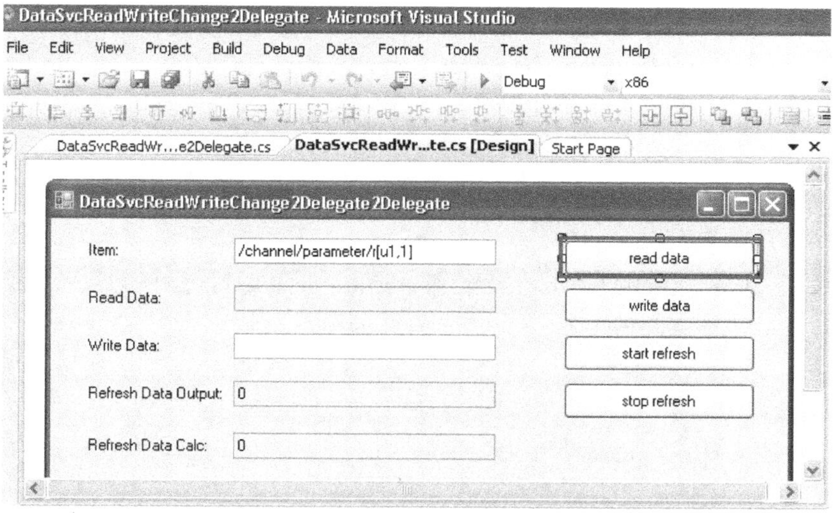

图 5-61 编写读取数据按钮的事件

```
// create item object and initalize itempath with text from textbox
        Item itemRead = new Item（txtItem.Text.ToString（ ））;

        // read the value from the control
        m_DataSvcReadWrite.Read（itemRead）;

        // set status to statusbar
        setStatus（"read command successfull"）;

        // output to textbox
        txtReadData.Text = itemRead.Value.ToString（ ）;
    }
    // Exception of the DataSvc
    catch （DataSvcException ex）
    {
        // set status to statusbar
        setStatus（"DataSvcException： ErrorNr： " + ex.ErrorNumber.ToString
（ ） +" ； Message： " + ex.Message）;

        // clear output textbox
        txtReadData.Clear（ ）;

    }
    catch（Exception ex）
    {
        // set status to statusbar
        setStatus（ex.Message）;
```

```
        // clear output textbox
        txtReadData.Clear ( );
    }
}
```

总的原理就是利用 Try-catch 异常捕获机制来获取文本框中的变量的值。

运行效果如图 5-62 所示。

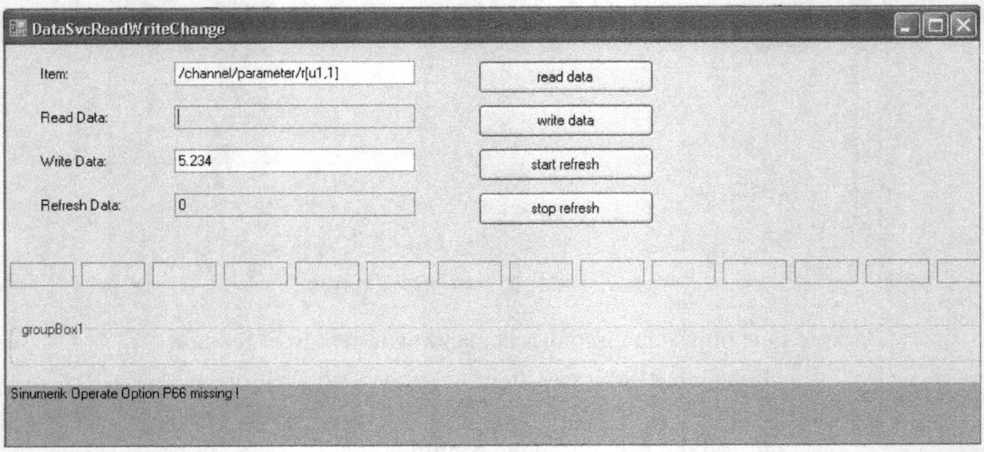

图 5-62　运行读取软件的效果

注意，在调试 Net 程序时，需要首先启动 Operate for PC 软件，连接到相应的数控系统后，然后再运行 Net 程序，这样读写变量才会成功，否则会出现报警，如 Option P66 missing 等，还有注意选项运行.Net 必须提前购买和开通。

2. 读写驱动参数

再举一例，读取 DRV 驱动变量。

首先，声明命名空间：

using Siemens.Sinumerik.Operate.Services；

初始化中建立驱动对象的实例：

```
public frmMain ( )
    {
        InitializeComponent ( );

        try
        {
            // create instance of DriveServices
            m_DrivesSvc = new DrivesSvc ( );
            // create synchron list of drive-objects
            m_DrivesList = m_DrivesSvc.ListDrives ( );
```

读取函数：

private void cmdReadString_Click (object sender，　EventArgs e)

```
    {
        try
        {
            double dRes = 0.0;
            resetStatus（）;
            dRes = m_SelectedDrive.Read（txtParameterString.Text）;
            txtReadString.Text = dRes.ToString（）;
        }
        catch （Exception ex）
        {
            // set status to statusbar
            setStatus（ex.Message）;
        }
    }
```

界面运行效果如图 5-63 所示。

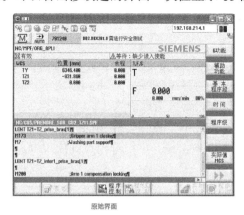

图 5-63　驱动参数界面运行效果

3. 修改西门子系统本身界面大小

再举一个修改西门子系统本身界面的小例子，这个例子主要是关于修改西门子本身轴显示界面的大小，在西门子原始的界面下只能显示 7 根轴左右，如果系统轴数量特别多，则无法直接看到，必须按下缩放界面来显示，比较麻烦，如图 5-64 为原始界面和修改过的界面显示效果对比。可以看出修改过的界面一次性显示 11 根轴。

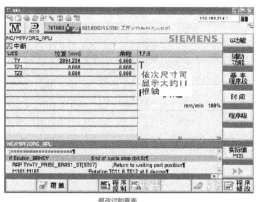

原始界面　　　　　　　　　　　　　　　修改过的界面

图 5-64　原始和修改过的显示界面对比

配制方法：

（1）画面的配置文件存放在：\siemens\sinumerik\hmi\appl\slmastandardscreenlayout.xml 和 slmastandardscreenlayout.hmi。但是这两个文件都是只读文件，是根目录用户所有，所以不可更改，因此必须寻求另一条道路。

（2）思考可以在用户 user 目录下建立这几个文件，然后修改之，根据优先级应该可以生效。

① 首先，复制出\siemens\sinumerik\hmi\appl\slmastandardscreenlayout.xml，修改相关的 form 参数改变对话框的大小，程序如下：

```
<FORMPANEL id="FormPanel1"    x="0"      y="45"    width="340" height="200"/>
<FORMPANEL id="FormPanel2"    x="341" y="45"    width="218" height="174"/>
<FORMPANEL id="FormPanel3"    x="0"      y="246" width="340" height="148"/>
<FORMPANEL id="FormPanel4"    x="341" y="220" width="218" height="174"/>
```

② 然后使用 slHmiConverterGui.exe 工具生成相应的 hmi 文件。注意，必须保持系统版本的一致性，否则生成的 hmi 文件可能无法正确执行。然后再加入 systemconfig 文件即可。

5.5.5　先天功——利用 Sinutrain 测试仿真 OA 界面

Sinutrain 中涵盖 VNC（虚拟数控）内核，因此可以用来测试 OA 程序。

打开安装目 C：\ProgramData\Siemens\SinutrainOperate\04.04.01\hmi\siemens\sinumerik\hmi\cfg 下的 mmc.ini 文件，可以看到如下内容：

```
[Global]
NcddeMachineNames=VNCK，SIM0
NcddeDefaultMachineName=VNCK


; ======================================================================
; SlCap Communication from Windows
; ======================================================================
[VNCK]
ADDRESS0=3，LINE=14，NAME=/NC，PROFILE=VNCK_COS_HMI_L4_INT_2
ADDRESS1=2，LINE=14，NAME=/PLC，PROFILE=VNCK_COS_HMI_L4_INT_2

[SIM0]
ADDRESS0=3，LINE=14，NAME=/NC，PROFILE=VNCK_COS__HMI_L4_INT
```

可见，其中含有 VNCK，我们可以用来测试编辑好的界面程序，如图 5-65 所示，运行一个虚拟机床后，我们打开 Slcaptest 来进行测试，可看到变量都被读取出来了。

将自己所写的界面程序放入相应的 appl 和 cfg 文件夹中，然后运行 Sinutrain 来测试这些程序，运行的效果如图 5-66 所示。对于一些简单的应用，Sinutrain 可以看到直观的效果。

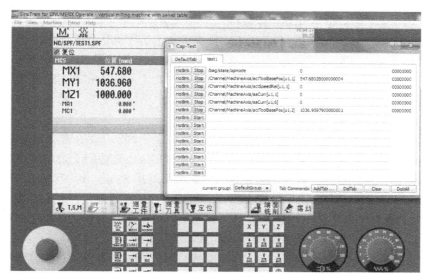

图 5-65   在 Sinutrain 上测试 Slcaptest 程序

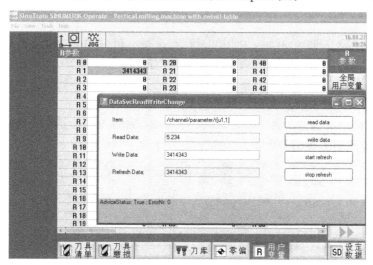

图 5-66   在 Sinutrain 上测试界面程序

5.6   HMI Pro 软件（Transline 2000 标准）制作画面的方法

5.6.1   优缺点概述

Transline 2000 又称 HMI Pro，为汽车动力总成专用开发界面的软件。版本有很多，从 6.5 一直到 7.3.25 等，不同版本之间的程序不能混用，版本高的程序在版本低的软件中打开会出现乱码，且不能将现场画面上传到电脑中，这是其缺点。在画面概览中不能绘制复杂的几何图形，且配置文件易出现乱码。

但是其软件画面控件非常标准实用，符合大多数汽车行业的标准操作习惯和架构，故在汽车行业中应用最广，画面精致明朗，且开发周期很短，和 PLC，NC 结合紧密，无缝集成，应用非常方便。

Transline 组态系统 SINUMERIK Integrate Create MyHMI /Pro 和 SINUMERIK 840D sl 的软件选件 SINUMERIK Integrate Run MyHMI Pro 提供了一个机床操作界面，供操作员对大规模生产任务进行监视与控制，例如，可在传送线、加工中心和装配线中使用。SINUMERIK Integrate Run MyHMI /Pro 可借助操作画面和可设置参数的导航菜单，对不同任务和技术的机床操作实现标准化。对于装配线，可以采用 HMI Lite 形式的解决方案，对于机加工线，建议采用 HMI pro 的解决方案。

HMI Pro 之所以叫 Pro（ Professional，专业版），原因还在于区别于装配线领域常用的 HMI Lite（ 简化版），HMI lite 是基于 WinCC flexible 制作的。HMI Lite 也是西门子公司开发的一套模板程序，但是它的画面比较原始，颜色也不够丰富，主要页面就是 Setup 功能组页面，却足以够装配线使用了，WinCC flexible 软件本身却十分强大，比 HMI Pro 更加规范，但是不够灵活，WinCC flexible 的强大之处在于其交叉引用和变量定义都是集中统一的，也可以自己定义画板或控件，而 HMI Pro 强大之处在于几乎所有我们能想到的画面都已经预先定义好了，可以直接拿来使用。WinCC flexible 可以离线仿真，可以上传项目到电脑，但是 HMI Pro 就不行。二者各有千秋，可以互补学习。

5.6.2 配置 HMI Pro

编程计算机上需要安装 HMI Pro RT（实时运行系统）和 HMI Pro CS（配置软件）两个软件才能正常工作，如果不安装 RT 软件则无法通过 CS 建立工程文件。CS 就是我们的编程平台，RT 是和数控联系的实时系统，首先要搞清楚 RT 的安装目录，一般位于 C 盘下面，如 C:\Siemens\HMI PRO SL RT V04.05.01.00 目录下。

首次打开 CS 必须要设置语言，因为默认的是德语，选择 Extras 选中下方的菜单，进入设置屏幕，设置为英文，如图 5-67 所示。

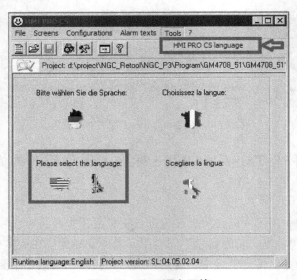

图 5-67 配置语言环境

5.6.3 建立项目

从一个案例来说明如何一步步创建一个 Pro 工程。

1. 创建一个 HMI Pro 工程

如图所示，点击菜单 File→Create new project or update project，如图 5-68 所示，创建一个新工程或更新工程。

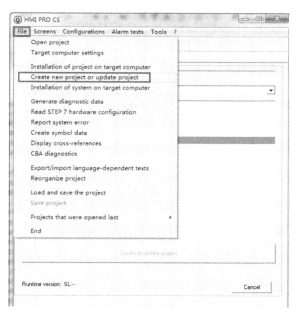

图 5-68　创建工程

一般都将 RT 安装在 C 盘，因此双击选择 C 盘→siemens→HMI Pro sl RT V4.5.1.0，此时创建按钮点亮，单击 Create or update project 按钮，如图 5-69 所示，更新 RT 环境。

图 5-69　选择 RT 环境

如图 5-70 所示，点击区域 1 设置保存 HMI 工程的目录，点击区域 2 输入一个子目录的名称，例如，test1，在区域 3 打钩选择需要的画面语言种类，最后点击区域 4 完成创建项目流程。

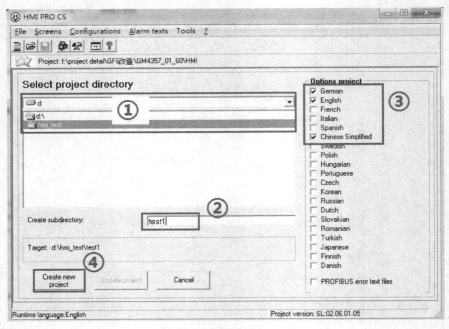

图 5-70　配置和创建工程

完成创建后会出现一张功能页面，如图 5-71 所示。

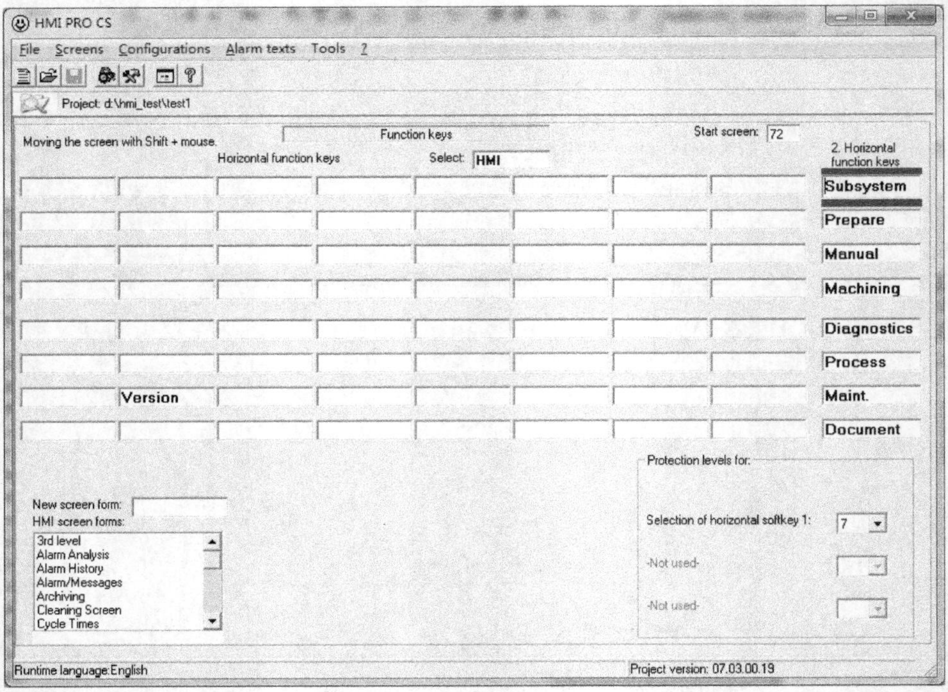

图 5-71　功能页面

如图 5-72 所示，1 区就是控件栏目，选中你所需要添加的控件，必须按着 Shift 键，然后把它拖放到 2 区就完成了一个控件。2 区就是画面上的功能按键分布图。3 区可以设置起始的页面，默认显示为 72，表示第 7 个大菜单下的第二个子页面，即 Version 页面，一般我们可以将之改成 11，显示第一个大菜单的第一个页面。4 区为大菜单的显示文本，可以直接单击修改。详细的功能页面用法将在后续介绍。

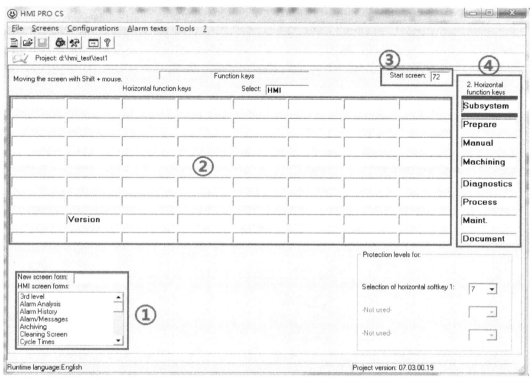

图 5-72　功能区和控件用法

打开 Configuration→Presetting 来设置一些项目的预设置参数，如图 5-73 所示。

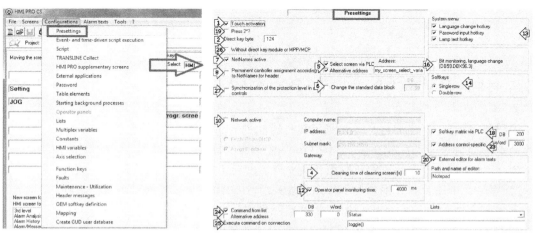

图 5-73　预设置画面

一般来讲此页面使用缺省设置即可，但对于某些特殊的应用则必须修改设置，例如，选中复选框 1 表示项目中选用的是触摸屏。如果是 TP015 瘦客户端，则必须勾选这个复选框。

再如复选框 5，如果勾选表示可以使用 PLC 来控制选择页面，例如，我们选择了 DB160.DBW30，就可以通过传给 DB160.DBW30 不同的画面值来控制当前显示的画面。

默认的交互数据块为 DB59，如果我们修改了复选框 6 中的数值，比如将默认的 59 变为 60，则交互数据便为 DB60。

以上只是介绍了 HMI Pro CS 的页面配置，如果是使用 PCU op012 面板则其中的 Direct keys（直接按键）需要在 Step7 中进行组态和编程。老的面板必须连接到 Profibus，如图 5-74 所示，如果使用 TCU 则面板的按键采用以太网因此不必进行硬件组态，只需在 OB100 中设置好网络地址即可使用。

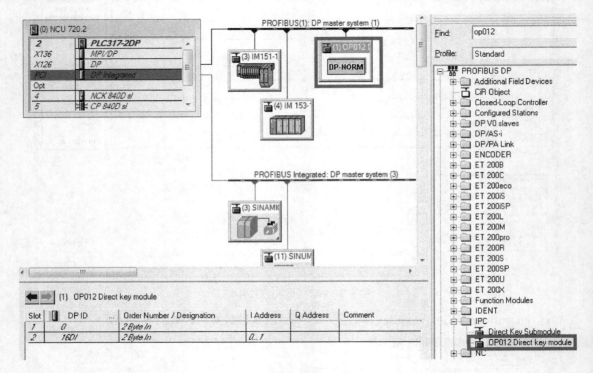

图 5-74　面板的硬件配置

Direct keys 的模块位于 Profibus DP→IPC 路径下面。

2. PLC 库文件的使用

安排好了 HMI 画面部分，需要调用相关的 PLC 库才能发挥其作用。

PLC 库文件位于 C：\Siemens\HMI PRO SL RT V04.05.01.00\ TLSL_V102_UK.zip 中。

使用 Step 7 Retreve 解压缩复制出相关文件，然后，如图 5-75 所示，打开 TLSL 这个库里面的 PLC 程序，可以看到其中包含了很多功能程序，与 HMI Pro 最相关的数据块就是 DB59，位于 common 文件夹中，将 DB59 和 UDT59 复制到项目文件夹 blocks 中。

如图 5-76 所示，常用的还有 MPP483 和 HT8 相关的一些块，位于 MPP_HT8 中，也可以复制到程序中，如果使用 OP012 的直接按键功能，就需要复制 OP012 中的程序块到项目程序中。

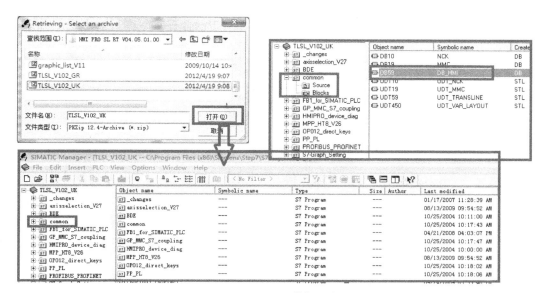

图 5-75　TLSL 模板程序

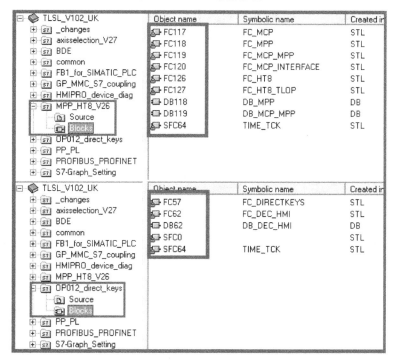

图 5-76　一些常用函数库

3. 图标库的使用

制作画面需要很多素材，有一个自带的图标库位于路径 C：\Siemens\HMI PRO SL RT V04.04.04.01\graphic_list_V11 中，可以解压缩 graphic_list_V11 做一些应用。

项目中运用的图标文件会通过 Transline 自动传入 card/addon/sinumerik/hmi/ico 相应的文件夹中。

笔者曾经碰到过一件事情，现场有很多输送单元机械手，机械手上下料过程的表现形式是利用 Plant Overview 功能界面制作，Plant Overview 中自带的含有一个 Gripper 控件，如图 5-77 所示。

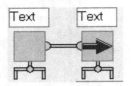

图 5-77　机械手夹爪示意图

默认情况下 Gripper 在 Unload（卸载工件）和 Load（装载工件）时显示的箭头是朝左或者朝右，但是很不直观，因为机械手是上下运动来装载卸载工件的，其实箭头朝下可以简要表示装载新的工件，箭头朝上可以代表拿走已经加工好的工件，因此笔者想把朝左朝右的箭头改成朝向上下的箭头，但是这个 Gripper 功能无法设置箭头的方向，也无法通过选项参数或程序对话框修改，于是笔者改变思路，采取了直接改变夹爪图标文件的办法。

默认夹爪箭头方向朝左表示为：Unload——卸载；默认夹爪箭头方向朝右表示为：Load——装载。

找到 card/addon/sinumerik/hmi/ico 文件夹下的关于 Gripper 的各个图片，有如下 4 个：Sltlproarrowleft.ico，sltlproarrowright，sltlproarrowup，sltlproarrowdown，然后交换改变各自名称即可。

其实这个文件夹下面还含有各种图标，通过修改或增加相应的图标即可完成特殊的应用。

4. 项目中的图标和图片

制作一个项目时，先准备好需要的图标和图片，必须是 png 或者 bmp 的，然后就可以根据项目来配置相关的图片，我们常用的左上角有一个默认的起始图标，如图 5-78 所示。

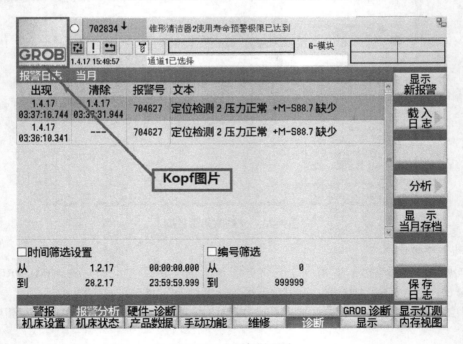

图 5-78　主图标的图片

若想配置此图标，则其名称必须命名为 kopf.bmp 或 kopf.png，图标大小和屏幕有关系，一般的 OP012 屏幕是 100×100 格式，kopf 在德语里就是头的意思，代表起始的主图标按键，将制作好的这个图片放在项目文件夹中即可，在点击下载后即可自动上传到 HMI Pro 中。

同理，程序路径一栏的图片 logo 也可以修改，如图 5-79 所示。

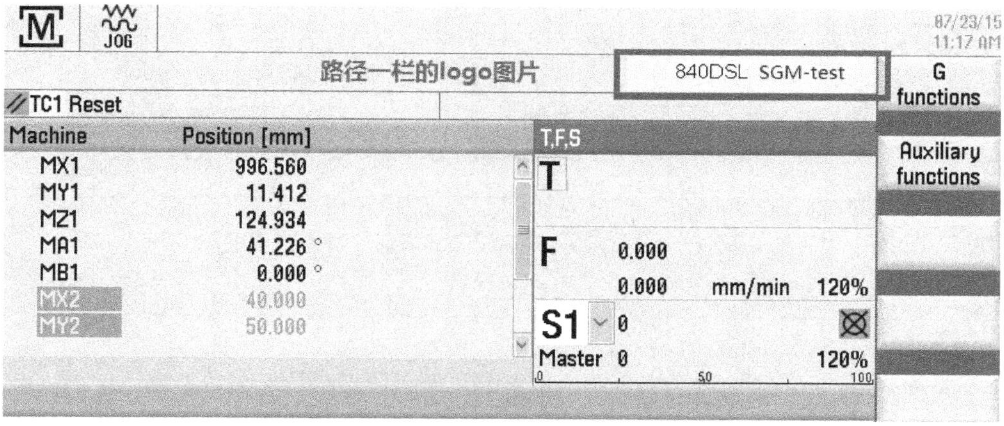

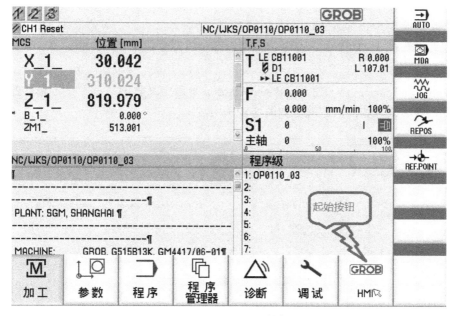

图 5-79　程序路径栏 logo

只要将制作好的图片 logo.png 放在\oem\sinumerik\hmi\ico\或\user\sinumerik\hmi\ico\下方即可，注意尺寸大小。如使用 OP012 10 寸屏，大小约为 200×30，Logo 位于\user\sinumerik\hmi\ico\ico800\logo.png，其余与项目有关的图片均可放在项目文件夹中以供调用。

5.6.4　入口按键和自定义软键

1. 入口按键

HMI Pro 入口按键默认为第 7 个软键，如图 5-80 所示。

图 5-80　画面入口按钮

软键上面的图标可以修改，必须命名为：sltlprodialog.png，此按钮图标可以放于\user\sinumerik\hmi\ico\ico800\sltlprodialog.Png。

打开 HMI Pro CS 后，可以配置上电启动后显示的第一个起始画面，如图 5-81 所示。

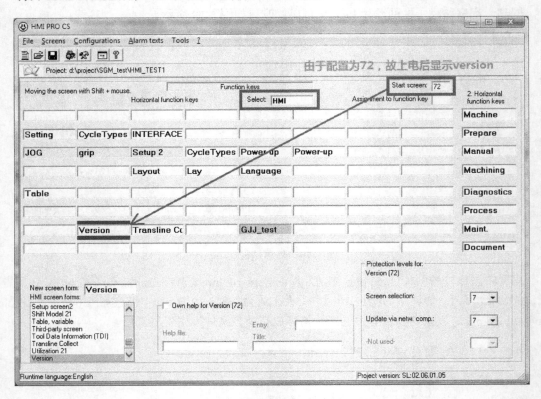

图 5-81　配置起始显示画面

可以修改并设置 Start screen，默认为 72 指向了 Version 页面，可修改为 21，即画面启动后默认起始的页面是第 21 个就是 Overview 页面。选中可以修改画面的按钮标签，默认为 HMI。

2. 自定义软键

通过点击 Configuration→OEM softkey definition 可以定义软键，一共可以定义 3 个，分别位于诊断区域、启动区域和参数区域，如图 5-82 所示。

			OEM softkey definition			
9	Hide HMI PRO operating area					
Active	Operating area	Softkey image	Softkey text	Softkey index	Image type	Caption
✓	Diagnostics, horizontal softkey 7		X-19-R	61	Nut runner Overview	Module X-19-R Overview
✓	Start-up, horizontal softkey 7		S456-88	61	Nut runner Overview	Nut runner S456-88
	Parameter, horizontal softkey 7					

图 5-82　配置自定义软件

完成后效果如图 5-83 所示。

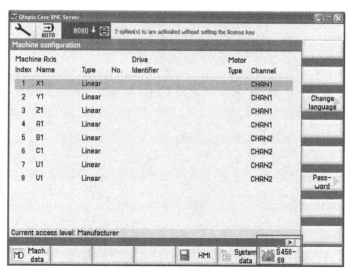

图 5-83　自定义的软键

5.6.5　画面的组件定义和用法

1. Header 标题头的制作

进入 HMI Pro 画面后最上面的一栏就是 Header，左上角的图标 8 就是前述的起始主图标，如图 5-84 所示。

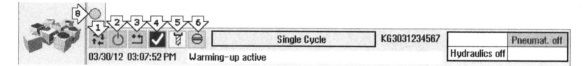

图 5-84　标题栏的设置图

第 1 个图标表示操作模式，循环类型，其功能定义如图 5-85 所示。

Functions	Data bit in data bar (DB59)	Symbol
Complete machine, automatic (linking on) - thick border	DBX86.0	
Automatic (selected, not started)	DBX86.1	
Single mode	DBX86.2	
Single-step mode	DBX86.3	
Setup mode (unlocked)	DBX86.4	
Automatic start (started)	DBX95.0	
Manual mode (setup mode locked)	DBX95.1	

图 5-85　方式组定义图

也就是说如果 PLC 端激活了 DB59.DBX86.0，则图标变为自动循环模式，显示，此时机床已经处于循环状态运行，如果图标处于灰色状态（DBX86.1=1），表示选择了自动循环但还未运行。

如果 PLC 端激活了 DB59.DBX95.1，则图标变为手动模式，显示 。

第 2 个图标表示机床的设备状态，状态定义如图 5-86 所示。

Functions	Data bit in data bar (DB59)	Symbol
Ready (no fault)		
Warning	DBX88.4	
Logistics fault	DBX93.0	
Fault - local alarm	DBX88.2	
Fault - alarm, complete plant	DBX88.5	

图 5-86　设备状态定义

Ready 表示机床处于准备状态且设备无故障。不需要 PLC 激活，只要没有报警和警告系统就会自动显示这个图标，其余的几个图标都是对应故障或有警告状态出现，这几个信号需要上图相应的 PLC 信号激活。

第 3 个图标表示机床的原位状态信息，如图 5-87 所示。

Functions	Data bit in data bar (DB59)	Symbol
Basic position, local	DBX86.7	
Tool change position	DBX93.4	
Transport position	DBX95.2	
Basic position, complete plant	DBX88.6	

图 5-87　机床原位状态信息

DBX86.7 激活表示机床回到了设定的原点位置。

DBX93.4 表示机床回到了换刀原位。

DBX95.2 表示机床回到了传输安全位置或者机械手退回到了传输原位。

DBX88.6 表示机床加工完成，结束回到了原位。

第 4 个图标表示机床的完成信息，如图 5-88 所示。

Functions	Data bit in data bar (DB59)	Symbol
Completion report, local	DBX86.5	
Completion report, complete machine	DBX88.7	

图 5-88　机床的完成信息

DBX86.5 表示机床完成一个加工循环，DBX88.7 表示机床完成加工并结束。

第 5 个图标表示机床的换刀信息，如图 5-89。

Functions	Data bit in data bar (DB59)	Symbol
Tool change warning	DBX93.6	
Tool change alarm	DBX93.3	

图 5-89　机床的换刀信息

DBX93.6 表示刀具预警，刀具的使用寿命到达预警值。

DBX93.3 表示刀具使用寿命已经达到，此时必须引发循环结束停止

第 6 个图标表示机床的其他信息（灯测试和报警信息确认），如图 5-90 所示。

Functions	Data bit in data bar (DB59)	Symbol
Group acknowledgement	DBX78.0	
Lamp test	DBX78.2	

图 5-90　机床的附加信息

DBX78.0 激活报警信息确认，DBX78.2 激活灯测试，只是起指示作用。

然后考虑剩下的标题信息提示区域，此区域一共有 4 个空白行，叫做 Header Message，其配置要通过菜单 Screens → Header 进行设定，这 4 个空白行的顺序如图 5-91 所示。

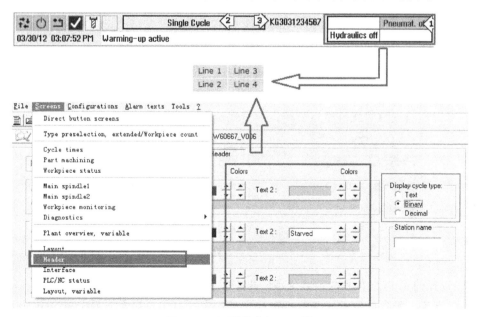

图 5-91　标题信息提示区域

举例说明，如欲将此区域第 3 行变为文本显示类型，如图 5-92 所示，第 3 行的第 1 种文本设置为 Pneumat.off（白色），第 3 行的第 2 种文本设置为 Pneumat.on（绿色）。

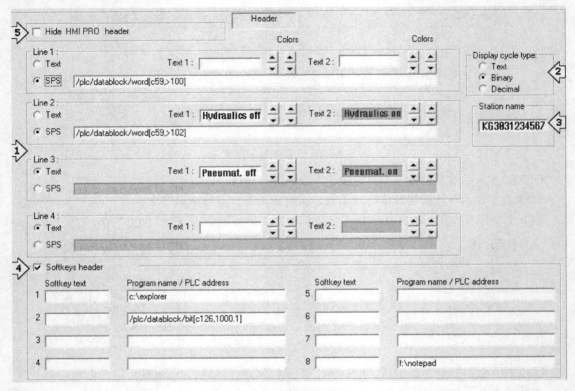

图 5-92　配置信息行

其激活信号如表 5-8 所示，可见，当 DB59.DBX94.4=1 时，第 3 行显示 Pneumat.off，当 DB59.DBX94.5=1 时，第 3 行显示 Pneumat.on。

表 5-8　信息行激活信号

Text in 'Header' dialog	Name in the data bar	Bit
Line 1, Text 1	Header Text 1	94.0
Line 1, Text 2	Header Text 2	94.1
Line 2, Text 1	Header Text 3	94.2
Line 2, Text 2	Header Text 4	94.3
Line 3, Text 1	Header Text 5	94.4
Line 3, Text 2	Header Text 6	94.5
Line 4, Text 1	Header Text 7	94.6
Line 4, Text 2	Header Text 8	94.7

也可以选择使用 PLC 数据块传入文本，即选择为 SPS（德语 PLC）方式，如将信息行 Line1 选择为 PLC 方式，关联信号：/plc/datablock/word[c59，>100]，则表示 DB59.DBW100，其语法格式详见 HMI Pro 相关帮助文档。这样出来的效果是显示十进制的数字，因为默认文本格式会

显示为十进制数字，如图 5-93 所示。

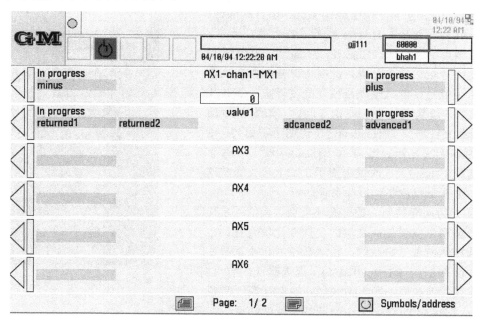

图 5-93　信息行显示为十进制

若想改为文本格式，则可以写成：/PLC/DATABLOCK/BYTE[c59，100，#4]（"!l%lc"），效果如图 5-94 所示。

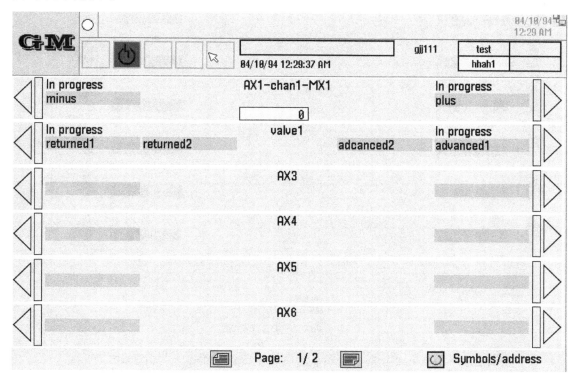

图 5-94　信息显示为文本

Header 中信息文本的设置最为繁琐，但如果掌握了此技巧，对于其他页面的设置会有很大帮助。还需要注意的是，由于操作系统和语言的问题，有时就算我们配置好了 Header 或者某些文本 List，下载后，文本也不会出现，Header 或 List 无法正常的显示，甚至一片空白或者乱码，此时应该是配置的文本文件发生了混乱，请检查项目所在的文件夹，查找相关的文件，一般是 NV_UK.txt 出了问题，如图 5-95 所示。如果此文件缺少了[Header]这个说明子项语句，则以下的内容无法显示，或者这个[header]缺了一些字符，如变成了[head，这时就需要手工加上补充完整这些字符，重新下载程序到目标系统即可。

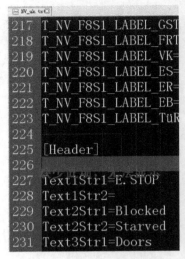

图 5-95　错误的文本配置文件

区域 2 为循环类型，是对循环类型页面的同步显示，循环类型可以设计成文本的，这样比较直观，也可以是数字的或者二进制的，根据数字变化来选择文本，相关的数据为 DB59.DBW90，因为默认的有 16 种循环方式，因此当 DB59.DBX90.0=1 激活第 1 种循环类型，当 DB59.DBX90.1=1 激活第 2 种循环类型，依次类推。

需要注意的是，只有预先设置了循环类型的页面，分配了相应的循环类型才会显示出当前的类型，如图 5-96 所示，分配 5 个基本的循环类型。

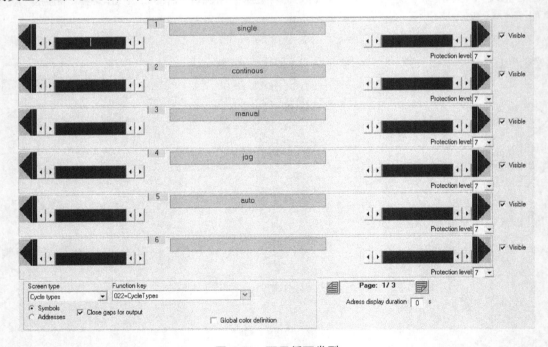

图 5-96　配置循环类型

这样，当 DB59.DBX90.0=1 时，自然显示出循环类型为 Single，如图 5-97 所示。

区域 3 定义的是本工位名称，此例中命名为 gjj111。

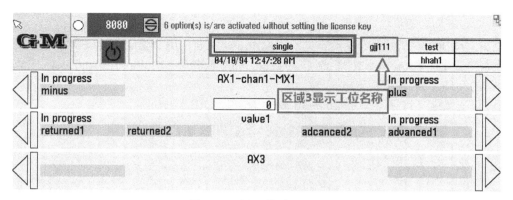

图 5-97　循环类型的显示

最后，在 Header 标题头上还有一个信息提示栏，可以用来显示提示性的信息，如图 5-98 所示。

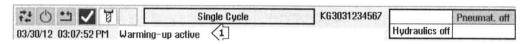

图 5-98　信息提示栏

通过 Configuration→Header Message 可以来配置这些信息，如图 5-99 所示，这些信息最终存储在 HMeld_*xx*.txt 中，一共可以配置 1000 条信息。在区域 2 中编辑需要的信息文本，在区域 2 中通过点击箭头来改变显示的前景色和背景色，完成后回车确认，信息会自动更新到区域 1 中，在区域 4 中配置关联的 PLC 数据点，需要注意的是，当信息小于 255 时，数据格式采用 Byte 形式，即若显示 30 号信息，则赋值 DB59.DBB130=30，当信息大于 255 时，数据格式就会自动采用 word 形式，即若显示 350 号信息，则赋值 DB59.DBW130=350。

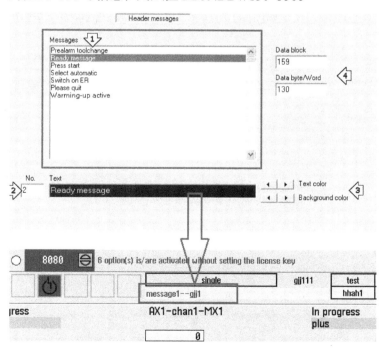

图 5-99　配置信息提示栏的信息

2. 定义全局变量

类似于 NCK 和 PLC 中的变量定义，HMI Pro 也有自己的变量定义，一共可以分成三类：HMI 普通变量（HMI variable）、常量（constant）和多重变量（Multiplex variable）。变量范围可分成全局的和局部的。

其全局变量定义可在菜单 Configurations 中配置，如图 5-100 所示。

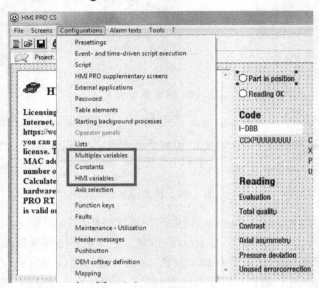

图 5-100　全局变量的定义

（1）全局 HMI 变量。

先说普通 HMI 变量的定义，如图 5-101 所示，在 Configurations 菜单中打开 HMI variable 定义的对话框。

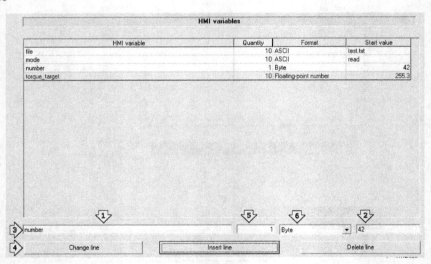

图 5-101　HMI 变量定义对话框

在区域 3 中输入想声明的变量名称，如 number，注意命名规则，在 5 中输入此变量的数量，变量数量和 6 中的变量类型有关，变量类型共有如下几种，其占用的字节数量如表 5-9 所示。

表 5-9　HMI 中可定义的变量类型

HMI vairable format	Format length	Formats for scirpts
Byte	1 byte	BYTE
Word	2 bytes	WORD
Double word	4 bytes	DWORD
Floating point number	4 bytes	FLOAT
S7 date/time	8 bytes	DATE_TIME
S7 time of day	4 bytes	TIME_OF_DAY
S7 date	2 bytes	DATE
S7 time	4 bytes	TIME

因此，假如定义 2 个 word 类型的数据，则共占用了 4 个字节，在区域 2 中可以输入变量的初始化缺省值，可以不写。完成定义然后点击 Insert line 就可以完成对一个变量的定义，单击窗口的某个变量然后选择 Change line 或者 Delete line 就可以对变量进行修改或删除。

全局变量用法举例如图 5-102 所示，关联到一个 I/O 域中。

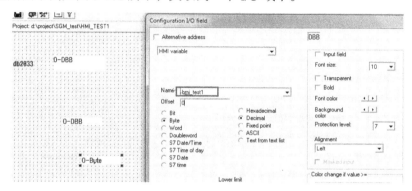

图 5-102　变量的关联用法

（2）全局常量。

定义全局常量方法如图 5-103 所示，点击 Configurations→Constant 打开对话框。

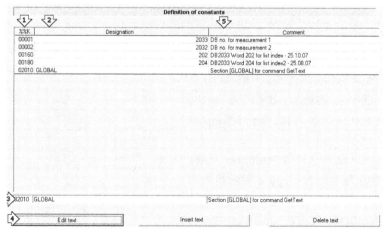

图 5-103　定义 HMI 常量

如前所述，在 3 区域中增添常量的名称和数值等即可，Designation 就是常量具体对应的值，可以是数字也可以是文字，通过区域 4 中的按钮可以增加，修改或删除定义好的常量。

将定义好的常量通过 I/O 域引用出来，如图 5-104 所示，%%K00001 实则调用了 DB2033.DBB4。

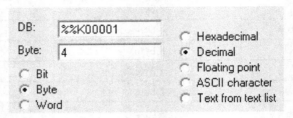

图 5-104　变量关联 I/O 域

也可以通过命令来引用，如图 5-105 所示例子，复制到了文件 GLOBAL.txt 中。

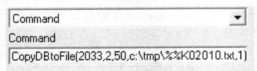

图 5-105　通过命令引用

（3）全局多重变量 MUX。

多重变量称为 Multiplex variables，这种变量是最复杂的,可惜对于这种变量的解说在 HMI Pro 帮助文档中的描述有一些错误，令初学者不易掌握，因此有必要在此处详解。

我们先需要明白间接引用的问题，如 DB100.DBX0.1 这个点，我们可以运用一个变量来替代其中固定的地址 DB100，比如命名一个变量 robot，然后即可将地址写成 DB[robot].DBX0.1；当 robot=100 时，就表示为 DB100.DBX0.1；当 robot=200 时，就表示为 DB200.DBX0.1，这样就实现了复杂的变量化。再如 DB100.DBB10 这个地址，如果将其中的 DBB10 这个地址变量化，比如命名 aaa=10，则 DB100.DBB<aaa> 就调用了 DB100.DBB10；改变 aaa 的数值，比如令 aaa=20，则就会寻址到 DB100.DBB20。这也就是 Multiplex 的基本原理。

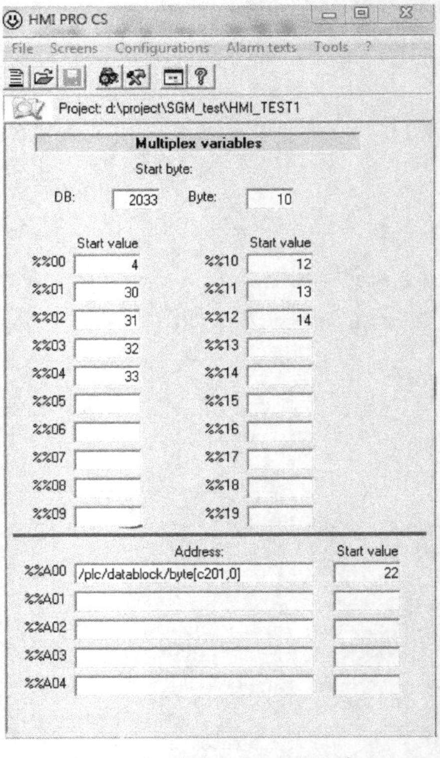

在 HMI 中也可以设定这样的 Multiplex 变量，当然很自然的，也分为全局 Multiplex 变量和局部 Multiplex 变量，定义的方法都一样，只不过作用范围不同。全局的 Multiplex 变量在 Configurations→

图 5-106　全局 MUX 变量定义

Multiplex variables 中定义，而局部的 Multiplex 变量在 Layout，variable 这种页面下定义。

全局 MUX 变量定义在 Configuration→multiplex variable 下，如图 5-106 所示。

如图 5-106 所示，以红色分割线为边界，上半部分为 PLC 地址确定的 20 个多重变量，从%%00 到%%19，下半部分定义了 5 个可选地址的多重变量，这 5 个变量可以是 NCK 或者 PLC 的变量。

举例说明，图 5-106 中定义了起始地址为 DB2033.DBB10 的地址，实则这个地址中的数据是依照 word 形式存储的，因此，%%00 表示 DB2033.DBB11=4，%%01 表示 DB2033.DBB13=30，当把这些 MUX 变量建立完成后下载到数控，并且在重启 HMI 后，那一瞬间，PLC 中对应的 DB2033 中的数值就会产生变化，里面的对应数值就会变成 HMI 中所设定的数值，变为表 5-10 所示的内容。

表 5-10 DB2033 数据内容

DB2033		
%%00	DBB10	0
	DBB11	4
%%01	DBB12	0
	DBB13	30
%%02	DBB14	0
	DBB15	31
%%03	DBB16	0
	DBB17	32
%%04	DBB18	0
	DBB19	0
%%05	DBB20	0
	DBB21	0
%%06	DBB22	0
	DBB23	0
%%07	DBB24	0
	DBB25	0
%%08	DBB26	0
	DBB27	0
%%09	DBB28	0
	DBB29	0
%%10	DBB30	0
	DBB31	12
%%11	DBB32	0
	DBB33	13
%%12	DBB34	0
	DBB35	14
%%13	DBB36	0
	DBB37	0
...	...	...

假如我们在 I/O 域中引用一个 MUX 变量，如图 5-107 所示。

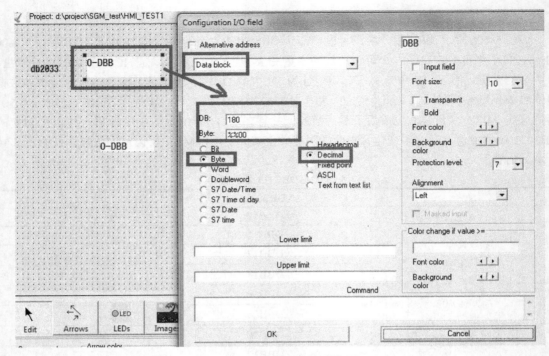

图 5-107　引用一个多重变量

我们定义一个字节 DB180.DBB<%%00>，如图 5-107 所示，则这个地址将来就会寻址到 DB180.DBB<db2033.dbw0>所对应的地址中，即为 DB180.DBB4，若此时 DB180.DBB4 中内容为 100，则此 I/O 域显示为 100。当然，此 DB2033 和 DB180 都需要在 PLC 中提前建立，并且严格按照 HMI 中已经定义好的架构进行，否则不会成功调用。

再谈可选地址变量的问题，可选地址变量一共可以定义 5 个。

如图 5-108 所示例子，我们定义了一个可选地址：/plc/datablock/byte[c201，0]，令它的初始值为 22，这个可选地址其实是 DB201.DBB0=22。

	Address:	Start value
%%A00	/plc/datablock/byte[c201,0]	22
%%A01		
%%A02		
%%A03		
%%A04		

图 5-108　定义可选地址变量

自然地，我们用一个 I/O 域来引用这个值，如图 5-109 所示。

可见，关联的变量为 DB180.DBB<%%A00>，可展开为 DB180.DBB</plc/datablock/byte[c201，0]>=DB180.DBB<db201.dbb0>=DB180.DBB22，则此 I/O 域关联的变量就是 DB180.DBB22，转了一大圈，若此时 DB180.DBB22 中的数值为 44，则显示为 44。

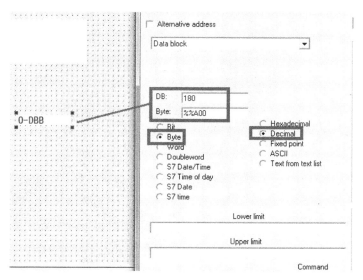

图 5-109　引用可选变量

再举一个例子，通过 HMI 来改变增加 PLC 数据块中的数值。

我们首先定义一个软按键，如图 5-110，双击这个软按键，选择函数为 Increase value，每次增加的数值为 2，配置为关联 DB2033.DBW10，而后点击 OK 确认，下载后重启界面，当每次按下此软按键后松开，则 DB2033.DBW10 中的数值加 2，配合之前的变量间接寻址，就可以实现多种有趣的功能。

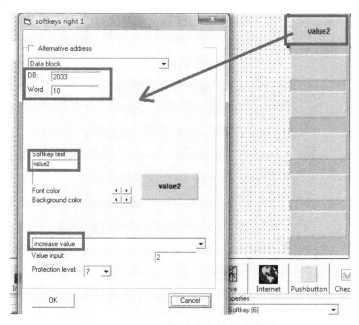

图 5-110　HMI 软键改变数据块数值

3. 定义局部变量

局部变量需要在 Layout overview 画面中实现，如图 5-111 所示，局部的变量也分为 3 种：变量、常量和多重变量。

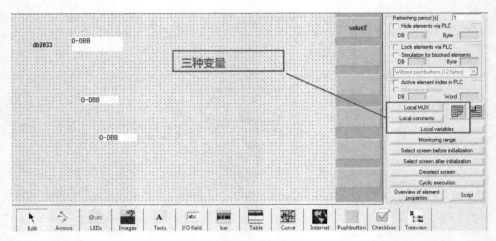

图 5-111　局部变量

（1）局部变量。

与定义全局 HMI 变量类似，如图 5-112 所示，单击 Local variable 按钮可以打开定义对话框，在区域 11 中填写定义的变量名称，在区域 12 中选择关联的具体地址，在 15，16，17，18 中可以对定义的变量进行增添、修改、删除、清空等操作。区域 10 显示了当前已经定义好的诸多变量。通过 19 按钮可以将定义好的变量复制到另一个画面或者项目，对于一些相同配置或者差不多的画面，可以直接采用此法省去了定义过程，但是注意，全局变量不可被复制粘贴到别的项目，局部变量都可以。

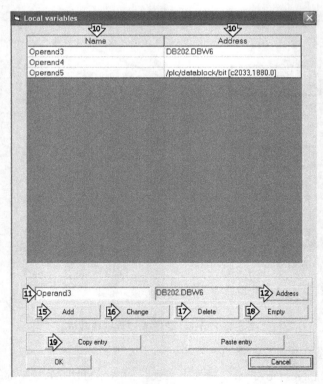

图 5-112　定义局部变量

如图 5-113 所示，将局部变量引用到 I/O 域中，此 I/O 域关联了一个变量 DB[Operand1].
DBB23，解析为 DB[db202.dbw6].DBB23，若此时 DB202.DBW6=100，则地址为 DB100.DBB23。

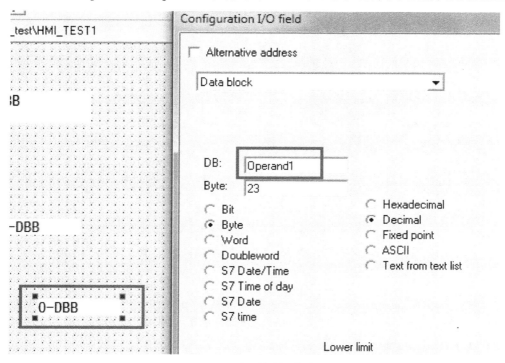

图 5-113　引用关联局部变量

（2）局部常量。

类似全局常量的定义过程，单击 Local constant 按钮，打开常量的定义界面如图 5-114 所示，
在其中建立一个名为%%L00 的常量。

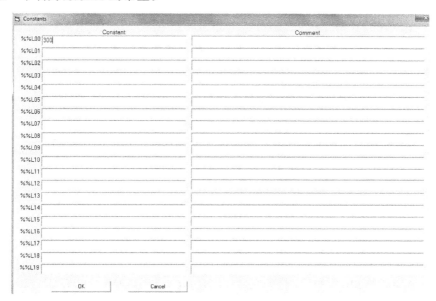

图 5-114　建立常量

引用局部常量可以在 I/O 域中实现，如图 5-115 所示，Code 代码关联了一个局部常量，即 DB[%%L00].DBB78，等价于 DB300.DBB78。

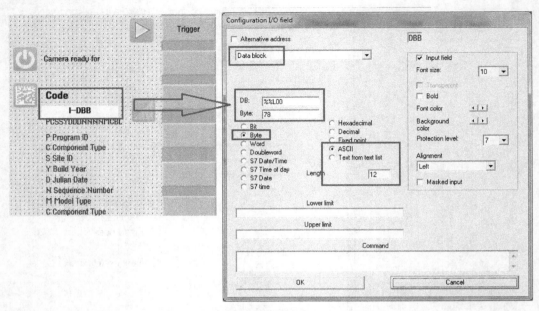

图 5-115 关联局部常量

（3）局部 Multiplex 变量用法。

局部 MUX 变量和全局 MUX 变量的定义方法一致，但仅是保留了可选地址形式的变量，即 NCDDE 变量，如图 5-116 所示，可通过点击 Local MUX 打开定义页面。

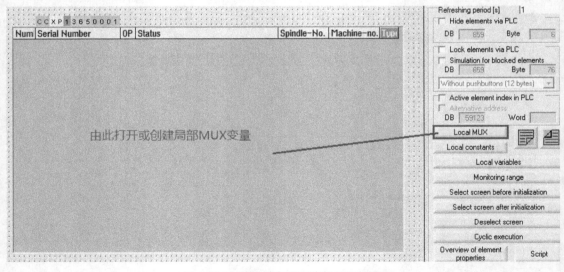

图 5-116 建立或打开局部 MUX 变量

打开页面后如图 5-117 所示，在此定义页面下一共可以定义 20 个局部多重变量。

定义了一个局部的 MUX 变量，这个变量可以是 NCK 也可是 PLC 的变量，如图 5-118 所示，我们定义了一个变量为 DB2033.DBW1200 的多重变量。

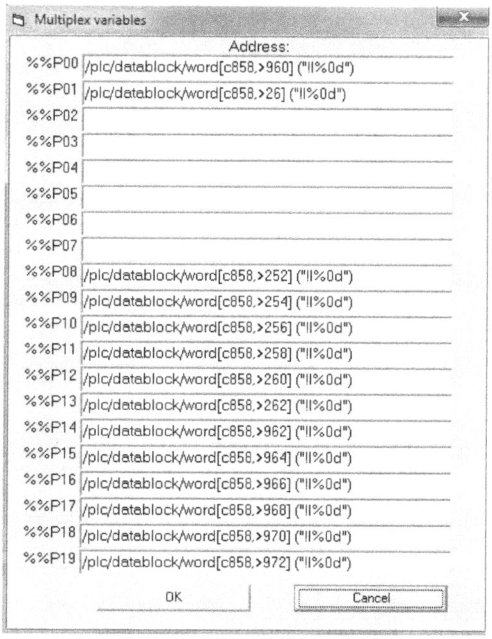

图 5-117　定义局部 MUX 变量

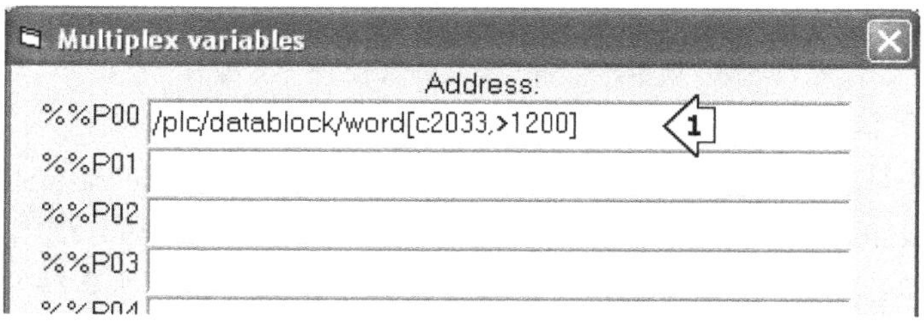

图 5-118　定义了一个局部 MUX 变量

4. 查找变量的方法

HMI Pro 程序中定义的变量太多很难寻找，特别在分析别人的程序时，此时可通过两种手段。全局范围内查找某个变量可通过 File→Display cross-references，此法类似 Step 7 中使用的交叉索引功能，如图 5-119 所示，可是不能通过双击某个条目跳转到对应的引用位置，这是其局限性，WinCC flexible 中可以通过交叉索引直接进入引用位置。HMI Pro 只能通过画面号码手动地查找。

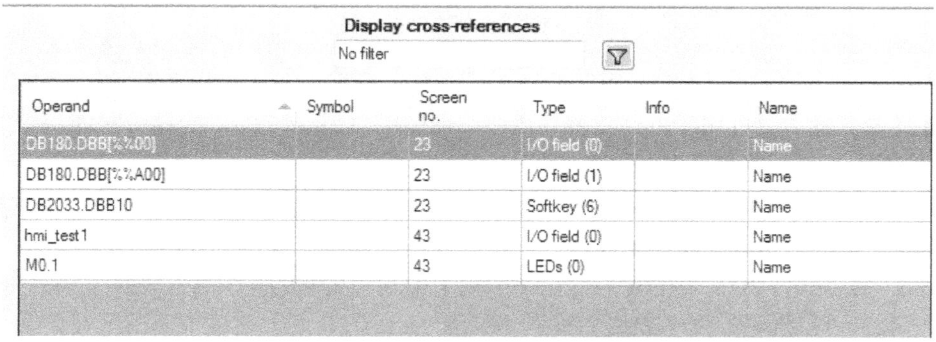

Operand	Symbol	Screen no.	Type	Info	Name
DB180.DBB[%%00]		23	I/O field (0)		Name
DB180.DBB[%%A00]		23	I/O field (1)		Name
DB2033.DBB10		23	Softkey (6)		Name
hmi_test1		43	I/O field (0)		Name
M0.1		43	LEDs (0)		Name

图 5-119　交叉索引功能

在查找局部变量时，可通过如图 5-120 所示的按钮 Overview of element properties，单击这个按钮弹出画面中引用的变量，可帮助我们分析画面中的组件和变量。

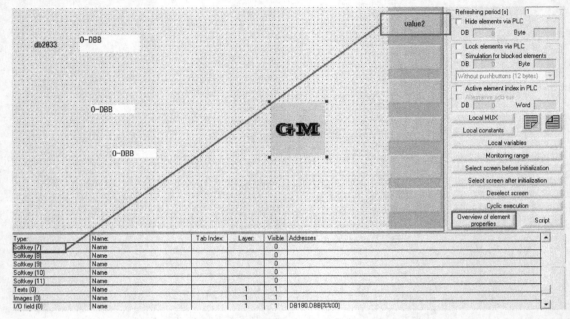

图 5-120　通过画面的概览查找变量

5. Table 表格用法

Table 表格控件只能在三种界面下使用，分别是 Layout overview variable，Plant overview，variable，Table，variable。当使用变量（一般使用 MUX 变量）灵活的分配指定表格中的元素时，这三种界面所支持的 MUX 类型不尽相同，三种界面下使用 Table 所支持的变量类型如表 5-11 所示，X 代表此变量类型被有效的支持。

表 5-11　Table 所支持的 MUX 变量类型

	%%%	%%%A	%%%P
Plant overview, variable	X	X	
Layout, variable	X	X	X
Table, variable	X	X	

由表 5-11 可知，%%（MUX 固定地址形式变量）可用于上述三种界面形式，%%A（MUX 可选地址形式变量）也可用于上述三种界面中，而%%P（局部 MUX 变量）只能用于 Layout，variable 界面中。

Table 表格控件需在 Configurations→Table elements 中配置，如图 5-121 所示，首次打开时表格的元素是空白的，需要做很多配置。

如图 5-122 所示，定义表格时，首先在区域 1 中选择表格的索引号，例如，选择 3 号表格，共有 20 个表格可供选择，命名表格名称，比如为 state。

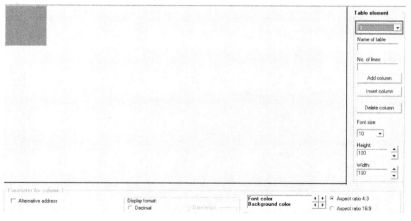

图 5-121　首次打开表格配置

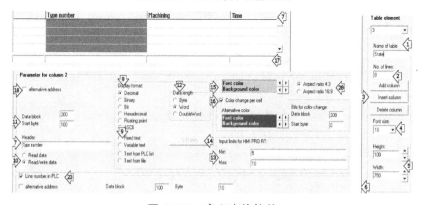

图 5-122　定义表格控件

在区域 2 中填写表格的行数，然后在区域 3 通过点击按钮插入一列，或者删除或新增一列。区域 4，5 可以用来调整表格的大小等。

点击表格中的某一列，首先可以在 7 中的 Header 中命名此列的题头，例如，命名为"Mach status"，表格中的显示内容由 89，10，11，14 等来决定，8 中定义了表格的显示类型和格式，注意 12 这个区域会根据 8 区域的选择自动变化。举例说明之间的关联，比如表格中第一列准备显示 0 或 1 信号，如图 5-123 所示，则既可以用十进制整数来实现，亦可以用字符码直接传递。

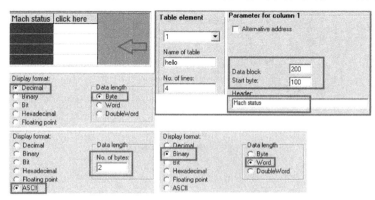

图 5-123　配置表格行的内容

再举一个实例，如图 5-124 配置，可将表格的总行数做成可选形式的 NCDDE 变量，关联为一个 db 块数据，则此表格可由 PLC 赋值调整其行数。第一列中 Num 关联为 MUX 可选变量%%P00，因此这个表格只能在 Layout，variable 下使用。

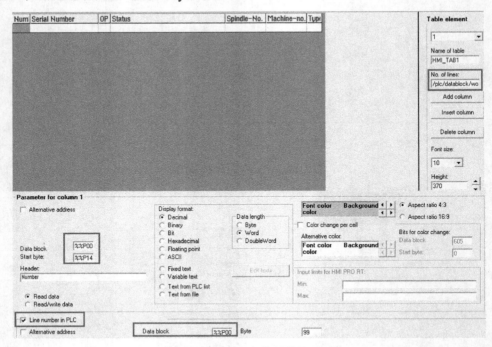

图 5-124　可变表格行数的设置

如图 5-125 所示，用 Layout 界面调用此 Table，可见其中%%P00 被赋值为 DB858.DBW960。

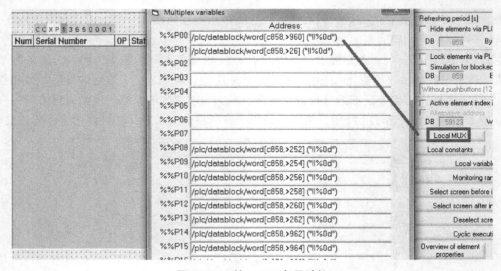

图 5-125　给 MUX 变量赋值

6. List 用法

使用过 WinCC flexible 的人都知道，其中有一个文本列表变量，HMI Pro 与之类似，在 Configuration→Lists 中可以配置文本列表，如图 5-126 所示。

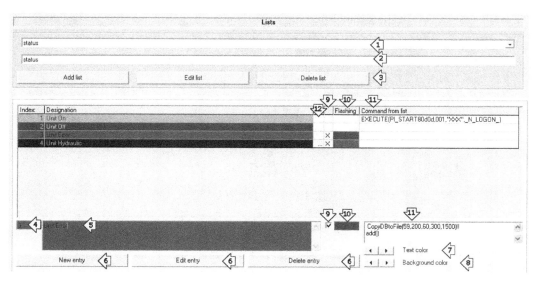

图 5-126　配置文本列表

方法同之前的差不多，在区域 2 中定义列表的名称，点击区域 3 中的 Add list 就可以创建定义好的 List，点击 Edit list 或 Delete list 就可以编辑或删除已经创建好的 List。然后在 4，5，9，10，117，8 中进行设置和编辑列表包含的具体的条目，创建好一条目后就可以点击 6 插入条目，点击 Edit 和 Delete 可以编辑或删除已经建立好的条目。4 中写入条目的标号，5 中写入条目的内容，9 中如果选中就表示此条目可以运行时闪烁，10 中表示此时闪烁的颜色，11 中可以写一个指令或脚本，激活此条目可以同时运行这个命令。

以下是一个已经编辑好的 List，此列表名称为 Security Level，包含 5 个条目，索引 0 为 none，索引 1 为 Operator，索引 2 为 Advanced，索引 3 为 Maintenance，索引 4 为 Pendant，如图 5-127 所示。

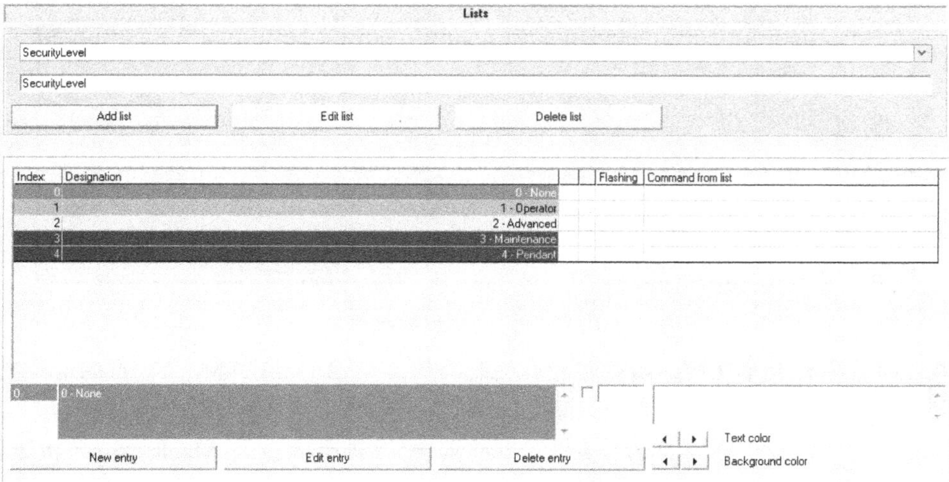

图 5-127　文本列表举例

那么如何使用这个 List，典型的是将其与一个 word 形式的 PLC 变量关联，当此 word 变量从 0~4 时，分别对应条目中显示的 0~4 的文本，配置如图 5-128 所示，可在一个 I/O 域中实现。

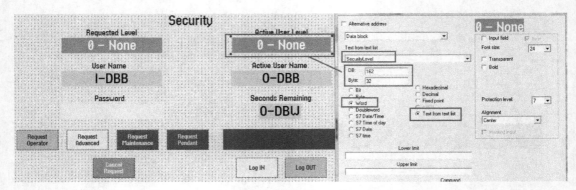

图 5-128　关联 I/O 域

5.6.6　典型功能的画面组态和应用

典型的画面千变万化，种类繁多。但一般可归为 8 类页面。

1. 功能键画面（Function keys）

功能键画面用来分类 8 组页面，如图 5-129 所示。

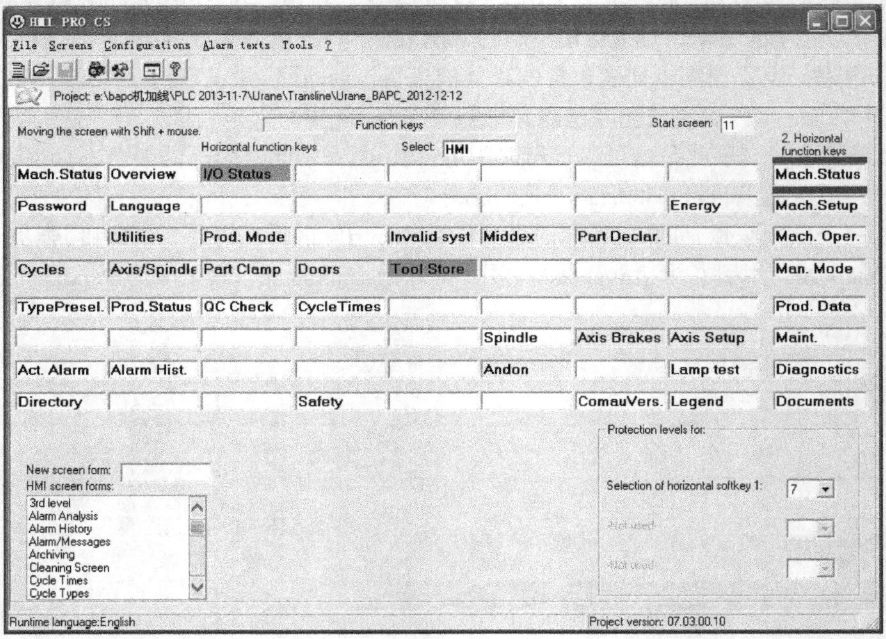

图 5-129　8 组功能页面

功能页面右侧有 8 个按键，恰好对应面板底部的 8 个 Direct 按键，每一行的 8 个功能键分别是按下基本的 8 个画面后出来的子画面。

8 组界面一般都是这样安排的，分为 Mach.status（机床状态）、Mach.setup（机床设置）、Mach.Oper（机床操作）、Man.Mode（手动）、Prod.Data（生产）、Maint（维修）、Diagnostics（诊断）、Document（帮助文档）。

若要新建一个画面，需从 HMI Screen forms 中选择，然后按着 Shift 按键，将新画面拖入所要的位置。也可点击右键复制和粘贴功能键画面。

2. 概览界面（Overview）

可以采用两种风格，一种是 Layout variable 变量化的概览页面，一种是 Plant overview variable 设备化的概览页面。

（1）Layout 界面。

先说 Layout variable 形式的页面，这种页面比较方便，可以自由地配置画面中的元素。选中下方某种控件按下 Shift 键拖入相应的空白功能按键中完成配置，双击打开后得到一个空白的页面，如图 5-130 所示。

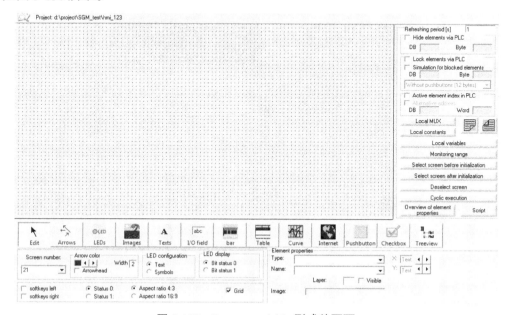

图 5-130　Layout variable 形式的页面

Layout 页面的典型布局如图 5-131 所示。

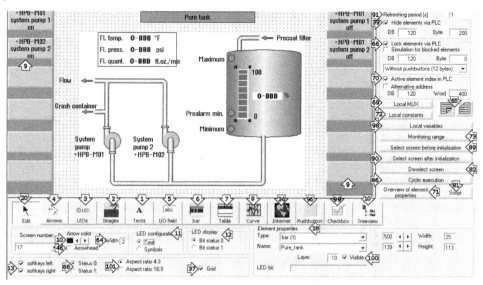

图 5-131　Layout 组件说明

举例说明常用组件的使用方法：

① Text 文本框。

例如，我们要在画面上做一个 Text 文本框，则可以单击下面的控件 1，然后点击 20 箭头对应的 Edit 控件来编辑，如图 5-132 所示，在文本框中输入文字如：machine overview，调节字体大小、粗体等，前景色、背景色，注意背景色只有当去掉 Transparent 复选框之后才可以选择。点击 OK 确认修改。完成后，到画布中通过拖拉四周箭头来完成文本框大小的调节。

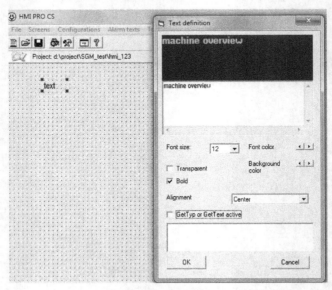

图 5-132　Text 组件的组态方法

② LED 指示灯。

接下来做一个 LED 指示灯，这个指示灯最常用，如图 5-133 所示，点击 LED 拖入一个灯泡，点击 Edit 选中修改，右键单击 LED 出现几个选项，选择 Edit text 可以修改指示灯的提示信息，如图 5-133 所示，可以改为 E-stop，表示急停按钮按下的状态。

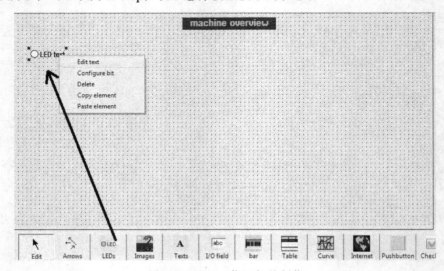

图 5-133　LED 指示灯的制作

点击 Configurate bit 来配置这个灯的状态，如图 5-134 所示，选择 Input 表示为输入型信号，Byte=10，Bit=3 表示此信号就是关联 I10.3，因为急停都是常闭信号，为 0 时就代表按下急停，所以要显示红色，为 1 时正常可以显示为绿色，故如是配置。

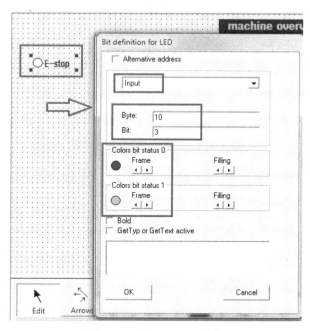

图 5-134　配置 LED 组件

③ I/O 域配置。

I/O 域最为常见，功能复杂，前述已经做了很多分析，主要针对各种变量与 I/O 域的关联。如图 5-135 所示，我们配置了一个 DB100.DBW20 的十进制数字关联到这个域，如果改成 Byte，右端改为 ASCII 码，再设定 Length 长度，则代表是一个 DB100.DBb20 起首的字符串。

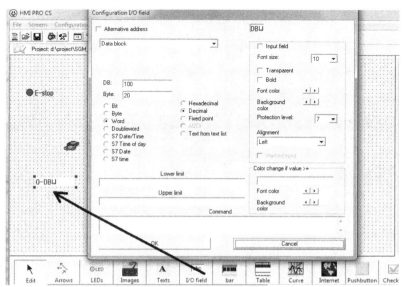

图 5-135　配置 I/O 域

其他的如 Picture 组件等用法较简单，不再过多介绍。

再论画面中组件的隐藏，隐藏组件的表格定义如表 5-12 所示，可通过 PLC 来控制一张画面中的组件显示或隐藏。

表 5-12　隐藏组件分配表

Element	Reserved data area?	Bits	Number of elements
Arrow	10 bytes	0-79	80
LED element	10 bytes	0-79	80
Screen element	10 bytes	0-79	80
Text	10 bytes	0-79	80
I/O Field	10 bytes	0-79	80
Bar	10 bytes	0-79	80
Table	1 bytes	0-7	8
Characteristic curve	1 bytes	0-7	8
Browser	1 bytes	0-7	8
Softkey left	1 bytes	0-5 6	
Softkey right	1 bytes	0-5 6	

④ Plant 设备概览画面。

通过帮助文档来查看 Plant 设备概览的使用方法，并且这种 Plant 设备概览一般用于整条生产线的概览或者中心单元全局概览，具体到汽车动力总成领域，一般用于机械手的 HMI。运行后在界面上可以看到如图 5-136 所示的状态画面。

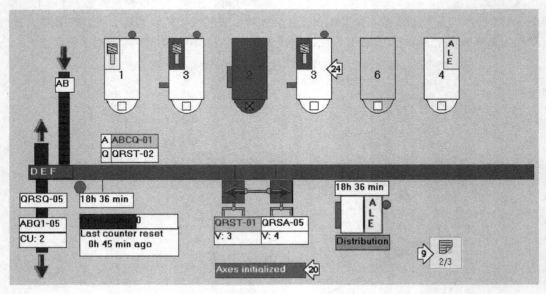

图 5-136　Plant 设备画面概览

设备图中必须对其中的各种控件进行配置才能正常地显示出来，如图 5-137 所示为控件的配置框图。

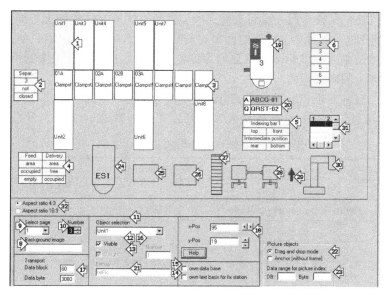

图 5-137　控件配置框图

这个框图是分功能分区域的，上半部分是各个组件的大致形式，这里有一个关键技巧，鼠标选中一个组件后，如要对其配置进行操作，需要再点击右键，才能进行编辑和配置。由于组件非常多，有些组件由于层级关系无法看到或无法选中编辑时，就需要利用区域 11 中的对象选择框来实现，选中对象选择框中的对象，就可以对其进行编辑。在区域 8 中可以配置整个设备区域的背景图案，有些制造商为了省力，将整个设备概览都用一张图片表示，然后编辑其中一些关键的信号，而不是用标准的控件去实现。

新建一个 Plant Overview 画面后，会出现如图 5-138 所示的默认布局。

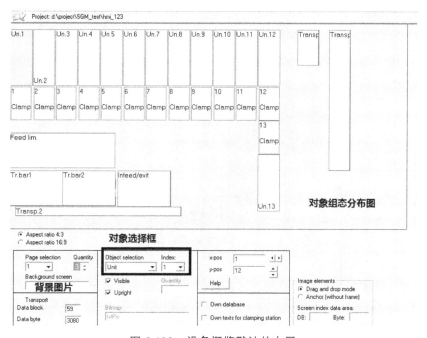

图 5-138　设备概览默认的布局

背景图片可以将一幅图片放入项目文件夹中，然后直接写文件名即可，如 abc.png。

编辑对象控件时，先在对象选择框中选中对象的类型，然后在 Index 索引中选择具体的对象，进行修改，当前被选中可以编辑的对象显示为黄色。注意，左右鼠标按键的切换，记住右键是用来编辑的，左键是用来选择的。

a. unit 控件。这种对象表示机床或辅机的各个工位的基本状态，最多可以添加 40 个 unit。与之相关的 PLC 信息为 L_H11。数据如表 5-13 所示（示例为 unit1 对象，其余同理）。

表 5-13　unit1 控件相关的 PLC 信号

Consec.no	Name	Meaning/display	Siemens S7		
1	Completion report		DB59	DBX	1716.0
2	Basic or transport position			DBX	1716.1
3	Fault	Status of		DBX	1716.2
4	Automatic mode	machining unit 01		DBX	1716.3
5	Protective doors			DBX	1716.4
6	Unit in operation			DBX	1716.5
7	Tool number of workpieces produced reached			DBX	1716.6

可知，当 DB59.DBX1716.0=1 时，表示机床完成信息，显示蓝色 FRT。DB59.DBX1716.3 激活，表示机床执行自动模式，画面 unit 显示绿色 VK。当选中任何一个对象时，右键单击，就可以进入可以编辑的状态来编辑显示出的某些文本，如图 5-139 所示。

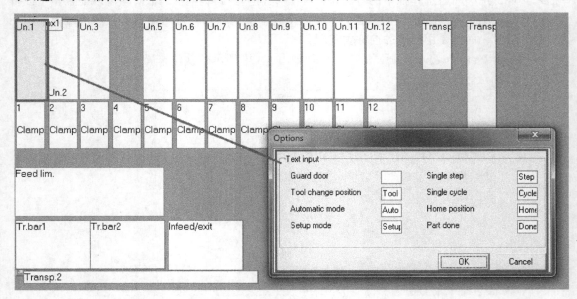

图 5-139　右键选中后编辑对象属性

b.clamping station 夹紧站位。

这个对象适合做单独的夹紧松开的表示，其相关信号映射如表 5-14 所示。

c.另有一些 Transfer bar，Infeed，Exit 上下料传输辊道的相关对象不作介绍，可查阅相关的文档。

表 5-14　夹紧松开信号

Consec.no.	Name	Meaning/display	Siemens S7		
1	Station 01 clamped	Status of station 01 If the bits from"clamped" and "released" are set simultaneously, the Complete Overview screen displays" Clamping error"	DB59	DBX	1756.0
2	Station 01 released			DBX	1756.1
3	Station 01 partially clamped			DBX	1756.2
4	Station 01 partially released			DBX	1756.3

d. 重点介绍加工中心（Machining center）的编辑。加工中心的名称可以定制，如图 5-140 所示，例子中改为 CU1，还可以旋转加工中心的方向，还可定制一个机床地址状态字，此例中设为 DB300.DBW100。

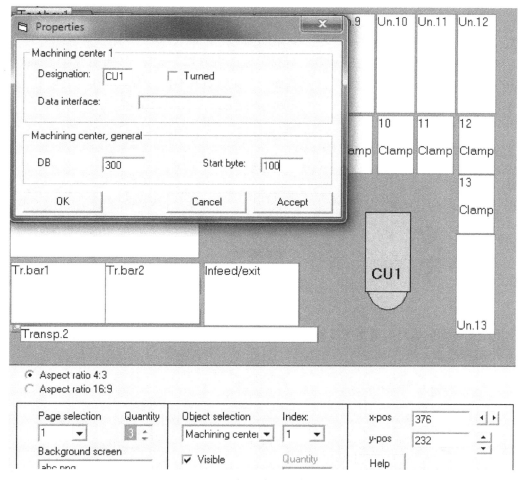

图 5-140　加工中心对象的设置

可以推知，当机床待机或手动状态时，激活 DB300.DBX300.7=1（显示灰色）。

当机床处于自动时候，激活 DB300.DBX300.7=1 和 DB300.DBX100.4=1 显示绿色。

DB300.DBX100.2=1 显示急停红色，如图 5-141 所示的小灯 1 被显示出来。

其他的如机床刀具预警、顶门、防护门等状态都有相关位来定义。

剩下的一些对象定义方法可参阅 Pro 帮助文档，在此不详述。

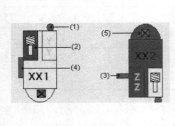

Data word (hexadecimal)	State	View
8000	In operation	Light gray
8000 & 4000	Fault	Red
8000 & 2000	Alarm	Yellow
8000 & 1000	Automatic	Green
8000 & 0800	Manual mode	Light gray
0400	EMERGENCY STOP set	Pops up (1)
8000 & 0100	Tool pre-alarm	Pops up in yellow (2)
8000 & 0080	Tool life expired	Pops up in red (2)
8000 & 0040	Tool alarm	Pops up in red (2)
8000 & 0020	Door opened	Pops up (3)
8000 & 0010	Door unlocked	Pops up (4)
8000 & 0008	Loading hatch closed	Pops up (5)

图 5-141　加工中心对象图示及相关信号

3．手动页面（Manual）

手动页面一般用 Setup 画面来制作，共包含 256 行动作，默认一个页面下可以同时显示 6 行动作。多于 6 行则自动分页显示。手动页面一个实例如图 5-142 所示。

图 5-142　手动页面实例

如图 5-143 所示，点击页面下方的翻页按键，可以将剩余的行显示出来，点击符号地址，可以显示出对应的 PLC 中的地址。

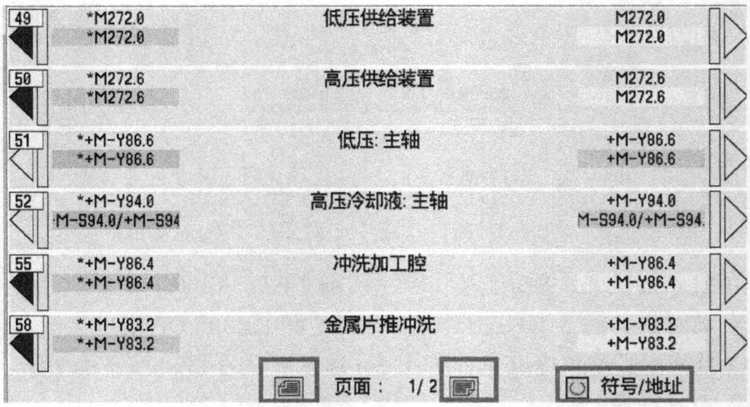

图 5-143　翻页按键和符号转换按键

Setup 页面配置方法如下：

① 首先，需要在功能页面下建立 Setup 页面，在控件窗口中选择 Setup 1 类型，然后必须在 Setup screen 中设定出 Movement number，表示这个页面下共有多少动作行配置，如图 5-144 所示，此例中配置为 1-7。而后按着 Shift 键用鼠标将其拖入功能窗口。

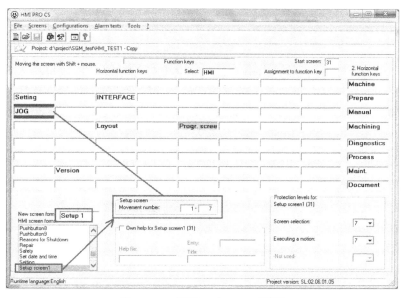

图 5-144　配置一个 Setup 页面

对于不明白的问题，可通过查看帮助文档，如图 5-145 所示，在 Index 下输入相关的关键字，如输入 Setup，即可显示出相关问题的介绍。

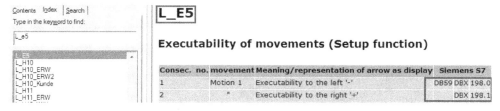

图 5-145　查找与 Setup 相关的帮助文档

我们配置一个最典型的动作行，如图 5-146 所示。

图 5-146　标准动作行的相关元素构成

一个动作行一般由如下一些元素构成：

L_E5

Executability of movements（Setup function）代表可执行条件

L_E3

End positions reached 位置到达信号

L_E3x

Checkback signals active movement 信号被激活，正在进行

所有的正向和负向按键信号都是 DB59.DBX87.4（左侧按键），DB59.DBX87.5（右侧按键）

设想将所有的动作规范化做成一个统一的模板，针对不同的项目来选择性地激活相应的动作行，即可实现画面的标准化，激活、不激活相应条目的对应配置信号如表 5-15 所示。

表 5-15　激活动作行信号列表

Direct key screen	bit used from the start address（start address+...）	Movement
Setup screen1	0.0	1.Movement
...	...	...
Setup screen1	31.7	256. Movement
Setup screen2	32.0	1.Movement
...	...	...
Setup screen2	63.7	256. Movement
Power-up conditions	64.0	1. Power up condition
...	...	...
Power-up conditions	69.7	48. Power up condition
Cycle type	70.0	1.Cycle type
...	...	...
Cycle type	71.7	16. Cycle type
Nut runner deselection	72.0	1. Nut runner deselection
...	...	...
Nut runner deselection	81.7	80.0 Nut runner deselection
Group deselection	82.0	1. Group deselection
...	...	...
Group deselection	86.7	40. Group deselection

只有相关的动作行点被设置为 1 时才能显示对应动作行，否则不会显示。

这些对应的点地址也可用变量化，这又涉及一个高级用法，逐层深入会发现 Pro 的博大精深。

相应地，动作行的颜色改变也可通过 PLC 信号来实现，如图 5-147 所示。

图 5-147　改变动作行颜色

如果不知道 Setup 页面的对应关系或者想临时做一个动作页面来替代标准的手动页面，则可以利用简单的按钮来实现，如图 5-148 所示。

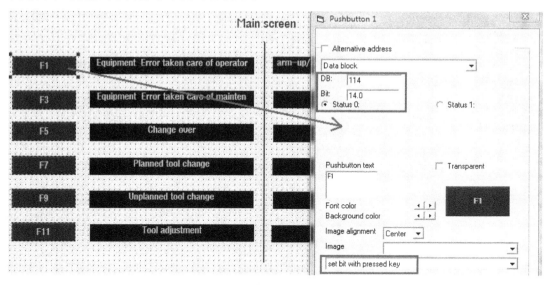

图 5-148　使用按钮来实现类似的动作功能

使用按钮来实现动作页面虽然简单，但不完美，按钮配置不够规范统一，无法有可执行和按下的状态区别，这种做法只适合临时更改某些项目。

4. 工件生产计数页面

工件计数功能，可以记录不同类型，不同班次加工了多少工件，如图 5-149 所示。

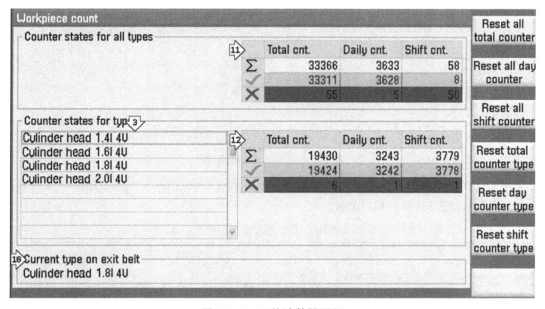

图 5-149　工件计数器页面

配置方法如图 5-150 所示，区域 A 中可以输入工件类型的名称，B 中可以输入工件类型的数量。

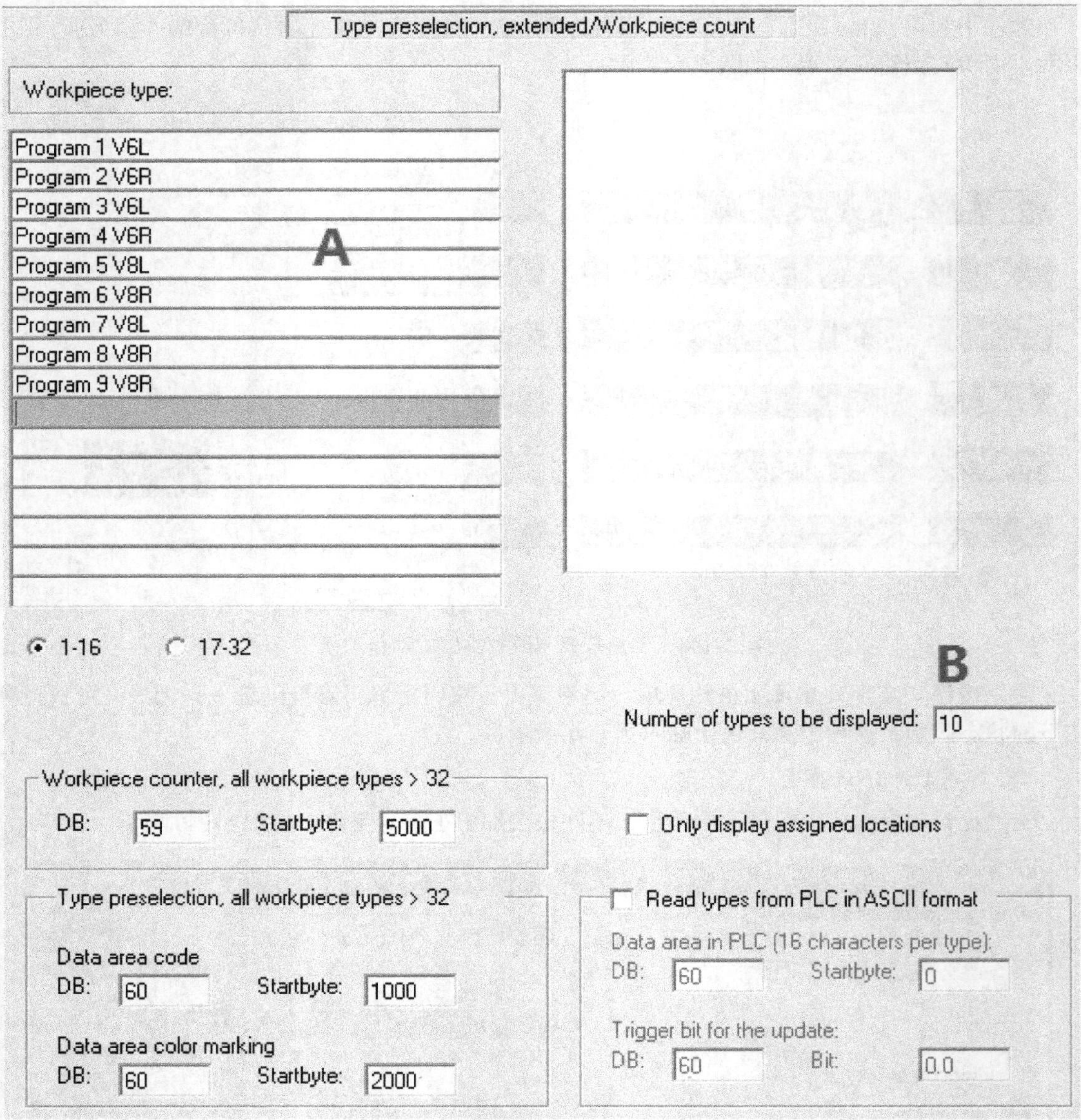

图 5-150　工件类型的配置

　　如果工件类型选择数量不超过 32，则地址使用 DB59.DBW1008 ~ DB59.DBW1466 的地址，如表 5-16 所示为类型选择的地址分配。

表 5-16　类型选择的地址分配

Consec.no	Name		Assignment	Siemens S7		
1	Total counter, total workpieces	LOW word		DB59	DBW	1008
2	[as 32-bit number]	HIGH word			DBW	1006
3	Total counter, workpieces NOK		Counter totals for all workpiece types		DBW	1010
4	Daily counter, total workpieces				DBW	1012
5	Daily counter, workpieces NOK				DBW	1014

Consec.no	Name		Assignment	Siemens S7	
6	Shift counter, total workpieces			DBW	1016
7	Shift counter, workpieces NOK			DBW	1018
8	Total counter, workpieces of	LOW word		DBW	1022
9	type 01 as 32-bit number	HIGH word		DBW	1020
10	Total counter, workpieces NOK		Counter totals for workpiece type 01	DBW	1024
11	Daily counter, total workpieces			DBW	1026
12	Daily counter, workpieces NOK			DBW	1028
13	Shift counter,total workpieces			DBW	1030
14	Shift counter,workpieces NOK			DBW	1032

工件计数器 DB59.DBW56～DBW58 是依照 BCD 码编排工件的计数值，以 S_H1 来表示，如表 5-17 所示。

表 5-17　工件计数器的计数值

Consec.no.	Designation/meaning		Siemens S7		
1	Value 100		DB59	DBX	56.0
2	Value 200	BCD code 10^2		DBX	56.1
3	Value400			DBX	56.2
4	Value800			DBX	56.3
5	Value 1000			DBX	56.4
6	Value 2000	BCD code 10^3		DBX	56.5
7	Value 4000			DBX	56.6
8	Value 8000			DBX	56.7
9	Value1			DBX	57.0
10	Value2	BCD code 10^0		DBX	57.1
11	Value4			DBX	57.2
12	Value8			DBX	57.3
13	Value10			DBX	57.4
14	Value20	BCD code 10^1		DBX	57.5
15	Value40			DBX	57.6
16	Value80			DBX	57.7
17	Reset total counter			DBX	58.0
18	Reset daily counter			DBX	58.1
19	Reset shift counter			DBX	58.2

当前选择加工的工件类型可使用 DB59.DBW54 来获取，如表 5-18 所示，工件类型号码存储在 DB59.DBW12 中。

表 5-18　当前所选的工件类型

Consec.no.	Designation/meaning		Siemens S7		
1	Value 1		DB59	DBX	54.0
2	Value 2	BCD code 10^0		DBX	54.1
3	Value4			DBX	54.2
4	Value8			DBX	54.3
5	Value 10	BCD code 10^1		DBX	54.4
6	Value 20			DBX	54.5
7	Value 40			DBX	54.6
8	Value 80			DBX	54.7
9	Value100	BCD code 10^2		DBX	55.0
10	Value200			DBX	55.1
11	Value400			DBX	55.2
12	Value800			DBX	55.3
13	Value1000	BCD code 10^3		DBX	55.4
14	Value2000			DBX	55.5
15	Value4000			DBX	55.6

5.6.7　脚本编写实例

脚本可以用来完成一些复杂的组合操作和功能。

1. JAVA Script 脚本

HMI Pro 复杂功能实现的脚本基于 JAVA Script，后缀名为 js，JAVA 语言类似 C 语言，因此有经验的编程人员很容易上手，而 WinCC flexible 的脚本基于 VB Script，语法不同，这点要注意。

脚本要在脚本编辑器（Script editor）中设计实现，可从任意一个 Layout，variable 画面中的 Script 按钮打开脚本编辑器，如图 5-151 所示。

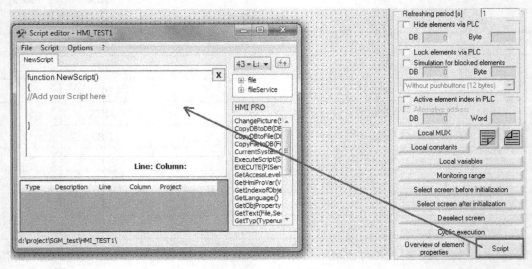

图 5-151　脚本编辑器

脚本的用法有很多，必须结合具体实例来分析，如图 5-152，制作一个按钮画面控制设备，但只有输入密码并正确登录后，才可以看到这些按钮。

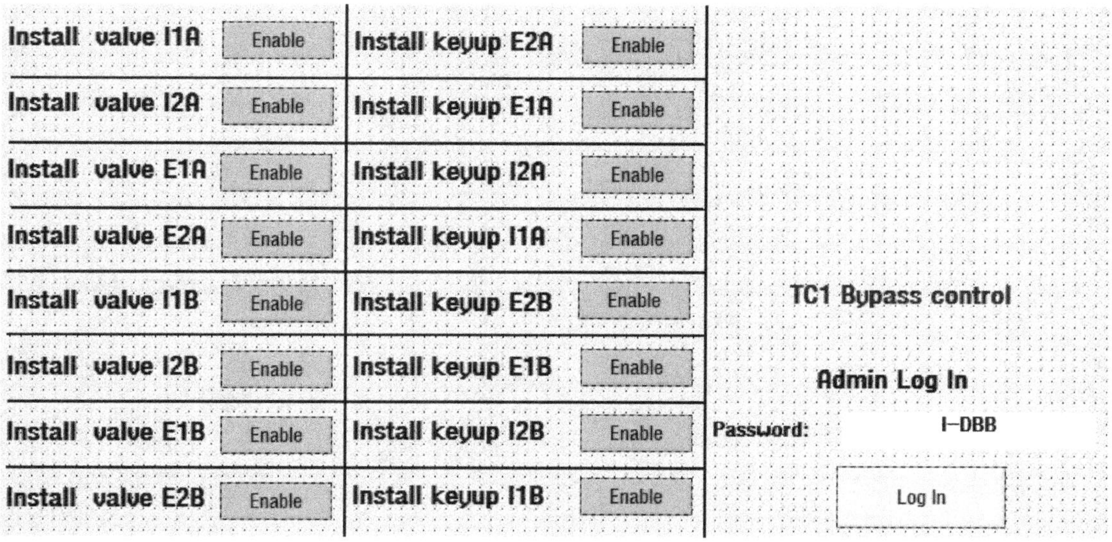

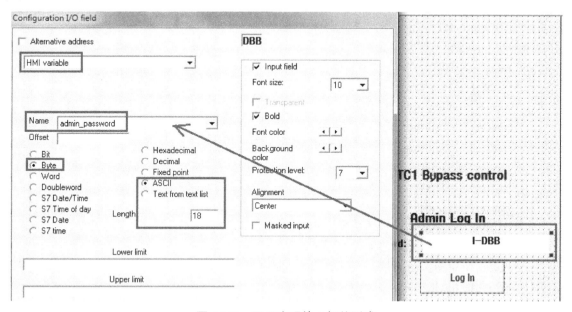

图 5-152　登录后看到按钮画面

　　现将此画面中的所有 Enable 按键默认的 Visible 属性做成不可见，目的是当用户名输入后点击 Log In 成功登录后按钮才生效可见，先配置一个 I/O 域用来获取用户输入的密码，为了方便脚本来处理，将之与一个 HMI variable 变量关联，并设置格式为 ASCII 码，长度为 18 个字节，如图 5-153 所示。

图 5-153　配置密码输入框的形式

　　按钮 Log In 的配置如图 5-154 所示，单击按钮后调用一个自定义的脚本函数 Admin1_pass（ ）。

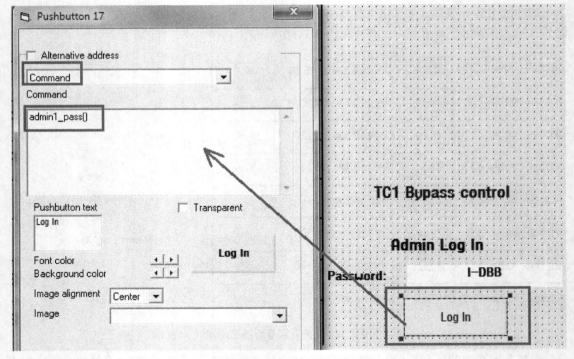

图 5-154　单击按钮调用事件

Admin1_pass（ ）脚本函数的内容如下：

function admin1_pass（ ）

{

var pass_input_txt = "";

var pass_read_txt = "***";

    button0.hidden=true;

    button1.hidden=true;

    button2.hidden=true;

    button3.hidden=true;

    button4.hidden=true;

    button5.hidden=true;

    button6.hidden=true;

    button7.hidden=true;

    button8.hidden=true;

    button9.hidden=true;

    button10.hidden=true;

    button11.hidden=true;

    button12.hidden=true;

    button13.hidden=true;

    button14.hidden=true;

    button15.hidden=true;

```
pass_input_txt = pass_input_txt + ReadData ( "admin_password" );
pass_read_txt = ReadEntry ( "adminlogin.txt", "admin", "password", "***"  );
if ( pass_read_txt == pass_input_txt )
{
     login.text = "OK，active !!"
     button0.hidden=false;
     button1.hidden=false;
     button2.hidden=false;
     button3.hidden=false;
     button4.hidden=false;
     button5.hidden=false;
     button6.hidden=false;
     button7.hidden=false;
     button8.hidden=false;
     button9.hidden=false;
     button10.hidden=false;
     button11.hidden=false;
     button12.hidden=false;
     button13.hidden=false;
     button14.hidden=false;
     button15.hidden=false;
     WriteData (  "admin_password", "" );
     return;
}

if (( pass_read_txt == "***" ) || ( pass_read_txt != pass_input_txt ))
{
     login.text = "Can't login !"
     button0.hidden=true;
     button1.hidden=true;
     button2.hidden=true;
     button3.hidden=true;
     button4.hidden=true;
     button5.hidden=true;
     button6.hidden=true;
     button7.hidden=true;
     button8.hidden=true;
     button9.hidden=true;
```

```
button10.hidden=true；
button11.hidden=true；
button12.hidden=true；
button13.hidden=true；
button14.hidden=true；
button15.hidden=true；
WriteData（"admin_password"，""）；
return；
}
}
```

可以看出，JAVA Script 语法类似 C 语言，当然其中的系统函数需要花时间去学习，在此不一一介绍。

5.6.8 不正确的配置引发 HMI Pro 报警的问题

不正确的配置会带来 HMI Pro 报警，示例如图 5-155 所示，出现了 909020 报警。

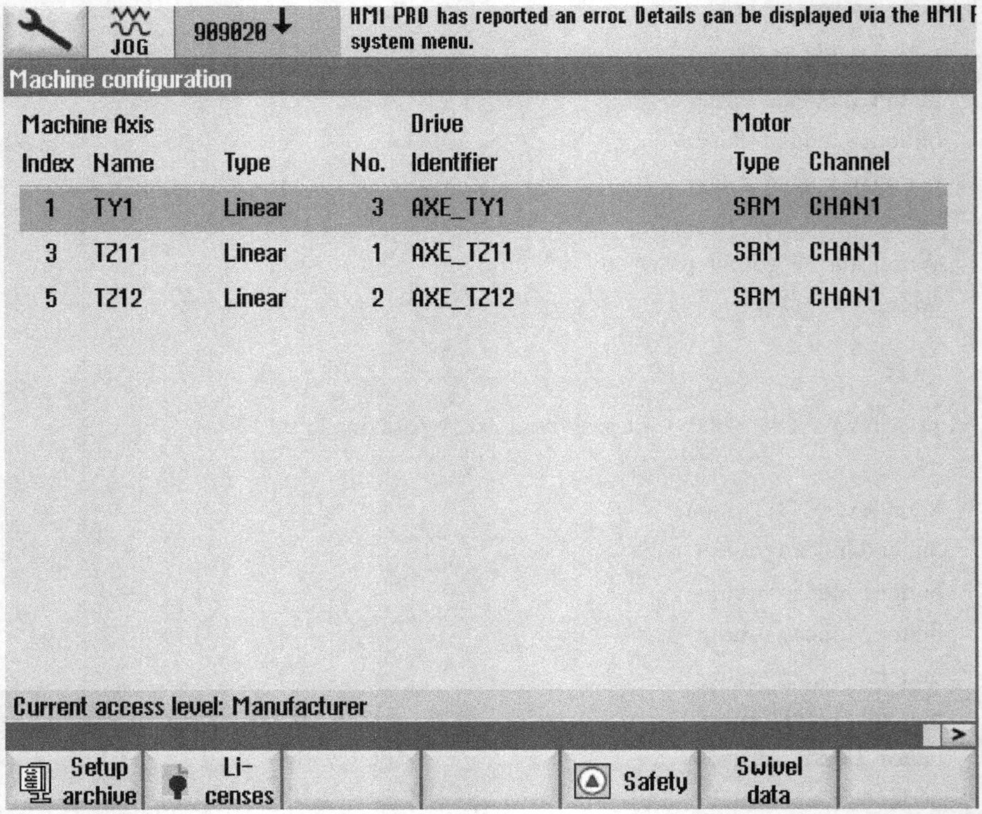

图 5-155　出现 HMI Pro 报警

通过点击 HMI Pro 右上角的按钮可判断故障问题的原因，如图 5-156 所示。

弹出 HMI 报警信息提示，发现是 axis_write_version_error，如图 5-157 所示。

图 5-156　点击按钮找出问题原因

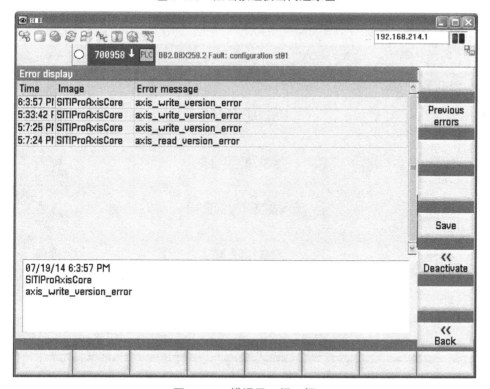

图 5-157　错误显示提示框

由于是轴选错误，因此可打开 CS 配置软件寻找解决办法，查看 HMI 程序，发现明明没有调用轴选按键，却将轴选功能选上了，将图 5-158 中的选项功能框去掉即可。

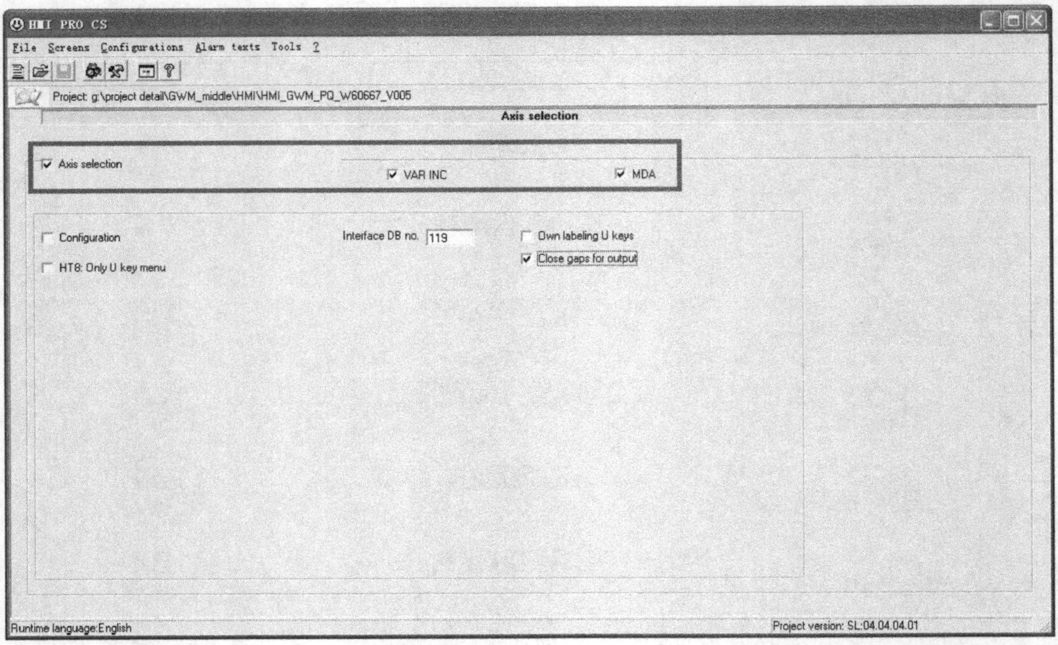

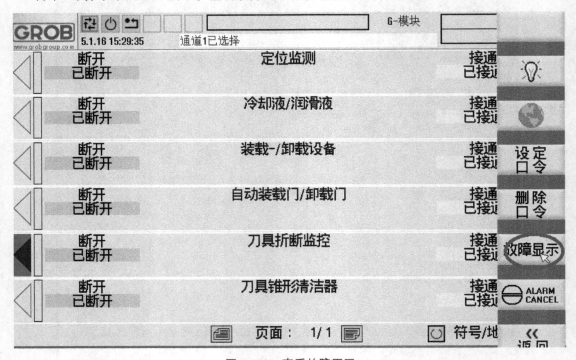

图 5-158 去掉选项功能

再举一例，如图 5-159 所示，查看故障显示框，看看具体什么原因。

图 5-159 查看故障原因

发现如图 5-160 所示的报警记录，针对每一条报警做相应的分析即可，一般是分配了错误的 I/O 地址无法找到，这种报警比较常见，一般可能是所调用的数据块没找到而引发此类报警。

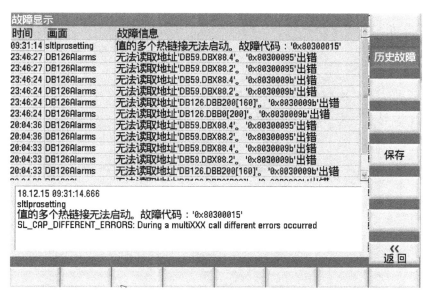

图 5-160　无法读取地址的报警

5.6.9　多语言项目翻译

如果已经建立的工程文件需要采用新的语言重新编写，例如，原本是中文画面，现在需要添加英文界面，可采用如下方法。

（1）打开工程，选择菜单 File→Create new project or update project，如图 5-161 所示。

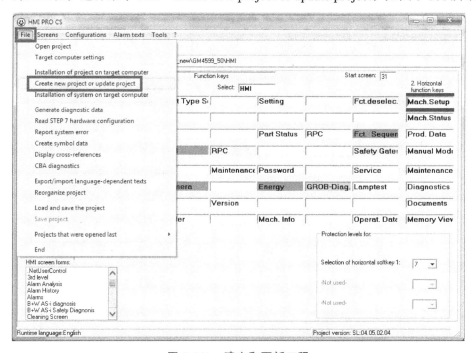

图 5-161　建立和更新工程

（2）选中所需要更新的系统对应的版本，如图 5-162 所示，例如，选择了 2.6.1.3 版本，然后点击 Create or update project。

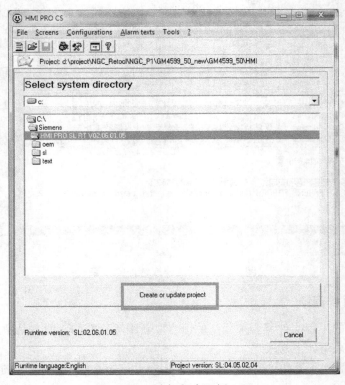

图 5-162　选择版本更新工程

（3）选中所需要添加的语言，如 English，如图 5-163 所示，然后点击 Update project，即可生成更新的界面。

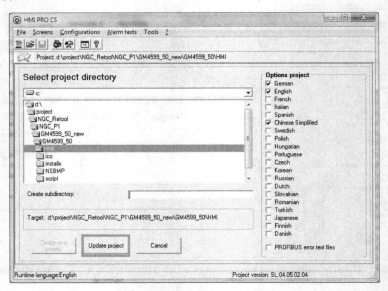

图 5-163　选择语言更新工程

（4）然后开始翻译相关的字符，如图 5-164 所示，打开工程文件，选择 File→Export/import

language-dependant texts。

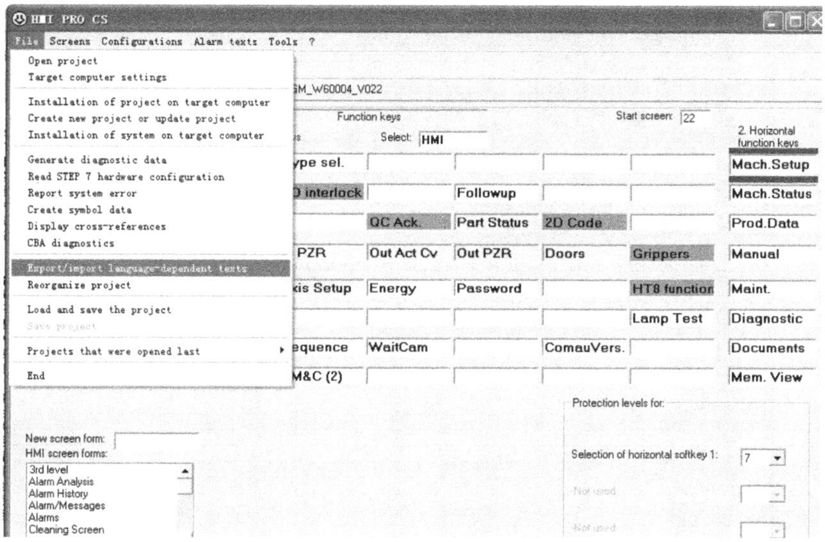

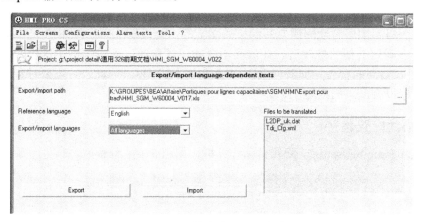

图 5-164　输出文件翻译

（5）指定传出的路径和文件名，依照哪种语言生成翻译文件，和需要翻译的文件，如图 5-165
所示，点击 Export 输出翻译文件到 Excel。

图 5-165　输出为 Excel 表格

（6）点击生成的 Excel 文件，如图 5-166 所示，开始进行翻译工作，翻译完毕后再进行 Import
操作回传即可。

注意：如果是在中文版 Windows 系统下，那么参考语言最好选择中文来翻译英文；如果本
身的工程文件是英文或其他语言，则操作系统必须是英文或其他欧美语言，参考语言应该设置
为英文来翻译中文，然后生成的文件翻译完回传才能成功，否则不一定成功。

还需要注意：若使用不成熟、不稳定的 CS 版本来制作，则在多次转换的过程中，可能偶尔
会出现菜单 Export/Import 消失的情况，此时，采用重新修复或卸载装载软件的方法如果不能解
决，但可以采用安装一个成熟版本的方法恢复。经过笔者测试发现有问题的版本为 7.3.25，而此
时笔者使用的是比较稳定的版本（7.3.24），这个菜单消失的问题比较奇怪。

A	H		L
Index	English		中文
1	/plc/datablock/byte[c59,300,#80] ("ll%lc")		/plc/datab锁定/byte[c59,300,#80] ("!l%lc")
2	/plc/datablock/byte[c59,300,#80] ("ll%lc")		/plc/datab锁定/byte[c59,300,#80] ("!l%lc")
3	/plc/datablock/byte[c59,300,#80] ("ll%lc")		/plc/datab锁定/byte[c59,300,#80] ("!l%lc")
4	/plc/datablock/byte[c59,300,#80] ("ll%lc")		/plc/datab锁定/byte[c59,300,#80] ("!l%lc")
5	/plc/datablock/byte[c59,300,#80] ("ll%lc")		/plc/datab锁定/byte[c59,300,#80] ("!l%lc")
6	/plc/datablock/byte[c59,300,#80] ("ll%lc")		/plc/datab锁定/byte[c59,300,#80] ("!l%lc")
7	/plc/datablock/byte[c59,300,#80] ("ll%lc")		/plc/datab锁定/byte[c59,300,#80] ("!l%lc")
8	/plc/datablock/byte[c59,300,#80] ("ll%lc")		/plc/datab锁定/byte[c59,300,#80] ("!l%lc")
9	/plc/datablock/byte[c59,300,#80] ("ll%lc")		/plc/datab锁定/byte[c59,300,#80] ("!l%lc")
10	/plc/datablock/byte[c59,300,#80] ("ll%lc")		/plc/datab锁定/byte[c59,300,#80] ("!l%lc")
11	/plc/datablock/byte[c59,300,#80] ("ll%lc")		/plc/datab锁定/byte[c59,300,#80] ("!l%lc")
12	/plc/datablock/byte[c59,300,#80] ("ll%lc")		/plc/datab锁定/byte[c59,300,#80] ("!l%lc")
13	/plc/datablock/byte[c59,300,#80] ("ll%lc")		/plc/datab锁定/byte[c59,300,#80] ("!l%lc")
14	/plc/datablock/byte[c59,300,#80] ("ll%lc")		/plc/datab锁定/byte[c59,300,#80] ("!l%lc")
15	/plc/datablock/byte[c59,300,#80] ("ll%lc")		/plc/datab锁定/byte[c59,300,#80] ("!l%lc")
16	/plc/datablock/byte[c59,300,#80] ("ll%lc") ...		/plc/datab锁定/byte[c59,300,#80] ("!l%lc")
17	UK Messwertgeber defekt		UK Messwertgeber defekt...
18	UK Krause		UK Krause
19	No.:1 - Code 1		No.:1 - 代码 1
20	No.:9 - Code 1		No.:9 - 代码 1
21	No.:11 - Code 1		No.:11 - 代码 1
22	Asm456 Gantry RFID Antenna		Asm456 Gantry RFID Antenna
23	1		1
24	0 - None		0 - 无
25	1 - Operator		1 - 操作员
26	2 - Advanced		2 - 高级
27	3 - Maintenance		3 - 维修
28	4 - Pendant		4 - 手持
29	Y1 Axis Unknown		Y1 轴未知
30	Y1 Axis Disabled		Y1 轴禁止
31	Y1 Axis Enabled		Y1 轴使能
32	Z1 Axis Unknown		Z1 轴未知
33	Z1 Axis Disabled		Z1 轴禁止
34	Z1 Axis Enabled		Z1 轴使能
35	Y2 Axis Unknown		Y2 轴未知
36	Y2 Axis Disabled		Y2 轴禁止
37	Y2 Axis Enabled		Y2 轴使能
38	Z2 Axis Unknown		Z2 轴未知
39	Z2 Axis Disabled		Z2 轴禁止
40	Z2 Axis Enabled		Z2 轴使能
41	X1 Axis Unknown		X1 轴未知

图 5-166　开始翻译工作

有时采用法语、德语等欧洲语言写的按钮文本等，会显示乱码。假如某个 Layout 界面的按钮文本是乱码，则做其他的修改后，此画面不会被正常保存，而且下载了这个画面到系统后，会出现 HMI Pro 错误的警告，而我们又不知道具体错在哪里。因此，一定要仔细搜索每一个控件的文本，确保没有乱码的问题。

5.6.10　通信的配置建立

选择 Target computer settings 配置目标计算机，如图 5-167 所示。

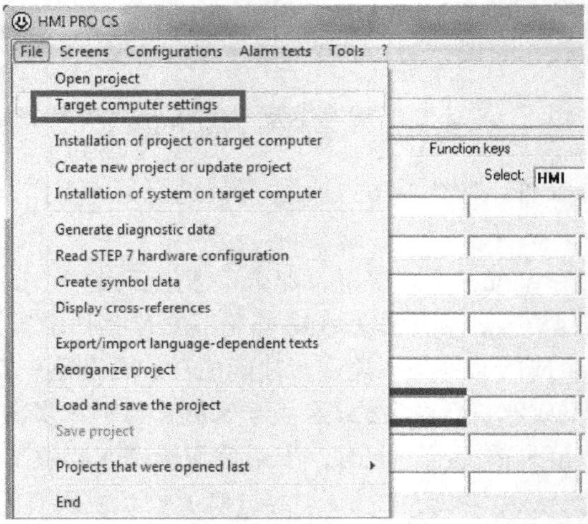

图 5-167　配置连接目标

对于 sl 系列，目前都是使用 TCU，故以 NCU 举例，如图 5-168 所示，配置为 NCU，IP 地址写为\\192.168.214.1。

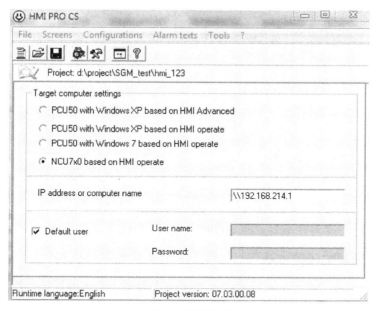

图 5-168　配置网络 IP 地址

配置后即可传输项目到目标数控机器，先点击图 5-169 中的按钮 Install of system on target computer，更新目标数控系统的 RT 环境。

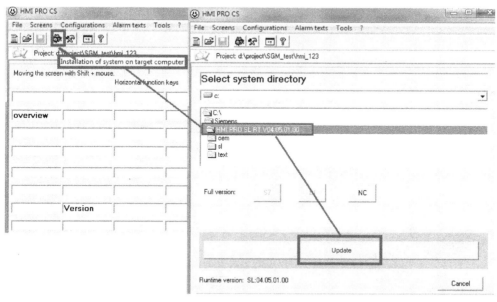

图 5-169　更新系统的 RT 环境

而后再点击右边的工具按钮，传输整个项目文件到数控计算机，如图 5-170 所示。

HMI Pro 不像 WinCC flexble，不可使用 Upload 上载功能将系统中的画面文件反向传输到电脑中分析，所以如果你没有得到原始的画面程序，一般不能做深层次的更改。

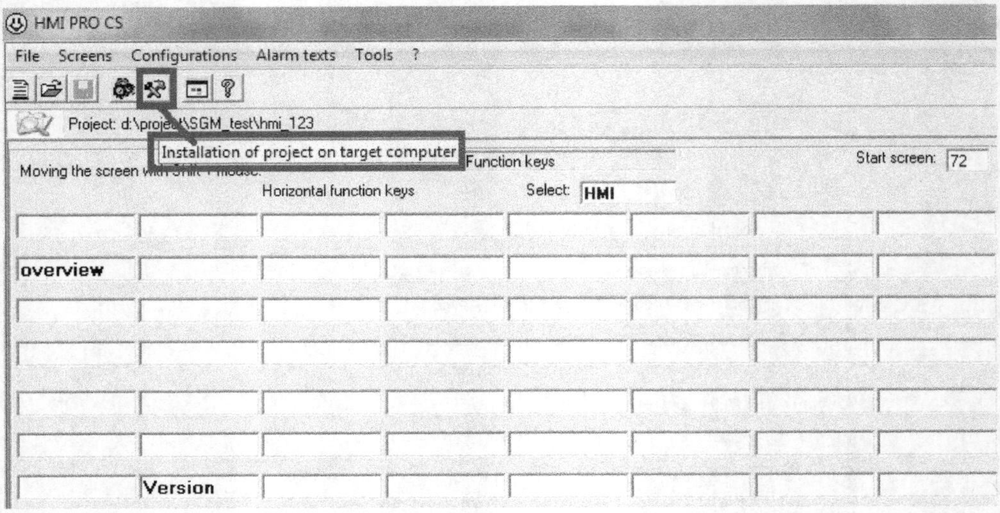

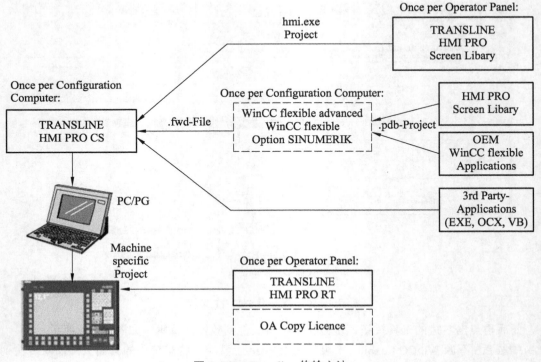

图 5-170　传输项目文件

5.6.11　OEM 定制的传输方法（Transline 的秘密和高级应用）

　　Transline 为何叫作 Transline（传输线），实则背后隐藏一个大的秘密，如图 5-171 所示，可以看出，Transline 这套方法的本质在于可以任意地将我们电脑中的文件经过转换传输到数控系统相应文件夹中，那么可以设想，如果可以利用这套机制把我们本来必须通过 U 盘传输的文件（如报警文本、某些二次开发的画面文件）利用 HMI Pro 软件一次传输到系统，岂不是更加的方便，而且更加的隐蔽！

图 5-171　Transline 传输方法

这个秘密就是利用一些简单的脚本，将相关的数据文件转换传输到数控系统中。这种方法称为 Integration of own data/Applications in HMI Pro，即通过 HMI Pro 集成用户自身的应用数据，笔者称之为 OEM 定制传输方法。

根据 Solutionline 系统和 HMI Pro RT 版本的不同，总的来说可以分为两种：基于 Windows 系统可以使用 Bat 批处理文件方法和基于 Linux 系统的使用 Shell 脚本的方法。

通过一些例子来说明它们的应用，例如，将 OEM 报警文本 cfg 和 lng 文件夹传输到系统中。普通做法就是把他们通过 U 盘复制到系统，而我们可以使用 HMI Pro 进行一次性传输。

这种方法和系统的 RT 版本还有关系，如果使用 4.4 之前的版本，如 2.6，2.7 则方法比较复杂，其基本原理是把需要传输的文件放在 install 文件夹下面，然后使用编辑的 Bat 批处理文件转换传输，Bat 文件的语法需遵从 Windows 脚本格式。而且转换时需要的工具可能有 Alarm converter，Sqlite 等数据库管理软件。

对于 4.4，4.5 以上版本，就比较简单，直接建立 installx 文件夹，将所需要传输的文件放在 installx 文件夹下面，然后在每个子文件夹下面编写*.sh 脚本文件来传输即可。

1. Bat 脚本入门

工欲善其用，必先明其理。Bat 脚本其实就是 DOS 命令集合。Bat 针对 Windows 系统。常用的一些指令如下：

（1）Bat 脚本中的 rem 代表注释，例如：

rem   this is a comment

（2）set 用于设置变量，例如：

set aufrufpfad=%cd%

（3）%CD%表示当前目录。

（4）> 为重定向符，输出重定向命令。

这个字符的意思是传递并且覆盖，它所起的作用是将运行的结果传递到后面的范围（后边可以是文件，也可以是默认的系统控制台）。在 NT 系列命令行中，重定向的作用范围由整个命令行转变为单个命令语句，受到了命令分隔符&，&&，||和语句块的制约限制。比如：

使用命令：echo hello >1.txt 将建立文件 1.txt，内容为"hello"（注意行尾有一空格）。

使用命令：echo hello>1.txt 将建立文件 1.txt，内容为"hello"（注意行尾没有空格）。

（5）>> 重定向符，输出重定向命令。

这个符号的作用和>有点类似，但他们的区别是>>是传递并在文件的末尾追加，而>是覆盖用法同上。同样拿 1.txt 做例子，使用命令：

echo hello > 1.txt

echo world >>1.txt

这时候 1.txt 内容如下：

hello

world

（6）copy 命令，可用作复制文件。

语法：

copy 源目标 目的目标

例如，将文件夹 CT 下的 ctt 文件夹下的 lng 中的所有文件复制到 Alarm 文件夹下的 oem 文件夹下的 abc 文件夹中，命令如下：

copy　　%cd%\CT\ctt\lng\　　%cd%\Alarm\oem\abc\

（7）del 表示删除文件命令。

（8）另有一些逻辑控制语句，如 if ……goto……，for 循环等。

掌握了 Bat 文件的编写，就可以批量的在 Windows 系统下操作文件系统。

2. Shell 脚本入门

我们从 Shell 脚本编程谈起，Shell 脚本针对 Linux 系统，Shell 脚本有四大基本元素：

① #!/bin/bash 必须的，指出 Shell 的类型；② #注释；③ 变量；④ 控制。一般以.sh 为文件后缀，没有也能执行。

（1）shell 程序必须以下面的命令行开始（必须放在文件第一行）：

#!/bin/sh

符号 #! 用来告诉系统它后面的参数是执行该文件的程序。在这个例子中我们使用/bin/sh 来执行程序。

（2）Shell 脚本中，#号可用作注释符号，建议多多采用注释。

（3）Shell 中的变量可以自由发挥，不需要事先定义，直接采用变量名称=值的方法可用来给变量赋值。提取出一个变量值只需要加$符号即可，如

a="hello first test"

echo $a

（4）shell 命令共分三种，类似 NC 编程语言。

① 第一种为 Linux/Unix 系统命令，常用的有：

a. Echo "test text"：文字打印命令。

b. Ls：文件列表命令。

c. Cp 源文件　目标文件：文件复制命令（我们最常用的）。

d. Mv 老的文件名 新的文件名：重命名文件。

e. Dirname file&：返回文件所在路径。

f. Rm：删除文件。

g. Find：搜索文件（常用命令）。

语法为：

Find 路径名称 –选项 [-print –exec -ok]

其中：路径名称为需要查找的目录路径，.号代表当前目录，/号代表系统目录（此处特指 840D sl 系统根目录）。-print 参数：将匹配的文件输出到标准输出；-exec 参数：匹配的文件执行给出的 shell 命令 命令形式为 命令{……} \;-ok 参数：与 exec 差不多，不过更加的安全，会给出每一个提示。

Find 选项：-name：按照文件名查找；-type：　按照类型查找。

② 第二种为操作符号、重定位等。

-号后跟参数，如 find .–mtime -1 –type f –print 表示查找过去 24 小时内修改的文件，-1 表示 24 小时，-2 代表 48 小时，-R 表示对指定目录下的文件和子目录一并处理。

③ 第三种为流程控制命令。

例如，if …… then ……，While 循环等。

掌握了 Shell 脚本，就可以在 Linux 系统下（在此特指 840D sl 系统）方便地操作文件系统。

3. 应用案例

例如，需要将 OEM 制作的报警文本 cfg 和 lng 传到系统中去，如图 5-172 所示，在 HMI 工程文件夹下面新建一个 installx 文件夹，将 OEM 制作生成的文件放进去。

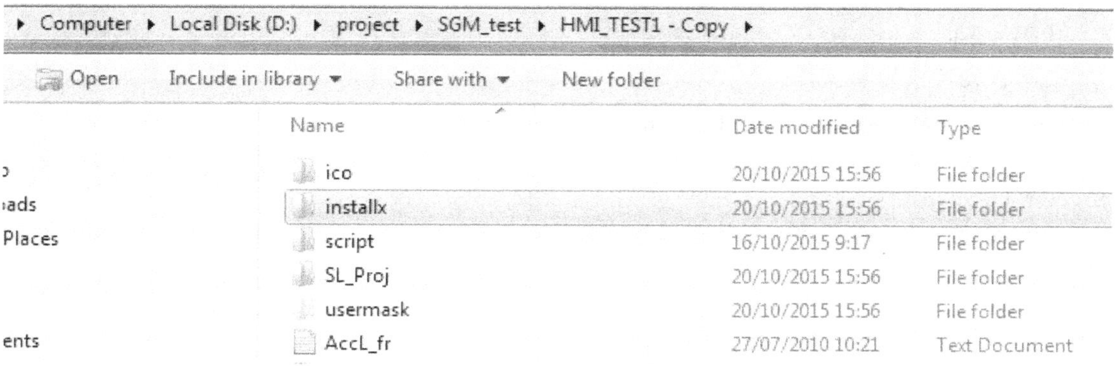

图 5-172　installx 文件夹

可以在 installx 文件夹中新建一个子文件夹命名为 alarm，然后把 OEM 生成的文件全部放进去，如图 5-173 所示。

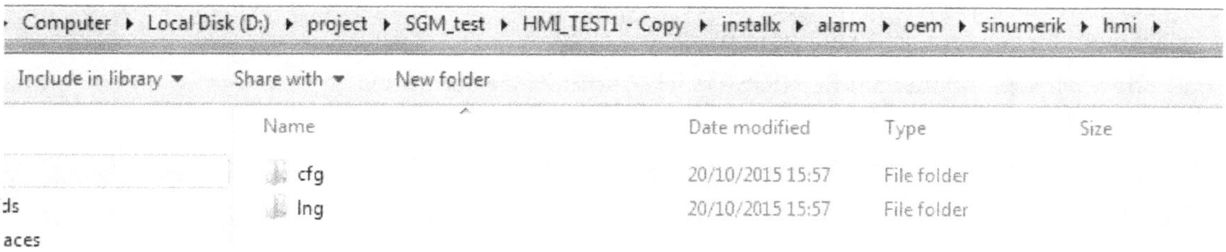

图 5-173　建立一个 alarm 文件夹

然后在 alarm 文件夹下面建一个 sh 文件，比如 alarm.sh，如图 5-174 所示。

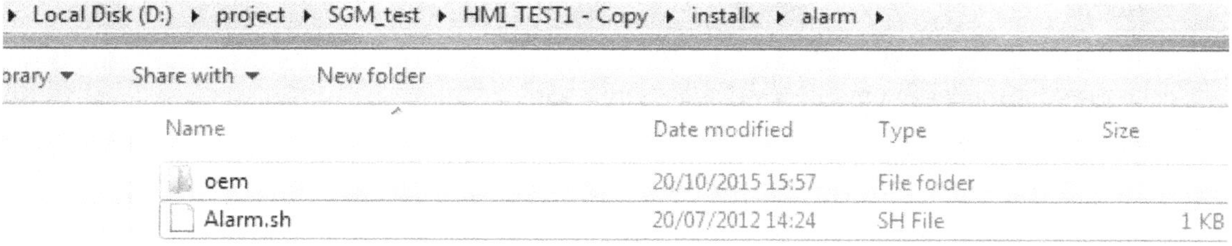

图 5-174　建立 sh 文件

sh 文件其中的内容为：

#!/bin/sh
Installation alarm files
#寻找是否存在之前的 db 数据文件如有就删除
find /card/oem/sinumerik/hmi/cfg -maxdepth 1 -name "oem_alarms_db.hmi" -exec rm \{\} \;
#将当前目录下的 oem 文件和子文件全部复制到系统文件夹下面

```
cp -R ./oem /card
```
于是当执行 HMI Pro 传输过程的时候，会自动将这些文件放入。

再举一个例子，利用 Bat 脚本将 com 文件转化成 ts 报警文本传入系统，不需要利用 HMI Pro，只需要两个工具软件，一个是 Hmialarmconverter，一个是 WinSCP，其原理就是使用 Bat 自动调用 HMI alarm converter 转换 com 文件，然后将生成的文件用 WinSCP 自动传入系统。

代码如下：

（1）首先转换为 ts 文件：

```
rem hmi alarm convert
%cd%\hmiconvert\hmiconvert -prefix="oem" -source=%source_path% -template=%templ_path% -target=%target_path%
```

（2）而后将其生成的文件复制到本地目录下准备传输：

```
rem copy to local directory
copy      %cd%\hmionvert\source\cfg\ %cd%\Alarm\oem\sinumerik\hmi\cfg\ >nul
copy      %cd%\ hmionvert\source \lng\ %cd%\Alarm\oem\sinumerik\hmi\lng\ >nul
```

（3）利用 WinSCP 传入生成的文件

```
If exist script.tmp del /Q script.tmp
echo option batch on >> script.tmp
echo option batch continue >> script.tmp
echo option confirm on >> script.tmp
echo open scp: //manufact: SUNRISE@%IPAdr%: 22 >> script.tmp
rem delete oem.qm
echo cd /card/oem/sinumerik/hmi/lng >> script.tmp
echo rm *.qm >> script.tmp
echo option transfer automatic >> script.tmp

rem ---transfer alarm
: Alarm
echo cd /card/oem/sinumerik/hmi >> script.tmp
echo put Alarm\oem\sinumerik\hmi\*.* >> script.tmp
echo exit >> script.tmp
Echo Install HMI-oem alarms    to %IPAdr%
%cd%\scp\scp.com /console /script=script.tmp
if errorlevel 1 goto error2
echo -ready
echo.
echo finish work
goto: end
```

至此，聪明的读者应该明白，HMI Pro 就是一个将各种小的软件、小的画面集成到一块，然后传输到目标系统的一个平台。这是一种值得学习的方法，非常灵活，非常方便。

5.6.12 先天功——利用 Sinutrain 来仿真 HMI Pro 界面

这个问题实则比较复杂，因为 HMI Pro（Transline）是一个集成软件，其生成的文件过于繁杂，主要的文件位于 addon 文件夹中，在此介绍一种实现方法，真正做应用还是用试验机比较保险，因为 HMI Pro 对系统版本非常敏感，而且与 PLC 密切相关，如果仅仅是做仿真无法仿真出所有界面的效果。

但笔者一向喜欢大胆地尝试，似觉有必要拿出来与读者分享。笔者的应用是基于 PCU50 的 Solution 系统，因为 Sinutrain 软件本身还是运行在 Windows 系统下，故而笔者选择了 PCU50 作为尝试，将 PCU50 系统中的 addon 文件夹复制出来进行了分析，然后发现，数控系统首先必须运行在 HMI Pro RT 环境下。

首先进入 Sinutrain 安装目录 addon 下查看（C: \ProgramData\Siemens\SinutrainOperate\ 04.04.01\hmi\addon\sinumerik\hmi）

这里面的文件夹都是空的。

然后进入真实系统 ghost 文件夹对应的目录查看[D: \hmisl\addon\sinumerik\hmi（来自 ghost 提取出的文件）]。

于是，发现其中多了一个文件夹 D: \hmisl\addon\sinumerik\hmi\autostart。笔者分析这个 autostart 并不重要，只是一个自启动环节。

再比较 RT 文件夹下的文件（笔者安装的是 4.5RT）和真实系统 ghost 文件夹 C: \Siemens\HMI PRO SL RT V04.05.01.00\sl\sl_rt\wingen\hmi。

发现如下不同：

appl 中主要是主程序不同。

D: \hmisl\addon\sinumerik\hmi\appl\sltlprodialog.xml，D: \hmisl\addon\sinumerik\hmi\appl\ sltlprodialog.hmi。

这两个不同的文件其实是一个文件，用 XML 转换器可以自由转换。

cfg 中不同的文件最多，包含了很多配置。

此时若将 appl，cfg，lng 这些文件直接复制到 Sinutrain 对应的 addon 文件夹下面重启，则版本问题又出现了，出现报警如图 5-175 所示。

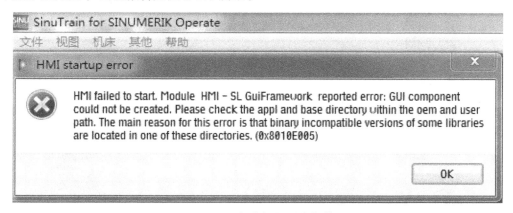

图 5-175 版本问题引发报警

没关系，用 HMI SolutionLine Converter 转换所有不同版本的文件后复制到 Sinutrain 即可，如图 5-176 所示。

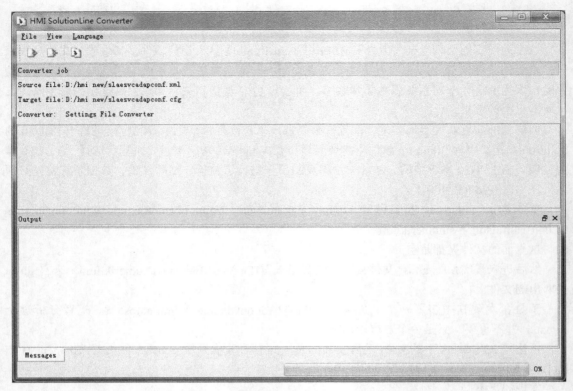

图 5-176　使用 HMI SolutionLine Converter 转换

不同版本的文件主要包含：Location.cfg，Sltlproacclevel.cfg，Sltlproanlconf.cfg，Sltlproaxis.cfg，Sltlprocolor.cfg，Sltlprodiaghmi.cfg，Sltlprodire1，Sltlprodire2，Sltlprodireb，Sltlprodirekt，等。

最终重启后成功，显示效果如图 5-177 所示。

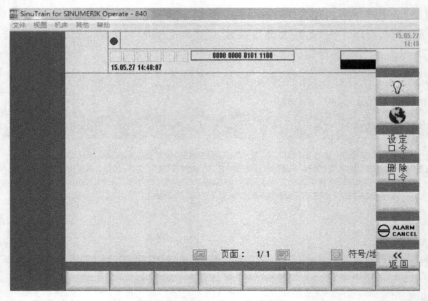

图 5-177　Sinutrain 仿真效果

这样，全部画面中除了 PLC 变量控制的内容不可用，其他功能基本都可以。

最终进行一个总结性深入分析：

（1）当装好 RT 环境以后，系统中会生成如图 5-178 所示的两个文件夹。

本地磁盘 (C:) ▶ Siemens ▶ HMI PRO SL RT V04.04.04.01 ▶ sl ▶

共享 ▼	刻录	新建文件夹		
名称			修改日期	类型
sl_proj			2015/10/27 21:47	文件夹
sl_rt			2015/8/1 10:54	文件夹

图 5-178　RT 环境下的文件

其中的 sl_proj 就是制作和转换工程的各种工具，sl_rt 就是基板，传入 Linux 系统中的运行平台。

所以，只需要把 sl_rt 中的所有文件全部传入目标系统，然后将 HMI Pro CS 制作的应用部分的东西用工具软件制作传入就可以完成仿真。

（2）其次，系统使用了 slhmiconvertercmd.exe 做了各种配置、文本、文件的转换工作。slhmiconvertercmd.exe 用法如下

C: \Siemens\HMI PRO SL RT V04.04.04.01\sl\sl_proj>slhmiconvertercmd

----

This application has the following command line parameters:

/in   inputfile :   Input file that should be converted
/out outputfile：   Output file created from the input file
/outdir dir：   Directory to save the output file to
/autoname：   Retrieve the name of the output file from the converter
/converter lib.class：   Use the specified converter for conversion
/showinfos：   Info messages of the converter will be displayed
/showwarnings：   Warning messages of the converter will be displayed
/showerrors：   Error messages of the converter will be displayed
/showall：   Info, warning and error messages of the converter will be displayed
/listconverters：   Lists all converters and their implementation strings
/help or /? :   Displays this help information

Use the application in one of the following ways
    -in XXX -out XXX
              OR
    -in XXX -outdir dir -autoname

（C）2005 by Siemens AG A&D MC

转换 sltlproaeusrtmp_uk.txt 文件示例如下：

>> slhmiconvertercmd.exe /in g: \project

detail\GWM_middle\HMI\HMI_GWM_PQ_W60667_ V005\SL_Proj\tmp\sltlproaeusrtmp_uk.txt /outdir g:\project detail\GWM_middle\HMI\HMI_GWM_PQ_W60667_V005\SL_Proj\tmp /autoname /showall /context slaeconv

转换 sltlproaeusr_chs.ts 文件为 sltlproaeusr_chs.qm：

>> slhmiconvertercmd.exe /in g: \project

detail\GWM_middle\HMI\HMI_GWM_PQ_W60667_ V005\SL_Proj\tmp\sltlproaeusr_chs.ts /out g: \project

detail\GWM_middle\HMI\HMI_GWM_PQ_ W60667_V005\SL_Proj\gen\hmi\lng\sltlproaeusr_chs.qm /converter sltxtconverter.SlTxtConverter /showall

于是，只要运用 Slhmiconvertercmd 转换相关的应用文件然后使用脚本传入 Sinutrain 就实现了 Transline 方法。这样做是否有些画蛇添足？有待读者去考证。

本书写作的过程中，Sinutrain 又做了一次新的升级，目前的最新版本 4.5 以上可以支持导入调试备份文档 ARC 文件来建立和仿真与实际加工状态一致的机床。

使用 SinuTrain for SINUMERIK Operate（SinuTrain）创建的 CNC 程序亦可在实际机床上使用。不过，在这种情况下，必须根据机床的实际 SINUMERIK 配置对 SinuTrain 进行调整。

前提条件：SINUMERIK CNC 的软件版本必须与 SinuTrain 以及 SinuTrain MCT 的版本匹配。若版本有差异，则在某些情况下无法进行调整，或者随后必须根据 NC 升级说明进行手动调整。调整机床时，将以 SINUMERIK 控制系统的 NC 数据作为基础。这些数据是使用 NC 系列调试归档包保存的。

为此，必须按照描述设置以下机床数据：

MD11210 $MN_UPLOAD_MD_CHANGES_ONLY = 0H

MD11212 $MN_UPLOAD_CHANGES_ONLY=0（从 SINUMERIK CNC-SW 4.5 起）

另外还需订购如下软件：

SinuTrain MCT（SinuTrain for SINUMERIK Operate V4.5：6FC5870-0CC41-0YA0）

SinuTrain MCT 是一个辅助软件，只有在拥有授权密钥的情况下才能使用。MCT 的联机帮助中详细介绍了如何在 SinuTrain 中使用 SinuTrain MCT 进行机床调整，这意味着用户可以自己执行这一操作。

5.7 生产线界面的标准说明

5.7.1 HMI Pro 的 8 组分类

参照了诸多国内外界面设计，感到各门各派皆有可取之处，取长补短，去粗取精，乃成一家之言。笔者认为，就汽车行业动力总成部门来讲，甚至大多数机床制造商，都应该以 Transline 定义的标准控件页面为参照，Transline 标准定义的各种控件页面很实用，并已经在大多数自动化企业采用多年，被很多厂商认可。然后可在 Transline 基础上，开发出各个厂家的特色功能页面，比如曲轴磨床可将工艺参数页面使用编程包设计，然后嵌入到 HMI Pro 某个子菜单下，珩磨机可将珩磨功能页面嵌入到某个页面下。

而扩展接口方法最适合做手动工位或半自动工位的人机交互界面，或者作为项目后期调试增加的新功能来使用（因为此时制造商的 HMI 程序已经完善成熟，不方便嵌入新的页面，或者当最终用户无法获取原始的 HMI Pro 源程序时，可采用此法）。

西门子 840D sl 系统自身配备 8 组页面按钮，就生产而言，8 个页面确实也足够用了，再配合二级菜单，其组合就更多了。如果使用了 HMI Pro 组态设计画面，则会发现其界面也符合 8 类的分类原则，其功能键画面也恰好是 8 组。

参照了很多厂家的组态界面，会发现基本都符合统一的标准，就算是不太一致，也是这 8 组界面的排列组合，内容基本不变，如图 5-179 是一个分歧图。

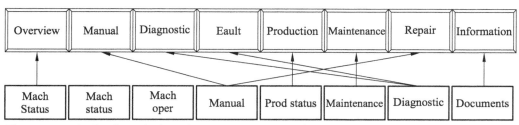

The screen navigational map is shown below. This screen shall be disolayed when the "Information" navigation key is pressed.

图 5-179　8 组界面分歧图

可以看出，其中的 Manual 手动页面有的厂家规定将其分解为 Manual 手动和 Repair 修理两个页面，诊断页面相应地分解为诊断和报警两个页面，实则本质一样。Mach Setup 设置和 Mach Oper 操作又可归为一类 Mach Setup。

因此，标准的 8 组页面应该都是统一的，其内容可归纳为：

（1）Mach Status 机床概览：机床或工位运行的状态概览页面（类似西门子标准的加工概览页面）。

（2）Mach Setup 机床设置与操作：（类似标准的 Setup 页面），包含机床的启动和常用设置、机床的模式选择、循环启动等基本操作。

（3）Manual 手动：手动模式下有效，可以移动轴、电机、控制阀等。其功能同 MPP 面板。

（4）Production Status 生产状态：包含工件计数、循环时间、联网状态等。

（5）Maintenance 维修：生产呼叫、权限分配等。

（6）Diagnostics 诊断：类似标准的报警页面，是对其的扩展。

（7）Documents 文档说明：包含整个 HMI 的目录，某些器件的说明，如柱灯、安全门等，还包含版本号等。

（8）自定义的特殊界面：完成特殊功能，可空出不用，用作扩展。

5.7.2　机床状态（Mach Status）

机床状态（Mach Status）可分为机床概览（Mach Overview）、内部信号状态（I/O status）、对外接口状态（Interface）、关键部件概览（Component status）。

机床概览为整体机床状态的概览，如图 5-180 所示。一般用 Layout，variable 组件来实现，将 LED 灯与关键信号点关联，如急停信号、回原位信号、电源信号灯等。

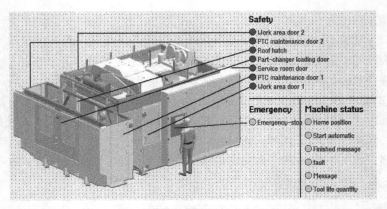

图 5-180 机床整体状态概览

如图 5-181 所示为一装配线机械手工位状态概览页面。

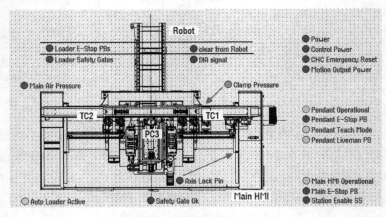

图 5-181 装配工位概览页面

内部信号状态（I/O status）和外部接口信号一般均用 Interface 组件来实现，当机床出现问题后一般都需要查找此页面来把握关键接口信号的状态，如图 5-182 所示。

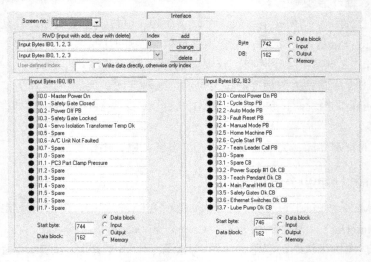

图 5-182 接口信号概览

476

关键部件概览（Component status）要具体划分，如机床的主轴、刀库属于关键部件，而机械手的夹爪等属于关键部件，需要根据项目来添加，一般都用 Layout variable 来实现。

刀库的状态如图 5-183 所示。

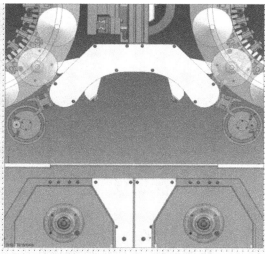

图 5-183　刀库信号概览

机械手臂状态概览如图 5-184 所示。

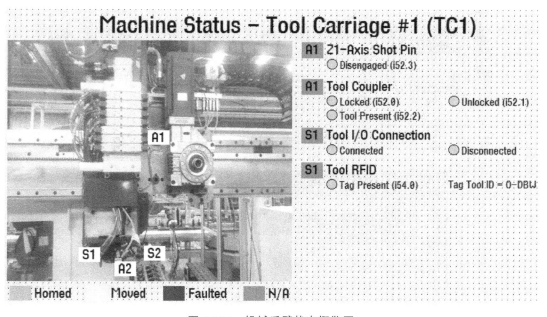

图 5-184　机械手臂状态概览图

5.7.3　机床设置（Mach Setup）

开机条件（辅助系统）画面选择，大多用 Power-up condition 来实现，如液压系统、气动系统等，是机床启动的先决条件，如图 5-185 所示。

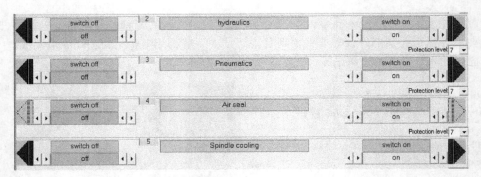

图 5-185　开机条件画面

方式组选择（mode select）如循环模式、空循环模式、排空模式、单机或带机械手模式。这些大多用 Setup screen 来实现，如图 5-186 所示。

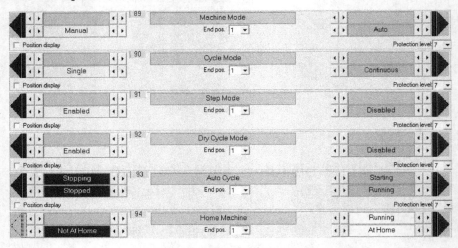

图 5-186　循环类型选择画面

加工任务或工件类型的选择，可用 Type preselection 预定义工件类型页面来实现，如图 5-187 所示。

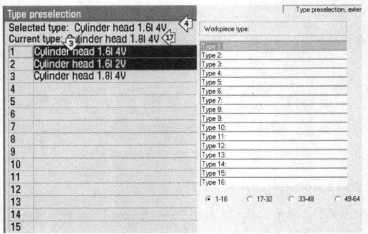

图 5-187　预定义工件类型

或者使用自定义的 Layout overview 页面来实现工件类型的选择，如图 5-188 所示。

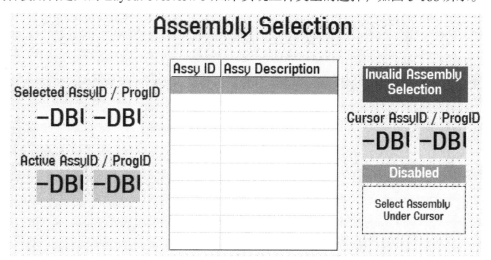

图 5-188　自定义的工件类型选择界面

5.7.4　手动功能（Manual）

注意，手动功能必须在手动模式下激活，且一般需要用钥匙开关转至 3 号位置才可以操作某些特殊的手动功能。

手动功能一般包含对轴容器的操作，如图 5-189 所示。

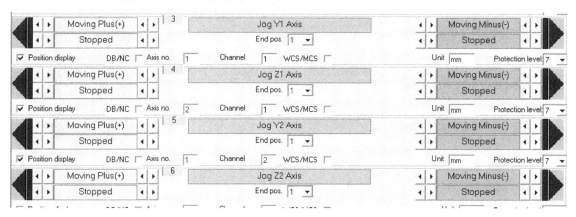

图 5-189　手动轴操作

也包含对于主轴的控制，如松开夹紧吹气等，如图 5-190 所示。

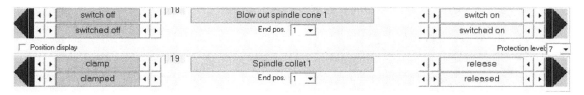

图 5-190　控制主轴

也包含对于机床夹具的控制，如图 5-191 所示。

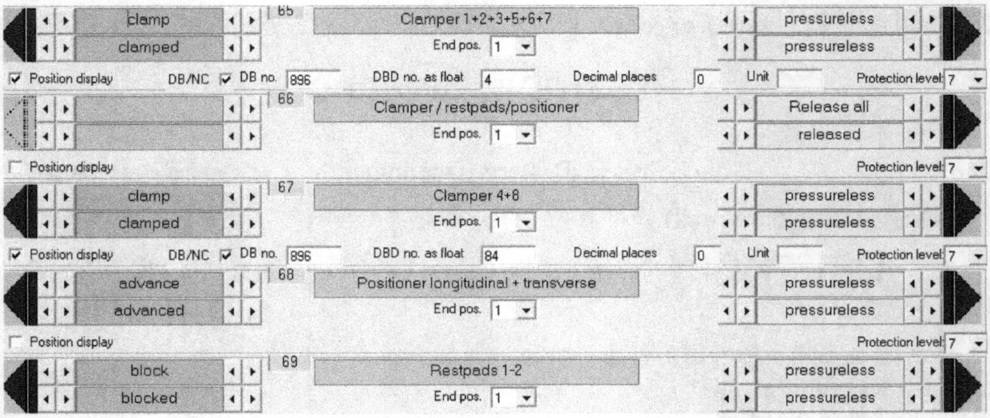

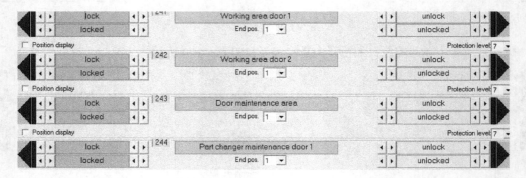

图 5-191　控制夹具动作

也包含对于刀库的手动控制页面，如图 5-192 所示。

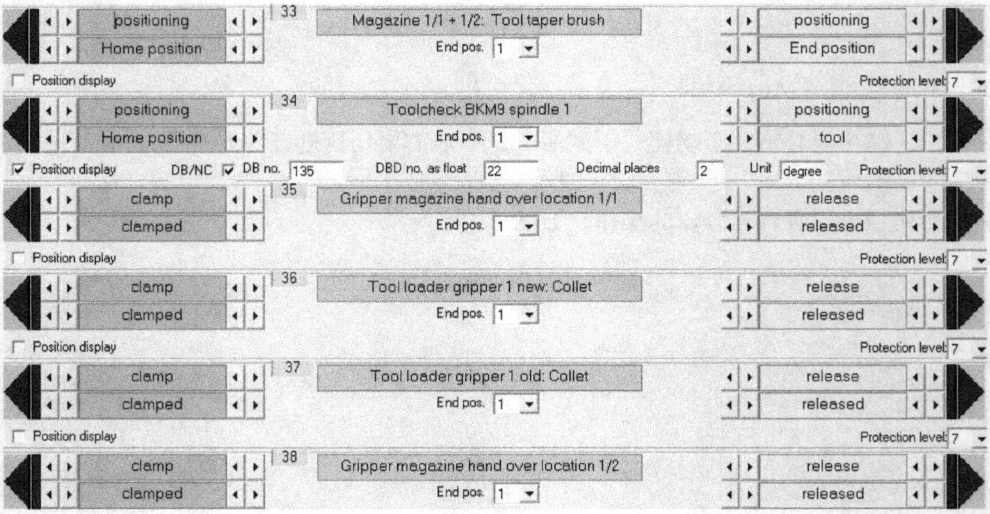

图 5-192　控制刀库动作

也可以包含安全门及安全测试，如图 5-193 所示。

图 5-193　控制安全门

5.7.5 生产状态（Prod.Status）

生产状态主要是监控工件计数、循环时间、质检、与上层系统如 MES 的交互等。

工件计数器和循环时间可用西门子的标准页面实现，但有些时候用户有特殊需求则必须自己重新编写，建议采用 Layout 页面实现。

MES 页面需根据用户需求来配置，如图 5-194 所示例子。

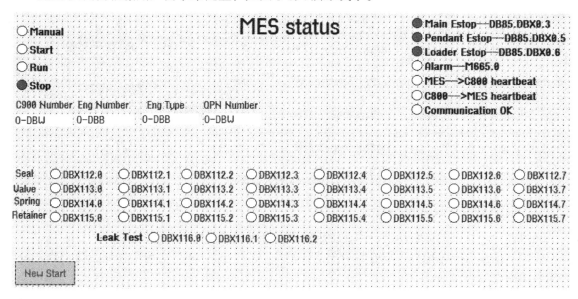

图 5-194　MES 页面案例

5.7.6 维修页面（Maintenance）

维修页面主要包含呼叫维修功能，如操作工发现电气问题就按下对应按键呼叫电气人员，如发现机械问题则呼叫机械人员，如图 5-195 所示。

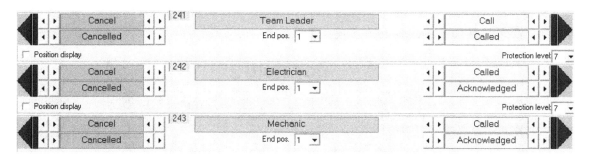

图 5-195　维修页面

维修页面还应包含对密码管理的页面，当需要相关操作时，必须输入对应的密码才能操作，否则报警不允许，不同的密码对应不同的等级权限，若无此密码系统，也必须用西门子的钥匙开关来实现权限分配和管理。此点必须注意，权限管理是实现稳定安全生产的关键要素之一。如图 5-196 所示，需要相应操作时，必须输入权限密码登录。

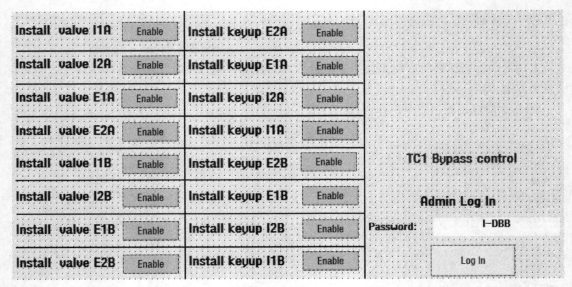

图 5-196　权限管理页面

5.7.7　诊断页面（Diagnostic）

通过西门子自带的诊断功能，可在机床发生故障时进行快速故障定位。

使用 Alarm history 组件可以查看历史报警记录，非常方便，对于关键部件如主轴、硬件 topo 结构的诊断也应包含在这里。

有些制造商制作了自己的诊断页面，非常方便判断现场的故障，这种功能必须使用前述的 OA 编程包方式编写，属于第三方嵌入画面功能。利用编程包可以对数据库进行操作管理，可以显示更加复杂的逻辑动态关系，用在诊断中恰如其分。

5.7.8　文档说明（Document）

文档页面主要包含画面的目录（Directory），通过这个页面中按下对应的目录应可以迅速跳转到相关的页面，而不仅仅是起显示作用，如果用 Table 组件来制作这个页面则达不到这个快捷键效果，必须使用 Layout variable 来实现，如图 5-197 所示。

Directory

Mach Status	Mach Setup	Mach Oper	Manual	Prod Status	Maintenance	Diagnostics	Documents
Mach OView		Mode Select	TC1 Manu	Prod Counts	Trades Call	Active Faults	Directory
Mach Status	Select Assy		TC2 Manu	Cycle Times		Warns/Msgs	Stackpole
Build Status		Misc Build	PC3 Manu		Admin Control	Fault History	
I/O Status		Safety Gate	Mach Lube	MES Status	Spd Ovrd %	DP/PN Diag	Safety
Interlocks		TC1 Tasks		MES DUGA	Language		
Carg Status		TC2 Tasks			Security		Hmi Version
Tool Status			Jog Axis			Var Monitor	
	Oper Query	Dry Cycle	Calib Axis				

图 5-197　目录页面

此页面下还应包含柱灯的信息（Stacklight），如图 5-198 所示。

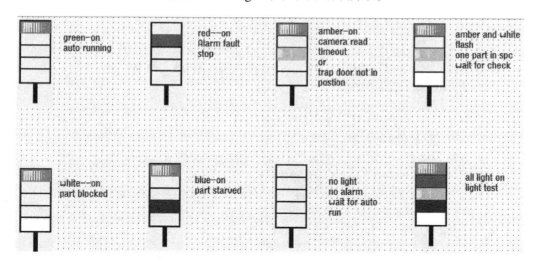

图 5-198　柱灯信息页面

常绿则表示机床正常自动加工，常红则表示出现报警，橙黄色表示信息错误（相机或 RFID 读取信息）或顶门有问题，黄色和白色闪烁则表示 SPC 有一个工件等待抽检，常白表示堵料，常蓝表示无料，无灯则表示一切正常，等待启动运行，所有灯全部亮表示灯测试。

如果是机械手，由于所含信息众多，所以需包含对于各工位状态的信息说明，如图 5-199 所示。

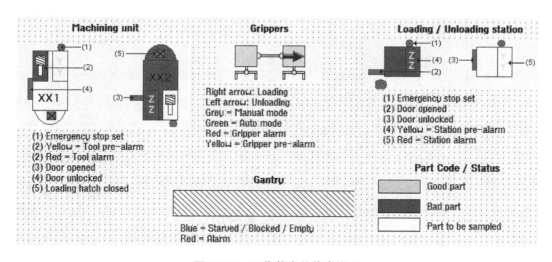

图 5-199　工位状态的信息说明

笔者建议，还应附上有关优化调整轴的报告于此处，做一个说明链接，可用一个 Layout 组件简单实现，命名为 Axis Report。

而对于安全集成测试说明，大部分供应商都是直接用了 Safety 组件来做，而笔者认为这个组件和系统自带的安全监控组件几乎一致，应该另外用 Layout 再做一个测试操作说明和测试报告路径说明画面，如图 5-200 所示例子。

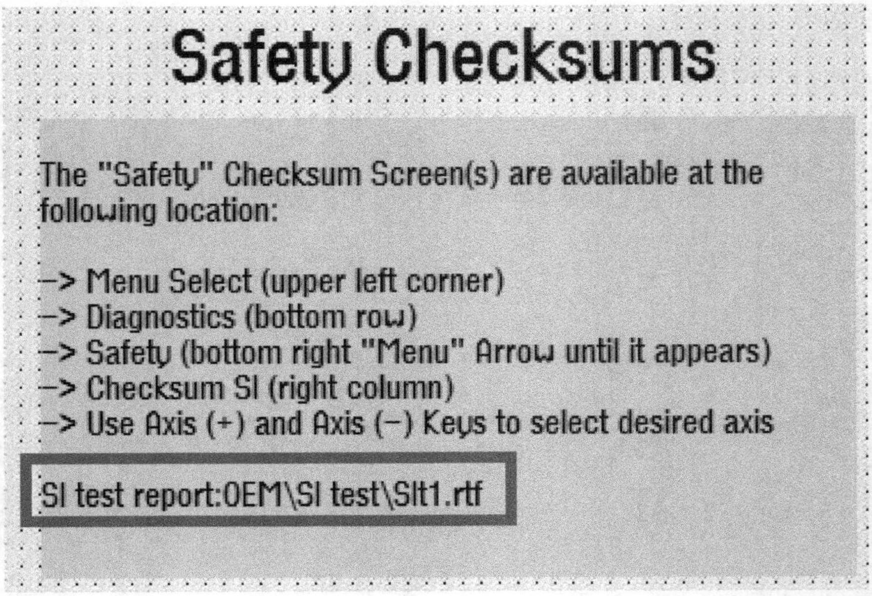

图 5-200　安全测试说明

最后还应做一个 Layout 组件页面来显示 Version 版本，如图 5-201 所示，主要包括机床的工位号、PLC 程序版本号、NCK 程序版本号、HMI 程序版本号等说明。

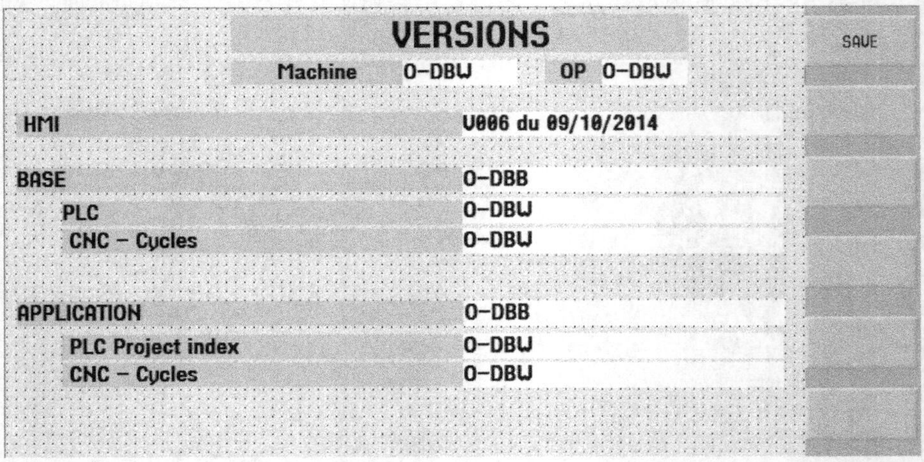

图 5-201　版本说明

5.8　引申思考——为何通过简单的 xml 或 ini 配置文件就可以实现软件功能和对象的改变？

在面向对象的软件设计中，软件系统中对象之间的耦合关系与一套机械齿轮机构非常相似。对象之间的耦合关系是无法避免的，也是必要的，这是协同工作的基础。伴随着工业级应用的规模越来越庞大，对象之间的依赖关系也越来越复杂，经常会出现对象之间的多重依赖性关系，如图 5-202 所示，对象类之间的关系错综复杂。

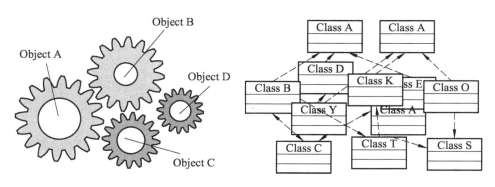

图 5-202　对象耦合关系

因此，架构师和设计师对于系统的分析和设计，将面临更大的挑战。对象之间耦合度过高的系统，必然会出现牵一发而动全身的情形。就好像交流电机的控制一样，是一个多变量强耦合系统。因此，我们需要一种"解耦对象技术"。为了解决这个问题，软件专家 Michael Mattson 于 1996 年提出了 IOC 理论，用来实现对象之间的"解耦"，目前这个理论已经被成功地应用到实践当中。

IOC 理论提出的观点大体是这样的：借助于"第三方"实现具有依赖关系的对象之间的解耦，如图 5-203 所示。

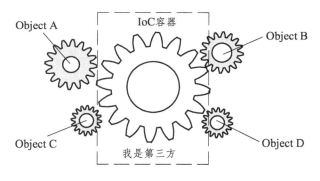

图 5-203　IOC 理论示意图

由于引进了中间位置的"第三方"，也就是 IOC 容器（又是容器的概念），使得 A，B，C，D 这 4 个对象没有了耦合关系，齿轮之间的传动全部依靠"第三方"，全部对象的控制权上缴给"第三方"IOC 容器，所以，IOC 容器成了整个系统的关键核心，它起到了一种类似"黏合剂"的作用，把系统中的所有对象黏合在一起发挥作用，如果没有这个"黏合剂"，对象与对象之间会彼此失去联系。

软件系统在没有引入 IOC 容器之前，如图 5-202 所示，对象 A 依赖于对象 B，那么对象 A 在初始化或者运行到某一点的时候，自己必须主动去创建对象 B 或者使用已经创建的对象 B。无论是创建还是使用对象 B，控制权都在自己手上（动态分配）。

软件系统在引入 IOC 容器之后，这种情形就完全改变了，由于 IOC 容器的加入，对象 A 与对象 B 之间失去了直接联系，所以，当对象 A 运行到需要对象 B 的时候，IOC 容器会主动创建一个对象 B 注入到对象 A 需要的地方（控制权转移）。

通过前后的对比，我们不难看出：对象 A 获得依赖对象 B 的过程，由主动行为（自身管理创建）变为了被动行为（IOC 容器注入），Michael 给"IOC 容器注入"取了一个更合适的名字叫做"依赖注入（Dependency Injection）"。所谓依赖注入，就是由 IOC 容器在运行期间，动态地将某种依赖关系注入到对象之中。

分析之前 cfg 中的各种配置文件，可知其是一种外部依赖注入的方式。正因为如此，我们得以通过文本文件配置文件进行程序组件和对象之间的相互关系配置，而不需要重新修改和编译具体的程序代码。

类比轴容器的概念，自从出现了轴容器，我们不必再去修改报文，修改具体的很多驱动参数，而只需要改变某些轴的特性参数，就可以实现对于驱动对象的宏观把握。而对于上层的通道方式组概念，也只需要将轴容器分配给他们即可，不需要将电机、编码器直接分配给通道，方式组，因此，修改架构将会很方便。

6 集成篇——SINUMERIK Integrate 融四相于一体

本章讲西门子数控集成的解决方案，即 SINUMEIRIK Integrate，顾名思义，SINUMERIK Integrate 就是综合了数控几乎所有集成方法的各种软件的集合。SINUMERIK Integrate 将 SINUMERIK 控制器完美集成到现代化工厂的 IT 环境中，并通过功能强大的软件套件提供支持。由于 SINUMERIK Integrate 中所涵盖的软件甚多，且并非每个软件都需要购买和掌握，所以本节只讲重要的几个软件，已在前述各章节介绍的一些软件不再赘述。本章名为集成，前半部分主讲 CMC（create myconfig），CMC 是对设计人员来讲最重要的一个软件，而实则 CMC 也只是这 SINUMERIK Integrate 中冰山一隅，恰于此处展开，作一代表性的论述。

激活数控上的 SINUMERIK Integrate 页面可以通过设定显示参数 MD9108=1 来实现，设置好以后可以看到如图 6-1 所示界面。

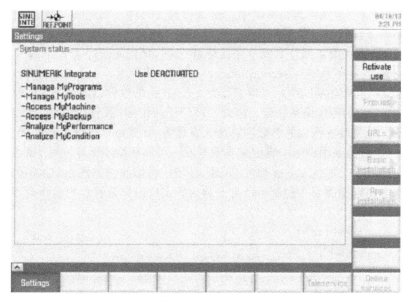

图 6-1　集成页面

SINUMERIK Integrate 主要分为两个大类：组态集成和生产集成。

6.1　组态集成

组态集成中的软件主要包含如表 6-1 所示内容。

表 6-1　组态集成的软件

实现人机界面功能	Create MyHMI（Run MyHMI）
通过 OPC 远程访问数控主机	Access MyMachine /OPC UA
对循环的访问保护	Lock MyCycles
实现 NCK 功能（编译循环）	Create MyCC

在 CAM 系统中集成数控仿真	Run MyVNCK
模块整体化调试机床	Create MyConfig
执行调试和远程维护	Access MyMachine /P2P
调试与服务工具	SinuCom
服务功能	用于 SINUMERIK 硬件的 SIMATIC Step 7

大部分软件已在前述各章分析了，其中 Create MyCC 功能可用于执行制造商专用的 NCK 功能（编译循环）。如图 6-2 所示，不需要特殊硬件作为编译循环的开发环境。共有两种方式可生成编译循环。第一种方法，编译循环可在安装了 Solaris 操作系统的 SUN 工作站上采用 C 或 C++ 进行。编程结果作为可执行文件上传至 SINUMERIK，并支持控制实时区域的调整和扩展。第二种方法，Create Mycc 编程相当于在开发 NCK 的内核编译循环，而且对于我们国人来讲是一个全新的领域，据笔者所知，目前几乎无人从事这个开发，因此潜力巨大，且挑战性极强。Solaris 操作系统基于 Unix 和 Linux，不同于 Windows 系统，这样的编译文件才能被 840D sl 执行。生成的文件自然是 elf 文件。在计算机科学中，elf 文件是一种用于二进制文件、可执行文件、目标代码、共享库和核心转储的标准文件格式。它是 Linux 的主要可执行文件格式（840D sl 数控使用 Linux 内核）。elf 文件由 4 部分组成，分别是 elf 头（elf header）、程序头表（Program header table）、节（Section）和节头表（Section header table）。实际上，一个文件中不一定包含全部内容，而且它们的位置也未必如同所示这样安排，只有 elf 头的位置是固定的，其余各部分的位置、大小等信息有 elf 头中的各项值来决定。因此，西门子使用 elf 文件作为他们将来各种扩展的标准数据执行文件，是要改变相应的参数和算法，编译为 elf 就可以实现多种功能。

Create MyCCI 可协助用户基于自定义界面开发，可加载编译循环，对于此特殊应用程序，用户可在 Windows PC 上的"Cygwin 软件 Shell"环境中模拟使用软件 GNU 编译器和 GNU 链接器软件。使用此应用程序需要在控制系统上安装相应接口以作为装载的编译循环。

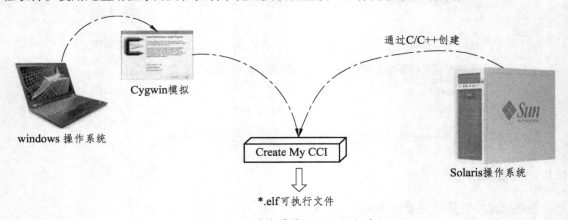

通过C/C++创建

Cygwin模拟

windows 操作系统

Create My CCI

*.elf可执行文件

Solaris操作系统

图 6-2　两种生成编译循环的方法

Cygwin 始于 1995 年，最初作为 Cygnus 工程师 Steve Chamberlain 的一个项目。当时 Windows NT 和 Windows 95 将 COFF 作为目标代码，而 GNU 已经支持 X86 和 COFF，以及 C 语言库 Newlib。这样至少在理论上，可以将 GCC 重定向，作为交叉编译器，从而产生能在 Windows 上运行的可执行程序。在后来的实践中，这很快实现了。

接下来的问题是如何在 Windows 系统中引导编译器，这需要对 Unix 系统足够模拟，以使 GNU configure 的 Shell Script 可以运行，这样就用到像 Bash 这样的 Shell，进而需要 Fork 和 Standard I/O。Windows 含有类似的功能，所以 Cygwin 库只需要进行翻译调用，管理私有数据，比如文件描述符。

1996 年后，由于看到 Cygwin 可以提供 Windows 系统上的 Cygnus 嵌入式工具（以往的方案是使用 DJGPP），其他工程师也加入了进来。特别吸引人的是，Cygwin 可以实现三交叉编译，例如，可以在 Sun 工作站上建立，如此就形成 Windows-x-MIPS Cross-compiler，这样比单纯在 PC 上编译要快不少。1998 年起，Cygnus 开始将 Cygwin 包作为产品来提供。

使用 SINUMERIK Integrate for engineering Create MyCC 的前提条件是签订一份 OEM 合同。SINUMERIK Integrate for engineering Create MyCC 软件包需要获得出口授权。

因此，基于这些内核开放和扩展技术，使 SINUMERIK 用户可以开发出解决（几乎）所有技术问题的解决方案！可通过编译循环的形式将工艺附加功能集成到 NCU 的 CNC 软件中。用户可基于 Create MyCC 在适宜的开发环境下对此类编译循环进行编程，或者也可委托西门子开发并在工业环境中进行测试。Run MyCCI 可用于执行可载入编译循环，其提供用于客户自定义开发的特殊界面。编译循环的典型应用示例是特殊机床运动系统的特殊转换。这些转换支持笛卡尔坐标系中的工件编程，并由转换计算所需的机床轴运动，即前述中的 PTP 运动变换所应用的编译循环包就是一个实际的案例。

Run MyVNCK 可将数控功能集成到仿真流程中。内核使用与数控系统中的 NCK 内核相同的源代码，Run MyVNCK 和 NCK 在数控算法、语言范围、调试、数据管理和通信方面的处理方式相同。Run MyVNCK 能够通过其全面的功能来仿真控制序列。因此，可对数控程序（包括高级语言元素）的句法正确性和可执行性进行检查。能够可靠评估工作区域中的碰撞风险，并可以评估工件几何尺寸及运动特性。还可以计算程序运行时间。通过部署其他组件（如实际机床的二维和三维 CAD 数据），机床制造商或 CAM 系统制造商可创建与实际机床尽可能相近的虚拟机。实则这个功能就是一台虚拟的机床系统，西门子的功能内核可以映射为一个 VNCK，在前述的第 3 章，笔者本想将 NCK 程序的仿真设计一节包含进去，但是由于缺少实际案例和相应的软件注册授权，没有提及，只能在此处略谈。DELMIA 达索公司也有类似的解决方案，称为 Virtual NC，此款软件也是高大上的产品，国内几乎很少人使用，可以推测的是，西门子的 Run MyVNCK 和达索的 Virtual NC 采用的内核基本一致，应该都是西门子的 NCK 虚拟内核，但是达索更加专业。

使用 Access MyMachine/P2P，可使用标准 Windows PC 来远程调试安装有 SINUMERIK Operate（V2.6 及更高版本）的机床。其功能范围包括在服务 PC 与控制器之间交换文件以及远程操作 HMI 用户界面。可方便地编辑 EasyScreen 文本、报警文本、刀具管理文本和其他文本。实则就是笔者设计的 RTS 软件或西门子 RCS 软件的升级版。通过文件交换功能，可以从 NCU 访问存储在 CF 上的文件以及 NCK 中的文件。此外也支持各种用户配置文件。

6.2 生产集成

生产集成包括如表 6-2 所示的软件和接口。

（1）通过 Manage MyPrograms，SINUMERIK Integrate for production 提供了一种功能强大的客户端/服务器软件平台，用于实现网络范围的高效数控程序组织、管理和传输。

表 6-2　生产集成软件

管理数控程序	Manage MyPrograms
管理刀具	Manage MyTools
记录机床状态	Analyze MyCondition
执行远程维护	Access MyMachine /Ethernet
数据访问	Create MyInterface
归档机床数据	Access MyBackup

由于便于在线管理和归档数控程序，整个生产区域内的机床始终能获得最新数控程序版本。这对于高灵活性要求以及数控数据经常发生变化的生产区域来说尤其重要，例如，在加工中心、专用机床以及柔性生产线中。

（2）SINUMERIK Integrate Manage MyTools 提供了一种刀具循环管理的集成软件解决方案，适用于从设定、刀具储存直至机床的整个过程。这可确保通过预防性刀具规划来缩短缺少刀具造成的机床停产时间，使得与刀具相关的时间与停产得到优化。

（3）Analyze MyCondition 提供了用于执行均等轴测试、同步轴测试和圆度测试的测试循环，还提供了采集数控数据的功能。它还可报告机电组件的磨损参数。通过采用面向状况的维护，可以延长机床的运行时间，并减少生产中断，缩短停产时间。Analyze MyCondition 通过标准化的测试步骤来协助机床操作人员、维护人员和维修工程师确定机床状态，并对机床在一定时间内的磨损进行监视。通过对机床状态进行连续评估，可以及早发现倾向性问题并适时采取和规划相应措施。还可以对具体机床组件进行静态和动态监控。

Analyze MyCondition 可分为 3 个不同阶段交付：

① 第 1 阶段：控制监视器。

这些监视器可用于组态启动特定动作的触发。例如，可将它们组态为在发生特定事件时向机床厂商的服务组织发送电子邮件。这个方法以前笔者曾做过，也就是开放一些触发器供用户使用，来组态一些特定的事件，帮助用户来分析可能出现的报警和某些不易捕捉的状态变量。

② 第 2 阶段：诊断数据（不带变量监视器）。

除第 1 阶段的触发之外，也可以在第 2 阶段中收集诊断数据，并将数据传送到机床厂商的服务组织。

③ 第 3 阶段：维护功能。

除第 1 阶段和第 2 阶段的功能外，还可使用随阶段 3 提供的功能来设置和评估事件驱动的维护功能。

很多机床厂商都采用了类似的解决方案，他们将类似黑盒子的技术用 NCK 或者 PLC 记录下来，通过专用的服务器传送数据到总部来分析。用户碰到难以解决的问题后可以接通远程服务同制造商来共同讨论解决方案。

（4）SINUMERIK Ctrl-Energy。西门子机床系统是机床能效的基准：SINUMERIK Ctrl-Energy 包含广泛的高效驱动器/电机组件、数控/驱动功能、软件解决方案和服务。在第 4 章曾经利用 ctrl_E 解决方案做过节能分析，详见该例。

（5）SINUMERIK Safety Integrated。

将近二十年以来，SINUMERIK Safety Integrated 为机床中集成的安全技术确立了标准。智能化系统功能便于机床的操作，并为操作员（同时也为机床本身）提供极高的安全性。

6.3 CMC——机床的整体模块化离线设计

在西门子数控 840D 领域，应用 Create Myconfig 软件，便可以将所有的参数配置、HMI 文件、PLC 程序、NCK 程序和 DRV 驱动配置等编程整合为一个工程文件，经过编译封存打包，生成一个安装软件包，形象的被称为 Shield（神盾）。数控的方法和技巧为内元，CMC 软件产生的 Upshield 文件就是外象。

看似寻常的方法和程序，一经此软件汇总锤炼，可成调试之利器。综所学于一体，载于 CMC 中。调试人员将含有 Upshield 工程文件的 U 盘插入到数控系统，随着数控系统上电，这个安装文件会自动分解展开，通过弹出对话框画面的形式与用户进行安装过程中的各种交流，指导用户完成整个数控调试过程。然后根据用户的需要将选定的数据复制展开到数控系统，这样就完成了一台数控的全部配置和基本调试流程。这个过程极似我们平时使用 U 盘启动盘加 ISO 操作系统光盘文件安装一台普通 PC 电脑的操作系统的过程，国外的机床厂商，都不一定知道这个方法，采用此种方法来调试最初的数控系统或成熟的数控机型，可以省去很多中间过程，几乎不用携带编程电脑。

可以毫不夸张地说，假如一个公司生产的机床已经完全成熟并且生产的机型可以概括为几大类别，在其参数和程序相当的稳定情况下，只需要设计一个 Shield 文件就可以完成整个调试过程。调试人员在首次上电时只需将带有 Shield 文档的 U 盘到处插一下，打开数控电源不断地点击下一步进行安装，一条生产线的数控系统就基本调试完成了。因此，这种方法特别适用于大规模整条生产线的批量调试。

6.3.1 概论 CMC

在 840D powerline 时代，这套集成软件被称作 Update Agent，数控进化到了 solutionline 时代后，被称为 Create Myconfig。如图 6-3 所示，利用 CMC 软件包中的 Diff 软件，可以在线比较和查找 NCU 系统数据，利用 CMC 软件包中的 Topo 软件，可以离线设计拓扑架构并生成拓扑数据，也可在线比较拓扑结构，方便与图纸进行对照接线。利用 CMC 软件包中的 Expert 这个软件，可将以上所有这些数据，包括 DRV 的拓扑和驱动数据、PLC 的程序备份文件、NCK 的参数和程序、HMI 的画面程序集合成为一个整体，最后生成 Upshield 文件供数控系统升级，因此，Upshield 是表象，Expert 中的设计文件是内核，当拿到一个 Upshield 文件，如果想得知其中的设计过程需要相应版本的 CMC 软件才能打开。这样 Upshield 的系统和程序的设计和编写就可以与电气图纸绘制几乎同时进行，设计工作也可以与调试过程基本分离，达到高瞻远瞩的工作状态。

作为制造商，可以有两种应用方法。

第一种方法，制造商可以制造多种机床，然后将所有的这些类型都归入一个 Upshield 文件，通过升级时询问相关的选项进行选择和展开，安装相应的机床备份，这样对于标准化和机床调试将十分有利。

第二种方法，机床在最终用户手中已经使用了很长一段时间，在用户一侧已经足够成熟，各种问题已经得到完善的解决，此时如果这台机床极具研究价值和代表性，就可以将最终使用的成熟机床同之前的 Myconfig 设计文件进行比较，更新为更加成熟稳健的系统，方便今后参考应用，如图 6-4 所示。

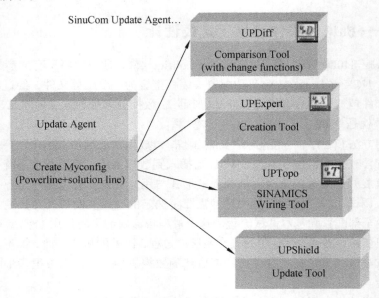

图 6-3　CMC 的多种用途

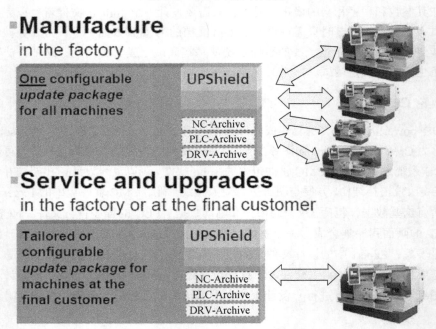

图 6-4　制造和服务的两类用法

这种更新过程离不开使用 Diff 工具，利用此工具可以比较文件夹、程序、参数等，但也要注意版本的问题。Diff 软件可以比较多种文件，如图 6-5 所示。

总结：SINUMERIK Integrate for engineering Create MyConfig 用于协助机床制造商创建和运行一个项目，以实现配备 SINUMERIK 840D sl 控制系统的机床的自动调试和生产。这些数控系统甚至可以在最终用户的设施内自动进行升级、组态和运行。因采用模块化方案，Create

MyConfig 支持通过同一安装包对不同机床进行批量调试和升级。同时机床上的工步执行也更加可靠、方便和迅速。它具备很多优点，可以大大缩短调试或升级的时间，结构化准备和自动流程可避免调试和升级错误。防止拓扑接线错误，简易改变拓扑。自动调试和升级具有可重复性。系统的调试和升级流程得到简化。仅在配置 Create MyConfig 升级包时才需要具备对控制系统的详细专业知识，执行调试或升级时并不需要（菜单指引的调试）。因此，就算是一个从未调试过数控的人员只要有了 CMC 软件安装包就可以顺利地完成整个调试过程。

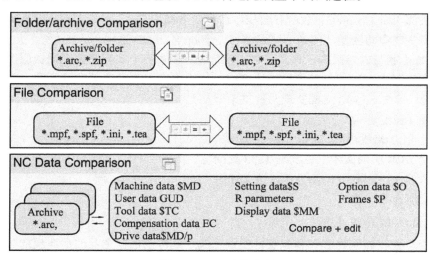

图 6-5　Diff 比较文件

1. 详解 CMC

CMC（Create MyConfig）包含以下组件：

（1）CMC Expert（设计一个 Upshield 工程）。

① 配置一个安装包，其中包含可配置的生产或升级步骤以及各种机床型号的相关数据。

② 创建操作菜单/操作帮助以便执行程序包。

③ 创建自动执行的脚本。

（2）CMC Diff。

① 文件夹、SINUMERIK 归档、文件和 CNC 数据的数据比较和自动修改。

② 通过简单的归档包下载和上传功能，编辑 NC 和驱动器归档包（甚至直接在机床上）。

③ 比较文件夹和数据（甚至在归档包内部）。

（3）CMC Topo。

① 创建并编辑项目 SINAMICS 拓扑（设计数控的拓扑结构）。

② 甚至在不创建包的情况下，通过下载和上传功能改变拓扑轴与驱动器之间的分配。

2. 修炼 Upshield 的前提

修习 CMC 的前提是对于前述各章的系统知识已经有了相当深入了解，只有在全盘掌握前面各个子篇目的前提下，本篇的 CMC 集成应用才能游刃有余，了然于心。并且需要注意，Upshield 方法一般适用于多台机床或多种机床的首次上电调试过程。若现场只有一台数控或一类数控机床，大可不必如此煞费苦心。

迅速掌握 CMC 只有两种途径：① 参阅研究自带的例子工程文件；② 接受德国总部的培训。

去德国总部培训相信大部分人无法做到，因此我们还是采用土办法，通过例子来慢慢研究吧，前提是购买了这个 CMC 软件。

Shield 的本意就是类似电路面包板一样的扩展板，可以任意地将各种元器件组合到这个基板上，因此，前提就是必须拥有整体的布局理念。

3. 如何实现 CMC Upshield

CMC 软件具备特殊的编程思路和语法，需要重新学一种新的脚本语言，笔者只作简单介绍，因为这种方法都叫做 Upshield，故所有的程序运行变量都用"up"作为前缀，而且可以在程序脚本中任意命名一些中间变量，例如，可以命名一个 up.abc=123 这样一个变量。

因 Upshield 涵盖内容很多，且其语法比较特殊，须举一个实际案例说明：假设现场有两台机床，硬件配置基本一样，但是硬件拓扑结构（接线方式）和机床轴数量不同，程序也略有不同，如何创建一个 Upshield 文档实现两种机床配置呢？

我们按照 4 步走：

（1）创建 PLC 离线程序文档。

（2）创建 DRV 驱动文档（主要是 Topo 数据）。

（3）准备 NCK 数据文件和 HMI 数据文件。

（4）综合所有于一体。

4. 创建离线 PLC 程序包

一个工程，首在做硬件选型和配置，配置完成后就可以根据企业的标准规范写出第一版程序。假设我们已经做好了这个工作，PLC 工程文件如图 6-6 所示。

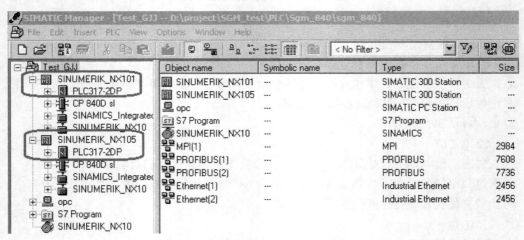

图 6-6 两种硬件配置

可以看出，我们做了两种硬件配置，分别是 SINUMERIK_NX101 和 SINUMERIK_NX105。分别打开这两种配置，可以看到他们的区别是在 NX10 模板的地址接入的端口编排上面，这就代表两种拓扑结构，第一种，NX10 模块若接入 X101 接口，则地址为 11；第二种，若 NX101 接入 X105 端口，则地址为 15，如图 6-7 所示。

对于两种硬件配置不同，软件程序却可以只用一套。完成后我们开始制作工程压缩包。

（1）创建 PLC 程序压缩包（仅包含 Blocks），如图 6-8 所示。注意，选择格式为 arc，而不是普通的 pkzip 文件。

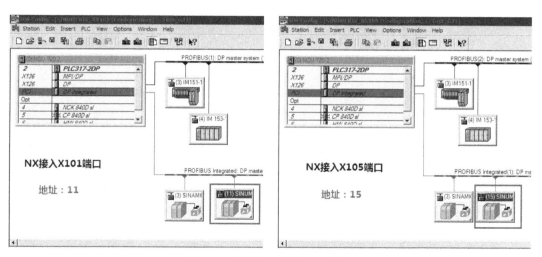

图 6-7　两种端口配置 NX 模块

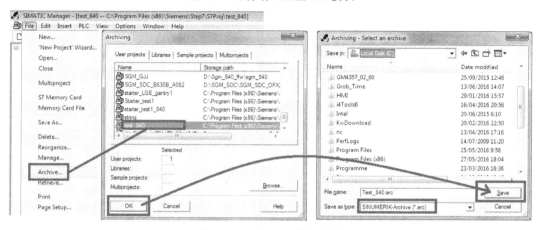

图 6-8　创建 PLC 程序备份

（2）创建 PLC 硬件 SDB 程序包（仅包含硬件配置），如图 6-9 所示。注意，选择仅包含 Sdb archive 的复选框。

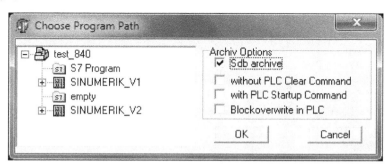

图 6-9　生成硬件备份

做完这些工作后，我们得到了 3 个文件，分别是两种硬件配置的文件 sdb_X101.arc 和 sdb_X105.arc 和一个纯粹程序逻辑文件 Sgm_840_logi1.arc 文件。然后将他们放到一个文件夹中备用。如图 6-10 所示，这个文件夹将来就是我们储存各种资源文件的数据池。

EXP CMC op-pcu.ucz		2015/7/24 10:04
EXP CMC op-tcu.ucz		2015/7/24 10:04
DOK sdb_x101.arc		2016/3/29 14:16
DOK sdb_x105.arc		2016/3/29 14:16
DOK Sgm_840_logic1.arc		2016/3/29 13:32

图 6-10　文件资源池

5. DRV 驱动文档制作（Topo 工程文件）

解决了 PLC 的问题，下面开始制作 DRV 驱动文件，驱动对我们调试而言主要的就是拓扑结构和一些工艺参数。首先需要制作 Topo 文档，把系统的硬件配置在 Topo 图上描述出来，以求与实际一模一样。Topo 描述是一个难点。打开 Create Myconfig Topo 软件，新建一个项目，如图 6-11 所示，在右侧标记 2 区域选择各种需要的模块添加到区域 3 中，然后在区域 1 中设定相关的参数，一般只需要关注驱动对象的变量名称（DO）即可。注意区域 4 模式选择最好是 Comparison topology，这种模式下可以比较设计文件和实际接线有无差别，方便在线进行修改错误的接线。

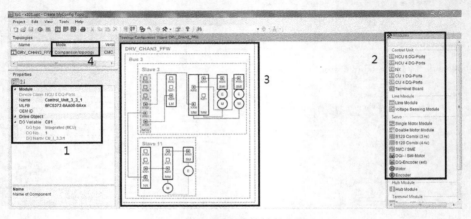

图 6-11　驱动拓扑结构制作

注意，图中的 NX10 扩展模块接到了 CU 的 X101 口，这是描述第一种机床的接线方式。

然后拓扑文件的设计主要是注意分配和管理驱动变量，点击按钮打开如图 6-12 所示的对话框，给各种驱动对象分配 DO variable，对于 DO 号码，可以不分配。完成后点击 OK。

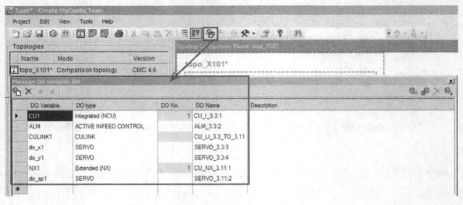

图 6-12　管理驱动变量

驱动配置中最重要的还在于将驱动分配到具体的轴，需要打开如图 6-13 所示的分配轴驱动页面。

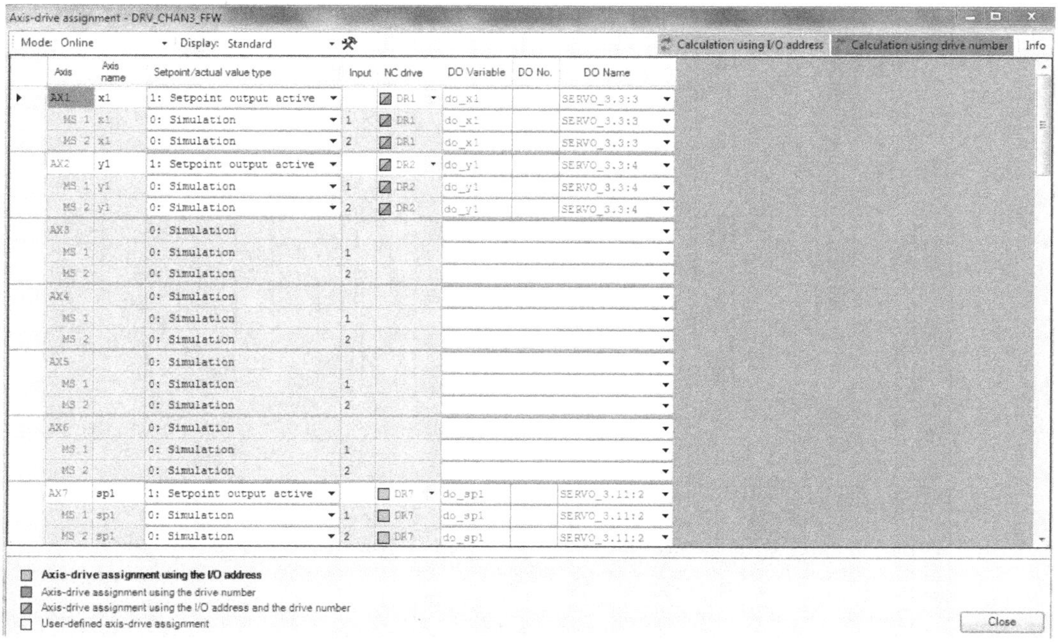

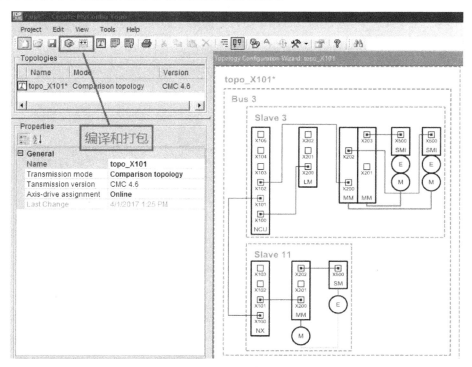

图 6-13　分配轴到驱动

如图 6-14 所示，完成后编译和打包生成*.ust 文件。

图 6-14　打包生成驱动文件

最终分别生成两种 Topo 结构方案，分别是将 NX10 模块接到 NCU 的 X101 端口的配置方案和将 NX10 模块接到 NCU 的 X105 端口的配置方案。将这两个文件也放在我们先前的资源文件夹中。两种结构差别如图 6-15 所示。

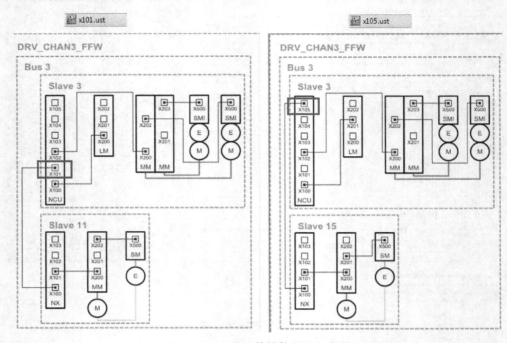

图 6-15　两种拓扑结构的配置文件

6. 准备 NCK 数据和 HMI 数据

将 NCK 数据分类保存，如图 6-16 所示，比如先分配通用参数。

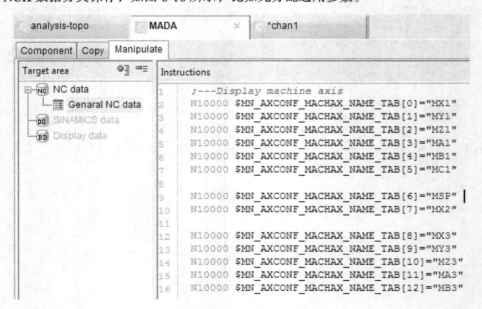

图 6-16　分配通用参数

然后设置通道参数，如图 6-17 所示。

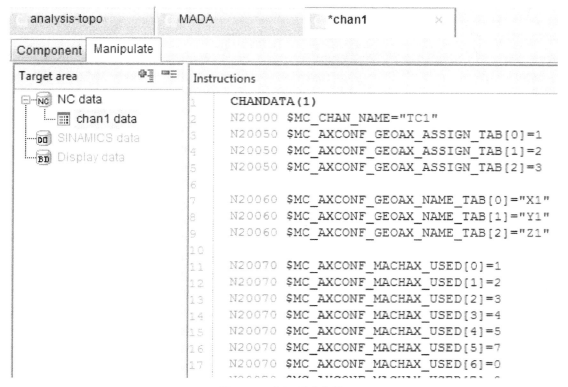

图 6-17　分配通道参数

然后配置每根轴的具体参数，如图 6-18 所示。

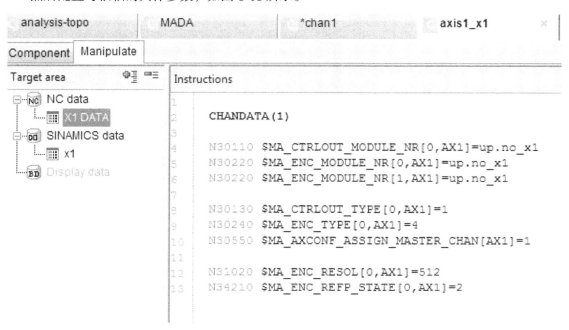

图 6-18　配置轴参数

接着可以准备 HMI 文件（以 easyscreen 为例），将各种相关的 HMI 文件都放在 oem 文件夹如图 6-19 所示对应的子文件夹中。

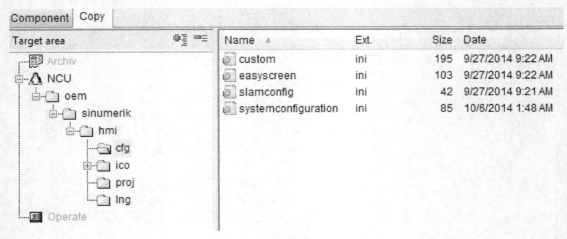

图 6-19 准备画面文件

7. 综四相于一体（建立 upz 工程）

准备好所有的工程资源文件后，我们开始建立庞大的 upz 工程，把这些文件整合到一起。首先打开 Create Myconfig Expert 软件，如图 6-20 所示，新建一个工程。

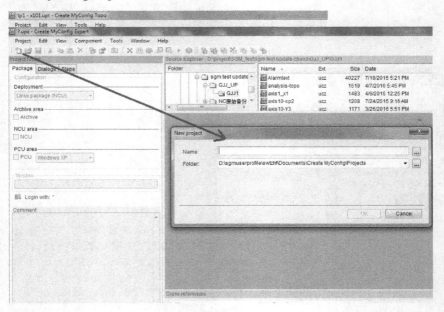

图 6-20 新建一个 upz 工程

在左侧的工程文件夹目录中选择系统类型，目前一般都是 TCU 系统（不再使用 PCU），所以我们选择 NCU 类型，如图 6-21 所示。

配置对话框：对话框就是配置安装系统时弹出的各种提示窗口，如图 6-22 所示，这是 CMC 方法的架构主线。

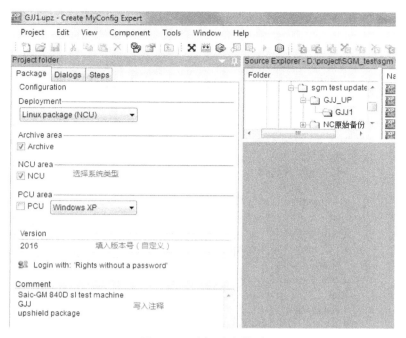

图 6-21 选择系统类型

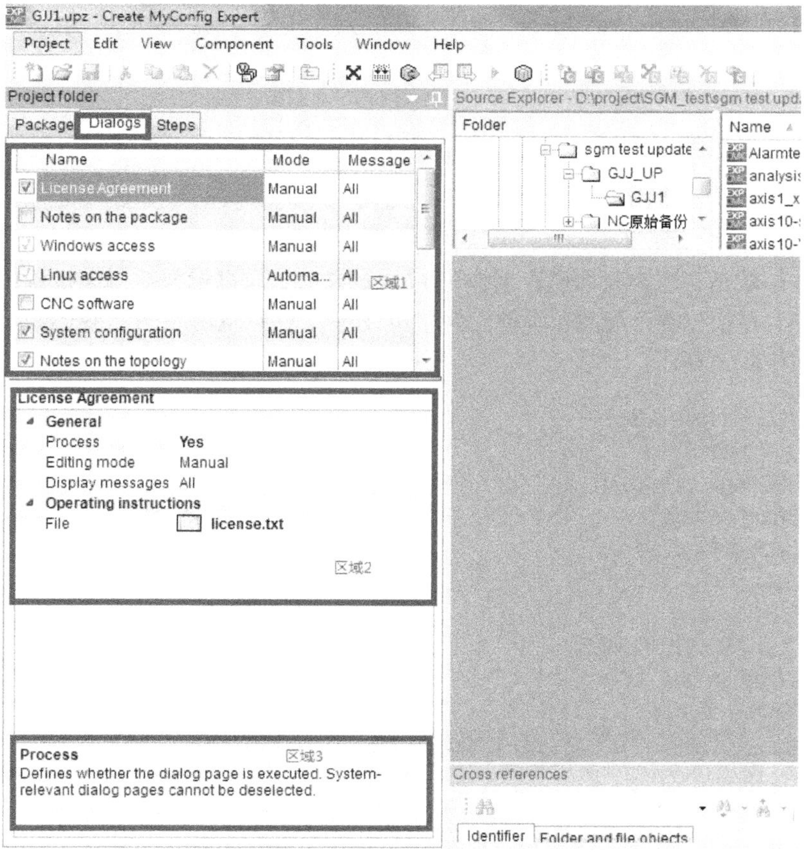

图 6-22 配置提示对话框

关键步骤，配置 PLC，NCK，DRV，如图 6-23 所示。

◢	**NC archive data**	
	Use data	Yes
	Origin of data	**Initial state**
	Setting disabled	**Yes**
	List	
	Preselection	☐
◢	**PLC archive data**	
	Use data	No
◢	**PLC logic program**	
	Origin of data	Offline archive
	Setting disabled	No
	List	
	Preselection	☐
◢	**PLC - SDB HW Config**	
	Origin of data	**Initial state**
	Setting disabled	No
	List	
	Preselection	☐
◢	**DRV archive data/drive configuration**	
	Use data	Yes
	Origin of data	**Initial state**
	Setting disabled	**Yes**
	List	
	Preselection	☐

图 6-23　配置三元

对于 NCK 数据，我们选择执行一个 Initial state 或 Memory reset 命令，也就是总清 NCK 做一下初始化。

而对于 PLC 数据，因为我们已经制作了 PLC 的文件，所以选择执行离线备份，注意先执行 PLC 逻辑程序，再执行硬件配置。硬件配置中可以加入多个 SDB 文件，我们做了两个，供用户自由选择，如图 6-24 所示。

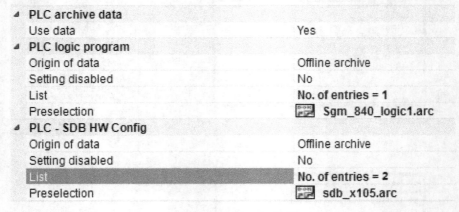

◢	**PLC archive data**	
	Use data	Yes
◢	**PLC logic program**	
	Origin of data	Offline archive
	Setting disabled	No
	List	**No. of entries = 1**
	Preselection	🖹 Sgm_840_logic1.arc
◢	**PLC - SDB HW Config**	
	Origin of data	Offline archive
	Setting disabled	No
	List	**No. of entries = 2**
	Preselection	🖹 sdb_x105.arc

图 6-24　配置 PLC 文件

DRV 这里注意要选择自动配置，如图 6-25 所示，相当于做一次工厂复位和自动配置

图 6-25　配置驱动为自动配置

接下来的关键就在进行 SINAMIC 的配置，说白了就是 topo 配置和分配轴，如图 6-26 所示，加入之前制作好的两个 topo 结构文件，可供用户自由选择，然后加入一个 DO 驱动对象列表。

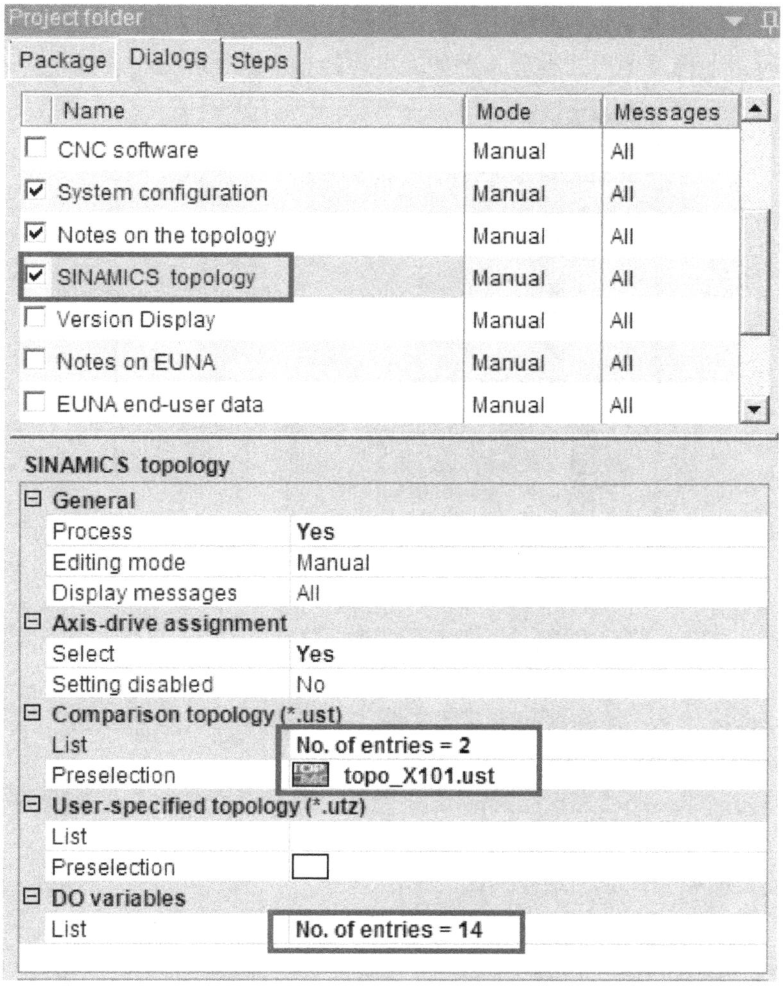

图 6-26　配置多个 topo 文件

至此，基本上对话框就配置完成了。

最后，就是执行 Steps tree，这一步是仁者见仁智者见智，不同人肯定有不同的做法。笔者参照了一些设计后，提出如下的标准架构，分成 5 个步骤，如图 6-27 所示。

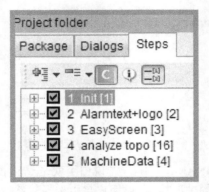

图 6-27　分配执行步骤

（1）初始化步骤。

如图 6-28 所示，选择所用的类型（例如，可以选择 TCU 或 PCU 或者某些选项参数）。

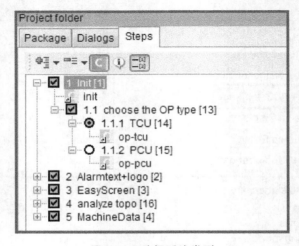

图 6-28　选择系统类型

（2）Alarms and logo 传入报警文本和机型的图标等。

（3）传入 HMI 画面文件（以 EasyScreen 为例）。

当然也可以选择传入 OA 的画面或其他文件。

（4）分析 topo 结构。

这一步是核心，需要将已经设定好的 topo 结构和将要分配的机床轴数据关联起来，而且必须将参数变量化，以便在选择不同的硬件配置时能够自动分配某些参数。

首先，我们要明确一些驱动系统变量的语法描述。

问题 1：系统如何自动创建驱动文件？

假设第一块 NX 板（bus=3）上面有一个驱动对象号码为 10，则系统会创建一个驱动文件为：BUS3.DIR\SLAVE15.DIR\PS000010.TEA。使用系统变量 $（Up.doX.psPath）可以分配这个文件的路径。

Up 系统变量的用法非常灵活，介绍如下：

① 查看是否此驱动对象变量被分配到某个驱动组件：

Up.doVar != null；Supplies "true" if the DO variable was assigned to a drive component at runtime.

② 分配驱动对象号码：

Up.doVar.doNr；Supplies the number of the drive object

③ 分配从动对象号码（如 NX 板）：

Up.doVar.slaveNr；Supplies the number of the higher-level slave object

④ 分配更高等级的总线对象号码：

Up.doVar.busNr；Supplies the number of the higher-level bus object

⑤ 分配 PS 文件的文件路径：

Up.doVar.psPath；Supplies the path to the PS file

⑥ 分配 PROFIBUS 站地址：

Up.doVar.dpSlot；Supplies the PROFIBUS location number，starting with 1（only for SERVO of the NCU and NX）。

问题 2：如何将驱动分配到某根轴？

首先，需建立一个驱动对象变量，如 X 轴的变量为 up.do_x1，它的驱动号码为 up.no_x1。

如果所选的 topo 文件为 X101.ust，且驱动变量 up.do_x1 已被分配，则判断 up.do_x1 所处的 NX 板的号码，如图 6-29 所示。

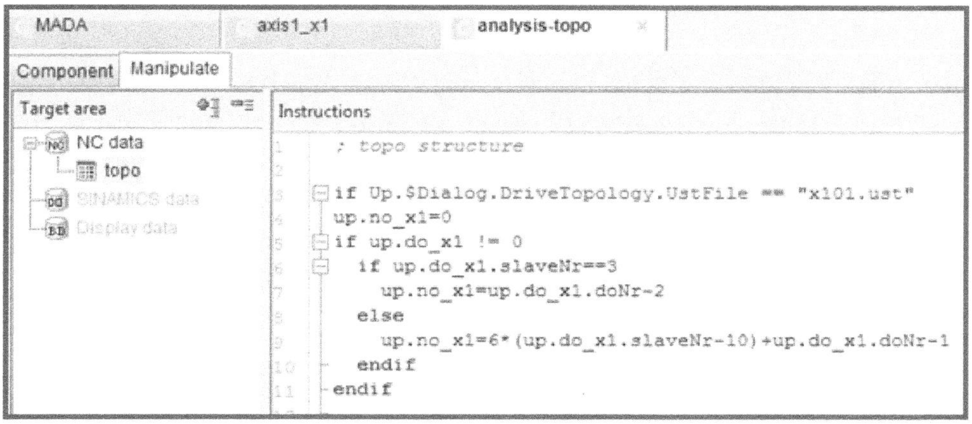

图 6-29　分析 topo 数据

```
if up.do_x1.slaveNr==3
    up.no_x1=up.do_x1.doNr-2
else
    up.no_x1=6*（up.do_x1.slaveNr-10）+up.do_x1.doNr-1
endif
```

若为 up.do_x1.slaveNr==3（即连接于 NCU 上），则其驱动号码计算为 up.do_x1.doNr-2。

因为轴号码始终从第三个开始，故 up.no_x1=up.do_x1.doNr-2=3-2=1。

若 up.do_x1.slaveNr 不等于 3，则必定连接在 NX 扩展板上面，此时由于 NX 连接在 x101 端口，所以 up.do_x1.slaveNr=11，则 up.no_x1=6*（up.do_x1.slaveNr-10）+up.do_x1.doNr-1=6*（11-10）+2-1=6+1=7。

相应地，可以分配驱动的地址：

; *address for drive*

If up.do_x1!=null

up.idx=up.no_x1-1

N13060 $MN_DRIVE_TELEGRAM_TYPE[$（up.idx）]=136

N13080 $MN_DRIVE_TYPE_DP[$（up.idx）]=1

$MN_DRIVE_LOGIC_ADDRESS[$（up.idx）]=4100+（Up.do_x1.dpslot-1）*40

Endif

同理，其他轴也可以如法炮制。

若选择了 X105，则计算如下：

if Up.$Dialog.DriveTopology.UstFile == "x105.ust"

up.no_x1=0

if up.do_x1 != 0

  if up.do_x1.slaveNr==3

    up.no_x1=up.do_x1.doNr-2

  else

    up.no_x1=6*（15-up.do_x1.slaveNr+1）+up.do_x1.doNr-1

  endif

endif

此时由于 NX 板子连接到了 X105 口，所以 up.do_x1.slaveNr=15，则

up.no_x1=6*（15-up.do_x1.slaveNr+1）+up.do_x1.doNr-1=6*（15-15+1）+2-1=7

从 X105 到 X101 顺序接线，和从 X101 到 X105 顺序接线，两种 topo 结构大不同，地址也会分配不同，具体请读者自己会意，灵活掌握分配的原则和计算原理，才是正道。

（5）分配机床数据。

分配机床数据可分为三大块（General 通用数据，Chan 通道数据，Axis 轴数据），如图 6-30所示。

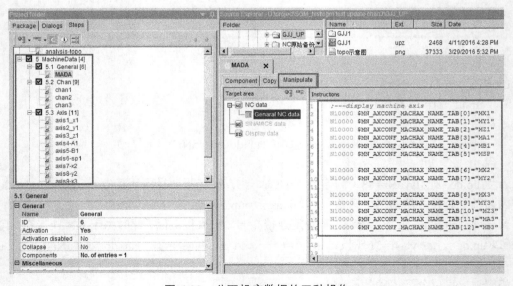

图 6-30　分配机床数据的三种操作

除了操作（Manipulate）机床数据这个动作外，还可以进行某些文件的 Copy，Delete，Change 等工作，如将编译循环文件 Copy 到系统中去。

在 Axis 轴参数的分配中，以 X 轴为例，我们就可以对其进行变量化处理，将前述的驱动号码 up.no_x1 分配给 X 轴。这样当 topo 结构发生改变后，这里的驱动号就会自动跟随变化。如图 6-31 所示，这就是是采用 Upshield 的核心意义所在。

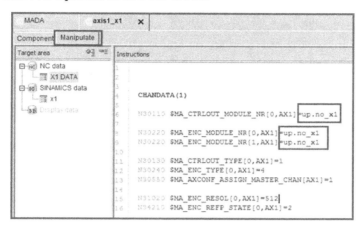

图 6-31　轴号码的变量化

至此一个工程文件全部完成，编译看看有无错误，如图 6-32 所示，点击 Verify 按钮，查看编译状态。

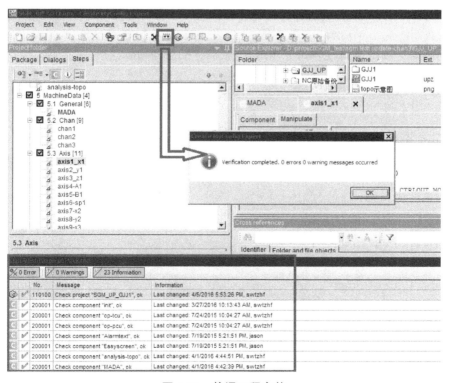

图 6-32　编译工程文件

编译无误后，点击 Deploy 按钮生成安装包（.usz 文件）。

终于完成了，如图 6-33 所示，这个文件也可被反编译，但是前提是版本必须对应，比如用 CMC4.6 版本制作的 usz 只能用 4.6 版本的 CMC 打开，这点很不方便。目前 CMC 软件共分为 3 个版本：SCI 2.6，CMC V4.4 / 4.5 和 CMC V4.6。

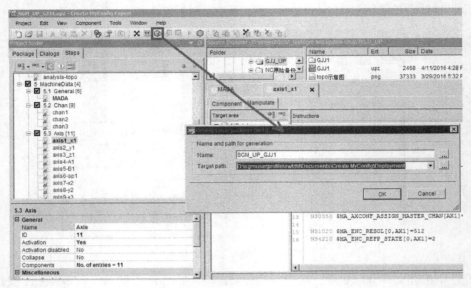

图 6-33　生成执行文件

8. 示例——Upshield 运行的结果

最后，我们将这个 usz 文件传到 U 盘，然后把这个 U 盘断电插入 X125 口或 X135 口，上电后出现起始画面，如图 6-34 所示，先是出现 License 同意的画面。

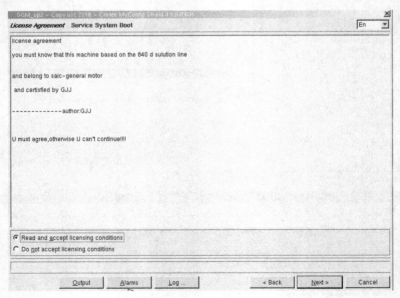

图 6-34　上电起始页面

进行 Upshield 之前，有一个选项询问是否进行当前数据的备份以日志的记录，系统自动在

U 盘中开辟一块空间，建立如下文件夹：

CF-1109018D：存放备份。

SciSvcError.tar 与 XX_up2_XXXX.html：存放日志及错误记录。

点击 Next 按钮自动进行系统初始化重启工作，如图 6-35 所示。

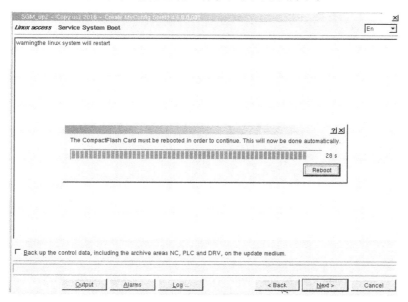

图 6-35　进行系统初始化

自动开始配置三元系统 NCK，PLC，DRV，如图 6-36 所示。

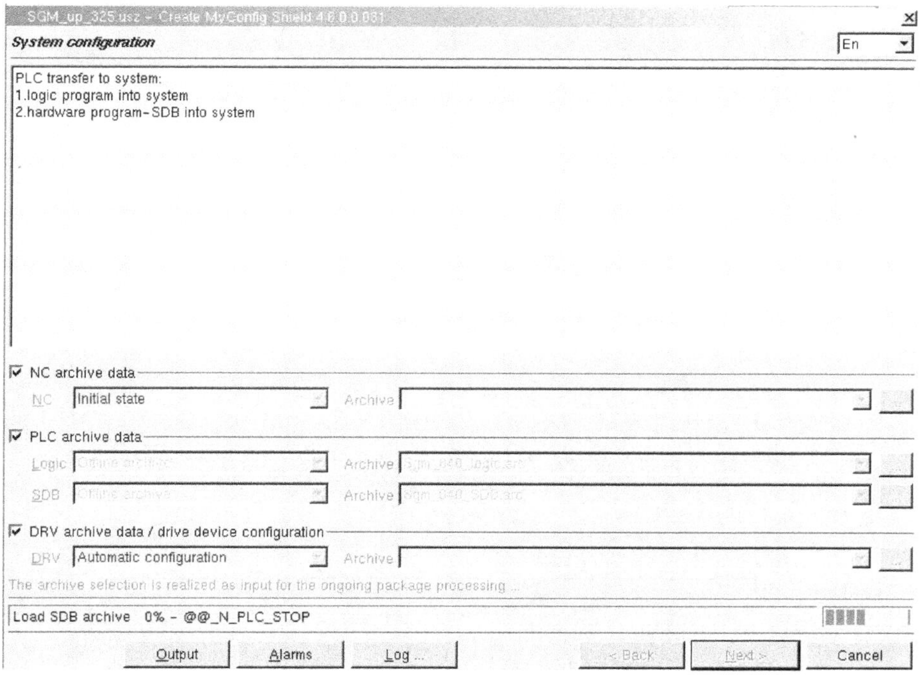

图 6-36　自动配置三元系统

比较和自动配置拓扑结构，如图 6-37 所示。

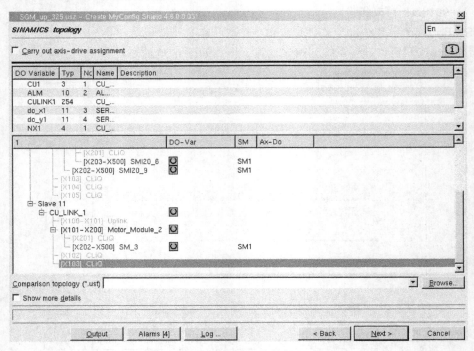

图 6-37　自动配置拓扑结构和驱动

自动运行步骤，系统会自动启动 SCI 服务，SCI 就是 SinuCom Installer 的简称，如图 6-38 所示。

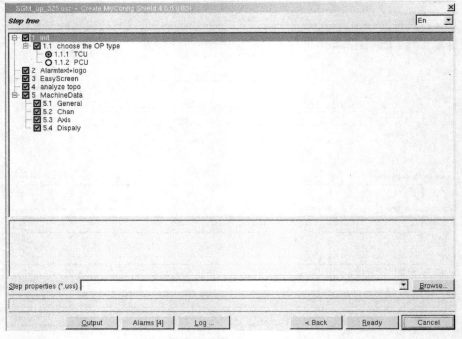

图 6-38　自动执行关键步骤

成功后出现提示信息, 如图 6-39 所示。

图 6-39　成功后的提示信息

不成功则出现报警的信息提示, 如图 6-40 所示。

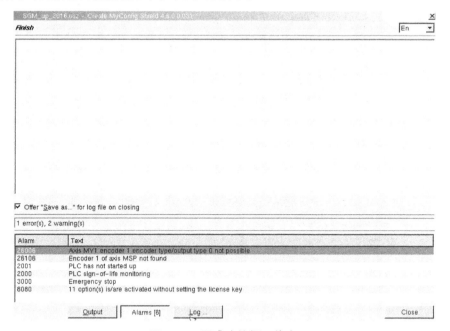

图 6-40　不成功的提示信息

最后注意事项: 系统初始化成功后启动系统, 可能需要做一次供电电源识别和驱动数据计算 (特别是带有 SMC 接口的编码器数据)。注意将驱动器数据 P340 计算一下。

6.4 RTS 软件

RTS（Remote Transfer System）远程传输系统，是笔者开发的一个软件，蕴含多种功能。

RTS 本着 Transline 的思想来构架，将各种文件传输到数控系统。笔者制作此软件的初衷在于，将整个车间生产线上的所有西门子数控系统的机床 arc 备份文件通过网络接口远程传输到电脑中。后来又碰到某个供应商将报警文本全部用 Excel 制作然后用加载宏的方式输出，而且 Excel 显示的文本和相应的注释都是德语，很难理解。因此，笔者便想到从基本原理入手，做出一个和它一样的软件来替代。经过不断地开发和更新，项目中开发的 RTS 软件具备了远程访问系统界面、远程传输文件、远程导入机床报警文本信息等多种功能。RTS 软件已经在车间多条生产线上成功运用。如图 6-41 所示，RTS 软件运行于普通 PC 电脑上，通过 X130 接口远程访问生产线上的数控系统。

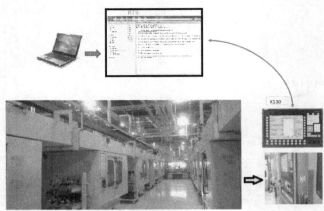

图 6-41　RTS 访问数控系统示意图

这套软件集成了前面各章节提到的一些软件的基本功能，如报警转换软件、Qt 文本翻译功能、VNC 远程访问、WinSCP 远程传输、Putty 命令台、Excel 脚本编程等多种功能。可以将多种文件"斗转星移"，然后传输到数控系统。后来虽然发现西门子 RCS Commander 软件与此类似，但毕竟是一次成功的尝试。RTS 采用命令行形式的人机对话界面，简单实用。如图 6-42 所示，我们现场日常主要使用 RTS 来上载现场所有机床的数控程序和备份，还有一个重要应用就是当某些机床（特别是国外机床）出现报警文字乱码问题后，可以用 RTS 软件及时翻译并转换报警文本下载到数控。

图 6-42　RTS 软件运行界面

在前述 Upshield 调试完成的基础上，对于某些局部文件的小改动，可以只用 RTS 来实现。例如，修改了某些报警文本，就可以使用 RTS 中编辑报警内容，然后传输到系统；或者生成安全集成测试、轴优化测试等报告文件用 RTS 传输到系统相应目录下；RTS 还具备上传备份功能，可以将数控系统中的备份文件上传至编程电脑。

6.4.1　RTS 功能介绍

目前 RTS 软件共可实现 8 种基本功能。第 1 项功能是将数控系统中的报警文本和配置文件等传输到本地计算机。第 2 项和第 3 项功能是将本机制作好的报警文本和配置文件等远程传送到数控系统。第 4 项功能是自动制作并传送 HMI Pro 类型的报警文本到数控系统。第 5 项功能是将数控系统的备份文件全部上载到本机。第 6 项功能是调用一个 VNC 画面来远程监控目前数控的状态。第 7 项功能是手动传输任意文件到指定的文件夹（相当于 RCS Commander 软件）。第 8 项功能是自动利用 Excel 表格编辑和生成数控的报警文件。这几项功能中常用的功能为远程导入备份和传输 HMI Pro 报警功能，这两个功能也是项目中的难点。

（1）远程导入备份文件的功能。当进入 RTS 软件环境后，首先必须输入所欲连接机器的 IP 地址，例如，我们输入 10.9.154.22，如图 6-43 所示，回车后即可看到列出的 8 项功能号码。输入功能号码后按下回车就可以运行相关的功能，例如，我们输入号码 4，就可以实现远程导入备份。

图 6-43　导入数控备份

导入的备份会自动放在 RTS 安装文件路径的 arc 目录下方，如下图 6-44 所示，按照 IP 地址自动命名备份文件。

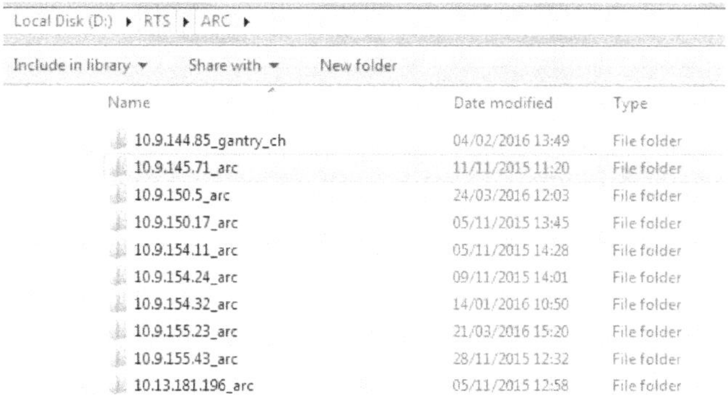

图 6-44　备份文件夹

软件实现的第一个难点主要是如何进行数据的远程读取和远程写入，由于本机电脑是Windows系统，而840D sl数控是Linux系统，实现两个不同操作系统之间的数据交换是一个难题。考虑到日常使用的 WinSCP 这个软件恰好具备了这个功能，于是可以在此软件基础上进行开发。笔者选用了脚本语言的方法来调用 WinSCP，远程获取备份文件的代码如下：

```
If exist script.tmp del /Q script.tmp    ；判断是否有旧的脚本文件，有则删除
echo option batch on >> script.tmp
echo option batch continue >> script.tmp
echo option confirm on >> script.tmp

echo open scp：//manufact：SUNRISE@%IPAdr%：22 >> script.tmp
；输入登录的用户名和密码访问数控系统
echo get /card/oem/sinumerik/data/archive/ ARC\%IPAdr%_arc\ >> script.tmp
；获取目标备份文件的地址
echo exit >> script.tmp
Echo Backup from NCU %IPAdr%
%cd%\CT\winscp.com /console /script=script.tmp
进入本机目录调用 WinSCP 软件来进行传输
if exist script.tmp del /Q script.tmp
```

这样就可以完成远程备份文件的传输。

（2）以下分析另一个难点，如何实现 HMI Pro 报警文件的自动转换和传输，国外机床大多使用 HMI Pro 来制作相关的报警文本，和普通的 DB2 报警不同，HMI Pro 没有 ts 文本文件，只有 qm 文件，RT 系统会自动根据项目文件夹中的 com 文件转换成 qm 文件传输到数控系统，因此假如所使用的软件 RT 版本不同，将无法自动转换报警文本。因此促使我们去研究一个简便通用的方法来自动转换和传输报警文本。我发现 RT 环境下系统主要利用 lrelease 和 qt 库文件将 ts 文件转换成 qm 文件，因此可以调用 lrelease 来进行 qm 文件的转换，而 ts 文件必需通过 com 文件来生成，西门子提供了一个工具 alarmtextconverter，因此考虑可以利用 com 文件经过两次转换来自动生成 Linux 系统下的 qm 文本文件。至于如何将 qm 文件传输到数控系统相应的文件夹下面，可以参照之前的文件备份传输的逆向命令来实现。

转换 com 文件到 ts 文件核心代码如下：

```
rem hmi addon alarm convert
；调用 alarm 转换器进行转换
%cd%\CT\CT    -prefix="test"    -source=%source_path%    -template=%templ_path%
-target= %target_path%
；必须给定一个前缀才能进行 com 文件的转换
rem rename the sltlproaeusr_ file
；必须重命名为 sltlproaeusr 传输到数控才能生效
: test_eng
if not exist %target_path%\lng\test_alarms_eng.ts goto test_chs：
ren %target_path%\lng\test_alarms_eng.ts sltlproaeusr_eng.ts
rem change the slaeconv
```

```
set file1=%target_path%\lng\sltlproaeusr_eng.ts
set replaced=test_Alarms
set all=slaeconv

for /f "delims=" %%i in （'type "%file1%"'） do （
    set str=%%i
    setlocal enabledelayedexpansion
set "str=!str： %replaced%=%all%!"
    echo !str!>>tmp1.txt
endlocal
）
move /y tmp1.txt "%file1%" >nul
set test_eng=1
rem lrelease ts->qm
；调用 qt 库来实现 ts 文件到 qm 文件的转换
%cd%\TQ\tq -silent %target_path%\lng\sltlproaeusr_eng.ts
；传输报警，将生成的 qm 利用脚本自动传输到数控系统
rem ---transfer alarm
echo cd /card/addon/sinumerik/hmi/lng >> script.tmp
echo put Alarm\addon\sinumerik\hmi\lng\*.* >> script.tmp
echo exit >> script.tmp
Echo Install HMI-addon alarms   to %IPAdr%
%cd%\CT\winscp.com /console /script=script.tmp
if exist script.tmp del /Q script.tmp
if errorlevel 1 goto ： error2
echo -ready
echo.
echo finish work
goto ： menu
```

6.4.2 RTS 总结回顾

RTS 写出来以后，发现它的功能和升级版的 Access mymachine（RCS commander 升级版）极其类似，都是使用如下端口进行远程通信的：

SSH （Secure Shell）- Port 22，VNC（Virtual Network Computing）- Port 5900

硬件方面都是使用 X120 内部 CP 或 X130 外部 CP。

RTS 采用脚本方式编写，直接调用成熟的软件来实现相关的功能，修改方便，扩展性强。缺点是文本方式对话互动性不好，新手操作容易出错。RTS 系统也可以看做是对常用软件的一次小的集成解决方案。

6.5 NCU-Link

笔者的目标是改进西门子的 Operate for PC 软件，它可以直连现场的数控系统，类似 HMI-Advanced 或 IBN Tools，而且比它们速度都快。同时它可以实现后台运行，不妨碍用户的前台操作。笔者开发的 NCU-link 软件就类似一个空间配置器，也就好像利用 IOC 技术实现的注入功能，配置器可以直接进入容器达到所想要的功能实现，而不必理会其内部算法实现。如图 6-45 所示。

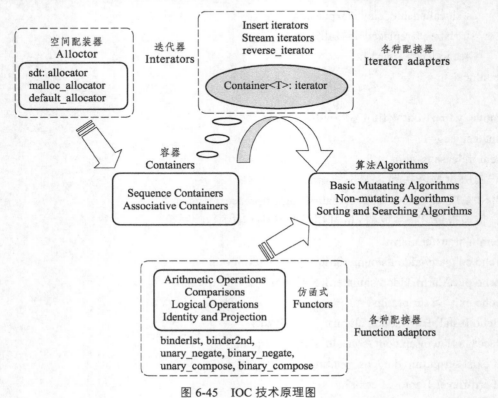

图 6-45　IOC 技术原理图

综合 RTS 软件的一些思路，经过三次改进，将此软件完成。软件效果如图 6-46 所示。

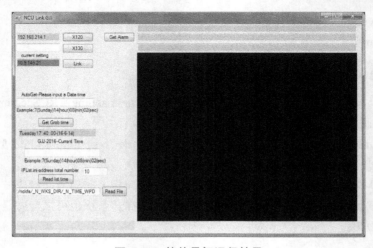

图 6-46　软件最初运行效果

6.5.1　最初的版本——具备自由连接 NCU 功能

安装了西门子的 Operate，会发现只能够连接 X120 接口，只能本地连接数控，网址是固定的 192.168.214.1，无法改变。怎么办？通过修改安装目录下的 mmc.ini 文件，就可以自由地进行远程连接。此文件位于（以 Win7 64 位安装路径为例）：

C：\Program Files （x86）\Siemens\MotionControl\siemens\sinumerik\hmi\cfg\mmc.ini。

打开 mmc.ini，网络地址配置如图 6-47 所示。

```
[NCU840D]
ADDRESS0 =192.168.214.1 LINE=14, NAME=/NC, SAP=040d, PROFILE=CLT1__CP_L4_INT
ADDRESS1 =192.168.214.1 LINE=14, NAME=/PLC, SAP=0202, PROFILE=CLT1__CP_L4_INT
ADDRESS2 =192.168.214.1 LINE=14, NAME=/CP, SAP=0502, PROFILE=CLT1__CP_L4_INT
ADDRESS10=192.168.214.1 LINE=14, NAME=/DRIVE_00_000, SAP=0201, SUBNET=0000-00000000:00(
ADDRESS11=192.168.214.1 LINE=14, NAME=/DRIVE_03_003, SAP=0900, PROFILE=CLT1__CP_L4_INT
ADDRESS12=192.168.214.1 LINE=14, NAME=/DRIVE_03_010, SAP=0A00, PROFILE=CLT1__CP_L4_INT
ADDRESS13=192.168.214.1 LINE=14, NAME=/DRIVE_03_011, SAP=0B00, PROFILE=CLT1__CP_L4_INT
ADDRESS14=192.168.214.1 LINE=14, NAME=/DRIVE_03_012, SAP=0C00, PROFILE=CLT1__CP_L4_INT
ADDRESS15=192.168.214.1 LINE=14, NAME=/DRIVE_03_013, SAP=0D00, PROFILE=CLT1__CP_L4_INT
ADDRESS16=192.168.214.1 LINE=14, NAME=/DRIVE_03_014, SAP=0E00, PROFILE=CLT1__CP_L4_INT
ADDRESS17=192.168.214.1 LINE=14, NAME=/DRIVE_03_015, SAP=0F00, PROFILE=CLT1__CP_L4_INT
```

图 6-47　网络地址配置

因此只需将 192.168.214.1 改成我们所希望的地址即可，于是编写程序，经过 NCU-link 配置之后，就可以通过 X130 口来连接现场的各种机器，如图 6-48 所示。

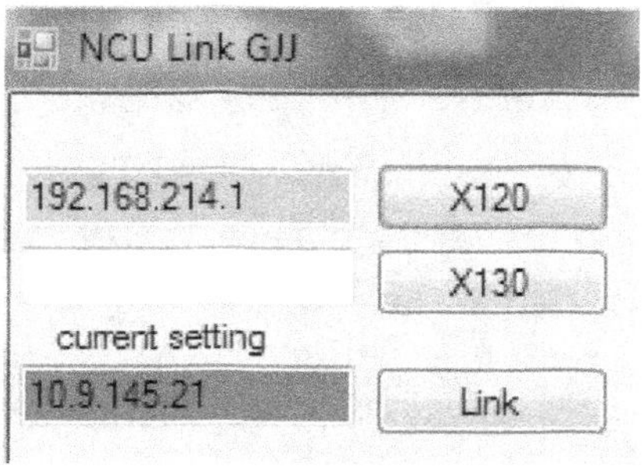

图 6-48　配置访问端口地址

对于西门子的软件 Operate，也可以改变一下，便于窗口操作，将原来的固定窗口改为移动窗口，方法如下：先找到 C：\Program Files （x86）\Siemens\MotionControl\siemens\sinumerik\hmi\cfg 目录下的 slguiconfig.cfg 配置文件，由于此文件不能用编辑器直接编辑，所以需要使用前述的 slHmiConverterGui 软件进行转换，将 slguiconfig.cfg 转换为 slguiconfig.xml。找到其中的激活窗口模式这一栏，改为 true，如图 6-49 所示。

```
<WindowMode>
    <!--
Activates the window mode-->
    <ActivateWindowMode type="QString" value="true"/>
    <!--
Main window has no caption bar and no frame-->
    <FramelessWindowMode type="QString" value="false"/>
    <!--
```

图 6-49　激活窗口模式

然后将此文件放在 C：\Program Files（x86）\Siemens\MotionControl\oem\sinumerik\hmi\cfg 目录下，重启 Operate 软件，即可看到效果，Operate 变为窗口化，可以自由移动。

6.5.2 第一次改进——增加获取报警的功能

通过加载报警配置文件，还可以监控和分析目前所连接的机器的详细报警，这点是西门子的 Operate 软件不具备的功能。那么如何获取报警的配置文件呢？联想之前的 RTS 软件，势必有所启发。笔者还是考虑使用高级编程语言调用 WinSCP 把目标数控中的报警文件传入本机电脑相应的文件夹中。如图 6-50 所示，点击 Get Alarm，可将文件导入本机。

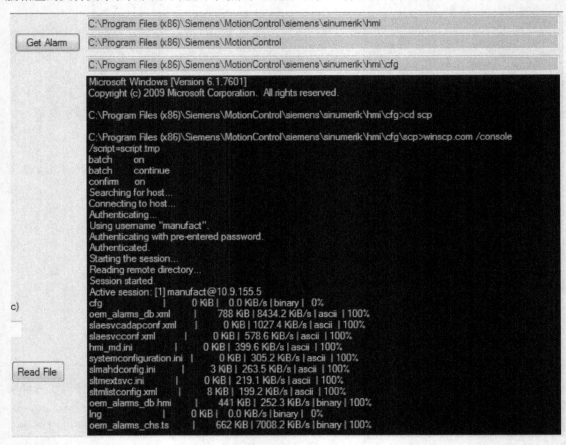

图 6-50　导入报警文件

6.5.3 第二次改进——增加获取数据文件功能

继续改进，好友提出是否可以远程获取某些特殊的程序文件，比如一些加工程序，联想之前的 RTS 软件的远程读取备份功能，语法是相似的，于是又增加了远程获取文件的功能。

6.5.4 第三次改进——定时自动获取数据文件

最后一次改进，对于目标文件能否定期定时获取，而不需要手动去操作，答案是必须可以，只需加入一个定时器，当满足设定的日期时，就可以自动的获取指定的文件，而且笔者还做了可以顺序从一个文件列表中读取多台数控的 IP 地址，这样就可以在一个时间段内实现多台数控自动读取指定文件，如图 6-51 所示。

图 6-51　设置定时自动获取

最终的运行效果界面如图 6-52 所示。

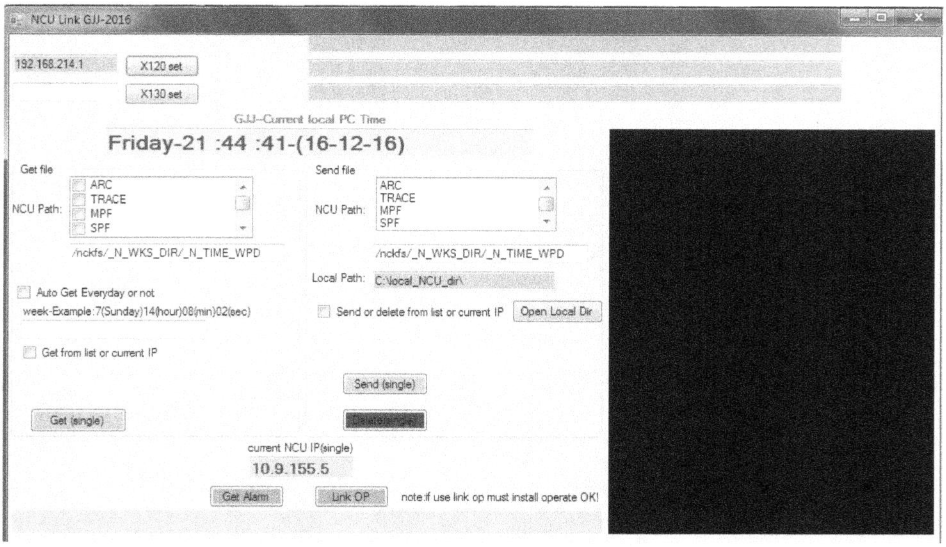

图 6-52　最终效果图

总结：改进版的 Operate 功能十分强大，几乎可以完成任意的功能，配合 Operate 中自带的跟踪 Trace 功能、诊断功能，可以远程完成几乎所有的远程监控任务。

6.6　文档集成——DocOnCD 和 DocPro

光有实践，不懂理论也不行，因此我们也要关注文档的集成。要学会广泛地参阅原始设备制造商的技术手册。也要对现有的项目做归类整理和文档集成。

文档集成主要是介绍我们日常常用的参考文档手册，即 DocOnCD，还有一个工具软件 DocPro，用来制作项目相关的资料备份，可将所有图纸、手册、文档归档。

6.6.1　DocOnCD 概览

通用性文档，如图 6-53 所示，不必过分关注，大多用于介绍和选型的时候参看。
用户文档，用户需要关注，制造商也需熟悉，如图 6-54 所示，因为制造商也属于用户。
制造商文档，制造商必须熟悉，如图 6-55 所示。

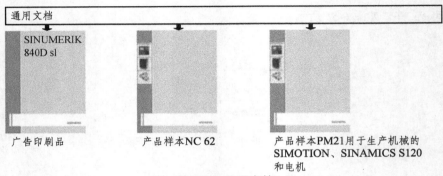

图 6-53　通用文档

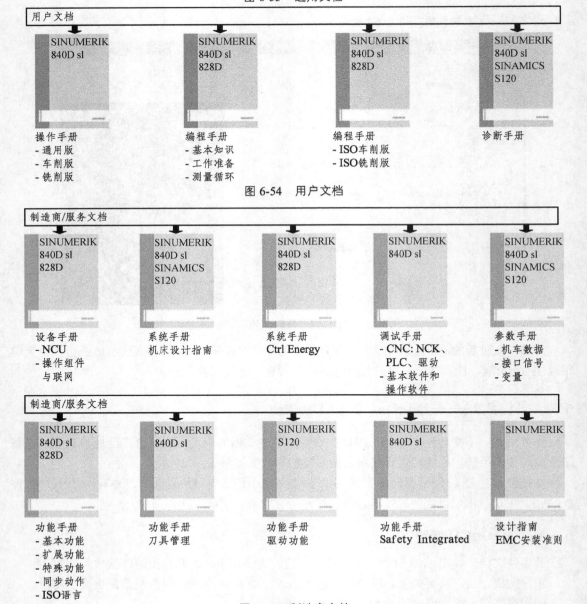

广告印刷品

产品样本NC 62

产品样本PM21用于生产机械的
SIMOTION、SINAMICS S120
和电机

用户文档

| SINUMERIK 840D sl | SINUMERIK 840D sl 828D | SINUMERIK 840D sl 828D | SINUMERIK 840D sl SINAMICS S120 |

操作手册
- 通用版
- 车削版
- 铣削版

编程手册
- 基本知识
- 工作准备
- 测量循环

编程手册
- ISO车削版
- ISO铣削版

诊断手册

图 6-54　用户文档

制造商/服务文档

| SINUMERIK 840D sl 828D | SINUMERIK 840D sl SINAMICS S120 | SINUMERIK 840D sl 828D | SINUMERIK 840D sl | SINUMERIK 840D sl SINAMICS S120 |

设备手册
- NCU
- 操作组件
  与联网

系统手册
机床设计指南

系统手册
Ctrl Energy

调试手册
- CNC: NCK、
  PLC、驱动
- 基本软件和
  操作软件

参数手册
- 机车数据
- 接口信号
- 变量

制造商/服务文档

| SINUMERIK 840D sl 828D | SINUMERIK 840D sl | SINUMERIK S120 | SINUMERIK 840D sl | SINUMERIK |

功能手册
- 基本功能
- 扩展功能
- 特殊功能
- 同步动作
- ISO语言

功能手册
刀具管理

功能手册
驱动功能

功能手册
Safety Integrated

设计指南
EMC安装准则

图 6-55　制造商文档

DocOnCD 是参考大全，但是因为全是英文，故对国人来讲很不方便，若要掌握好数控，必须参照，所以还是得硬着头皮来翻看。

例如，想要详细了解方式、通道的原理和概念，参见 DocOnCD 里 Function Manual-Basic Function_FB1.pdf 里的第九章，Mode Group，Channel，Program Operation，Reset Response（K1）。

需要关注三本书，分别是《FB1 基础功能》《FB2 扩张功能》《FB3 特殊功能》。笔者整理了一个大致的分类以供学习参考。FB1 基础功能如表 6-3 所示。

表 6-3　FB1 基础功能分类

总目录代号	子目录代号	名　称
/FB1/		SINUMERIK 840D sl / 828D Basic Functions
信号类	A2	Various NC/PLC interface signals and functions
监视诊断类	A3	Axis Monitoring, Protection Zones
轴类	B1	Continuous-path Mode, Exact Stop, LookAhead
轴类	B2	Acceleration
监视诊断类	D1	Diagnostics tools
轴类	F1	Travel to fixed stop
轴类	G2	Velocities, setpoint /actual value systems, closed-loop control
程序架构类	H2	Auxiliary function outputs to PLC
程序架构类	K1	Mode group, channel, program operation, reset response
轴类，程序架构类	K2	Axis Types, Coordinate Systems, Frames
信号类	N2	Emergency stop
轴类	P1	Transverse axes
程序架构类	P3	Basic PLC Program for SINUMERIK 840D sl
程序架构类	P4	PLC for SINUMERIK 820D
信号类	R1	Reference point approach
轴类	S1	Spindles
轴类	V1	Feedrates
刀库类	W1	Tool offset
信号类	Z1	NC/PLC interface signals

FB2 扩展功能手册分类如表 6-4 所示。

表 6-4　FB2 扩展功能分类

总目录代号	子目录代号	名　称
/FB2/		SINUMERIK 840D sl / 828D Extended Functions
信号类	A4	Digital and analog NCK I/O
信号类	B3	Several operator panels connected to several NCUs, distributed systems
信号类	B4	Operation via PG/PC-only 840D sl
轴类	H1	Manual travel and hand wheel travel
补偿	K3	Compensation
程序架构，轴类	K5	Mode groups, channel, axis interchange
程序架构	M1	Kinematic transformation

总目录代号	子目录代号	名　称
补偿	M5	Measuring
监视诊断类	N3	Software cams, position switching cycles-only 840D sl
程序架构	N4	Own channel- only 840D sl
轴类	P2	Positioning axes
工艺类	P5	Oscillation-only 840D sl
轴类	R2	Rotary axes
轴类	S3	Synchronous spindle
程序架构	S7	Memory configuration
轴类	T1	Indexing axes
刀库	W3	Tool change
刀库	W4	Grinding-specific tool offset and monitoring function- only 840D sl
信号类	Z2	NC/PLC interface signals

FB3 特殊功能手册分类如表 6-5 所示。

表 6-5　FB3 特殊功能分类

总目录代号	子目录代号	名　称
/FB3/		SINUMERIK 840D sl / 828D Special Functions
轴类	F2	Multi-axis transformations
轴类	G1	Gantry axes
监视诊断	G3	Cycle times
监视诊断	K6	Contour tunnel monitoring
轴类	M3	Coupled axes
工艺	R3	Extended stop and retract
信号	S9	Setpoint switchover
轨迹运动	T3	Tangential control
工艺	TE01	Installation and activation of loadable compile cycles
工艺	TE02	Simulation of compile cycles
测量补偿	TE1	Clearance control
轨迹运动	TE3	Speed/torque coupling, master-slave
核心架构	TE4	Transformation package handling
轨迹运动	TE6	MCS coupling
特殊工艺	TE7	Continue machining-retrace support
特殊功能	TE8	Cycle-independent path synchronous switching signal output
监控诊断	TE9	Axis pair collision protection
核心架构	V2	Preprocessing
测量补偿	W5	3D tool radius compensation
轨迹运动	W6	Path length evaluation
信号接口	Z3	NC/PLC interface signals

DocOnCD 中的一些重点参考手册：

（1）《SINUMERIK 840D solution line 简明调试手册》，入门参考书，调试必备工具书，可以说是数控调试的总纲。

（2）《SINUMERIK 840D sl / 828D 工作准备部分》，俗称高级编程手册，内含许多特殊功能的详尽应用。

（3）《SINUMERIK 840D/840Di/810D 基础部分》，俗称基础编程，但是这本书并不是那么简单，实则比高级编程手册更加全面。

（4）《SINUMERIK 840Di sl/840D sl/840D 基础软件和 HMI 高级版开机调试手册》，软件大全，包含很多 HMI 的基础知识。

（5）《SINUMERIK 840D sl Easy Screen（BE2）Programming Manual》，制作 EasyScreen 的必备参考手册。

6.6.2 DOC-Pro 介绍

Doc-Pro 是一个用于创建和管理车间文档的软件。它允许项目数据的结构化，按接线手册格式准备以及以统一的格式打印。

在项目/工厂开发完毕后，必须对项目数据进行清晰归档。通过进行相应的结构化归档，有助于项目的进一步执行以及以后的维护工作。DOC-Pro 是一种用于创建和管理工厂文档的工具。如图 6-56 所示，使用 DOC-Pro，可对项目数据进行结构化，以布线手册形式进行准备以及以统一的格式打印。

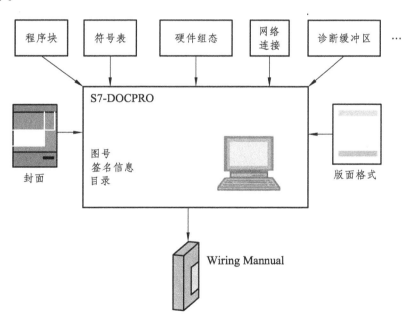

图 6-56 DOC-Pro 所辖范围

DOC-Pro 还提供有方便地生成和管理文档功能（工厂布线手册）：

① 创建布线手册和作业列表（打印作业顺序）；布线手册通过作业列表结构化。

② 集中创建、编辑和管理标题块数据。

③ 标题块还可分配给包含指定作业信息的具体作业。

④ 提供有不同格式的标准排版模板，用于客户化排版和封面。

⑤ 图号的自动和手工分配，用户根据自己的标准可以为工作分配图号。

⑥ 自动生成打印文件的文件列单。

⑦ 打印作业列表和布线手册；按规定顺序打印作业列表中的作业（如隔夜作业批次）。操作员可在打印结束时查看打印输出和状态列表。

6.7　未来的集成理念

将机床集成到整个生产流程中从来都不是件简单的事。如图 6-57 所示，借助智能操作（Smart 理念），西门子将最先进的工作流程引入生产，并且避免大幅提升相关成本。

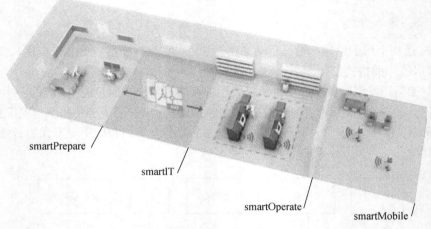

图 6-57　Smart 智能理念

1. Smart Prepare

与机床本身完全相同，在 PC 上即可对下一个订单进行 1∶1 的离线编程和模拟。这可使机床的使用时间最大化。

2. Smart IT

不再需要查看文档，也不再有存储容量限制。所有订单文档（如零件程序、DXF 图纸和图表）都可通过网络清晰地在操作面板上查看。不再需要手动查找文档。

3. Smart Operate

先进的触摸屏技术大大简化了操作并提升了机床效率（触摸屏真的可以简化操作吗？笔者表示怀疑，不过毕竟，一块黏了油的玻璃比黏了油的按钮擦起来方便一些）。

4. Smart Mobile

借助 Smart Mobile，即使不在车间，操作人员仍可以获知所有信息。这些信息（如任务状态、零件库存等）可显示在智能手机、平板电脑或 PC 上。

通过网络连接，再结合前述的集成软件，可将整个项目每个阶段纳入智能范围，如图 6-58 所示。

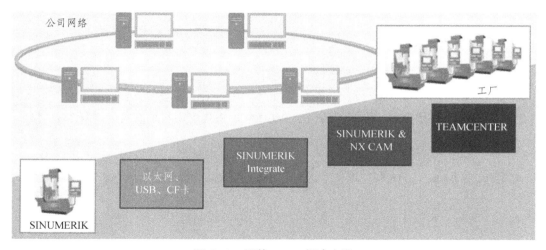

图 6-58　网络 Smart 解决方案

5. SINUMERIK 和 NX CAM

采用 NX CAM 这一众所周知的数控编程解决方案，可显著提高先进数控机床的生产能力。除丰富而灵活的数控编程技术外，NX CAM 还提供有零件制造解决方案，包括装夹资源库、数据管理选项、工艺规划及其他可直接连接到车间的选件。通过与 SINUMERIK 数控系统紧密协同，可形成无缝集成的 CAD/CAM/CNC 过程链，在确保高质量工件加工的同时，确保最大生产率。以后使用 NX+MCAD 等软件，可做虚拟仿真调试。未来所有的程序验证工作均可在前期设计阶段完成。

6. TEAMCENTER

该产品来自西门子 PLM 软件部，是公司中产品和生产流程专业技术的信息中心。借助全面的 PLM 解决方案，TEAMCENTER 可将产品生命周期的每一阶段连接至信息中心，包括需求和工程组态过程管理、模拟过程管理及生产过程管理。生产过程管理是独立、安全、可扩展的生产信息源，支持从开发到生产的整个生产周期。最近，西门子又有了更多的解决方案，例如，虚拟机电一体化调试 MCAD，未来的软件会变得更加庞大和统一。

参考文献

[1] 中国第一汽车集团公司工会组. 西门子 840D 数控系统应用与维修实例详解[M]. 北京：机械工业出版社，1990.

[2] 廖常初. S7-300/400 PLC 应用技术[M]. 3 版. 北京：机械工业出版社，2012.

跋

初稿竣，篇幅所限，几易其稿。刚开始写此书的时候，我在一家外商独资公司的动力总成（Powertrain）事业部工作。个人理解，Powertrain 的含义指的不仅仅是发动机传动系统，更应该是动力和培训，持续不断的专业培训会给人前进的动力。时代的迅速发展和社会节奏加快，学习目的性和效率要求更高，因此外部培训显得更加重要。技术人员的业务水平提高了，设计出的机器自然才会更加漂亮。不求进步就会故步自封，闭门造车。专业书籍的重要目的就是传道授业解惑，与读者分享重要的思维方法，帮助读者更新知识体系，进行自我升级。

提醒读者，阅读本书，要特别注意逐步建立数控整体思维，在理解基本概念的基础上进一步推广应用一些更加先进的控制方法，如超驰控制方法、矩阵方法。逻辑思维是一根主线，所有的逻辑流程均可转化为矩阵图来理解。要善于把一个事物从不同角度观察和思考，将其性质分类解读并在不同的域中实现。这个理念可概括成一心多观。这是一个很深的功夫，需要多加练习。

感谢我的挚友刘智，他对本书的创作提出了许多宝贵意见。感谢我的父母，多年来我远离家乡，孤身在外，他们总是默默地鼓励和支持我，每逢佳节倍思亲，和父母的一通电话会给我提供持续不断的信心和能量！本书得以顺利完成也有他们的一份功劳。

感谢编辑李华宇的辛勤劳动，感谢编辑部的众位编辑为出版此书做出的努力！

数控的思想博大精深，其要点在于数理象数之学。最后引用清代算学家梅文鼎先生的诗句结合我自己的感悟合成一首诗，以飨读者：

> 象数岂绝学，因人成古今。创始诚独难，踵事日生新。
> 泰西与中华，灼灼二支分。辟彼车与骑，各有妙法门。
> 勾股推坐标，旋转亦可通。动静实不变，阴阳二数奇。
> 经纬置框架，交叉定因果。方圆归九矩，易图明玄机。
> 盈虚凭消息，传感遥相应。记忆储过程，状态保一致。
> 法在意之先，无准测不立。先天庙算计，筹策助人力。
> 实证才知理，空谈似浮灰。沪东有明基，蛰居参要义。
> 展转重思维，忽似窥其根。援笔注所见，卷帙遂相仍。

—— 郭金基